城镇供水行业职业技能培训系列丛书

泵站机电设备维修工
基础知识与专业实务

南京水务集团有限公司　主编

中国建筑工业出版社

图书在版编目（CIP）数据

泵站机电设备维修工基础知识与专业实务/南京水务集团有限
公司主编. —北京：中国建筑工业出版社，2019.4（2023.12重印）
（城镇供水行业职业技能培训系列丛书）
ISBN 978-7-112-23124-9

Ⅰ.①泵… Ⅱ.①南… Ⅲ.①泵站-机电设备-维修-技术培训-
教材 Ⅳ.①TV675

中国版本图书馆 CIP 数据核字(2019)第 020901 号

为了更好地贯彻实施《城镇供水行业职业技能标准》，进一步提高供水行业从
业人员职业技能，南京水务集团有限公司主编了《城镇供水行业职业技能培训系
列丛书》。本书为丛书之一，以泵站机电设备维修工岗位应掌握的知识为指导，坚
持理论联系实际的原则，从基本知识入手，系统地阐述了该岗位应该掌握的基础
理论与基本知识、专业知识与操作技能以及安全生产知识。

本书可供城镇供水行业从业人员参考。

责任编辑：何玮珂 杜 洁 王 磊
责任校对：李美娜

城镇供水行业职业技能培训系列丛书
泵站机电设备维修工基础知识与专业实务
南京水务集团有限公司 主编
*
中国建筑工业出版社出版、发行（北京海淀三里河路9号）
各地新华书店、建筑书店经销
北京科地亚盟排版公司制版
建工社（河北）印刷有限公司印刷
*
开本：787×1092毫米 1/16 印张：20¾ 字数：513千字
2019年5月第一版 2023年12月第四次印刷
定价：59.00元
ISBN 978-7-112-23124-9
（33303）

《城镇供水行业职业技能培训系列丛书》
编委会

主　　编：单国平

副 主 编：周克梅

主　　审：张林生　许红梅

委　　员：周卫东　陈振海　陈志平　竺稽声　金　陵　祖振权

　　　　　黄元芬　戎大胜　陆聪文　孙晓杰　宋久生　臧千里

　　　　　李晓龙　吴红波　孙立超　汪　菲　刘　煜　周　杨

主编单位：南京水务集团有限公司

参编单位：东南大学

　　　　　江苏省城镇供水排水协会

本书编委会

主　　编：戎大胜

副 主 编：代科昌　刘广耀

参　　编：耿永明　周陆杰　彭守原

3

《城镇供水行业职业技能培训系列丛书》
序　言

　　城镇供水，是保障人民生活和社会发展必不可少的物质基础，是城镇建设的重要组成部分，而供水行业从业人员的职业技能水平又是供水安全和质量的重要保障。1996年，中国城镇供水协会组织编制了《供水行业职业技能标准》，随后又编写了配套培训丛书，对推进城镇供水行业从业人员队伍建设具有重要意义。随着我国城市化进程的加快，居民生活水平不断提升，生态环境保护要求日益提高，城镇供水行业的发展迎来新机遇、面临更大挑战，同时也对行业从业人员提出了更高的要求。我们必须坚持以人为本，不断提高行业从业人员综合素质，以推动供水行业的进步，从而使供水行业能适应整个城市化发展的进程。

　　2007年，根据原建设部修订有关工程建设标准的要求，由南京水务集团有限公司主要承担《城镇供水行业职业技能标准》的编制工作。南京水务集团有限公司，有近百年供水历史，一直秉承"优质供水、奉献社会"的企业精神，职工专业技能培训工作也坚持走在行业前端，多年来为江苏省内供水行业培养专业技术人员数千名。因在供水行业职业技能培训和鉴定方面的突出贡献，南京水务集团有限公司曾多次受省、市级表彰，并于2008年被人社部评为"国家高技能人才培养示范基地"。2012年7月，由南京水务集团有限公司主编，东南大学、南京工业大学等参编的《城镇供水行业职业技能标准》完成编制，并于2016年3月23日由住房城乡建设部正式批准为行业标准，编号为CJJ/T 225—2016，自2016年10月1日起实施。该《标准》的颁布，引起了行业内广泛关注，国内多家供水公司对《标准》给予了高度评价，并呼吁尽快出版《标准》配套培训教材。

　　为更好地贯彻实施《城镇供水行业职业技能标准》，进一步提高供水行业从业人员职业技能，自2016年12月起，南京水务集团有限公司又启动了《标准》配套培训系列丛书的编写工作。考虑到培训系列教材应对整个供水行业具有适用性，中国城镇供水排水协会对编写工作提出了较为全面且具有针对性的调研建议，也多次组织专家会审，为提升培训教材的准确性和实用性提供技术指导。历经两年时间，通过广泛调查研究，认真总结实践经验，参考国内外先进技术和设备，《标准》配套培训系列丛书终于顺利完成编制，即将陆续出版。

　　该系列丛书围绕《城镇供水行业职业技能标准》中全部工种的职业技能要求展开，结合我国供水行业现状、存在问题及发展趋势，以岗位知识为基础，以岗位技能为主线，坚持理论与生产实际相结合，系统阐述了各工种的专业知识和岗位技能知识，可作为全国供水行业职工岗位技能培训的指导用书，也能作为相关专业人员的参考资料。《城镇供水行业职业技能标准》配套培训教材的出版，可以填补供水行业职业技能鉴定中新工艺、新技术、新设备的应用空白，为提高供水行业从业人员综合素质提供了重要保障，必将对整个供水行业的蓬勃发展起到极大的促进作用。

中国城镇供水排水协会

2018 年 11 月 20 日

《城镇供水行业职业技能培训系列丛书》
前　　言

　　城镇供水行业是城镇公用事业的有机组成部分，对提高居民生活质量、保障社会经济发展起着至关重要的作用，而从业人员的职业技能水平又是城镇供水质量和供水设施安全运行的重要保障。1996年，按照国务院和劳动部先后颁发的《中共中央关于建立社会主义市场经济体制若干规定》和《职业技能鉴定规定》有关建立职业资格标准的要求，原建设部颁布了《供水行业职业技能标准》，旨在着力推进供水行业技能型人才的职业培训和资格鉴定工作。通过该标准的实施和相应培训教材的陆续出版，供水行业职业技能鉴定工作日趋完善，行业从业人员的理论知识和实践技能都得到了显著提高。随着国民经济的持续、高速发展，城镇化水平不断提高，科技发展日新月异，供水行业在净水工艺、自动化控制、水质仪表、水泵设备、管道安装及对外服务等方面都发展迅速，企业生产运营管理水平也显著提升，这就使得职业技能培训和鉴定工作逐渐滞后于整个供水行业的发展和需求。因此，为了适应新形势的发展，2007年原建设部制定了《2007年工程建设标准规范制订、修订计划（第一批）》，经有关部门推荐和行业考察，委托南京水务集团有限公司主编《城镇供水行业职业技能标准》，以替代96版《供水行业职业技能标准》。

　　2007年8月，南京水务集团精心挑选50名具备多年基层工作经验的技术骨干，并联合东南大学、南京工业大学等高校和省住建系统的14位专家学者，成立了《城镇供水行业职业技能标准》编制组。通过实地考察调研和广泛征求意见，编制组于2012年7月完成了《标准》的编制，后根据住房和城乡建设部标准司、人事司及市政给水排水标准化技术委员会等的意见，进行修改完善，并于2015年10月将《标准》中所涉工种与《中华人民共和国执业分类大典》（2015版）进行了协调。2016年3月23日，《城镇供水行业职业技能标准》由住建部正式批准为行业标准，编号为CJJ/T 225—2016，自2016年10月1日起实施。

　　《标准》颁布后，引起供水行业的广泛关注，不少供水企业针对《标准》的实际应用提出了问题：如何与生产实际密切结合，如何正确理解把握新工艺、新技术，如何准确应对具体计算方法的选择，如何避免因传统观念陷入故障诊断误区，等等。为了配合《城镇供水行业职业技能标准》在全国范围内的顺利实施，2016年12月，南京水务集团启动《城镇供水行业职业技能培训系列丛书》的编写工作。编写组在综合国内供水行业调研成果以及企业内部多年实践经验的基础上，针对目前供水行业理论和工艺、技术的发展趋势，充分考虑职业技能培训的针对性和实用性，历时两年多，完成了《城镇供水行业职业技能培训系列丛书》的编写。

　　《城镇供水行业职业技能培训系列丛书》一共包含了10个工种，除《中华人民共和国执业分类大典》（2015版）中所涉及的8个工种，即自来水生产工、化学检验员（供水）、供水泵站运行工、水表装修工、供水调度工、供水客户服务员、仪器仪表维修工（供水）、供水管道工之外，还有《大典》中未涉及但在供水行业中较为重要的泵站机电设备维修工、变配电运行工 2 个工种。

本系列《丛书》在内容设计和编排上具有以下特点：（1）整体分为基础理论与基本知识、专业知识与操作技能、安全生产知识三大部分，各部分占比约为 3∶6∶1；（2）重点介绍国内供水行业主流工艺、技术、设备，对已经过时和应用较少的技术及设备只作简单说明；（3）重点突出岗位专业技能和实际操作，对理论知识只讲应用，不作深入推导；（4）重视信息和计算机技术在各生产岗位的应用，为智慧水务的发展奠定基础。《丛书》既可作为全国供水行业职工岗位技能培训的指导用书，也能作为相关专业人员的参考资料。

《城镇供水行业职业技能培训系列丛书》在编写过程中，得到了中国城镇供水排水协会的指导和帮助，刘志琪秘书长对编写工作提出了全面且具有针对性的调研建议，也多次组织专家会审，为提升培训教材的准确性和实用性提供了技术指导；东南大学张林生教授全程指导丛书编写，对每个分册的参考资料选取、体量结构、理论深度、写作风格等提出大量宝贵的意见，并作为主要审稿人对全书进行数次详尽的审阅；中国生态城市研究院智慧水务中心高雪晴主任协助编写组广泛征集意见，提升教材适用性；深圳水务集团、广州水投集团、长沙水业集团、重庆水务集团、北京市自来水集团、太原供水集团等国内多家供水企业对编写及调研工作提供了大力支持，值此《丛书》付梓之际，编写组一并在此表示最真挚的感谢！

《丛书》编写组水平有限，书中难免存在错误和疏漏，恳请同行专家和广大读者批评指正。

南京水务集团有限公司

2019 年 1 月 2 日

前　言

随着社会和供水行业的不断发展，现代供水企业对员工综合业务素质和职业技能提出了更高的要求。2016 年 3 月 23 日，南京水务集团有限公司主编的《城镇供水行业职业技能标准》由住房和城乡建设部正式批准为行业标准，编号为 CJJ/T 225—2016，以替代 96 版《供水行业职业技能标准》。

在新《标准》中，供水行业机电设备维修岗位是由 96 版《标准》中维修钳工和维修电工两个工种合并设立的，岗位要求变动较大。为配合《城镇供水行业职业技能标准》CJJ/T 225—2016 在全国范围内的顺利实施，进一步完善城镇供水行业职业鉴定及培训体系，编写组根据《城镇供水行业职业技能标准》CJJ/T 225—2016 中"泵站机电设备维修工"职业技能标准要求，编写了本教材。

本教材根据供水行业机电设备维修现状和发展趋势，扩充了行业新技术和新设备的应用知识，在认真总结编者们多年工作实践经验的基础上编写而成。因泵站机电设备维修工既需要掌握机械、电气方面的专业知识，还要熟知水厂工艺、水处理等相关知识，内容广而杂。由于篇幅限制，教材只涉及本工种需要重点掌握的知识内容，包括机械、电气基础理论和国内供水行业主流设备；水厂及泵站机电设备的安装、维修以及供水企业节电技术等。

本书编写组水平有限，难免存在疏漏和错误，敬请广大读者和同行专家们批评指正。

泵站机电设备维修工编写组

2019 年 1 月于南京

目　录

第一篇　基础理论与基本知识 ………………………………………… 1

 第1章　机械学基础理论 ……………………………………………… 3

  1.1　机械基础理论 ……………………………………………………… 3

  1.2　普通机械设备润滑 ………………………………………………… 8

  1.3　常用传动方式 ……………………………………………………… 9

  1.4　机械制图基础知识 ………………………………………………… 13

 第2章　工程材料知识 ……………………………………………… 20

  2.1　金属材料 …………………………………………………………… 20

  2.2　金属的腐蚀及防腐方法 …………………………………………… 25

  2.3　常用非金属材料及其性能 ………………………………………… 26

 第3章　电气基础理论 ……………………………………………… 31

  3.1　直流电路知识 ……………………………………………………… 31

  3.2　电磁学基础理论 …………………………………………………… 38

  3.3　三相正弦交流电路 ………………………………………………… 42

  3.4　电工识图 …………………………………………………………… 50

  3.5　计算机应用基础 …………………………………………………… 52

 第4章　钳工基本知识 ……………………………………………… 56

  4.1　钳工常用量具 ……………………………………………………… 56

  4.2　钳加工常用方法 …………………………………………………… 57

  4.3　清洗与刮削 ………………………………………………………… 64

  4.4　旋转件的平衡 ……………………………………………………… 67

 第5章　电工基本知识 ……………………………………………… 71

  5.1　常用电工仪表 ……………………………………………………… 71

  5.2　绝缘电阻的测量 …………………………………………………… 78

  5.3　相位的核定 ………………………………………………………… 83

  5.4　互感器极性测定 …………………………………………………… 84

第二篇　专业知识与操作技能 ………………………………………… 87

 第6章　机械设备修理装配技术 …………………………………… 89

  6.1　设备装配基本步骤及常用方法 …………………………………… 89

  6.2　机械设备拆卸专业技术 …………………………………………… 91

  6.3　传动机械装配 ……………………………………………………… 95

6.4　固定连接的装配 ································· 102

6.5　轴承装配 ····································· 105

第7章　供电设备及电气系统 ························· 108

7.1　变压器 ······································ 108

7.2　异步电动机 ··································· 117

7.3　高低压电器 ··································· 128

7.4　继电保护装置 ································· 155

7.5　电气系统线路 ································· 159

第8章　供水主要机电设备及安装 ····················· 163

8.1　水泵 ·· 163

8.2　起重机械 ····································· 178

8.3　排泥机械及搅拌设备 ····························· 179

8.4　加氯机 ······································ 184

8.5　计量泵 ······································ 188

8.6　阀门 ·· 193

8.7　压缩机 ······································ 199

8.8　供水设备的装配及工艺安装 ······················· 204

第9章　供水主要机电设备维修 ······················· 229

9.1　设备修理的基本知识 ····························· 229

9.2　高压配电设备维修 ······························ 232

9.3　高低压电动机的维修 ····························· 237

9.4　水泵的检修 ··································· 243

9.5　变频器及其维修 ································· 246

9.6　可编程控制器及其维修 ··························· 251

第10章　供水企业的节电技术 ························ 262

10.1　供水企业用电管理及几种节电方法 ················· 262

10.2　常用设备的节电措施 ··························· 283

第三篇　安全生产知识 ··························· 289

第11章　机电维修安全技术 ························ 291

11.1　电气作业安全工作规程 ························· 291

11.2　电气设备的保护接地 ··························· 299

11.3　机械维修操作安全技术 ························· 313

第12章　安全管理制度及事故隐患的处理 ············· 315

12.1　安全生产规章制度与安全检查制度 ················· 315

12.2　事故隐患的处理 ······························· 316

参考文献 ···································· 319

第一篇　基础理论与基本知识

第1章　机械学基础理论

1.1　机械基础理论

水厂、泵站设备种类繁多，其中占大部分的设备为机械设备，如各类泵（离心泵、混流泵、潜污泵、真空泵、加注泵等）、压缩机、搅拌机、格栅、起重机械。本章主要讨论与水厂、泵站维修相关的基础理论。

1.1.1　机械常用零件及其连接

1. 螺纹连接

螺纹连接是一种可装拆的固定连接。它具有结构简单、连接可靠、装拆方便迅速等优点，因而在机械装配中应用非常普遍；螺栓与孔之间有间隙，由于加工简便，成本低，所以应用最广。主要用于需要螺栓承受横向载荷或需靠螺杆精确固定被连接件相对位置的场合。

螺纹连接可分为普通连接和特殊连接两大类，由螺栓或螺钉构成的连接称为普通螺纹连接；由其他一切螺纹连接零件构成的连接都称为特殊螺纹连接。本节主要讲述普通螺纹连接。

2. 键、销及其连接

1）键

通过键将轴与轴上零件（齿轮、带轮、凸轮等）结合在一起，实现轴向固定或轴向滑动，并传递转矩的连接称为键连接。结构简单、工作可靠、装拆方便、加工容易，已经标准化。

键连接可分为松键连接、紧键连接和花键连接三大类。

松键连接是靠键的侧面来传递转矩，只对轴上零件做周向固定，如需轴向固定，还需附加紧定螺钉或定位环等零件。松键有普通平键、导向键、半圆键。

2）销

销按照形状不同主要有圆柱销、圆锥销和开尾销；按照用途主要有定位销、连接销和安全销。销连接的主要特点是，可以用来定位、传递动力或扭矩，以及用来作为安全装置中的被切断零件。

3. 轴

轴是在机器中做旋转运动的零件，在水厂、泵站中离心泵的叶轮、轴承、联轴器、电机的转子等都是安装在轴上，依靠轴和轴承的支承作用来传递运动和动力。

1）轴的应用特点

按照轴的轴线形状不同，可以把轴分为曲轴（图 1-1）和直轴两大类。曲轴可以将旋转运动改变为往复直线运动或者作相反的运动转换。直轴在生产中应用最为广泛，直轴按照外形不同可分为光轴（图 1-2a）和阶梯轴（图 1-2b）两种。根据轴的承载情况分类又可分为转轴、心轴和传动轴三类。

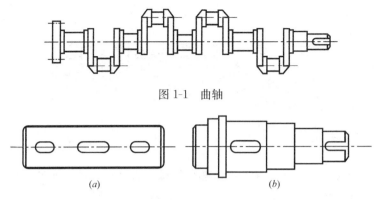

图 1-1　曲轴

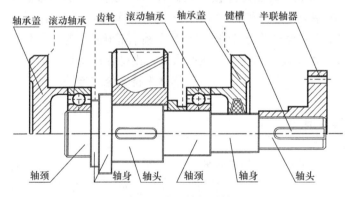

(a)　　　　　　　　　　　　　　　　(b)

图 1-2　直轴

(a) 光轴；(b) 阶梯轴

机械中常用的轴大多为直轴，最简单的是光轴，但在实际使用中，轴上总需安装一些零件，如带轮、齿轮、轴承等。所以，轴往往常做成阶梯形，即轴被加工成几段，相邻段的直径不同，中间轴段的直径比两端轴段的直径大。图 1-3 给出了常用轴的结构。

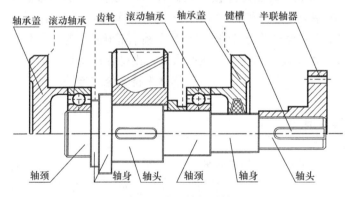

图 1-3　常用轴的结构

在考虑轴的结构时，应满足三方面的要求，即：轴的受力合理，以利于提高轴的强度和刚度；安装在轴上的零件，要能牢固而可靠地相对固定（轴向、周向固定）；轴上结构应便于加工、便于装拆和调整，并尽量减少应力集中。

2）轴向固定

目的是保证零件在轴上有确定的轴向位置，防止零件做轴向移动，并能承受轴向力。常见的轴向固定形式有：轴肩、轴环、弹性挡圈、圆螺母、轴套（套筒）、轴端挡圈（也称压板）、圆锥面和紧定螺钉等，如图 1-3 所示。

3）周向定位和固定

作用和目的是为了保证零件传递转矩和防止零件与轴产生相对转动。实际使用时，常采用键、花键、销、紧定螺钉、过盈配合、非圆轴等结构，均可起到周向定位和固定的作用，如图 1-3 所示。

4. 轴承

轴承的功用是支承轴及轴上的零件，保持轴的旋转精度，减少轴与支承结构的摩擦和磨损。

根据支承处相对运动表面摩擦性质的不同，轴承可分为滑动摩擦轴承（简称滑动轴承）和滚动摩擦轴承（简称滚动轴承）两大类。

1）滑动轴承

在滑动轴承中用得最多的是向心滑动轴承，主要有整体式向心滑动轴承、剖分式向心滑动轴承、调心式向心滑动轴承。

整体式向心滑动轴承结构如图1-4所示，它由轴承座、轴瓦和紧定螺钉组成；是在机架（或者壳体）上直接制孔并在孔内镶以筒形轴瓦做成。它的优点是结构简单；缺点是轴颈只能从端部装拆，造成检修困难，并且在轴承工作表面磨损后无法调整轴承间隙，必须更换新轴瓦。这种轴承通常只用于轻载、低速或间歇性工作的机器中。

剖分式向心滑动轴承如图1-5所示，它由对开轴瓦、轴承座、轴承盖、拉紧螺栓等组成。轴承座与轴承盖的剖分面做成阶梯形的配合止口，以便定位。可在剖分面间放置几片很薄的调整垫片，以便安装时或磨损后调整轴承的间隙。这种轴承装拆方便，间隙调整容易，因此应用广泛。

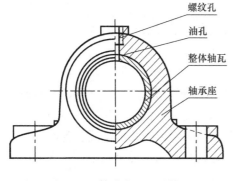

图1-4 整体式向心滑动轴承

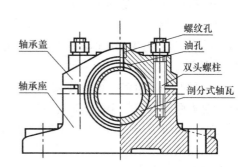

图1-5 剖分式向心滑动轴承

当轴颈很长（长径比 $l/d \geqslant 1.5 \sim 1.75$）时，受载后由于轴的变形或加工及装配的误差，引起轴颈或轴承孔的倾斜，使轴瓦两端与轴颈局部接触，如图1-6（a）所示为轴颈倾斜，致使轴瓦两端急剧磨损。这时可采用如图1-6（b）所示的调心式滑动轴承。这种轴承利用球面支承，自动调整轴瓦的位置，以适应轴的偏斜。

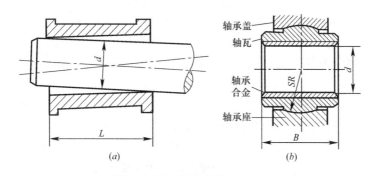

图1-6 调心式滑动轴承的应用

（a）轴颈与轴瓦接触不良图；（b）调心式滑动轴承

2）滚动轴承

滚动轴承一般由内圈、外圈、滚动体和保持架组成。内外圈上通常制有沟槽，其作用是限制滚动体轴向位移和降低滚动体与内外圈间的接触应力。内外圈分别与轴颈和轴承座配合，通常是内圈随轴颈转动而外圈固定不动，但也有外圈转动而内圈固定不动的，当内、外圈相对转动时，滚动体就在滚道内滚动。保持架的作用是使滚动体等距分布，并减少滚动体间的摩擦和磨损，常用的滚动体有球、圆柱滚子、圆锥滚子、球面滚子和滚针等。与滑动轴承相比滚动轴承具有摩擦阻力小，启动灵敏，效率高；可用预紧的方法提高支承刚度与旋转精度；润滑简便和有互换性等优点。主要缺点是抗冲击能力较差；高速时出现噪声和轴承径向尺寸大；与滑动轴承相比，寿命较低。

滚动轴承的类型很多，在各个类型中又有不同的结构、尺寸、精度等级和技术要求，为了统一表征各类轴承的特点，便于组织生产和选用，《滚动轴承　代号方法》GB/T 272—2017 规定了轴承代号的表示方法。

1.1.2　联轴器、离合器和制动器

联轴器的功能是把两根轴连接在一起。机器在运转时两根轴不能分离，只有在机器停转后，并经过拆卸才能把两轴分离。

离合器是机器在运转过程中，可将传动系统随时分离或接合在一起的装置。

制动器在机器中的功用是降低机器运转速度或使其停止运转。

1. 联轴器

被连接的两轴不可避免地存在安装误差、各种变形、传动中的振动等不利因素的影响，这就要求联轴器有一定的缓冲吸振能力，同时还要能补偿轴线间的各种偏移。

一般地，两轴之间的轴线位置偏移常表现为图 1-7 所示的几种情况。各类偏移常会在轴、轴承和联轴器产生附加荷载，甚至产生剧烈振动。在水厂与泵站中，水泵与电机之间的联轴器的对中是非常关键的。

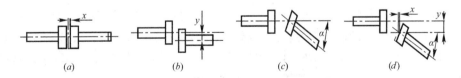

图 1-7　联轴器所连接两轴的偏移形式

(a) 轴向位移 x；(b) 径向位移 y；(c) 偏角位移 α；(d) 综合位移 x、y、α

常用联轴器可分为两大类：刚性联轴器、弹性联轴器。

1）刚性联轴器

刚性联轴器是通过若干刚性零件将两轴连接在一起。这类联轴器结构简单、成本较低，但对中性要求高，一般用于平稳载荷或只有轻微冲击的场合。

刚性固定式联轴器有凸缘式和套筒式等。如图 1-8 所示，凸缘联轴器由两个带凸缘的半联轴器用键分别和两轴连在一起，再用螺栓把两半联轴器连成一体。凸缘联轴器有两种对中方法：一种是用铰制孔螺栓对中（图 1-8a），另一种是用半联轴器结合端面上的凸台

与凹槽相嵌合来对中（图 1-8b）。

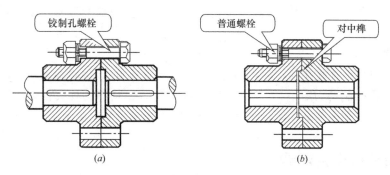

图 1-8　凸缘联轴器
（a）用铰制孔螺栓对中；（b）用对中榫对中

　　套筒联轴器是用连接零件如键（图 1-9a）或销（图 1-9b）将两轴轴端的套筒和两轴连接起来以传递转矩。当用销钉做连接件时，若按过载时销钉被剪断的条件设计，这种联轴器可作安全联轴器，以避免薄弱环节零件受到损坏。

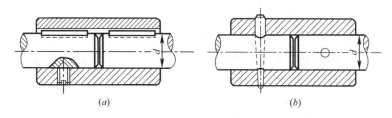

图 1-9　套筒联轴器
（a）键连接；（b）销连接

2）弹性联轴器

　　弹性联轴器分为弹性圈柱销联轴器和尼龙柱销联轴器。它的结构与凸缘式联轴器很接近，只是两个半联轴器的连接不是螺栓，而是用带橡胶或皮革套圈的柱销，每个柱销上装有好几个橡胶圈（或皮革圈）。这样利用圈的弹性，不仅可以补偿偏移，还可以缓和冲击和吸收振动。通常应用于传递小扭矩、高转速、启动频繁和扭转方向需要经常改变的机械设备中。图 1-10 所示为尼龙柱销联轴器，由于塑料工业的发展，目前已有采用尼龙柱销替橡胶圈的，这种联轴器与弹性圈柱销联轴器相似，结构简单，更换柱销也十分方便。为了防止柱销滑出，在两端可设置挡圈。柱销的材料不只限于尼龙，对其他具有弹性变形的材料也可应用，如酚醛、榆木、胡桃木等。这类联轴器的补偿量不大，若径向位移与偏角位移较大时，将会引起柱销迅速磨损。一般用于轻载的传动中。弹性联轴器在水厂、泵站中离心泵机组中使用普遍。

2. 离合器

离合器的种类很多，常用的有牙嵌式离合

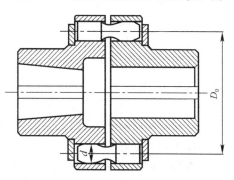

图 1-10　尼龙柱销联轴器

器、摩擦式离合器和超越离合器。嵌入式离合器依靠齿的嵌合来传递转矩，摩擦式离合器则依靠工作表面的摩擦力来传递转矩，超越离合器可使同一轴上有两种不同的转速，从动件可以超越主动件。

3. 制动器

制动器是利用摩擦副中所产生的摩擦力矩来实现制动的。制动器常安装在机器的高速轴上，这样所需的制动力矩小，可减小制动器的尺寸。制动器的种类很多，按摩擦表面形状可分为块式制动器、带式制动器和盘式制动器。

1.2　普通机械设备润滑

润滑就是在相对运动的两摩擦表面之间加入润滑剂，使两摩擦面之间形成润滑膜，将原来直接接触的干摩擦表面分隔开来，变干摩擦为润滑剂分子间的摩擦，达到减少摩擦、降低磨损、延长机械设备使用寿命的目的。

润滑还可以控制摩擦，降低摩擦因数；减少磨损；降低摩擦面的温度；防止各种机械的摩擦表面锈蚀；具有密封作用；可传递动力，例如液压系统中的液压油；减振作用。

根据润滑介质的形态可分为气体润滑、液体润滑、半固体润滑及固体润滑；一般可分为油润滑及脂润滑、固体润滑、动压润滑、静压润滑、动静压润滑、边界润滑、极压润滑、自润滑和弹性流体动力润滑。

能降低摩擦阻力的介质都可以作为润滑材料。机械设备中常用气体、液体、半固体（膏状）及固体介质作为润滑材料，润滑油和润滑脂是两种常用的润滑材料。

水厂与泵站中，关键设备的泵及电机都涉及轴承的润滑。轴承的润滑是维修保养的关键环节。

滚动轴承与滑动轴承在工作过程中，轴承内部各元件都存在不同程度的相对滑动，从而导致摩擦发热和元件的磨损。选择润滑剂时通常要考虑轴承工作时的温度和轴承的工作载荷以及轴承的转速等因素。润滑轴承的主要目的是减少摩擦发热，避免工作温度过高；降低磨损、防止锈蚀，达到散热和密封的作用。

一般轴承在工作时多采用脂润滑，脂润滑具有油膜强度高、油脂粘附性好、不易流失，使用时间较长，密封简单，能够防止灰尘、水分和其他杂质进入轴承等优点。钙基润滑脂滴点较低，不易溶于水，适于潮湿、水分较多的工作环境；钠基润滑脂滴点较高，易溶于水，适于干燥、水分较少的环境；锂基润滑脂滴点较高，当选用适当的基础油时，锂基润滑脂可以长期使用在 120℃ 或短期使用在 150℃ 的工作环境中。锂基润滑脂具有较好的机械安定性和较好的抗水性，适于潮湿和与水接触的机械部位，与钙基、钠基润滑脂相比锂基润滑脂的使用寿命可以延长一倍至数倍，同时也具有较低的摩擦因子。二硫化钼润滑脂属于固体润滑脂，与金属表面有很强的结合力。二硫化钼（MoS_2）的摩擦因数为 0.06 左右，工作时能形成一层耐 35MPa 的压力和耐 40m/s 的摩擦速度的膜，具有良好的固体润滑剂的功能。

在高速或高温条件下工作的轴承，一般采用油润滑。油润滑可靠、摩擦因数小，有良好的冷却和清洗作用，能用多种润滑方式以适应不同的工作条件。

1.3 常用传动方式

1. 带传动

如图 1-11 所示,带传动一般是由主动带轮 1、从动带轮 2、紧套在两轮上的传动带及机架组成。当原动机驱动主动轮转动时,由于带与带轮间摩擦力的作用,使从动轮一起转动,从而实现运动和动力的传递。

1)带传动的类型

摩擦带传动:靠传动带与带轮间的摩擦力实现传动,主要有 V 带传动、平带传动。

啮合带传动:靠带内侧凸齿与带轮外缘上的齿槽相啮合实现传动,如同步带传动。

V 带:V 带的截面形状为梯形,两侧面为工

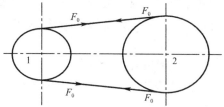

图 1-11 带传动

作表面。有普通 V 带、宽 V 带、窄 V 带等。其中,普通 V 带应用最广,窄 V 带在近几年来应用也越来越广。

2)带传动的特点

带传动属于挠性传动,传动平稳,噪声小,可缓冲吸振。过载时,带会在带轮上打滑,从而起到保护其他传动件免受损坏的作用。带传动允许较大的中心距,结构简单,制造、安装和维护较方便,且成本低。但由于带与带轮之间存在滑动,传动比不能严格保持不变。带传动的传动效率较低,带的寿命一般较短,不宜在易燃易爆场合下工作。

一般情况下带传动传递的功率 $P \leqslant 100kW$,带速 $v = 5 \sim 25m/s$,传动比 $i \leqslant 5$,传动效率为 $94\% \sim 97\%$;高速带传动的速度可达 $60 \sim 100m/s$,传动比 $i \leqslant 7$。同步齿形带的带速为 $40 \sim 50m/s$,传动比 $i \leqslant 10$,传动功率可达 200kW,效率高达 $98\% \sim 99\%$。

2. 链传动

1)特点

链传动是一种具有中间挠性件(链条)的啮合传动,它同时具有刚、柔的特点,是一种常见的机械传动形式。如图 1-12 所示,链传动由主动链轮 1、从动链轮 3 和中间挠性件(链条)2 组成,通过链条的链节与链轮上的轮齿相啮合传递运动和动力。

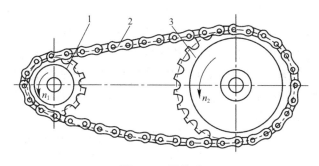

图 1-12 链传动

和带传动比较,链传动的主要优点是:

没有滑动;工况相同时,传动尺寸比较紧凑;不需要很大的张紧力,作用在轴上的载

荷较小；传动效率较高，$\eta \approx 98\%$，能在温度较高、湿度较大的环境中使用等。

链传动的缺点是：

只能用于平行轴间的传动；瞬时速度不均匀，高速运转时不如带传动平稳；不宜在载荷变化很大和急促反向的传动中应用；工作时有噪声；制造费用比带传动高等。

2）应用

链传动主要用在要求工作可靠，且两轴相距较远以及其他不宜采用齿轮传动的场合。因使用方便可靠，链传动还可应用于低速重型和极为恶劣的工作条件下，例如掘土机的运行机构，虽常受到土块、泥浆及瞬时过载等影响，但仍能很好地工作。

3. 蜗杆传动

1）蜗杆传动的类型

蜗杆传动由蜗杆和蜗轮组成（图1-13），用于传递空间交错的两轴间的运动和动力。一般来说，交错角 $\Sigma = 90°$，蜗杆为主动件。蜗杆传动广泛应用于机床、起重机械、冶金机械、矿山机械和仪表中。

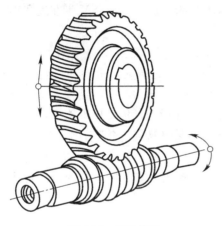

图1-13　蜗杆传动

按蜗杆形状的不同，蜗杆传动可分为圆柱面蜗杆传动、圆弧面蜗杆传动和锥面蜗杆传动。

圆柱蜗杆传动包括普通圆柱蜗杆传动和圆弧圆柱蜗杆传动两类。

2）蜗杆传动的特点

蜗杆传动具有传动比大（传递动力时，一般 $i = 10 \sim 80$，传递运动或在分度机构中 i 可达1000、结构紧凑、传动平稳、噪声小、可以实现反行程自锁等优点。但相啮合的齿面间相对滑动速度较大，因此摩擦损失大，传动效率较低，一般为 $0.70 \sim 0.90$；反行程自锁时，效率仅为0.4左右；为减轻齿面磨损和防止胶合，蜗轮齿圈常用青铜制造，故成本较高；对制造和安装误差敏感，安装时对中心距尺寸精度要求较高。蜗杆传动通常用于传动功率小于50kW的场合，且不宜做长时间连续运转。

4. 齿轮传动

1）齿轮传动的应用特点

齿轮传动指的是由齿轮副组成的传递运动和动力的一套装置。所谓齿轮副是由两个相啮合的齿轮组成的基本机构。两齿轮轴线相对位置不变，并各绕其自身的轴线而转动。如图1-14所示，当一对齿轮相互啮合而工作时，主动轮 O_1 的轮齿1、2、3……通过啮合点法向力 F_n 的作用逐个地推动从动轮 O_2 的轮齿 $1'$、$2'$、$3'$……使从动轮转动，从而将主动轮的动力和运动传递给从动轮。

传动比：在图1-14所示的一对齿轮中，设主动齿轮的转速为 n_1，齿数为 z_1；从动齿轮的转速为 n_2，齿数为 z_2。若从动齿轮转速为 n_2，则转过的齿数为 $z_2 \times n_2$，由于两轮转过的齿数应相等，即 $z_1 \times n_1 = z_2 \times n_2$。由此可得一对齿轮的传动比为：

$$i_{12} = n_1 / n_2 = z_2 / z_1 \tag{1-1}$$

式（1-1）说明一对齿轮传动比 i_{12} 就是主动齿轮与从动齿轮转速（角速度）之比，与其齿数成反比。

一对齿轮的传动比不宜过大，否则会使结构尺寸过大，不利于制造和安装。通常一对圆柱齿轮的传动比 i_{12} ＝5～8，一对圆锥齿轮的传动比 i_{12}＝3～5。

例：有一对齿轮传动，已知主动齿轮转速 n_1＝960r/min，齿数 z_1＝20，从动轮齿数 z_2＝50，试计算传动比 i_{12} 和从动轮转速 n_2。

解：由式（1-1）可得 $i_{12}=n_1/n_2=z_2/z_1=2.5$

从动轮转速 $n_2=n_1/i_{12}=960/2.5=384$r/min。

2）齿轮传动常用类型

根据齿轮传动轴的相对位置，可将齿轮传动分为两大类，即平面齿轮传动与空间齿轮传动；按轮齿的齿廓曲线不同，可分为渐开线齿轮、摆线齿轮和圆弧齿轮等几种。

3）齿轮传动的特点

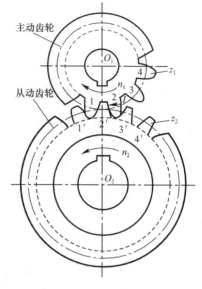

图 1-14　齿轮传动

齿轮传动依靠主动齿轮与从动齿轮的啮合传动来传递运动和动力，是现代机械中应用最广泛的一种传动。与其他传动相比齿轮传动具有以下特点：

其优点是：适用的范围大，可实现任意两轴间的传动；效率高、传动平稳；传动比准确；工作安全可靠、寿命长；结构紧凑。

其缺点是：制造安装精度高，成本高；不适用于距离较远的传动。

5. 液压传动

1）液压传动原理

图 1-15 所示是常见的液压千斤顶的工作原理图。大、小两个液压缸 11 和 2 的内部分别装有活塞，活塞与缸体之间保持一种良好的配合关系，不仅活塞能在缸内滑动，而且配合面之间又能实现可靠的密封。当向上提起杠杆 1 时，小活塞就带动上升，于是小液压缸 2 下腔的密封工作容积便增大。这时，由于钢球 3 和 4 分别关闭了它们各自所在的油路，所以在小液压缸的下腔形成了部分真空，油池 5 中的油液就在大气压力作用下推开钢球 4 沿吸油孔道进入小液压缸的下腔，完成一次吸油动作。接着，压下杠杆 1，小活塞下移，小液压缸下腔的工作容积减少，把其中的油液挤出，推开钢球 3（此时钢球 4 自动关闭了通往油池的油路），油液便经两缸之间的连通孔道进入大液压缸 11 的下腔。由于大液压缸下腔也是一个密封的工作容积，所进入的油液因受挤压而产生的作用力就推动大活塞上升，并将重物 12 向上顶起一段距离。这样反复地提、压杠杆 1，就可以使重物不断上升，达到起重目的。

若将放油阀 8 旋转 90°，则在重物自重 G 的作用下，大液压缸 11 中的油液流回油箱 5，活塞就下降到原位。

从上述例子可以看出：液压千斤顶是一个简单的液压传动装置。分析液压千斤顶的工作过程，可知液压传动是以液体作为工作介质来传动的一种传动方式，它依靠密封容积的变化传递运动，依靠液体内部的压力（由外界负载所引起）传递动力；液压传动装置本质上是一种能量转换装置，它先将机械能转换为便于输送的液压能，随后又将液压能转换为机械能做功。

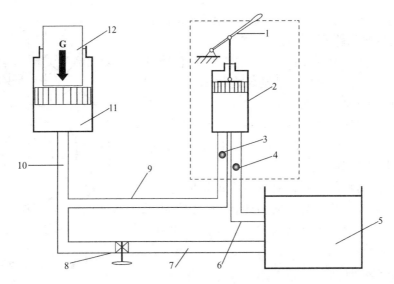

图 1-15　液压千斤顶的工作原理图

1—杠杆手柄；2—泵体油腔；3—排油单向阀；4—吸油单向阀；5—油箱；6、7、9、10—油管；
8—放油阀；11—液压缸（油腔）；12—重物

2）液压传动系统的组成

液压系统是由具有各种功能的液压元件有机地结合而成的。不论最简单的液压系统，还是很复杂的液压系统，都是由除了工作介质外的四个主要部分组成。

（1）动力元件

动力元件即液压泵，它是将原动机输入的机械能转换成液体压力能的装置，其作用是为液压系统提供压力油，它是液压系统的动力源。

（2）执行元件

执行元件是指液压缸和液压马达，它是将液体的压力能转换成机械能的装置，其作用是在压力油的推动下输出力和速度（或转矩和转速）以驱动工作部件，如各类液压缸和液压马达。

（3）控制调节元件

控制调节元件是指各种阀类元件，如溢流阀、节流阀、换向阀等。它们的作用是控制液压系统中液压油的压力、流量和方向，以保证执行元件完成预期的工作运动。

（4）辅助元件

辅助元件指油箱、油管、管接头、过滤器、压力表、流量表等。这些元件分别起储油、输油、连接、过滤、测量压力和流量等作用，以保证系统正常工作，是液压系统不可缺少的组成部分。

3）液压传动的特点及应用

（1）液压传动的优点

液压传动能方便地实现无级调速，调速范围广，可在系统运行过程中调整；液压传动易于实现系列化、标准化、通用化及自动化；液压传动能使执行元件的运动十分均匀稳定、反应快、换向冲击小，能快速启动、制动和频繁换向；液压传动易实现过载保护，使用安全、可靠，液压元件能够自行润滑，使用寿命长；在相同的功率条件下，液压传动装置体积小、重量轻、结构紧凑；液压传动易获得很大的力或力矩，并且控制、调节简单、操作方便、省力。当其与电气控制结合时，更易实现各种复杂的自动工作循环。

（2）液压传动的缺点

液体很容易泄漏，使液压传动难以保证严格的传动比；液压传动在工作过程中能量损失较大，传动效率较低，不宜做远距离传动；液压系统混入空气后，会产生爬行和噪声等现象，从而影响运动的平稳性；油液被污染后，机械杂质常会堵塞小孔、缝隙，影响动作的可靠性；液压传动对油温变化比较敏感，不宜在很高或很低的温度条件下工作；液压传动出现故障时，不易查找原因。

（3）液压传动的应用

液压传动由于具有许多独特的优点，所以应用领域日益广泛。液压传动在各类机械行业中的应用情况如下：

机床工业上主要有磨床、铣床、刨床、拉床、数控机床等。

工程机械上主要有推土机、挖掘机、装载机、压路机、铲运机等。

起重运输机械上主要有汽车起重机、叉车、装卸机械等。

矿山机械上主要有开掘机、开采机、破碎机、提升机、液压支架等。

建筑机械上主要有打桩机、液压千斤顶、平地机等。

农业机械上主要有联合收割机、拖拉机、农具悬架系统等。

冶金机械上主要有电炉炉顶及电极升降机、轧钢机、压力机等。

轻工机械上主要有打包机、注塑机、橡胶硫化机、造纸机等。

汽车工业上主要有全液压越野车、自卸式汽车、汽车中的转向器。

智能机械上主要有折臂式小汽车装卸器、数字式体育锻炼机、模拟驾驶舱、机器人等。

1.4 机械制图基础知识

零件图的识读知识及尺寸标注

1. 零件图的内容

机器都是由许多零件装配而成的，制造机器必须首先制造零件。零件工作图（简称零件图）就是直接指导制造和检验零件的图样。

一张完整的零件图（图1-16）应包括下列内容。

1）一组图形

用必要的视图、剖视、剖面以及其他规定画法，正确、完整、清晰地表达零件各部分结构的内外形状。

2）尺寸

能满足零件制造和检验所需要的正确、完整、清晰、合理的尺寸。

3）必要的技术要求

利用代（符）号标注或文字说明，表达出制造、检验和装配过程中应达到的一些技术上的要求，如表面粗糙程度、尺寸公差、热处理和表面处理要求等。

4）填标题栏

标题栏中应包括零件的名称、材料、图号和图样的比例以及图样的责任者签字的内容。

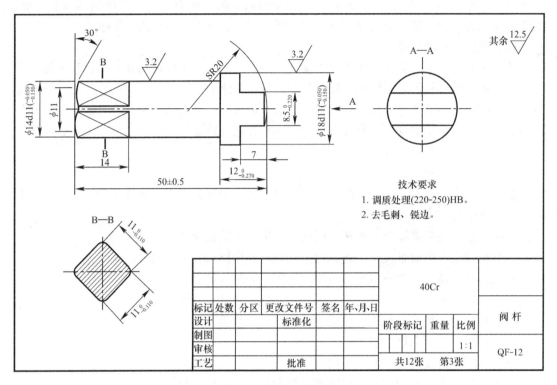

图 1-16　轴承座零件图

2. 零件表达方案的选择

作用不同的机器零件，其结构形状也就各不相同。对每个零件选择恰当的视图，确定合理的表达方案，是画好零件的首要问题。了解零件表达方案的选择原则对看图也具有很大的指导意义。

主视图的选择：

主视图是一组图形的核心。确定零件表达方案，应首先合理选择主视图。选择主视图应考虑以下原则。

1）表达形状特征原则

在选择零件主视方向时，应视主视图反映零件较突出的形状结构特征。

图 1-17 所示为端盖零件，能反映该轴各段的形状、大小及相互位置，突出表达轴类零件的形状特征，图 1-17（a）应选为主视图；而图 1-17（b）所示只是一些同心圆，显然不能表达轴类零件的形状特征，不适合作主视图。

2）符合加工或工作位置原则

在决定零件摆放位置时，应尽量令其符合零件的加工位置和（或）工作位置。零件的加工制造，常需紧固在一定位置上进行，这是零件的加工位置（或称装卡位置）。零件主视图位置应尽量与其主要加工工序的位置一致，以便于加工时看图。

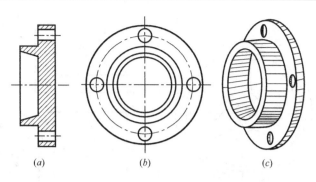

图 1-17 端盖零件主视图的选择

每个零件在机器上都有一定的工作位置（即安装位置），选择主视图时，应尽量使其位置与工作位置一致，便于想象零件在工作中位置和作用。零件的加工位置与工作位置有时是一致的；或者因为工序较多，加工位置变化也多，在这种情况下，对轴、套、盘等回转体零件常选择其加工位置，对钩、支架、箱体等零件多选择其工作位置。

3. 视图数量及表达方法举例

主视图确定之后，在考虑还需要配置多少其他视图及采用哪些表达方法时，应根据零件的复杂程度，在能够正确、完整、清晰地表达零件内外结构的前提下，尽量用较少的视图，以便于画图和读图。

1）只需一两个视图即可表达完整的零件

有些简单的回转体零件，加以尺寸标注，只需一个视图就可以表达完整、清晰。如图 1-18 所示的同轴套类零件，由于尺寸标注中有"ϕ"等符号，用一个主视图就足以表达清晰。

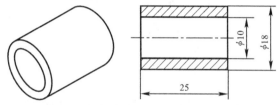

图 1-18 只需一个主视图的零件

图 1-19 所示的不全回转体零件，只用一个视图就不能完整地表达其结构形状，必须用半剖视图和一个左视图，才能完整、清晰地表达其内外结构。

2）需要三个或更多视图及多种表达方法才能表达完整的复杂零件

图 1-20 所示的壳体零件，需要采用三个视图表达。主视图因左右对称，用半剖视图表示内腔，局部剖视图表达小孔的内形。俯视图表达了三部分结构间的相互位置关系和底板上的凹槽，并用局部剖视显示了内腔圆角的形状。左视图主要用全剖视表达内腔，还在肋板上采用重合剖面表达了肋板的断面情况。

4. 零件图尺寸的标注

零件的尺寸标注，必须做到正确、完整、清晰、合理。关于正确、完整、清晰的要求及尺寸标注的合理性，其重点是在研究零件的使用性能和工艺过程的基础上，选好尺寸基准，掌握零件图中标注尺寸的注意事项。

零件图中标注尺寸的注意事项：

设计中的重要尺寸，要从基准单独直接标出，如图 1-21 所示。零件的重要尺寸，主要是指影响零件在整个机器中的工作性能和位置关系的尺寸，如配合表面的尺寸、重要的定位尺寸等。它们的精度将直接影响零件的使用性能，因此必须直接标出。

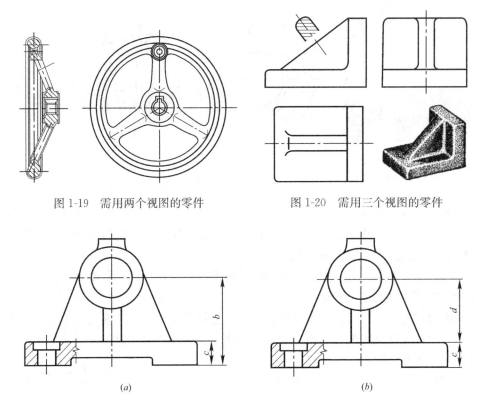

图 1-19　需用两个视图的零件　　　　图 1-20　需用三个视图的零件

图 1-21　重要尺寸直接标出

（*a*）正确；（*b*）错误

如图 1-21 所示，重要尺寸需靠其他尺寸 *c* 计算得出、*b* 需靠其他尺寸（*c*、*d*）间接计算而得，以避免造成差错或误差的积累。

标注尺寸，当同一方向尺寸出现多个基准时，为了突出主要基准，明确辅助基准，保证尺寸标注不致脱节，必须在辅助基准和主要基准之间直接标出联系尺寸。

标注尺寸时，不允许出现封闭的尺寸链。封闭尺寸链，就是头尾相接，绕成一整圈的一组尺寸，如图 1-22 所示。这样标注尺寸时，所有轴向尺寸一环接一环，每个尺寸的精度，都将受到其他环的影响，因而精度难以得到保证。

为避免封闭尺寸链，可以选择一个不重要的尺寸不予标出，使尺寸链留有开口，如图 1-22（*b*）所示。开口环的尺寸由加工中自然形成。

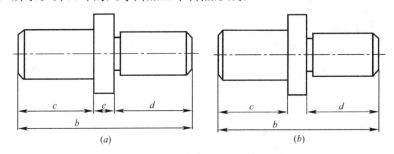

图 1-22　尺寸链的封闭与开口

标注尺寸要便于加工与测量。

5. 零件图技术要求的标注

1）表面粗糙度

由零件加工表面上具有的较小间距和峰谷所组成的微观几何形状不平的程度，就叫表面粗糙度，如图 1-23 所示。

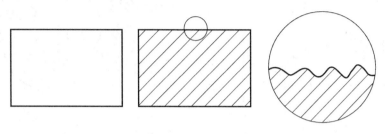

图 1-23 表面粗糙度

国家标准中规定，常用表面粗糙度评定参数有：轮廓算术平均偏差（R_a）、微观不平度十点高度（R_z）和轮廓最大高度（R_y）等。一般情况下，R_a 为最常用的评定参数。

2）表面粗糙度代（符）号

在图样中，零件表面粗糙度是采用代（符）号标注的。

粗糙度的基本符号是由两条不等长且与被标注表面投影轮廓线成 60°的斜线组成，如图 1-24（a）所示。它无具体意义，不能单独使用。

在基本符号上，加一短划线，如图 1-24（b）所示，则表示该表面粗糙度是用去除材料的方法（车、铣、刨、磨、剪切、抛光、腐蚀、电火花加工等）获得的。

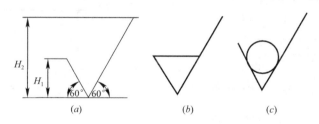

图 1-24 表面粗糙度符号

在基本符号上，加一小圆，如图 1-24（c）所示，则表示该表面粗糙程度是用不去除材料的方法（铸、锻、冲压变形、热轧、冷轧、粉末冶金等）获得的，或者用于保持原供应状况的表面（包括保持上道工序的状况）。

在表面粗糙度符号上，按规定位置填写评定参数值等，组成表面粗糙度代号。三种常用评定参数（R_a、R_z、R_y）的允许值均以微米为单位，且当标注轮廓算术平均偏差时，省略"R_a"符号。

3）表面粗糙度代（符）号在图样上的标注方法

在同一图样中，每一表面的粗糙度代（符）号只标注一次，并尽可能标注在具有确定该表面大小或位置尺寸的视图上。代（符）号应注在可见轮廓线、尺寸界线或其延长线上。尖端必须从材料外指向该平面，如图 1-25 所示。

代号中数字书写方向，必须与尺寸数字书写方向一致，如图 1-26 所示。

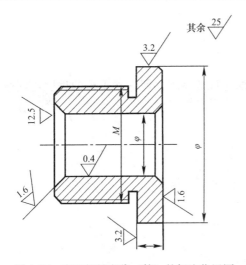

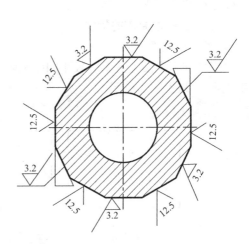

图 1-25　表面粗糙度代（符）的标注位置图　　图 1-26　代号中数字书写方向

当零件所有表面具有相同粗糙度时，可在图样右上角统一标注，如图 1-27 所示。

当零件所有表面中大部分粗糙度相同时，也可将相同的粗糙度代（符）号标注在统一右上角，前面加"其余"二字。

同一表面有不同粗糙度要求时，须用细实线分出界线，分别标出相应尺寸的代号，如图 1-28 所示。

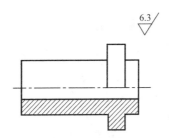

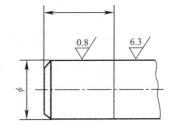

图 1-27　所有表面粗糙度相同的标注　　图 1-28　同一表面粗糙度不同时的标注

中心孔、键槽、倒角、圆角等狭小部位，表面粗糙度代号可引出并简化标注。

6. 零件的测绘

零件测绘就是依据实际零件，画出它的图形，测量并标注它的尺寸，给定必要的技术要求等工作过程。在仿造机器设备、设备维修和技术革新中需要进行这一工作。

1）零件测绘的一般过程

全面了解测绘对象：分析、弄清零件的名称、用途；鉴定零件的材料、热处理和表面处理情况；分析零件结构形状和各部分的作用；查看零件有无磨损和缺陷，了解零件的制造工艺过程等。

对测绘对象进行了解和分析，是做好零件测绘的基础。测绘虽然不是设计，但必须正确领会设计的意图，使测绘的结果正确、合理。

绘制零件草图：在对零件进行认真分析的基础上，目测比例，根据零件表达方案的选择原则徒手绘出的零件图称为零件草图。零件草图是绘制零件工作图的依据，有时草图也可代替工作图使用。

根据零件草图，绘制零件工作图：对零件草图必须进行认真检查核对，补充完善后，依此画出正规的零件工作图，用以指导加工零件。

2）画零件草图的要求和步骤

零件草图是绘制零件工作图的依据，由此，它必须包括零件工作图的全部内容。做到：内容完整、表达正确、尺寸齐全、要求合理、图线清晰、比例匀称。

在分析零件结构，确定表达方案的基础上，选定比例，布置画图，画好基本视图的基准线。

为画好剖视和剖面图，应按要求选好尺寸标注的位置，画好尺寸线、尺寸界线。

标注尺寸和所有技术要求，填写标题栏，检查有无错误和遗漏。

第2章 工程材料知识

2.1 金属材料

金属材料的性能分为使用性能和工艺性能。其中，使用性能是指金属材料为保证机械零件或工具正常工作应具备的性能，即在使用过程中所表现出的特性。了解并掌握金属的性能，才能正确、经济、合理地选用金属材料。金属材料的使用性能包括力学性能、物理性能和化学性能。对工程材料性能的了解是泵站机电检修人员必备的理论知识。

1. 金属材料的力学性能

金属材料的力学性能是指金属在不同环境因素（温度、介质）下，承受外加载荷作用时所表现的行为。这种行为通常表现为金属的变形和断裂。因此，金属材料的力学性能可以理解为金属抵抗外加载荷引起的变形和断裂的能力。金属材料常用的力学性能主要有强度、塑性、硬度、韧性和疲劳强度等。

1）强度指标

金属材料的强度用应力来表示，当材料受荷载作用后内部产生一个与荷载相平衡的内力，单位面积上内力称为应力，用 σ 表示。常用的强度指标有弹性极限 σ_e、屈服点 σ_s 和抗拉强度 σ_b。

2）塑性指标

材料的塑性指标可以用试样拉断时的最大相对变形量来表示，常用的有断后伸长率（用符号 δ 表示）与断面收缩率（用符号 ψ 表示），它们是工程上广泛使用的表征材料塑性好坏的主要力学性能指标。

3）硬度

硬度是衡量金属软硬程度的一种性能指标，是金属表面上局部体积内抵抗塑性变形和破裂的能力，用符号 HBW 表示。

硬度的测定方法很多，目前生产中应用较多的是布氏硬度、洛氏硬度和维氏硬度。

冲击韧性以很大速度作用于工件上的载荷称为冲击载荷。许多机械零件和工具在工作时承受冲击载荷的作用，如冲床的冲头、锻锤的锤杆、风动工具等。这类零件不仅要满足静力作用下的强度、塑性、硬度等性能判据，还必须具有足够抵抗冲击载荷的能力。金属材料在冲击载荷的作用下，抵抗破坏的能力叫作冲击韧性。国家标准现已规定采用冲击功 A_k 表示。

4）疲劳

疲劳现象工程上许多机械零件如轴、齿轮、弹簧等都是在变动载荷作用下工作的。根据变动载荷的作用方式不同，零件承受的应力可分为交变应力与重复应力两种，承受交变应力或重复应力的零件，在工作过程中，往往在工作应力低于其屈服强度的情况下发生断裂，这种现象叫作疲劳断裂。

疲劳强度：大量试验证明，金属材料所受的最大应变力 σ_{max} 越大，则断裂前所受的循环周次 N 越少，如图 2-1 所示。这种交变应力 σ_{max} 与循环周次 N 的关系称为疲劳曲线。从曲线上可以看出，循环应力值越低，断裂前的循环周次越多。当循环应力降低到某一数值后，循环周次可以达到很大，甚至无限次循环，而试样仍不发生疲劳断裂，这种试样不发生断裂的最大循环应

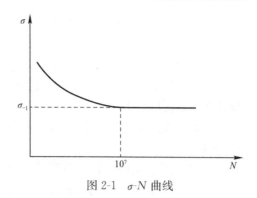

图 2-1 σ-N 曲线

力，称为该金属的疲劳强度，光滑试样的对称循环旋转弯曲的疲劳强度用符号 σ_{-1} 表示。

在机械零件的失效形式中，约有 80% 是疲劳断裂所造成的。因此，减少疲劳失效，对于提高零件使用寿命有着重要意义。

5）金属材料的其他性能

（1）物理性能

金属材料的物理性能是指其本身所固有的一些属性，如密度、熔点、热膨胀性、导热性、导电性和磁性等。由于机器零件的用途不同，对其物理性能的要求也有所不同。例如，飞机零件常选用密度小的铝、镁、钛合金来制造；设计电机、电器零件时，常要考虑金属材料的导电性等。

（2）化学性能

金属材料的化学性能主要是指金属在常温或高温时抵抗各种介质侵蚀的能力，如耐酸性、耐碱性、抗氧化性等。

对于在腐蚀性介质中或在高温下工作的机器零件，由于比在空气中或室温时的腐蚀更为强烈，故在设计这类零件时，除了要满足其力学性能、物理性能外，更要重视其化学性能，采用化学稳定性良好的合金。

（3）工艺性能

金属材料的工艺性能是指金属在制造机械零件和工具的过程中，适应各种冷、热加工的能力，也就是金属材料采用某种加工方法制成成品的难易程度，主要包括金属的铸造性能、锻压性能、焊接性能、热处理性能和切削加工性能等。金属材料工艺性能的好坏直接影响到制造零件的工艺方法、加工质量以及制造成本。

2. 金属材料的性能及特点

1）铜

铜是人类应用最早的金属材料，至今也是应用最广泛的金属材料之一。工业上使用的纯铜，是玫瑰红色的金属，表面氧化后会形成一层氧化亚铜（Cu_2O）膜而呈紫色，因此又称为紫铜。

纯铜具有优良的导电性、导热性、塑性及良好的耐蚀性。但纯铜的强度不高，硬度很低，塑性却很好。因此，纯铜可通过挤压、压延、拉伸等方法进行成型加工。纯铜不能通过热处理方法进行强化，只能通过冷变形加工的方法提高强度。冷变形后，纯铜的强度可以提高到 $\sigma_b = 400 \sim 500$MPa，但伸长率急剧下降到 2% 左右。

纯铜的主要用途是制作各种导电材料、导热材料及配置各种铜合金。工业纯铜的代号

用 T（"铜"的汉语拼音字母）加顺序号表示，共有三个代号：T1、T2、T3，代号中数字越大，表示纯度越低，杂质含量越多，则其导电性越差。

2）铜合金

纯铜因其强度低而不能作为结构材料使用，工业中广泛使用的是铜合金。铜合金一般按以下方法进行分类。

按化学成分铜合金分为黄铜、青铜和白铜三大类。在机械制造中，应用较广的是黄铜和青铜。

黄铜是以锌为主要合金元素的铜-锌合金。其中，不含其他合金元素的黄铜称普通黄铜；含有其他合金元素的黄铜称为特殊黄铜。

白铜是以镍为主要合金元素的铜合金。

青铜是以除锌和镍以外的其他元素作为主要合金元素的铜合金。按其所含主要合金元素的种类可分为锡青铜、铅青铜、铝青铜、硅青铜等。按生产方法铜合金可分为压力加工铜合金和铸造铜合金两类。

铜的种类较多，本节只简单介绍一下普通黄铜性能。

普通黄铜是铜和锌组成的二元合金，锌加入铜中提高了合金的强度、硬度和塑性，并且改善了铸造性能。

普通黄铜的耐蚀性与纯铜相近。经冷压加工后的黄铜，因有残余应力的存在，在潮湿的大气中，特别是在含氨的气氛中，容易发生自动开裂（即所谓季裂现象），黄铜的季裂随含锌量的增加而加剧，采用 250～300℃、保温 1～3h 的低温退火并及时消除残余应力可防止季裂现象的发生。

常用的普通黄铜牌号、用途见表 2-1 所示。普通黄铜主要供压力加工用，按加工特点分为冷加工用 α 单相黄铜与热加工用 α+β' 双相黄铜两类。

常用黄铜的牌号、化学成分、力学性能及用途　　　　　　　　　表 2-1

类别	牌号	主要用途
普通黄铜	H96	导管、冷凝管等
	H90	双金属片、给水排水管
	H68	复杂冷冲压件、散热器外壳、弹壳等
	H62	销钉、铆钉、螺钉、弹簧等
	ZCuZn₃	一般结构的散热器等
特殊黄铜	HSn62-1	与海水及汽油接触的零件
	HMn58-2	船舶制造业及弱电用零件
	HPb59-1	热冲压机切削加工零件、轴套等
	HSn62-1	轮廓不复杂的重要零件，海轮上300℃以下工作的管配件等

3）钢

（1）合金钢的分类

按用途分类：

合金结构钢：用于制造机械零件和工程结构的钢；

合金工具钢：用于制造各种加工工具的钢；

特殊性能钢：具有某种特殊物理、化学性能的钢，如不锈钢、耐热钢、耐磨钢等。

按所含合金元素总含量分类：

低合金钢：合金元素总含量<5%；

中合金钢：合金元素总含量5%～10%；

高合金钢：合金元素总含量>10%。

（2）合金结构钢

合金结构钢按用途可分为：低合金结构钢和机械制造用钢两类。它是合金钢中用途最广、用量最大的一类钢。

低合金结构钢主要用于各种工程结构，如桥梁、建筑、船舶、车辆、高压容器等。这类钢是在碳素结构钢的基础上加入少量合金元素形成的，故称低合金结构钢。

机械制造用钢主要用于制造各种机械零件。通常都是优质或高级优质合金结构钢，一般须经热处理，以发挥材料力学性能的潜力。按照用途和热处理特点它可分为渗碳钢、调质钢、弹簧钢、滚珠轴承钢和超高强度钢。

（3）合金渗碳钢

合金渗碳钢是用来制造既要有优良的耐磨性、耐疲劳性，又要承受冲击载荷而有足够高的韧性和强度的零件，如汽车、拖拉机中的变速齿轮、内燃机上的凸轮轴、活塞销等。

（4）合金调质钢

合金调质钢是用来制造一些受力复杂的重要零件，它既要求有很高的强度，又要有很好的塑性和韧性，即有良好的综合力学性能。这类钢的含碳量一般为0.25%～0.50%，含碳量过低，硬度不足。含碳量过高，则韧性不足。

（5）合金弹簧钢

弹簧是各种机器和仪表中的重要零件。它是利用弹性变形吸收能量以缓和振动和冲击，或依靠弹性储存能量来起驱动作用。因此，要求制造弹簧的材料具有高的弹性极限（具有高的屈服点或屈强比）、高的疲劳极限与足够的塑性和韧性。

弹簧钢按加工和热处理分为两种：热成型弹簧钢、冷成型弹簧钢。

热成型弹簧钢一般用于大型弹簧或形状复杂的弹簧。弹簧热成型后进行淬火和中温回火，获得回火屈氏体组织，以达到弹簧工作时要求的性能。

冷成型弹簧钢一般用于小型弹簧。冷成型弹簧采用冷拉弹簧钢丝冷绕成型。

（6）滚珠轴承钢

滚珠轴承钢用来制造各种轴承的滚珠、滚柱和内外套圈，也用来制造各种工具和耐磨零件。

目前，应用最多的滚珠轴承钢有：GCr15主要用于中小型滚珠轴承；GCr15SiMn主要用于较大的滚珠轴承。

由于滚珠轴承钢的化学成分和主要性能和低合金工具钢相近，故一般工厂常用它来制造刀具、冷冲模量具及性能要求与滚珠轴承相似的耐磨零件。

（7）合金工具钢

工具钢可分为碳素工具钢和合金工具钢两种。碳素工具钢加工容易，价格便宜。但是淬透性差，容易变形和开裂，而且当切削过程温度升高时容易软化（红硬性差）。因此，尺寸大、精度高和形状复杂的模具、量具以及切削速度较高的刀具，都要采用合金工具钢来制造。

合金工具钢按用途可分为刀具钢、模具钢和量具钢。

（8）特殊性能钢

具有特殊物理、化学性能的钢称为特殊用途钢。这类钢种类很多，在机械制造业中常用的有不锈钢、耐热钢和耐磨钢等。

① 不锈钢

不锈钢是不锈耐酸钢的简称。其中，在空气和弱腐蚀性介质中能抵抗腐蚀性的钢称为不锈钢，在酸、盐溶液等强腐蚀性介质中能抵抗腐蚀的钢称为耐酸钢。

② 耐热钢

在高温下具有高的抗氧化性能和较高强度的钢称为耐热钢。耐热钢可分为抗氧化钢与热强钢两类。

③ 耐磨钢

耐磨钢主要用于承受严重磨损和强烈冲击的零件，如车辆履带、破碎机颚板、球磨机衬板、挖掘机铲斗和铁轨分道岔等。因此，要求耐磨钢具有良好的韧性和耐磨性。

4）铸铁

（1）灰铸铁性能

① 力学性能

灰铸铁的组织相当于以钢为基体再加片状石墨。基体中含有比钢更多的硅、锰等元素，这些元素可溶入铁素体而使基体强化，因此其基体的强度与硬度不低于相应的钢。片状石墨的强度、塑性、韧性几乎为零，可近似地把它看成是一些微裂纹，它不仅割裂了基体组织的连续性，缩小了基体承受载荷的有效截面，而且在石墨的尖端容易产生应力集中，当铸铁件受拉力或冲击力作用时容易产生脆断。因此，灰铸铁的抗拉强度、疲劳强度、塑性、韧性比相同基体的钢低很多。铸铁中石墨片的数量越多，石墨片越粗大，分布越不均匀，对基体的割裂作用和应力集中现象越严重，则其抗拉强度、疲劳强度、塑性、韧性越低。灰铸铁的性能主要取决于基体组织和石墨的数量、形状、大小及分布状况。由于灰铸铁的抗压强度、硬度与耐磨性主要取决于基体，石墨的存在对其影响不大，因此，灰铸铁的抗压强度、硬度与相同基体的钢相似。灰铸铁的抗压强度一般是其抗拉强度的 3～4 倍（表 2-2）。

灰铸铁的牌号、性能及用途

表 2-2

牌号	铸铁类别	应用
T100	铁素体灰铸铁	主要用于低载荷和无特殊要求的一般零件，如盖、防护罩、手柄、支架、重锤等
HT150	铁素体＋"珠光体"灰铸铁	用于中等荷载的零件，如支架、底座、齿轮箱、刀架、床身、管路、飞轮、泵体等
HT200	—	用于较大荷载和较重要的零件，如气缸体、齿轮、齿轮箱、机座、飞轮、缸套、活塞、联轴器、轴承座等
HT250		
HT300	孕育铸铁	用于承受高荷载的重要零件，如重型设备床身、机座、受力较大的齿轮、凸轮、高压油箱等
HT350		

② 其他性能

石墨虽然降低了灰铸铁的抗拉强度、塑性和韧性，但也正由于石墨的存在，使铸铁具有一系列其他优良性能。

优良的铸造性能。灰铸铁的熔点低，流动性好，收缩率小，铸造过程中不易出现缩孔、缩松现象，因此灰铸铁可以浇铸出形状复杂的薄壁零件。

良好的减振性能。铸铁中的石墨对振动可起缓冲作用，可阻止振动传播，并将振动能量转化为热能，故铸铁具有良好的减振性。

良好的减摩性能。石墨本身是一种良好的润滑剂，在使用过程中石墨剥落后留下的孔隙具有吸附、储存部分润滑油的作用，使摩擦面上的油膜易于保持而具有良好的减摩性。

良好的切削加工性能。由于石墨割裂了基体组织的连续性，在切削过程中容易断屑和排屑，且石墨对刀具具有一定的润滑作用，使刀具磨损减小。

较低的缺口敏感性。铸铁中石墨本身就相当于许多微小的裂纹，从而减弱了外加缺口对铸铁的作用，故而铸铁具有较低的缺口敏感性。

（2）球墨铸铁

球墨铸铁，是在浇注前向一定成分的铁液中加入纯镁、稀土或稀土镁合金等球化剂进行球化处理及孕育处理后获得大部或全部为球状石墨的铸铁。

球墨铸铁的力学性能是铸铁中最高的。同时，球墨铸铁还兼具灰铸铁耐磨、吸振、缺口敏感性低、铸造和切削加工性优良的优点。目前，球墨铸铁已在很多领域成功地取代铸钢和锻钢来制造各种机械零件，如曲轴、连杆、凸轮轴、齿轮等。

球墨铸铁广泛用于给水外管，这是由于其耐腐蚀、强度好且节约钢材（同口径球墨铸铁管比灰铸铁可节省 1/3 钢材）。

（3）可锻铸铁

可锻铸铁又称马铁或玛钢，它是由白口铸铁通过可锻化退火后获得具有团絮状石墨的铸铁。由于石墨呈团絮状分布，削弱了石墨对基体的割裂作用。与灰铸铁相比，可锻铸铁具有较高的力学性能，尤其是塑性和韧性有明显提高。

2.2 金属的腐蚀及防腐方法

1. 金属的腐蚀

金属材料的腐蚀，是指金属材料和周围介质接触时发生化学或电化学作用而引起的一种破坏现象。按照腐蚀的机理腐蚀可分为化学腐蚀及电化学腐蚀。

1）化学腐蚀

化学腐蚀是指金属与非电解质直接发生化学作用而引起的破坏，其腐蚀过程是一种纯氧化和还原的纯化学反应，即腐蚀介质直接同金属表面的原子相互作用而形成腐蚀产物，在反应过程中没有电流产生。例如，金属与干燥气体如 O_2、H_2S、SO_2、Cl_2 等接触时。在金属表面上生成相应的化合物，如氧化物、硫化物、氯化物等，而使金属损坏。

如锻造时钢件表面形成的氧化铁皮，铜或铜合金与橡胶制品接触时，铜与橡胶中的硫产生化学作用，变为硫化铜，而使铜制件损坏等，均属于化学腐蚀。金属在高温下的氧化是典型的化学腐蚀，金属被氧化后，表面生成一层氧化膜，如果氧化膜很稳定、很致密，便会阻止腐蚀过程发展，能起到保护基体金属的作用。反之，如果形成的膜是不稳定的、疏松的，与基体金属不能牢固结合，则它不能起到保护作用，使腐蚀不断进行下去。

2）电化学腐蚀

金属与电解质溶液构成微电池而引起的腐蚀称为电化学腐蚀。如金属在电解质溶液（酸、碱、盐水溶液）以及海水中发生的腐蚀，金属管道与土壤接触的腐蚀，在潮湿空气中的大气腐蚀等，均属于电化学腐蚀。

实际上，即使是同一种金属材料，内部有不同的组织（或杂质），这些不同组织的电极电位是不等的，当有电解液存在时，也会构成原电池，从而产生电化学腐蚀。

2. 金属防腐方法

1）提高金属内在抗腐蚀性

在冶炼金属的过程中，加入一些合金元素，例如铬、镍、锰等，以增强其耐腐蚀能力。例如，铬不锈钢中加入一定量（$\geqslant 12.5\%$）的铬，在钢表面形成一层纯化膜。铬镍不锈钢中同时加入铬和镍，使钢在常温下呈单相奥氏体组织，从而提高了抵抗电化学腐蚀的能力。也可以利用表面热处理（渗铬、渗铝、渗氮等），使金属表面产生一层耐腐蚀性强的表面层。

2）涂或镀金属和非金属保护层

它是将金属和腐蚀介质分隔开来，以达到防腐的目的，如电镀、喷镀；油漆、搪瓷。合成树脂等非金属材料覆盖；发蓝、磷化等氧化方法，使得金属表面自身形成一层坚固的氧化膜，以防止金属的腐蚀。

3）处理腐蚀介质

制造一个防腐的小环境，如干燥气体封存法：采用密封包装，在包装空间内放干燥剂或干燥气体（例如氮气），使包装空间内相对湿度控制在 $\leqslant 35\%$，从而使金属不易生锈。目前，已有许多国家采用此方法包装整架飞机、整台发动机及枪支等，效果良好。

4）电化学保护

经常采用牺牲阳极法，即用电极电位较低的金属与被保护的金属接触，使被保护的金属成为阴极而不被腐蚀。牺牲阳极法广泛应用在海水及地下的金属设施的防腐，例如锌块牺牲阳极防止船舶或钢管等被腐蚀。

在供水行业中，选择水泵的叶轮材料时，除了要考虑在离心力作用下的机械强度以外，还要考虑材料的耐磨性和耐腐蚀性，目前多数叶轮采用铸铁、铸钢或青铜制成。水泵的轴承材料应有足够的抗扭强度和足够的刚度，多采用铜基合金、铝基合金、碳素钢以及不锈钢。水泵泵壳材料除了考虑介质对过流部分的腐蚀和磨损以外，还要有足够的机械强度，多采用不锈钢。水泵的联轴器材料应能承受足够的弯曲力和振动，多采用碳素钢以及不锈钢。水泵的轴承座是用来支撑轴承的，一般采用铸铁、不锈钢或青铜制成。

2.3　常用非金属材料及其性能

1. 塑料

塑料是目前机械工业中应用最广泛的高聚物材料，它是以合成树脂为基本原料，再加入一些用来改善使用性能和工艺性能的添加剂（如填充剂、增塑剂等）后在一定温度、压力下塑制成型的材料。

1）塑料的组成

（1）树脂

树脂是塑料的基料，这是一类受热会变软的无定形半固态或固态的有机高分子化合物。工业中使用的树脂主要是合成树脂，如酚醛树脂、聚乙烯等，很少用天然树脂（如松香、沥青等）。

（2）填充剂

在塑料中加入填充剂，可使塑料具有所需要的性能，且能降低塑料的生产成本。填充剂的品种很多，性能各异。通常以有机材料（木屑、石棉纤维、玻璃纤维、纸屑等）或无机物（高岭土、滑石粉、氧化铝、二氧化硅、石墨粉、铁粉、铜粉和铝粉等）作为填充剂。例如，酚醛树脂中加入木屑就形成了我们通常所说的电木，它的强度比纯酚醛树脂有显著提高。

（3）增塑剂

增塑剂用来增加树脂的可塑性、柔软性、流动性，降低脆性，改善加工工艺性能。增塑剂比树脂的混溶性要好，同时具有无毒无害、无臭无色、不易燃烧、不易挥发、成本低等特点。常用的增塑剂有磷酸酯类化合物、甲酸酯类化合物、氯化石蜡等。

（4）稳定剂

稳定剂可增强塑料对光、热、氧等的抗老化能力，延长塑料制品的使用寿命。常用的稳定剂有硬脂酸盐、炭黑、铅的化合物、环氧化合物等。

（5）着色剂

用有机染料或无机颜料对塑料进行染色，可使塑料制品具有不同的色彩，以满足不同的使用要求。一般要求着色剂染色力强、不易褪色、耐光性好，不与其他成分起化学反应，并与树脂有很好的相溶性。

（6）润滑剂

润滑剂有利于改善塑料成型时的流动性和脱模性，防止粘在模具上，保证塑料制品表面光滑美观。常用的润滑剂有硬脂酸及其盐类。

塑料中除以上添加剂外，还有固化剂、发泡剂、抗静电剂、稀释剂、阻燃剂等。并非每一种塑料都要加入以上全部添加剂，而是要根据塑料品种和使用要求加入所需要的添加剂。

2）塑料的分类

塑料按使用范围可分为通用塑料和工程塑料两大类。

（1）通用塑料

通用塑料是指产量大、用途广、通用性强、价格低的一类塑料。通用塑料是一种非结构材料。典型的品种有聚乙烯、聚丙烯、聚氯乙烯、聚苯乙烯、酚醛塑料和氨基塑料等，这类塑料的产量占塑料总产量的 75％以上。它们可用于日常生活用品、包装材料以及一般机械零件的制作。

（2）工程塑料

工程塑料是指塑料中力学性能良好的各种塑料。工程塑料在各种环境（如高温、低温、腐蚀、应力等）下均能保持良好的力学性能、电性能、化学性能以及耐热性、耐磨性和尺寸稳定性等，在汽车、机械、化工等行业可用来制造机械零件。和通用塑料相比，工程塑料产量较小，价格较高。常见的品种有聚甲醛、聚酰胺、聚碳酸酯、聚苯醚、ABS 树脂、聚砜、聚四氟乙烯、有机玻璃、环氧树脂等。

塑料按树脂的热性能可分为热塑性塑料和热固性塑料两大类。

热塑性塑料是以加聚树脂或缩聚树脂为基料，加入少量的稳定剂、润滑剂或增塑剂等制成的，其分子结构通常为线型结构，能溶于有机溶剂，加热可软化、熔融，可塑制成一定形状的制品，易于加工成型，并可重复使用，而其基本性能不变。热塑性塑料成型工艺简单、生产率高，可直接注射、挤压、吹塑成所需形状的制品。但耐热性和刚性较差，最高使用温度一般只有 120℃ 左右。常用的品种有聚乙烯、聚丙烯、聚氯乙烯、聚苯乙烯、ABS、有机玻璃、聚甲醛、聚酰胺、聚碳酸酯、聚四氟乙烯、聚氯醚等。

热固性塑料大多数是以缩聚树脂为基料加入各种添加剂而制成，其分子结构通常为网形结构，固化后重复加热不再软化和熔融，亦不溶于有机溶剂，不能重复使用。热固性塑料耐热性较高，但树脂性能较脆、力学性能不高、成型工艺较复杂、生产率低。常用的品种有酚醛树脂、氨基树脂、环氧树脂、有机硅树脂、聚硅醚树脂等。

3）塑料的性能

质轻。塑料的密度较小，一般为 0.9～2.2g/cm³，相当于钢密度的 1/7～1/4。泡沫塑料的密度更低至 0.01g/cm³。

比强度高。塑料的强度没有金属高，但由于密度很小，因此比强度相当高。

化学稳定性好。塑料对于一般的酸、碱和有机溶剂均有良好的耐蚀性，尤其是聚四氟乙烯更为突出，能抵抗王水的腐蚀。因此，塑料广泛应用于在腐蚀条件下工作的零件和设备。

优异的电绝缘性。一般塑料均具有良好的电绝缘性，可与陶瓷、橡胶等绝缘材料相媲美，因此，塑料是电机、电器和无线电、电子设备器件生产中不可缺少的绝缘材料。

工艺性能好。所有塑料的成型加工都比较容易，方法简单，生产率高，而且有多种成型方法。

此外，塑料还有良好的减摩、耐磨性，优良的消声吸振性及良好的绝热性，但耐热性不高，一般塑料只能在 100℃ 左右的工作条件下使用，且在室温下会发生蠕变，容易燃烧及老化。

4）常用塑料的工程应用

塑料的品种很多，常用的工程塑料性能和应用见表 2-3 所示。

常用工程塑料的用途　　　　　　　　　　表 2-3

塑料名称	化学组成	性能特点	应用举例
聚甲醛（POM）	由单体甲醛或三聚甲醛聚合而成	优良的综合力学性能，耐磨性好，吸水性小，尺寸稳定性高，着色性好，良好的减摩性和抗老化性，优良的电绝缘性和化学稳定性，可在 −40～100℃ 范围内长时间工作，但加热易分解，成型收缩率大	制作耐磨、减摩及传动件，如轴承、滚轮、齿轮、电器绝缘件、耐蚀件等

塑料名称	化学组成	性能特点	应用举例
聚甲基丙烯酸甲酯（有机玻璃）（PMMA）	由单体甲基丙烯酸甲酯聚合而成	透光性好，可透过99%以上的太阳光，着色性好，有一定强度，耐紫外线，耐腐蚀，优异的电绝缘性能，可在−40～100℃条件下使用，易溶于有机溶剂中，表面硬度不高，易擦伤	制作仪器、仪表及汽车等行业中的透明件、装饰件，如灯罩、油标、油杯、设备标牌、仪表零件等
聚四氟乙烯（PTTE或F-4）	先用氟化氢和氯仿制成氟利昂-22，再将氟利昂-22高温裂解得到四氟乙烯，然后进行聚合反应而得	优良的耐蚀性能，几乎能耐所有化学药品的腐蚀，包括王水；良好的耐老化性及电绝缘性，不吸水；优异的耐高、低温性，在195～250℃温度下可长期使用；摩擦系数小，有自润滑性。但其高温下不流动，不能用热塑性塑料成型的一般方法成型，只能用类似粉末冶金的冷压、烧结成型工艺，高温时会分解出对人体有害的气体，价格较高	制作耐蚀件、减摩耐磨件、密封件、绝缘件，如高频电缆、电容线圈架以及化工用的反应器、管道等
苯乙烯-丁二烯-丙烯腈共聚体（ABS）	由单体苯乙烯、丁二烯和丙烯腈共聚而成	高的冲击韧性和较高的强度，优良的耐油、耐水性、耐低温性和化学稳定性，好的电绝缘性，高的尺寸稳定性和较高的耐磨性。但长期使用易起层	制作电话机、扩音机、电视机、仪表壳体、齿轮、轴承、仪表盘等
酚醛塑料（电木）（PF）	以酚醛树脂为基础，加入各种填充料、润滑剂、增塑剂等压制或浇铸而成	高的强度、硬度及耐热性，工作温度一般在100℃以上，在水润滑条件下具有极小的摩擦系数，优异的电绝缘性、耐蚀性（除强碱外），尺寸稳定性好。但质地较脆，耐光性差，加工性差	制作一般机械零件、水润滑轴承、电绝缘件、耐化学腐蚀的结构材料，如仪表壳体、电器绝缘板、绝缘齿轮、整流罩、耐酸泵等
环氧树脂（EP）	由环氧树脂和固化剂在室温或加热条件下进行浇铸或模压后，固化成型得到	强度较高，韧性较好，电绝缘性优良，防水、防潮、防霉、耐热、耐寒，可在−100～155℃范围内长期使用，化学稳定性好，固化成型后收缩率小，对许多材料的粘结力强，成型工艺简单，成本较低	塑料模具、精密量具、机械仪表和电气结构零件、电子元件及线圈的浇铸涂覆等
有机硅塑料	由有机硅树脂与石棉、云母或玻璃纤维等配制而成	耐热性高，可在180℃下长期使用，电绝缘性良好，耐高压电弧、高频绝缘性好，防潮性好，有一定的耐化学腐蚀性，耐辐射，但价格较高	高频绝缘件，湿热带地区电机、电器绝缘件，电气、电子元件及线圈的浇铸与固定

2. 橡胶

橡胶是以生胶为基础，并添加适量的配合剂而组成的高分子材料。

1）橡胶的组成

橡胶是以生胶为主要原料，加入适量配合剂而制成的高分子材料。生胶是指未添加配合剂的天然橡胶或人工合成橡胶。生胶是橡胶制品的主要组成物，也是黏合各种配合剂和骨架材料的胶粘剂。生胶的性能决定了橡胶制品的性能。

2）常用橡胶材料

橡胶根据其原料来源不同，可分为天然橡胶和合成橡胶两类；根据其应用范围的不同，可分为通用橡胶和特种橡胶两类。

（1）天然橡胶

天然橡胶是指由橡胶树上流出的胶乳，经过凝固、干燥、加压等工序制成的片状生胶，橡胶含量达 90％以上，天然橡胶是以异戊二烯为主要成分的不饱和状态的天然高分子化合物。天然橡胶的综合性能好，弹性高（弹性变形伸长率可达 1200％以上），弹性模量仅为 3～6MPa，约为钢铁的 1/30000，而伸长率则为其 300 倍。天然橡胶经硫化处理后的抗拉强度为 17～29MPa；用炭黑配合补强的硫化橡胶强度可提高到 35MPa，此外，天然橡胶有较好的耐碱性能，但不耐浓强酸，在非极性溶剂中易膨胀，故不耐油，耐臭氧性较差，不耐高温。天然橡胶的脆化温度为 −70℃，软化温度为 130℃。天然橡胶属于通用橡胶，广泛应用于制造轮胎、胶带、胶管等产品。

（2）合成橡胶

合成橡胶是用石油、天然气、煤等副产品为原料，经聚合制得的类似于天然橡胶的高分子材料。合成橡胶种类很多，常用的合成橡胶有丁苯橡胶、顺丁橡胶、氯丁橡胶、丁腈橡胶、硅橡胶、氟橡胶、聚氨酯橡胶等。前三种属应用广泛的通用橡胶，后四种是具有特殊性能的特种橡胶。

3. 胶粘剂

胶粘剂是以环氧树脂、酚醛树脂、聚酯树脂、氯丁橡胶、丁腈橡胶等为原料，加入填料、固化剂、增塑剂、稀释剂等添加剂组成的具有优良黏合性能的材料。

根据胶粘剂黏性基料的化学成分，胶粘剂可分为无机胶和有机胶；按其主要用途，又可分为结构胶、非结构胶和其他胶粘剂。

常用的胶粘剂有以下几种：

环氧树脂胶粘剂（万能胶）：它是以环氧树脂为基料的胶粘剂，对金属、玻璃、陶瓷等许多材料具有很强的黏附力。

聚氨酯胶粘剂：由异氰酸酯基和羟基的两种低聚合物在胶接过程中相互作用生成高聚物而硬化的一种胶粘剂。它具有较强的黏附性、较大的韧性、良好的超低温性能和优良的耐溶剂性、耐油性、耐老化性，可进行多种金属和非金属材料如铝、钢、铸铁、塑料、陶瓷、橡胶、皮革、木材等的粘结。

α-氰基丙烯酸酯胶：它是单组分常温快速固化胶粘剂，主要成分是 α-氰基丙烯酸酯，国内生产的主要品种是 502 胶，该胶固化迅速，可在 24h 内达到较高的强度，因此具有使用方便的优点，可黏合多种材料，如金属、塑料、木材、橡胶、玻璃、陶瓷等。

无机胶粘剂主要有磷酸型、硼酸型和硅酸型，目前在工程中应用最广的是磷酸型，其特点是具有良好的耐热性（800～1000℃）、耐低温性（−196℃），强度高，耐候性及耐水性良好。

第 3 章 电气基础理论

3.1 直流电路知识

3.1.1 基本电路概念

1. 电场

大自然中的物质都是由原子组成的，而原子又由带正电的原子核和带负电的电子组成，原子核内包含有带正电的质子和不带电的中子，电子在原子核的外面按层分布，并以高速围绕原子核不断运动。一般情况下，质子数目等于电子的数目，质子所带正电荷总和与电子所带负电荷总和相同，作用相互抵消，正负电荷处于平衡状态，物体不显示带电性，这种状态叫作电的中和。

原子核对靠近的电子吸引力大，对远离的电子吸引力较小，这样，最外层的电子在外因作用下就容易破坏中和状态，脱离自己的原子，进入其他原子，这种自由移动的电子叫作自由电子。

当物体的某一部分在外因的作用下，得到多余的电子，这些电子能以自由电子的状态传到物体的其他部分去，失去电子的部分，又能得到其他部分自由电子跑来补充，这种现象就叫作物体的导电现象，这类物体就叫作导体。有些物体离原子核最远的那层电子不容易脱离原子核的引力，自由电子很少，导电性很差，这类物体叫作绝缘体。还有一类物体导电性能介于导体与绝缘体之间，这样的物体叫作半导体。

如图 3-1 所示的点电荷受力示意图，将一个带正电的小球靠近一个带正电的大球 A 时，会发现小球受到一种排斥力难以靠近大球，这说明带电体周围的空间存在一种特殊的物质，它对电荷有力的作用，这种物质称为电场。电场是由电荷

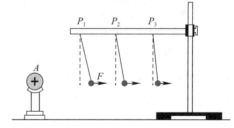

图 3-1　点电荷受力示意图

产生的，任何电荷周围的空间都存在电场。同时也发现带正电的小球距离带正电的大球 A 由近到远分别在 P_1、P_2、P_3 位置时，小球受到的排斥力依次减小。

通过实验可以得出，在真空状态下，两个点电荷通过电场相互作用时，作用力 F 的大小与实验电荷的电量成正比，与电荷间距离的平方成反比，即

$$F = \frac{KQq}{r^2} \tag{3-1}$$

式中：Q、q——两个实验电荷的电量；

K——比例系数；

r——两个电荷间的距离。

两个实验电荷作用力的方向沿着电荷连线的方向，如果两个电荷为异性，则作用力为吸力，如果两个电荷为同性，则作用力为斥力，这种作用力为电场力。

从上述公式（3-1）中，可以看出，两电荷靠得越近，受到的电场力越大，说明电场越强，反之两电荷距离越远，受到的电场力越小，说明电场越弱。

电场强度 E 是表征电场中某一点电场强弱的物理量，正电电荷 Q 的电场中，某位置正实验电荷 q 的电场强度 E，由 q 在该点受到的作用力来决定：

$$E = \frac{F}{q} \tag{3-2}$$

式中：F——实验电荷受到的作用力；

$\qquad q$——正实验电荷所带电量。

电场强度和电场作用力都是矢量，既有大小，也有方向，电场中某点所受力的方向就是该点电场强度的方向。

如图 3-2 所示，用电力线形象表示了电场分布情况，电力线上任意一点的切线方向表示电场强度的方向，电场强度的大小是用垂直通过单位面积上电力线的数目表示，垂直通过单位面积上电力线的数目越多，则该点的电场强度就越强，反之则越弱，电力线从正电荷出发，到负电荷终止。

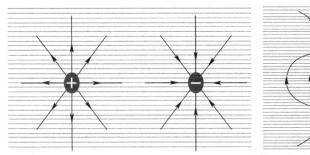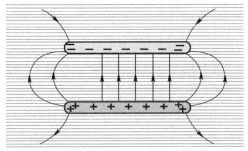

图 3-2　点电荷、电容板电力线示意图

2. 电压

单位正电荷在某点具有的能量叫作该点的电位。以无限远处为参考点，电位为零，电场中其他电位都是针对参考点来说的。

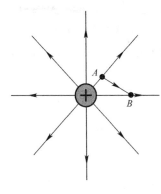

电位用 U 表示，单位是伏特（V）。当 1 库仑（Q）的电荷从无限远处移到电场中某点，电场力所做的功为 1 焦耳（J）时，该点的电位为 1 伏特（V）。电压常用的单位有千伏（kV）、毫伏（mV）、微伏（μV），其中 $1kV = 10^3 V$，$1V = 10^3 mV = 10^6 \mu V$。

如图 3-3 所示，电场中两点之间的电位差叫作电压，由 A 点到 B 点的电压可表示为：

$$U_{AB} = U_A - U_B \tag{3-3}$$

电压不仅有大小，而且有方向，为矢量。一般规定，从高电位端到低电位端，电压为正值，反之，从低电位端到高

图 3-3　电位示意图

电位端，电压为负值。

正电荷从低电位到高电位，外力所做的功，称为电动势。电动势用 E 表示，单位是 V，电动势的方向是由电源的低电位端指向高电位端，也就是电位升高的方向。

3. 电流

导体中的自由电子在电场力的作用下，作定向运动，就是电流现象。那么，单位时间内通过导体横截面积的电量，叫作电流强度，简称电流。

电流用 I 表示，单位是安培（A）。

$$I = \frac{Q}{t} \tag{3-4}$$

当 1 秒（s）内通过导体横截面的电量是 1 库仑（Q）时，那么导体内的电流就是 1 安培（A）。

常用的单位有千安（kA）、毫安（mA）、微安（μA），其中 $1kA=10^3 A$，$1A=10^3 mA=10^6 μA$。

电流不仅有大小，而且有方向，为矢量。通常正电荷运动的方向，即从高电位到低电位，为电流正方向，反之为电流的负方向。

4. 电阻

导体有导电的能力，另外，也有阻碍电流通过的作用，这种阻碍作用，叫作导体的电阻。电阻用 R 表示，单位是欧姆（Ω）。常用的单位有千欧姆（kΩ）、兆欧姆（MΩ），其中 $1MΩ=10^3 kΩ=10^6 Ω$。

5. 基本电路

电路就是电流通过的回路，在电路中，随着电流的通过，把其他形式的能量转换成电能，并进行电能的传输和分配、信号的处理，以及把电能转换成所需要的其他形式能量的过程。

电路一般由三个主要部分组成，即电源、负载和连接导线。电源是电路的能源，其作用就是将其他形式的能量转换为电能；负载是用电的设备，其作用就是将电能转换为其他形式的能量。连接导线的作用就是传输电能。

在简单的直流电路中，导线和负载连接起来的部分，叫作外电路。在外电路中，电流的方向是由电源的正极流向负极。电源内部叫作内电路，在内电路中电流是由负极流向正极。

电路只有通路，电路中才有电流通过。如果电路被绝缘体隔断，电路某一处断开，叫作断路或者开路，此时电源的端电压等于电动势；如果电路中电源正负极间没有负载而是直接接通，叫做短路，这种情况是决不允许的，此时端电压为零，而电流很大，另有一种短路是指某个元件的两端直接接通，此时电流从直接接通处流经而不会经过该元件，这种情况叫作该元件短路。开路（或断路）是允许的，而电源短路决不允许的，因为电源的短路会导致电源、用电器、电流表被烧坏等现象的发生。

按照电源性质来划分，电路分为直流电路和交流电路。

直流电路是指电路电流的方向不发生变化的电路，直流电路电流是单向的，直流电路电源有正负极，电流由正极流向负极，如手电筒工作时电路中的电流。

交流电路是指电流的大小及方向周期性发生变化的电路，交流电路电源没有正负极之分，电流以一定的频率变换方向，如我国的民用电。

按照电路元件划分，可分为电阻电路、感性电路、容性电路。

整个电路中，电源以外只有电阻，称为电阻电路；电路中有电感元件，称为感性电路；电路中包含容性元件，称为容性电路。严格来说，电路中，电流与电压同相位，视为电阻电路；电流相位滞后于电压，为感性电路；电流相位超前电压，为容性电路。

按照电路中处理信号的不同，可分为模拟电路和数字电路。

模拟电路，是将自然界产生的连续性物理自然量转换为连续性电信号，运算连续性电信号的电路即称为模拟电路。模拟电路对电信号的连续性电压、电流进行处理，最典型的模拟电路应用包括放大电路、振荡电路、线性运算电路，都是运算连续性电信号。

数字电路，是一种将连续性的电信号，转换为不连续性定量电信号，并运算不连续性定量电信号的电路。数字电路中，信号大小为不连续并定量化的电压状态，多数采用布尔代数逻辑电路对定量信号进行处理，典型数字电路有寄存器、加法器、振荡器、减法器等，来运算不连续性定量电信号。

按照电路中元器件的组合形式，分为串联、并联电路。

1）串联电路（图 3-4）

定义：用电器首尾依次连接的电路叫作串联电路。

串联电路的特点：电路只有一条路径，开关控制整个电路的通断，任何一处断路都会出现断路，各用电器之间相互影响。串联电路两端的总电压等于各用电器两端电压之和，即 $U = U_1 + U_2$，各用电器两端电压与用电器电阻成正比，即

$$\frac{U_1}{U_2} = \frac{IR_1}{IR_2} = \frac{R_1}{R_2} \tag{3-5}$$

各用电器功率与用电器电阻成正比，即

$$\frac{P_1}{P_2} = \frac{IU_1}{IU_2} = \frac{R_1}{R_2} \tag{3-6}$$

串联电路总电流与通过各用电器的电流相同，即

$$I = I_1 = I_2 \tag{3-7}$$

2）并联电路（图 3-5）

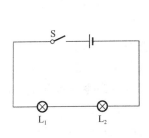

图 3-4　串联电路

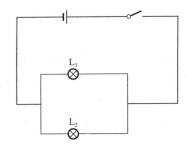

图 3-5　并联电路

定义：并联电路是在构成并联的电路元件间电流有一条以上的相互独立通路，为电路组成的两种基本方式之一。

并联电路的特点：电路有若干条通路，干路开关控制所有的用电器，支路开关控制所在支路的用电器，各用电器相互无影响。并联电路中各支路的电压都相等，并且等于电源

电压，即 $U=U_1=U_2$；并联电路中的干路电流（或说总电流）等于各支路电流之和，即 $I=I_1+I_2$。

并联电路中的总电阻的倒数等于各支路电阻的倒数和，即

$$\frac{1}{R}=\frac{1}{R_1}+\frac{1}{R_2} \tag{3-8}$$

并联电路中的各支路电流之比等于各支路电阻的反比，即

$$\frac{I_1}{I_2}=\frac{R_2}{R_1} \tag{3-9}$$

并联电路中各支路的功率之比等于各支路电阻的反比，即

$$\frac{P_1}{P_2}=\frac{R_2}{R_1} \tag{3-10}$$

按照元件的伏安特性划分，也可分为：线性电路和非线性电路，本文不作详细介绍。

3.1.2　电路基本定律

1. 欧姆定律

1）无源支路的欧姆定律

当不考虑导体温度变换时，如图 3-6 所示，通过一段无源支路的电流与支路两端的电压成正比，与导体的电阻成反比，这就是欧姆定律。欧姆定律的表达式为：

$$I=\frac{U}{R} \tag{3-11}$$

式中：电流强度的单位是安培，用 A 表示；电压的单位是伏特，用 V 表示；电阻的单位是欧姆，用 Ω 表示。

例：一个 880Ω 电阻的灯泡，通过 0.25A 电流，灯泡两端的电压是多少？

解：根据欧姆定律公式 $I=\frac{U}{R}$，

得出 $U=IR$

所以 $U=0.25\times880\mathrm{V}=220\mathrm{V}$

答：灯泡两端的电压为 220V。

2）含源支路的欧姆定律

当导体的温度不变时，通过一段含源支路的电流不仅与支路的端电压有关，还与支路的电动势有关。含源支路的欧姆定律表达式取决于电动势 E、电压 U 与电流 I 正方向的选择。

如图 3-7 所示，电压 U_{ab} 的方向是由高电位到低电位为正方向，电动势 E 的方向是由电源的低电位到高电位，所以得出：

$$U_{ab}=E+IR \tag{3-12}$$

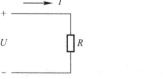

图 3-6　无源支路的欧姆定律

图 3-7　含源支路的欧姆定律

整理后得出：

$$I = \frac{U_{ab} - E}{R} \qquad (3-13)$$

2. 焦耳—楞次定律

电流通过导体，引起导体发热，这叫作电流的热效应。

电流通过导体时所产生的热量与电流强度的平方、这段电路的电阻以及通过电流的时间成正比，这就叫作焦耳-楞次定律。

用 Q 表示电流所产生的热量，则焦耳-楞次定律表达式为：

$$Q = 0.24 I^2 R t \qquad (3-14)$$

式中：电流强度的单位为安培（A）；电阻单位为欧姆（Ω）；时间的单位为秒（s）；热量单位为卡（cal）。

例：电炉的电阻为22Ω，接到220V电源上，经过20min，求在这段时间内电流所放出的热量。

已知：$R=22Ω$，$U=220V$，$t=1200s$。

求：Q 等于多少？

解：根据公式 $I = \frac{U}{R}$，所以 $I = \frac{220}{22}A = 10A$

再根据公式 $Q = 0.24 I^2 R t$，　　$Q = 0.24 \times 10^2 \times 22 \times 1200 cal = 633.6 kcal$

答：电流放出热量为633.6kcal。

电流通过负载所做的功等于负载吸收的电能，而电流所做的功，公式为：

$$A = IUt \qquad (3-15)$$

式中：电功的单位是焦耳（J），电压的单位是伏特（V），电流的单位是安培（A），根据欧姆定律又可得出：

$$A = \frac{U^2}{R} t \qquad (3-16)$$

$$A = I^2 R t \qquad (3-17)$$

电功率 P 是单位时间内所做的功，即可得出：

$$P = IU = \frac{U^2}{R} = I^2 R \qquad (3-18)$$

式中：电功率的单位是瓦特（W）。

例：将一盏220V 60W的灯接到110V的电源上，问灯消耗的功率是多少？

已知：灯的额定 $P_1=60W$，$U_1=220V$；灯的实际 $U_2=110V$，求 P_2 等于多少？

解：根据公式 $P = \frac{U^2}{R}$，可知 $R = \frac{U_1^2}{P_1}$，$R = \frac{U_2^2}{P_2}$

所以 $\frac{U_1^2}{P_1} = \frac{U_2^2}{P_2}$，可得出 $P_2 = \frac{U_2^2}{U_1^2} P_1 = \frac{110^2}{220^2} \times 60W = 15W$

答：灯消耗的功率是15W。

3. 基尔霍夫定律

基尔霍夫定律电流定律：如图3-8所示，在电路中，流入任意一个节点的电流等于流出该点的电流，节点是指三个或更多个支路的联结点。

如图 3-8 可知：

$$I_1 + I_3 = I_2 + I_4 \tag{3-19}$$

或 $\sum I = 0$，即任意一个节点处，电流的代数和恒等于零。

在分析电路时，有时某一段电路中电流的实际流动方向很难立刻判断出来，有时电流的方向还在不断变化，由于这些原因，可引入电流参考方向的概念。电流的参考方向是一个任意选定的方向，当电流的实际方向与参考方向一致时，就把电流定为正值；反之，当电流的实际方向与参考方向相反时，就把电流定为负值。

基尔霍夫定律电压定律：在一个闭合回路中，各段电压的代数和等于零，即 $\sum U = 0$。

在分析电路时，两点间电压的实际方向很难立刻判断出来，有时电压的方向还在不断变化，由于这些原因，可引入电压参考方向的概念。任意选一点为正极，另一点为负极，正极指向负极为电压的参考方向。当电压的实际方向与参考方向一致时，就把电压定为正值；反之，当电压的实际方向与参考方向相反时，就把电压定为负值。

如图 3-9 所示，该电路电压参考方向为逆时针方向，根据基尔霍夫定律电压定律可得出：

$$-E_2 + I_2 R_2 - I_1 R_1 + E_1 = 0 \tag{3-20}$$

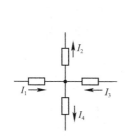 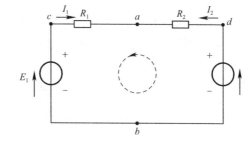

图 3-8　基尔霍夫定律电流定律　　　　图 3-9　基尔霍夫定律电压定律

3.1.3　电源

电源是电路中提供电能的元件，根据电路中电流是否随时间变化而变化，通常分为交流电源和直流电源。对于直流电源（DC power），例如电池，有正、负两个电极，正极的电位高，负极的电位低，当两个电极与电路连通后，能够使电路两端之间维持恒定的电位差，从而在外电路中形成由正极到负极的电流。

通常电池接上负载后，其端电压会降低，这是由于电池内部有电能的损耗，也即内电阻的存在，因此，我们可以把电源等效为一个内电阻与一个电压源串联组成。如图 3-10 所示，电源等效为一个内电阻 R_0 与一个电压源 E 串联组成的电路。

电压源是一个理想电源，它的电压保持不变，通过它的电流可以是任意的，且取决于它连接的外部连路。

根据欧姆定律，可以得出：

图 3-10　电压源模型图

$$U = E - I R_0 \tag{3-21}$$

除了理想电压源，在电路理论中，还需要引入理想电流源概念，理想电流源就是把电源等效为一个内电阻与一个电流源并联组成。对于理想电流源，它发出的电流是一个恒定值，它的端电压是任意的，由外部连路来决定。如图 3-11 所示，电源等效为一个内电阻

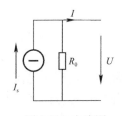

图 3-11　电流源
　　　模型图

R_0 与一个电流源 I_S 串联组成的电路。

根据欧姆定律，可以得出：

$$I = I_S - \frac{U}{R_0} \tag{3-22}$$

比较式（3-18）和式（3-19），可以得出：

$$I_S = \frac{E}{R_0} \tag{3-23}$$

电源既可以等效为一个内电阻与一个电压源串联组成，也可以等效为一个内电阻与一个电流源并联组成。

3.1.4　电容器

电容器是电子设备中大量使用的电子元件之一，广泛应用于电路中的隔直通交、耦合、旁路、滤波、调谐回路。

电容器是由两个金属板，中间隔着不同的电介质所组成，电介质通常有云母、绝缘纸、电解质等。

在电容器的两个金属板上加电压后，两个金属板上就带有正、负电荷，该电荷量与所加电压成正比。对于一个电容器，这个电量与电压的比值是一个常数，称为电容，用 C 表示，即可知道：

$$C = \frac{Q}{U} \tag{3-24}$$

电容的单位为法拉（F），通常用微法拉（μF）、皮法拉（pF），其换算关系为：$1F = 10^6 \mu F$，$1 \mu F = 10^6 pF$。

以不同电介质做成的电容器，其损耗和漏电流也不同，例如以空气为电介质的电容器，其损耗和漏电流很小，往往可以当作纯电容元件。

电容器的容量不仅与电介质有关，还和导体的形状、大小、相互位置有关。如平板电容器的电容为：

$$C = \frac{\varepsilon S}{d} \tag{3-25}$$

式中：ε——电介质的介电系数，不同的物质具有不同的介电系数；

　　　　S——极板面积；

　　　　d——两极板间的距离。

n 个电容器串联，其总电容与各个电容器的关系为：

$$\frac{1}{C} = \frac{1}{C_1} + \frac{1}{C_2} + \cdots + \frac{1}{C_n} \tag{3-26}$$

n 个电容器并联，其总电容与各个电容器的关系为：

$$C = C_1 + C_2 + \cdots + C_n \tag{3-27}$$

3.2　电磁学基础理论

当一直导线中，通过电流时，在导线周围就会产生磁场。如图 3-12 所示，磁场的方向可以用右手螺旋定则来判断：用右手握住导线，拇指表示电流方向，那么其余四指就表示磁力线方向，就是磁场方向。

通常把导线绕成筒形线圈，这种线圈叫作螺线管。如图 3-13 所示，通电螺线管磁场的方向可以用下述方法来判断：用右手握住螺线管，四指方向指向电流方向，则拇指指向螺线管内部磁力线方向，也就是螺线管的北极，则另一端为螺线管南极。

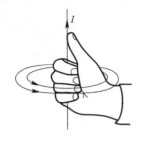 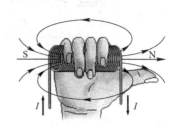

图 3-12　通电直导线的磁场　　　　图 3-13　螺线管的磁场

磁感应强度 B，是用来描述空间中磁场的强弱及方向的物理量。磁感应强度 B 的单位是特斯拉。一条直导线，距离其 R 处的磁感应强度可表示为：

$$B = \frac{\mu_0 I}{2\pi R} \tag{3-28}$$

式中：μ_0——真空磁特性常数；

　　　I——通电导线中的电流值。

磁感应强度还可以用单位面积内的磁通量来表示，即

$$B = \frac{\Phi}{S} \tag{3-29}$$

式中：Φ 为磁通量，简称磁通，表示磁力线的数量，单位为韦伯。因此，磁感应强度也称为磁通密度，简称磁密，单位特斯拉。

3.2.1　磁场对载流导体的作用

当将一导体放在磁场中，如果导体中没有电流流过，导体在磁场中静止不动；当导体通电后，由于受到磁场的作用，导体就会发生运动。

如图 3-14 所示，把一根直导体 AB 放在蹄形磁体的磁场里，并与电源、开关、滑线变阻器组成一闭合电路。当合上开关时，接通电路，导体 AB 中产生由 A 向 B 流动的电流，这时导体 AB 向左运动起来；如导体 AB 中产生由 B 向 A 流动的电流，这时导体 AB 向右运动起来。将蹄形磁体的磁极上下翻转，导体 AB 的运动方向也发生变化。

为了便于掌握磁场方向、电流方向、导体受力方向三者的关系，一般用左手定则来判断：如图 3-15 所示，伸出左手，拇指与四指方向垂直，和手掌在同一平面内，四指指向导体中电流方向，磁力线穿过手心，那拇指则指向磁场对电流的作用力方向。

磁场对电流的作用力 F 可以表示为：

$$F = BIL\sin\alpha \tag{3-30}$$

式中：α——磁力线与导线的夹角；

　　　I——导体中通过的电流；

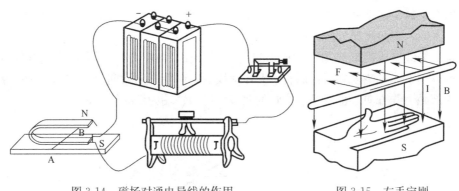

图 3-14 磁场对通电导线的作用   图 3-15 左手定则

L——导体的长度。

例：0.8m 的导线通过 30A 的电流时，磁感应强度是 $0.5V \cdot s/m^2$，磁感应强度方向与导线成 30°角，求导体受到的磁场作用力。

已知：$B = 0.5V \cdot s/m^2$，$I = 30A$，$l = 0.8m$，$\alpha = 30°$

求：F 为多少？

解：根据公式：$F = BIL\sin\alpha$

所以 $F = 0.5 \times 30 \times 0.8 \times 0.5N = 6N$

答：导体受到的磁场力为 6N。

3.2.2 电磁感应与感应电动势

电磁感应现象是指放在变化磁通量中的导体，会产生电动势。此电动势称为感应电动势或感生电动势，若将此导体闭合成一回路，则该电动势会驱使电子流动，形成感应电流。英国物理学家法拉第 1831 年发现，导体在磁场中做相对运动时会产生电流，后来就在这个理论基础上，人类发明制造出了发电机。

电磁感应现象的发现，乃是电磁学领域中最伟大的成就之一。它不仅揭示了电与磁之间的内在联系，而且为电与磁之间的相互转化奠定了实验基础，为人类获取巨大而廉价的电能开辟了道路。

电磁感应现象的发现，标志着一场重大的工业和技术革命的到来。事实证明，电磁感应在电工、电子技术、电气化、自动化方面的广泛应用对推动社会生产力和科学技术的发展发挥了重要的作用。

下面从几个实验来研究一下电磁感应现象。

如图 3-16 所示，在磁铁两极间放一导体 AB，用导线将导体两端与电流表连接，如果导体在磁场中静止不动，则电流表示数为零，导线中无电流流动；如果将导体右移或者左移切割磁力线，就会发现电流表指针正偏转或反偏转，证明导线中有电流流动。这个实验说明，当闭合回路中的一段导线

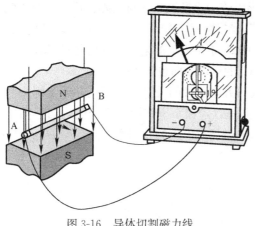

图 3-16 导体切割磁力线

在磁场中运动,并切割磁力线时,导体中会产生电流。

如图 3-17 所示,在螺线管的两端用导线连接一电流表,使螺线管与电流表形成一个闭合回路,然后把条形磁铁快速插入螺线管,发现电流表指针发生反偏转,说明电路中有反方向电流流过;然后把条形磁铁快速拔出螺线管,发现电流表指针发生正偏转,说明电路中有正方向电流流过,而且条形磁铁移动越快,电流表指针偏转的角度也越大。

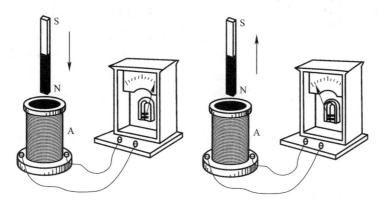

图 3-17 条形磁铁在螺线管中运动产生电流

通过上面的实验,可以说明,当闭合电路的部分导体在磁场里作切割磁力线的运动或者穿过闭合回路内的磁力线发生变化时,闭合电路中会产生感应电流,这种由于导体在磁场里切割磁力线或者穿过闭合回路内的磁力线发生变化时产生电流或者电动势的现象,叫作电磁感应现象。由电磁感应产生的电动势,叫作感应电动势,由电磁感应产生的电流,叫作感生电流或者感应电流。

1. 感应电动势的方向

感应电动势的方向可用楞次定律来确定,即闭合回路内的感应电动势总是企图产生一个电流,该电流产生的磁通量总是阻碍原来磁通量的变化,该电流的方向就是感应电动势的方向。

如果把磁铁的 N 极接近线圈,这时穿过线圈的磁力线在增加,根据楞次定律,这时线圈中感应电流产生的磁场是阻碍线圈中磁通量增加,因此感应电流的磁场方向和磁铁的磁场方向相反,用右手螺旋定则可得出感应电流方向。

如果把磁铁的 N 极移开线圈,这时穿过线圈的磁力线在减少,根据楞次定律,这时线圈中感应电流产生的磁场是阻碍线圈中磁通量减少,因此感应电流的磁场方向和磁铁的磁场方向相同,用右手螺旋定则可得出感应电流方向。

磁铁无论靠近或者移开线圈,在线圈中都产生了感应电流,感应电流的方向就是感生电动势的方向。同时,这也是做功的过程,其他形式的能转换生成了电能。

如图 3-16 所示,当导线 AB 在磁场中作切割磁力线运动的时候,由于感应电流和磁场的相互作用,它要受到一个阻碍的力的作用,减少闭合线圈内磁通量的变化,磁场对感应电流的作用力跟导线运动方向相反,知道了磁场对电流作用力的方向,就可以通过左手定则,确定感应电流的方向。

从上面的实验可以得出,确定磁场方向、导线运动方向和感应电流方向之间关系的右手定则,如图 3-18 所示,即伸平右手掌,让磁力线从手心穿进,姆指指向导线相对于磁场的运动方向,那四个手指所指的方向就是感应电流的方向,也就是感生电动势的方向。所

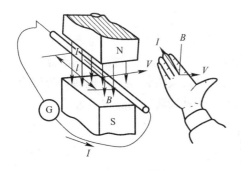

图 3-18　导体切割磁力线产生电流

以，凡是导体作切割磁力线运动，方向的判断问题，都应用右手定则来判断。

2. 感应电动势的强度计算

电磁感应现象是电磁学中最重大的发现之一，它显示了电、磁现象之间的相互联系和转化，对其本质的深入研究揭示了电、磁场之间的联系。

导体在磁场中作切割磁力线运动或者穿过线圈的磁通量发生变化时，闭合电路里都要产生感应电动势，因而产生电路里的感应电流，当电路不闭合时，这时只产生感生电动势，而不产生感应电流。那产生感应电动势的大小怎么确定呢？则由电磁感应定律确定。

电磁感应定律：导体回路中产生感生电动势的大小与磁通变化率的负值成正比。

$$e = -W \frac{\Delta \Phi}{\Delta t} \qquad (3-31)$$

式中：e——感生电动势；

$\frac{\Delta \Phi}{\Delta t}$——磁通变化率，其中 $\Delta \Phi = \Phi_2 - \Phi_1$，$\Delta t = t_2 - t_1$；

W——线圈匝数。

从上式中也可以看出，感生电动势和感应电流，都对产生它们的原因，起到阻碍的作用，这是电磁感应定律最基本的公式。

长度为 L 的直导线，在磁感应强度为 B 的均匀磁场中，以速度 v 运动，导线运动的方向与磁力线相交成 α 角，经过实验证明，感应电动势为：

$$E = BLv\sin\alpha \qquad (3-32)$$

式中：E——感应电动势（V）；

B——磁感应强度（$V \cdot s/m^2$）；

v——运动速度（m/s）；

L——导线的有效长度（m）；

α——导线运动方向与磁力线所成夹角（°）。

例：磁感应强度为 $4V \cdot s/m^2$，导体的有效长度为 0.5m，以相对速度 30m/s 与磁力线成 90°角方向运动，求在导体中产生的感生电动势是多少？

已知：$B = 4V \cdot s/m^2$，$L = 0.5m$，$v = 30m/s$，$\alpha = 90°$

求：E 为多少？

解：根据公式 $E = BLv\sin\alpha$

$E = 4 \times 0.5 \times 30 \times \sin 90° V = 60V$

答：产生的感生电动势为 60V。

3.3　三相正弦交流电路

3.3.1　正弦交流电

在直流电路中，电流、电压、电动势等大小和方向都不随着时间变化而变动。在现代工农业生产和日常生活中，广泛地使用着交流电。主要原因是与直流电相比，交流电在产生、输送和使用方面具有明显的优点和重大的经济意义。例如，在远距离输电时，采用高电压小电流可以减少线路上的损失。对于用户来说，采用较低的电压既安全又可降低电气设备的绝缘要求。这种电压的升高和降低，在交流供电系统中可以很方便而又经济地由变压器来实现。此外，异步电动机比起直流电动机来，具有构造简单、价格便宜、运行可靠等优点。

这种大小和方向随着时间变化的电流、电压及电动势称为交流电。如果电流、电压及电动势随着时间变化按照正弦规律变化，就称为正弦交流电。由于交流电的大小和方向都是随时间不断变化的，也就是说，每一瞬间电压（电动势）和电流的数值都不相同，所以在分析和计算交流电路时，必须标明它的方向。

正弦交流电在工业中得到广泛的应用，它在生产、输送和应用上比起直流电来有不少优点，而且正弦交流电变化平滑且不易产生高次谐波，这有利于保护电气设备的绝缘性能和减少电气设备运行中的能量损耗。另外，各种非正弦交流电都可由不同频率的正弦交流电叠加而成（用傅里叶分析法），因此可用正弦交流电的分析方法来分析非正弦交流电。

如图 3-19 所示，图中曲线表示正弦交流电流，这种曲线称为波形。

交流电经过一定时间 T，电流的变化就完成一个循环，我们把重复一次所需要的时间称为周期，用 T 表示，单位为 s。而把单位时间内电流变化的次数称为频率，用 f 表示，单位为 Hz。由此可知：

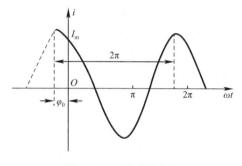

图 3-19　正弦交流电流

$$f = \frac{1}{T} \qquad (3-33)$$

在我国工业体系中，交流电采用的频率为 $50\mathrm{Hz}$，习惯上叫作工频。

1. 正弦交流电的表示方法

1）三角函数表示法

正弦交流电流的数学表达式为：

$$i = I_{\mathrm{m}}\sin(wt + \varphi_0) \qquad (3-34)$$

式中：　　i——正弦交流电流的瞬时值，它的大小、方向随着时间变化而变动；

　　　　I_{m}——正弦交流电流的最大值，也称为振幅；

　　$(wt + \varphi_0)$——正弦交流电流的相位角，反映出正弦交流电在交变过程中瞬时值的变化；

　　　　φ_0——初相位，假设 $t=0$ 时的相位；

　　　　w——相位角在单位时间内变化的弧度，称为角频率。

正弦交流电变化一周，相当于相位角变化了 2π 弧度，即：

$$w = \frac{2\pi}{T} = 2\pi f \qquad (3-35)$$

综上所述，一个正弦交流电可以用振幅、角频率和初相位确定下来，因此，我们把振幅、角频率和初相位称为正弦交流电的三要素。

2）波形图表示法

波形图表示法，就是通过正弦波形来描述正弦交流电，横坐标表示时间，纵坐标表示电压或者电流的瞬时值。我们通常应用的都是频率相同的正弦交流电，因此：

$$u = U_m \sin(wt + \varphi_1) \tag{3-36}$$

$$i = I_m \sin(wt + \varphi_2) \tag{3-37}$$

上述公式是正弦交流电的电压、电流三角函数式，频率相同，只是初相位不同。如果 $\varphi = \varphi_1 - \varphi_2$ 为正，表示电压相位超前电流相位 φ，也称电压超前电流 φ 角度，电压提前电流 φ 角度到达最大值；反之，如果 $\varphi = \varphi_1 - \varphi_2$ 为负，表示电压相位滞后电流相位 φ，也称电压滞后电流 φ 角度，电压滞后电流 φ 角度到达最大值。如图 3-20 所示，如果两个正弦量，频率相同，初相位相同，那么它们将同时达到最大值。

3）旋转矢量法

旋转矢量法就是利用绕远点以角速度 ω 逆时针方向在平面上旋转的矢量来表示一个正弦交流电。矢量的长度表示正弦交流电的最大值，旋转矢量起始位置与横坐标的夹角表示初相位，旋转矢量在任意时间在纵坐标上的投影就是正弦交流电的瞬时值，旋转矢量逆时针旋转的角速度就是正弦交流电的角速度 ω。

如图 3-21 所示，从原点出发作一有向线段，令它的长度等于正弦量的最大值 I_m，与水平轴的夹角等于正弦量的初相位 φ，并以等于正弦量角频率的角速度 ω 逆时针旋转，则在任一瞬间，该有向线段在纵轴上的投影就等于该正弦量的瞬时值，图中带箭头的有向线段 $\overrightarrow{OA}$ 就表示了正弦量 $i = I_m \sin(\omega t + \varphi)$，这样的有向线段就叫作旋转矢量。

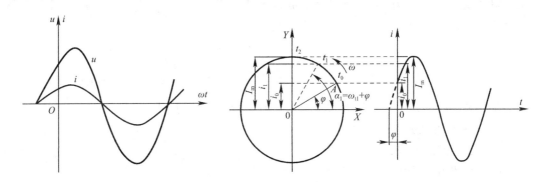

图 3-20　两个同频率、相同初相位的正弦量　　　图 3-21　正弦量的旋转矢量法

2. 正弦电路中电阻、电感、电容的作用

1）电阻元件的作用

如图 3-22 所示，在正弦交流电中，通过电阻的电流、电压是随时间变化而周期性变化的，但在每一瞬时，电阻中的电流与其端电压满足欧姆定律。

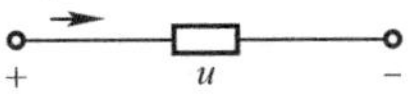

图 3-22　电阻元件

即 $u = R I_m \sin\omega t = U_m \sin\omega t$，$U_m = R I_m$，可得出 $\sqrt{2}U = R\sqrt{2}I$，所以可得出 $U = RI$。

从上面的公式推导可知，在正弦交流电的电阻电路中，电阻两端的电压和通过电阻的电流都按照正弦规律随时间变化而变动，且电压与电流相位相等，它们的最大值之间、有效值之间都符合欧姆定律。

电阻消耗的功率 $p = ui = U_m \sin wt \cdot I_m \sin wt = \dfrac{U_m I_m}{2}(1 - \cos wt)$，可得出：

$$p = UI(1 - \cos wt) \tag{3-38}$$

从上述公式可知，瞬时功率不论在正弦电流、电压的正半周，还是在正弦电流、电压的负半周，功率都是正值，也说明，正弦交流电路中电阻一直在消耗功率。

那么电阻消耗的功率可以用一段时间内的平均值 P 来表示，也叫作有功功率。

$$P = \frac{1}{T}\int_0^T p\,d_t = \frac{1}{T}\int_0^T UI(1-\cos wt) = UI，可知：$$

$$P = UI = I^2 R = \frac{U^2}{R} \tag{3-39}$$

例： 一灯泡规格为 220V，50W，电源电压有效值为 220V，频率为 50Hz，初相位为 30°，求灯泡中电流的瞬时表达式。

解： 已知灯泡的额定规格参数，可以根据公式 $R = \frac{U^2}{P}$ 得出

$$R = \frac{220^2}{50}\Omega = 968\Omega$$

又根据公式 $I_m = \frac{U_m}{R} = \frac{\sqrt{2}}{R}U = \frac{\sqrt{2}}{968} \times 220\mathrm{A} = 0.321\mathrm{A}$

根据公式 $w = 2\pi f = 2 \times \pi \times 50 = 314$ 弧度/s

所以 $i = I_m \sin wt = 0.321\sin 314t$（A）

答：灯泡中电流的瞬时表达式为 $i = 0.321\sin 314t$。

2）电感元件的作用

如图 3-23 所示，在电感元件的电路中，电感元件端电压与通过电感元件中电流的变化率成正比，即：

$$u = L\frac{\Delta i}{\Delta t} \tag{3-40}$$

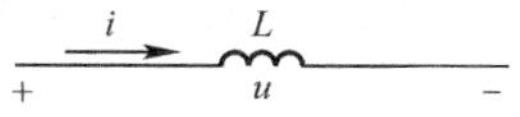

图 3-23 电感元件

其中，电感元件的电感中通过的电流在单位时间内变化越大，电感产生的端电压就越大，如果电流不变化，$\frac{\Delta i}{\Delta t} = 0$，$u = 0$，就相当于短路。

所以，当正弦交流电通过电感元件时，电感两端将会有正弦变化的电压出现，假设电流的初相位为零，那么电压的初相位为 $\frac{\pi}{2}$，也可以理解为电压的相位超前电流 $\frac{\pi}{2}$，电流、电压表达式为：

$$i = I_m \sin wt,$$
$$u = U_m \sin\left(wt + \frac{\pi}{2}\right) \tag{3-41}$$

式中：$U_m = wLI_m$，电感元件的电压与电流为同频率，相位相差 $\frac{\pi}{2}$ 的正弦量，由于 $\frac{U_m}{I_m} = \frac{U}{I} = wL = 2\pi fL$，这里引入一个参数 X_L，$X_L = wL = 2\pi fL = \frac{U}{I}$，表示电感上电压与电流的有效值的比值，反映了电感线圈对交流电流的阻碍作用，称为电感的电抗，简称感抗，单位为欧姆（Ω）。

从上式可知，感抗 X_L 分别与频率和电感成正比变化，频率越高或者电感越大，自感电压就越大，反之频率越低或者电感越小，自感电压就越小。

那么，电感元件的瞬时功率还可表示为：

$$p = iu = I_m\sin wt \cdot U_m\sin\left(wt + \frac{\pi}{2}\right) = I_mU_m\sin wt \cdot \cos wt = UI\sin 2wt \quad (3\text{-}42)$$

可以看出，电感元件的瞬时功率是以 2 倍频率变化的正弦量。瞬时功率在第一个四分之一周期、第三个四分之一周期内为正值，表示电感在电路中获取能量，电能转换为磁场能，储存在电感元件内；在另外两个四分之一周期内，瞬时功率为负值，表示电感将电磁能转换为电能，释放功率。因此，一个周期内，电感电路的平均功率，即有功功率为零，纯电感电路不消耗功率。

纯电感电路瞬时功率的最大值叫作电路的无功功率，表示电路与电源之间能量转化的速率，用 Q_L 表示，无功功率的单位为乏（var），根据上述公式可知：

$$Q_L = UI = I^2X_L = \frac{U^2}{X_L{}^2} \quad (3\text{-}43)$$

例： 一个具有电感 20mH 的线圈，介入频率为 50Hz 和电压为 220V 的交流电路中，求电路中的电流和无功功率是多少？

已知：$L = 20mH$，$f = 50Hz$，$U = 220V$。

求：I 为多少？，Q_L 为多少？

解： 根据公式 $X_L = wL = 2\pi fL$

$X_L = 2 \times \pi \times 50 \times 20 \times 10^3\,\Omega = 6.28\,\Omega$

根据公式 $X_L = \frac{U}{I}$，所以 $I = \frac{U}{X_L} = \frac{220}{6.28}A = 35.03A$

$Q_L = UI = 220 \times 35.03\,var = 7706.6\,var$

答：电路中的电流是 35.03A，无功功率是 7706.6var。

3）电容元件的作用

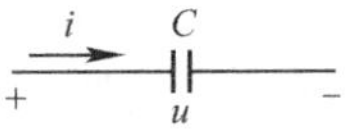

图 3-24　电容元件

如图 3-24 所示，把电容器接入交流电路，随着外加电压的升高，电容器两极板上的电荷逐渐增多，这就是电容器的充电过程；如果外加电压增大后逐渐减小，则电容器两极板上的电荷也逐渐减少，这就是电容器的放电过程。由于交流电压按照周期反复变化，因此，电容器在电路中，也不断进行充、放电，电路中也不断流过充、放电电流。

电路中负载只是电容器的电路，就叫作纯电容器电路。那么，流经电容器的电流 i_c 与电容器外加电压 u_c，变化的关系为：

$$i_c = \frac{d_q}{d_t} = \frac{d(Cu_c)}{d_t} = C\frac{du_c}{d_t} \quad (3\text{-}44)$$

所上述公式（3-44）可知，电容器中的电流与电容器外加电压随时间的变化率成正比，只有当外加电压随时间变化时，电容器中的电流发生变化，完成电容器的充、放电过程。

纯电容电路对电流也有阻碍作用，电容对电流的阻碍作用就叫作容抗，用 X_C 表示，单位为欧姆（Ω）。

$$X_C = \frac{1}{wC} = \frac{1}{2\pi fC} \quad (3\text{-}45)$$

如果电容器所加电压为正弦交流电，$u_c = U_m\sin wt$，可知：

$$i_c = C\frac{du_c}{d_t} = \frac{U_m}{X_C}\sin\left(wt + \frac{\pi}{2}\right) = I_m\sin\left(wt + \frac{\pi}{2}\right) \quad (3\text{-}46)$$

所以可得出：

$$I = \frac{U}{X_C} \tag{3-47}$$

从上式，我们可以看出 X_C 与 f、C 有关，频率越高，容抗越小，充电、放电进行得就越快。根据电容器电流、电压的函数表达式，通过波形图可以很直观地看到电容器的充放电过程，第一个四分之一周期到第四个四分之一周期，依次为充电、放电、放电、充电。

另外，电容器电流波形超前电压波形 $\frac{\pi}{2}$，电流与电压的相位差是一个常数，电容器也有移相的作用。

电容器在正弦交流电的作用下，瞬时功率为：

$$p = ui = U_{\mathrm{m}}\sin wt I_{\mathrm{m}}\sin\left(wt + \frac{\pi}{2}\right) = UI\sin 2wt \tag{3-48}$$

因此，从电容器瞬时功率的波形图，可以看出：瞬时功率以 2 倍于电压和电流的频率按正弦规律变化。第一个四分之一周期、第三个四分之一周期，电容器吸收功率，电源的电能转换为电场能；另外两个四分之一周期，电容器释放功率，电场能转化为电能。在一个周期内，电容器没有消耗功率，只是进行能量转化。在一个周期内，纯电容电路的有功功率为零，瞬时功率的最大值，称作无功功率，表示了电源和电容器能量转换的速率。无功功率为：

$$Q_{\mathrm{c}} = UI = \frac{U^2}{X_C} = I^2 X_C \tag{3-49}$$

3.3.2　三相电源电路及其负载

1. 三相电源电路

三相电源电路是由三个频率相同、相位不同的电动势作为电源的供电电路。三相电源电路可看做单相电路中多回路电路的一种特殊形式，电路基本定律及电路分析方法原则上都是相同的。

我们通常在电工中应用的都是三相正弦交流电源，如图 3-25 所示，即这种三相电源电路是由三个频率相同、相位相差 $\frac{2\pi}{3}$ 弧度，振幅最大值相同的电动势作为电源的供电电路。三相正弦交流电有很多优点，例如三相电机比同尺寸的单相电机输出功率大，性能好；三相交流电的输送比较经济，既节约了有色金属又降低了电能损耗等。

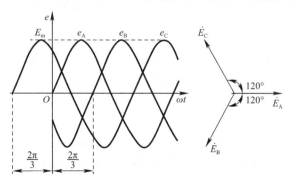

图 3-25　三相正弦交流电动势波形图、相量图

三相正弦交流电动势瞬时值可表示为：

$$e_A = E_m \sin wt \tag{3-50}$$

$$e_B = E_m \sin(wt - 120°) \tag{3-51}$$

$$e_C = E_m \sin(wt - 240°) = E_m \sin(wt + 120°) \tag{3-52}$$

通过上式可知，在任何瞬时三个电动势的代数和都为零，我们也称为对称的三相正弦交流电动势，矢量和为零。

1) 三相对称电动势

一般由三相交流发电机产生，从原理上讲，发电机是根据电磁感应定律，利用线圈导体，切割磁力线，导体线圈与磁场产生相对运动，从而产生电动势而工作的。如果我们确定磁极是静止的，导体线圈相对磁极旋转做相对运动，那么，三相交流发电机静止的部分称为定子，转动的部分称作转子，定子产生磁场，转子就是由三个导体绕组组成，它们匝数相同，在空间上互差 120°，以恒定转速旋转，从而生成三相正弦电动势。三个正弦电动势，具有相同角速度、相等的最大值，相位互差 120°，因而发电机产生的三个电动势在时间上互差 1/3 个周期，即若 A 相绕组最先出现电动势正的最大值，B 相绕组要在转子转动 120° 后，才出现电动势正的最大值，转子再转动 120° 后，C 相绕组最先出现电动势正的最大值。三相电动势经过同一最大值时的先后次序叫作相序，当转子逆时针旋转时，相序 A、B、C 为正序，相序 A、C、B 为负序。

2) 三相电源的联结

(1) 三相电源的星形联结

如图 3-26 所示，将三相电动势的末端联成一个公共点的联结方式，称为星形（Y）联结。该公共点称为电源中性点，用 N 表示。三个电动势始端分别引出的三根导线称相线，从电源中性点引出的导线称中性线或零线。有中性线的叫作三相四线制，无中性线的叫作三相三线制。通常三相电源为对称三相电源，是由 3 个等幅值、同频率、初相依次相差 120° 的正弦电压源联结而成。

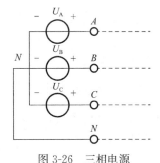

图 3-26　三相电源
星形联结

相电压为电源每一相的电压，或负载阻抗的电压，$\dot{U}_A$、$\dot{U}_B$、$\dot{U}_C$ 为相电压。线电压为端线之间的电压，$\dot{U}_{AB}$、$\dot{U}_{BC}$、$\dot{U}_{CA}$ 为线电压。如图 3-26 所示，可知：

$$\dot{U}_{AB} = \dot{U}_A - \dot{U}_B = \sqrt{3}\dot{U}_A \angle 30° \tag{3-53}$$

$$\dot{U}_{BC} = \dot{U}_B - \dot{U}_C = \sqrt{3}\dot{U}_B \angle 30° \tag{3-54}$$

$$\dot{U}_{CA} = \dot{U}_C - \dot{U}_A = \sqrt{3}\dot{U}_C \angle 30° \tag{3-55}$$

相电压对称时，线电压也一定依序对称，线电压是相电压的 $\sqrt{3}$ 倍，依次超前相应相电压的相位 30°。线电流为端线中的电流，相电流为各相电源中的电流或负载阻抗的电流，从图 3-27 可知，三相电源星形联结线电流等于相电流。

(2) 三相电源绕组的三角形联结

如图 3-28 所示，将三相电动势中每一相的末端和另一相的始端依次相接的联结方式，称为三角形（△）联结。同样，三相电源为对称三相电源，是由 3 个等幅值、同频率、初相依次相差 120° 的正弦电压源联结而成。则有：$\dot{U}_{AB} = \dot{U}_A$、$\dot{U}_{BC} = \dot{U}_B$、$\dot{U}_{CA} = \dot{U}_C$。对于三相电源三角形联结，如图 3-28 所示，由于相电压是 3 个等幅值、同频率、初相依次相差 120°的正弦电压，则相电流也是 3 个等幅值、同频率、初相依次相差 120°的正弦电流，由于相电流是对称的，线电流也一定对称，可推导出线电流是相电流的 $\sqrt{3}$ 倍，依次滞后相应相电流的相位为 30°。

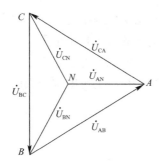

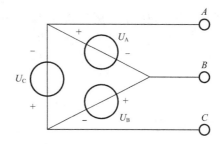

图 3-27　三相对称电源星形联结电压相量图　　图 3-28　三相电源三角形联结

（3）三相四线制

如果电源和负载都是星形接线，那么我们就可以用中性线连接电源和负载的中性点。这种用四根导线把电源和负载联结起来的三相电路称为三相四线制。

由于三相四线制可以同时获得线电压和相电压，所以在低压网络中既可以接三相动力负载，也可以接单相照明负载，故三相四线制在低压供电中获得了广泛的应用。中性线的作用，就是当不对称的负载接成星形联结时，使其每相的电压保持对称。

在有中性线的电路中，偶然发生一相断线，也只影响本相的负载，而其他两相的电压依然不变，但如中性线因事故断开，则当各项负载不对称时，势必引起各相电压的畸变，破坏各相负载的正常运行，而实际中，负载大多是不对称的，所以中性线不允许断路。

2. 三相电路功率的计算

对于单相正弦电路，各功率之间存在下列关系：

$$P = UI\cos\varphi \tag{3-56}$$

$$Q = UI\sin\varphi \tag{3-57}$$

$$S = UI \tag{3-58}$$

$$S = \sqrt{P^2 + Q^2} \tag{3-59}$$

$$\varphi = \operatorname{arctg}\frac{Q}{P} \tag{3-60}$$

上列公式中，其中 P 为有功功率，Q 为无功功率，S 为视在功率，φ 为电压超前电流的相位角。

对于三相电路，各功率存在如下关系：

$$P = P_A + P_B + P_C = U_A I_A\cos\varphi_A + U_B I_B\cos\varphi_B + U_C I_C\cos\varphi_C \tag{3-61}$$

$$Q = Q_A + Q_B + Q_C = U_A I_A\sin\varphi_A + U_B I_B\sin\varphi_B + U_C I_C\sin\varphi_C \tag{3-62}$$

$$\cos\varphi = \frac{P}{S} \tag{3-63}$$

$$S = \sqrt{P^2 + Q^2} \tag{3-64}$$

无论负载是星形（Y）联结还是三角形（△）联结，只要三相电路对称，三相功率就等于 3 倍的单相功率。对称三相电路各功率之间存在如下关系：

$$P = 3U_{相} I_{相} \cos\varphi = \sqrt{3}U_{线} I_{线} \cos\varphi \tag{3-65}$$

$$Q = 3U_{相} I_{相} \sin\varphi = \sqrt{3}U_{线} I_{线} \sin\varphi \tag{3-66}$$

$$S = \sqrt{3}U_{线} I_{线} \sin\varphi \tag{3-67}$$

如果三相负载不对称，则应分别计算各相功率，三相功率等于各相功率之和。交流电路中负载其实是由电阻、电感、电容组成的电路，即负载的阻抗是由电阻、感抗、容抗组成的复数。电阻所消耗的功率为有功功率，交流电路中，电感、电容是不消耗能量的，它们只是与电源之间进行能量交换，并没有真正消耗能量，我们把与电源交换能量的功率称为无功功率。

3.4　电工识图

3.4.1　电工识图基本知识

电气图是用图形符号和其他图示法绘制来表示电气系统、装置和设备各组成部分之间的相互关系和连接关系，用于表达电气工作原理，电气产品的构成和功能，并提供产品装机和使用信息的一种简图。由于电气技术的特殊性、复杂性和应用的广泛性，电气图已逐步成为一种独特的专业技术图。

1. 电气图的基本组成

电气图主要由电气图表、技术说明、主要电气设备或元器件明细表和标题栏四部分组成。

电气图表是用国家统一规定的图形符号和文字符号表示电路中电气设备或元器件相互关系的图形。通过电气图表可以了解系统中各部分之间的关系、工作原理、动作顺序等。

技术说明也称技术要求，适用于注明电气连接图中有关要点、安装要求及未尽事项，书写位置通常是在主电路图中，位于图面的右下方、标记栏的上方，在副电路图中位于图面的右上方。

2. 电气图的分类

系统图又称概略图或框图，是用符号或图框概略表示系统基本组成、相互关系、主要特征的一种简图。系统图，采用单线表示法，可分不同层次绘制。其中，较高层次的系统图，用来反映对象的概况，较低层次的系统图可将对象表达得很详细。

电路图，又称电气原理图或原理接线图，是表示系统、部件、设备之间相互连接顺序的简图。电路图中设备和元器件采用符号表示，并标注其代号、名称、规格等。

逻辑图是一种主要用于二进制逻辑单元图形符号绘制的图。

接线图是用来表示成套装置、设备、元器件的连接关系，用以进行安装、接线、检查、实验、维修等的一种简图或表格。

电气平面图是表示电气工程项目的电气设备、装置和线路的平面布置图，它一般是在建筑平面图的基础上制作出来的。常见的电气平面图有供电线路平面图、变配电站平面图、电力平面图、照明平面图、防雷与接地平面图。

产品使用说明书的电气图，生产厂家往往在产品使用说明书附上电气图，供用户了解该产品的组成和工作过程及注意事项，以达到正确使用、维护和检修的目的。

3.4.2 电气简图及电气设备常用图形（文字）符号

1. 电气简图用图形符号

电气简图用图形符号是绘制电气简图的工程语言，详见《电气简图用图形符号》系列标准 GB/T 4728。

2. 电气设备用图形符号

主要适用于各种类型的电气设备或电气设备的部件上，主要用途为识别、限定、说明、命令、警告或指示等，帮助操作人员了解该设备的特性、用途和操作方法。

3. 电气设备常用基本及辅助文字符号

电气工程文字符号分基本文字符号和辅助文字符号两种，一般标注在电气设备、装置和元器件图形符号上或其近旁，以标明电气设备、装置和元器件的名称、功能、状态和特征。电气中的文字符号分为两类，即基本文字符号和辅助文字符号。

电气工程中常用的基本文字符号由相关标准规范引出。

辅助文字符号用来表示各种电气设备、元器件和装置、线路的功能、状态、特征等，具体见表 3-1。

电气设备常用文字符号—辅助文字符号　　　　　　　　　　表 3-1

辅助文字符号	名称	辅助文字符号	名称
A	电流	DC	直流
A	模拟	DEC	减
AC	交流	E	接地
A AUT	自动	EM	紧急
		F	快速
ACC	加速	FB	反馈
ADD	附加	FW	正，向前
ADJ	可调	GN	绿
AUX	辅助	H	高
ASY	异步	IN	输入
B BRK	制动	INC	增
		IND	感应
BK	黑	L	左
BL	蓝	L	限制
BW	向后	L	低
C	控制	LA	闭锁
CW	顺时针	M	主
CCW	逆时针	M	中
D	延时（延迟）	M	中间线
D	差动	M MAN	手动
D	数字		
D	降	N	中性线

续表

辅助文字符号	名称	辅助文字符号	名称
OFF	断开	S	信号
ON	接通（闭合）	ST	启动
OUT	输出	S	
P	压力	SET	置位、定位
P	保护	SAT	饱和
PE	保护接地	STE	步进
PEN	保护接地与中性线共用	STP	停止
PU	不接地保护	SYN	同步
R	记录	T	温度
R	右	T	时间
R	反	TE	无噪声（防干扰）接地
RD	红色	V	真空
R		V	速度
RST	复位	V	电压
RES	备用	WH	白
RUN	运转	YE	黄

3.5　计算机应用基础

计算机是一种按程序控制自动而快速进行信息处理的电子设备，俗称电脑。

计算机接收用户输入的指令与数据，经过中央处理器的数据与逻辑单元运算后，以产生或储存成有用的信息。计算机作为一种信息处理工具，具有如下主要特点：运算速度快、运算精度高、具有记忆和逻辑判断能力、存储程序并自动控制。

1. 计算机的分类

计算机及相关技术的迅速发展带动计算机类型也不断分化，形成了各种不同种类的计算机。按照计算机的结构原理可分为模拟计算机、数字计算机和混合式计算机。按计算机用途可分为专用计算机和通用计算机。较为普遍的是按照计算机的运算速度、字长、存储容量等综合性能指标，可分为巨型机、大型机、中型机、小型机、微型机。但是，随着技术的进步，各种型号的计算机性能指标都在不断地改进和提高，以至于过去一台大型机的性能可能还比不上今天一台微型计算机。按照巨、大、中、小、微的标准来划分计算机的类型也有其时间的局限性，因此计算机的类别划分很难有一个精确的标准。在此可以根据计算机的综合性能指标，结合计算机应用领域的分布将其分为如下五大类。

1）高性能计算机

高性能计算机也就是俗称的超级计算机，或者以前说的巨型机。目前，国际上对高性能计算机的最为权威的评测是世界计算机排名，通过测评的计算机是目前世界上运算速度和处理能力均堪称一流的计算机。我国国防科技大学研制的"天河二号"超级计算机连续多年进入超级计算机榜单前十。

2）微型计算机

我们日常使用的台式计算机、笔记本计算机、掌上型计算机、平板电脑等都属于微型计算机。目前，微型计算机已广泛应用于办公、学习、娱乐等社会生活的方方面面，是发展最快、应用最为普及的计算机。

3）工作站

工作站是一种高档的微型计算机，通常配有高分辨率的大屏幕显示器及容量很大的内存储器和外部存储器，主要面向专业应用领域，具备强大的数据运算与图形、图像处理能力。工作站主要是为满足工程设计、动画制作、科学研究、软件开发、金融管理、信息服务、模拟仿真等专业领域而设计开发的同性能微型计算机。

4）服务器

服务器是指在网络环境下为网上多个用户提供共享信息资源和各种服务的一种高性能计算机，在服务器上需要安装网络操作系统、网络协议和各种网络服务软件。服务器主要为网络用户提供文件、数据库、应用及通信方面的服务。

5）嵌入式计算机

嵌入式计算机是指嵌入到对象体系中，实现对象体系智能化控制的专用计算机系统。嵌入式计算机系统是以应用为中心，以计算机技术为基础，并且软硬件可裁剪，适用于应用系统对功能、可靠性、成本、体积、功耗有严格要求的专用计算机系统。它一般由微处理器、外围硬件设备、嵌入式操作系统以及用户的应用程序等四个部分组成，用于实现对其他设备的控制、监视或管理等功能。例如，我们日常生活中使用的电冰箱、全自动洗衣机、空调、电饭煲、数码产品等都采用嵌入式计算机技术。

2. 计算机硬件

依照冯·诺依曼体系，计算机硬件由以下五部分组成：控制器，运算器，存储器，输入、输出设备。目前，生活中常见的计算机硬件实体与以上五个部分有略微不同，但本身并未跳出冯的体系。

1）CPU

CPU（中央处理器，Central Processing Unit）是计算机的核心部件，其参数有主频、外频、倍频、缓存、前端总线频率、技术架构（包括多核心、多线程、指令集等）、工作电压等。

目前，制造个人计算机 CPU 的厂商主要是两家：英特尔（Intel）公司和 AMD 公司。相比之下，英特尔公司更具实力，占大部分市场份额。

英特尔的主要 CPU 品牌有：赛扬（Celeron）、奔腾（Pentium）、酷睿双核（Core Duo）、酷睿 2 双核（Core 2 Duo）、安腾（Itanium）、凌动（Atom）、酷睿 i 系列（Core i）。

AMD 生产的品牌有：闪龙（Sempron）、速龙（Athlon）、羿龙（Phenom）、皓龙（Opterom）、炫龙（Turion）、APU、推土机（Bulldozer）、锐龙（Ryzen）。

CPU 又分为桌面（台式机上使用）和移动（笔记本上使用）两种。

2）显卡

显卡承担图像处理、输出图像模拟信号的任务。它将电脑的数字信号转换成模拟信号，通过屏幕、投影仪等输出图像。可协助 CPU 工作，提高计算机整体的运行速度。

部分 CPU 会集成图形处理器，可以实现图像的输出，俗称集成显卡（有些叫作核心显卡）。如英特尔的酷睿 i 系列 CPU、AMD 的 APU。但是集成显卡图像处理能力偏弱，日常使用没有问题，却很难用于大型图片、视频处理等对图像要求很高的场合。为了满足以上需求，就需要配置性能强劲的独立显卡。

常见的计算机独立显卡厂商有两家：英伟达（Nvidia）和 AMD。

3）存储器

存储器是用来存储程序和数据的部件。存储器容器用 B、KB、MB、GB、TB 等存储容量单位表示。通常将存储器分为内存储器（内存）和外存储器（外存）。

内存储器又称为主存储器，可以由 CPU 直接访问，优点是存取速度快，但存储容量小，主要用来存放系统正在处理的数据。

外存储器又叫辅助存储器，如硬盘、软盘、光盘等。存放在外存中的数据必须调入内存后才能运行。外存存取速度慢，但存储容量大，主要用来存放暂时不用，但又需长期保存的程序或数据。

以硬盘为例，按照存储介质的不同，可以分为三大类：硬盘有固态硬盘（SSD）、机械硬盘（HDD）、混合硬盘（HHD）。SSD 采用闪存颗粒来存储，HDD 采用磁性碟片来存储，HHD 是把磁性硬盘和闪存集成到一起的一种硬盘。

4）主板

主板（Motherboard），即计算机的主电路板。主板之于电脑犹如神经系统之于人，它连接电脑的其余各个组件，在输送电能的同时，为各组件提供传输数据的通道。

典型的主板能提供一系列接合点，供处理器、显卡、声效卡、硬盘、存储器、对外设备等设备接合。它们通常直接插入有关插槽，或用线路连接。主板上最重要的构成组件是芯片组（Chipset）。这些芯片组为主板提供一个通用平台供不同设备连接，控制不同设备的沟通。芯片组亦为主板提供额外功能，例如集成显核、集成声卡（也称内置显核和内置声卡）。一些高价主板也集成红外通信技术、蓝牙和 802.11（Wi-Fi）等功能。

5）输入、输出设备

输入、输出设备（I/O 设备），是数据处理系统的关键外部设备之一，可以和计算机本体进行交互使用。

常见的输入、输出设备有键盘、鼠标、显示器、投影仪、摄像头、麦克风、打印机、扫描仪等。

3. 计算机网络

计算机网络，是指将地理位置不同的具有独立功能的多台计算机及其外部设备，通过通信线路连接起来，在网络操作系统，网络管理软件及网络通信协议的管理和协调下，实现资源共享和信息传递的计算机系统。

虽然网络类型的划分标准各种各样，但是从地理范围划分是一种大家都认可的通用网络划分标准。按这种标准可以把各种网络类型划分为局域网、城域网、广域网三种。

广义上的网络设备指的是连接到网络中的物理实体。网络设备包括中继器、网桥、路由器、网关、防火墙、交换机等设备。

4. 多媒体设备

常见的多媒体设备属于冯·诺依曼体系的输入、输出设备的有：投影仪、打印机、扫描仪、传真机、音响、屏幕等。

1）投影仪

投影仪，又称投影机，是一种可以将图像或视频投射到幕布上的设备，可以通过不同的接口同计算机、VCD、DVD、BD、游戏机、DV 等相连接播放相应的视频信号。投影仪广泛应用于家庭、办公室、学校和娱乐场所，根据工作方式不同，有 CRT、LCD、DLP等不同类型。

2）打印机

打印机是计算机的输出设备之一，用于将计算机处理结果打印在相关介质上。衡量打印机好坏的指标有三项：打印分辨率，打印速度和噪声。打印机的种类很多，按打印元件对纸是否有击打动作，分击打式打印机与非击打式打印机。按打印字符结构，分全形字符打印机和点阵字符打印机。按一行字在纸上形成的方式，分串式打印机与行式打印机。按所采用的技术，分柱形、球形、喷墨式、热敏式、激光式、静电式、磁式、发光二极管式等打印机。

3）扫描仪

扫描仪是利用光电技术和数字处理技术，以扫描方式将图形或图像信息转换为数字信号的装置。

扫描仪通常被用于计算机外部仪器设备，是通过捕获图像并将之转换成计算机可以显示、编辑、存储和输出的数字化输入设备。

4）传真机

传真机是应用扫描和光电变换技术，把文件、图表、照片等静止图像转换成电信号，传送到接收端，以记录形式进行复制的通信设备。

第4章 钳工基本知识

4.1 钳工常用量具

1. 游标卡尺

游标卡尺是一种常用量具。它能直接测量零件的外径、内径、长度、宽度、深度和孔距等。钳工常用的游标卡尺测量范围有 0~125mm、0~200mm、0~300mm 等几种。

游标卡尺的结构如图 4-1 所示，上量爪可测量孔径、孔距和槽宽，下量爪可测量外径和长度，尺后深度尺还可测量内孔和沟槽的深度。

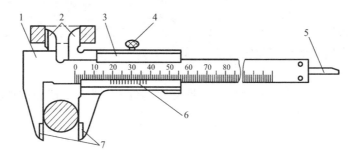

图 4-1 精度为 0.02mm 的游标卡尺

1—尺身；2、7—量爪；3—尺框；4—紧定螺钉；5—深度尺；6—游标

2. 千分尺

千分尺是一种精密量具。千分尺的精度比游标卡尺高，而且比较灵敏。因此，对于一些加工精度要求较高的零件尺寸，要用千分尺来测量，结构如图 4-2 所示。

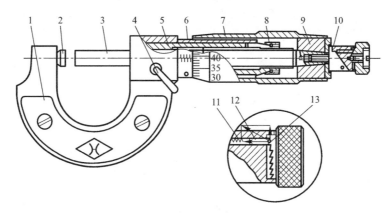

图 4-2 外径千分尺外形结构图

1—尺架；2—砧座；3—测微螺杆；4—锁紧手柄；5—螺纹套；6—固定套管；7—微分筒；

8—螺母；9—接头；10—测力装置；11—弹簧；12—棘轮抓；13—棘轮

3. 指示表

指示表是在零件加工或机器装配、修理时用于检验尺寸精度和形状精度的一种量具。分度值为 0.01mm 的指示表也称百分表，分度值为 0.001mm 和 0.002mm 的指示表也称为千分表，这里重点介绍百分表的使用，百分表可用来检验机床精度和测量工件的尺寸、形状和位置误差。

4. 厚薄规

厚薄规（又叫塞尺或间隙片）是用来检验两个相结合面之间间隙大小的片状量规。

4.2 钳加工常用方法

钳加工是指利用虎钳、锉刀等各种手用工具和一些机械设备完成某些零件的加工，部分机器的装配和调试，以及各类机械设备的维护等任务的工种。

钳加工主要的方法有划线、锯削、锉削、铣削、攻螺纹、套螺纹矫正、铆接、刮削、装配等。

4.2.1 划线

1. 划线定义及分类

根据图样或实物的尺寸，在工件表面上（毛坯表面或已加工表面）划出零件的加工界线，这种操作称为划线。

划线的作用不但能使零件在加工时有一个明确的界线，而且能及时发现和处理不合格的毛坯，避免加工后造成损失。当毛坯误差不大时，又可通过划线的借料得到补救，此外划线还便于复杂工件在机床上安装、找正和定位。

划线分平面划线和立体划线两种。平面划线是在工件的一个表面上划线，即明确反映出加工界线，图 4-3（a）所示是在板料上的划线。同时，要在工件几个不同表面（通常是互相垂直，反映工件三个方向尺寸的表面）上都划线才能反映出加工界线的这种划线称为立体划线，如在支架箱体上划线，如图 4-3（b）所示。

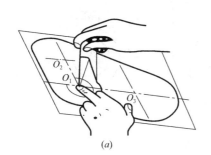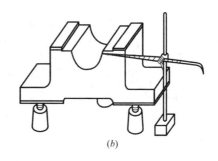

图 4-3　划线
(a) 平面划线；(b) 立体划线

划线除要求划出曲线条清晰均匀外，最重要的是保证尺寸准确。在立体划线中，应注意使长、宽、高三个方向的曲线条互相垂直。当划线发生错误或准确度太低时，都有可能造成工件报废。但由于划出曲线总有一定的宽度，以及在使用划线工具和测量调整尺寸时难免产生误差，所以不可能绝对准确。一般的划线精度能达到 0.25～0.5mm。因此，通常不能依靠划线直接确定加工时的最后尺寸，而必须在加工过程中通过测量来保证尺寸的准确度。

2. 划线基准

1）基准的概念

合理地选择划线基准是做好划线工作的关键。只有划线基准选择得好，才能提高划线的质量和效率以及相应提高工作合格率。

虽然工件的结构和几何形状各不相同，但是任何工作的几何形状都是由点、线、面构成的。因此，不同工件的划线基准虽有差异，但都离不开点、线、面的范围。

在零件图上用来确定其他点、线、面位置的基准，称为设计基准。

所谓划线基准，是指在划线时选择工件上的某个点、线、面作为依据，用它来确定工件的各部分尺寸、几何形状和相对位置。

2）基准的选择

划线时，应从划线基准开始。在选择划线基准时，应先分析图样，找出设计基准。使划线基准与设计基准尽量一致，这样能够直接量取划线尺寸，简化换算过程。

划线基准一般可根据以下三种类型选择：

以两个互相垂直的平面（或线）为基准，如图4-4（a）所示。从零件上互相垂直的两个方向的尺寸可以看出，每一方向的许多尺寸都是依照它们的外平面（在图样上是一条线）来确定的。此时，这两个平面就分别是每一方向的划线基准。

以两条中心线为基准，如图4-4（b）所示。该工件上两个方向的尺寸与其中心线具有对称性并且其他尺寸也从中心线起始标注。此时，这两条中心线就分别是这两个方向的划线基准。

以一个平面和一条中心线为基准，如图4-4（c）所示。该工件上高度方向的尺寸是以底面为依据的，此底面就是高度的划线基准。而宽度方向的尺寸对称于中心线，所以中心线就是宽度方向的划线基准。

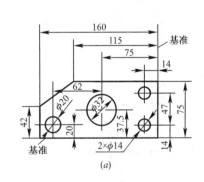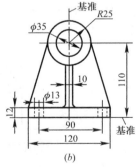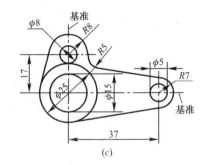

图 4-4　划线基准类型

(a) 以两个互相垂直的平面为基准；(b) 以两条中心线为基准；(c) 以一个平面和一条中线为基准

划线时在零件上的每一个方向都需要选择一个基准，因此，平面划线时一般要选择两个划线基准，而立体划线时一般要选择三个划线基准。

3. 划线准备及基本方法

1）划线准备工作

清理工件，对铸、锻毛坯件，应将型砂、毛刺、氧化皮除掉，并用钢丝刷刷净，对已生锈的半成品将浮锈刷掉。

分析图样，了解工件的加工部位和要求，选择好划线基准。

在工件划线部位，按工件不同涂上合适的颜料。

擦干净划线平板，准备好划线工具。

2）划线基本原则

为了保证划线质量，划线前要核对钢材牌号、规格等是否符合图样的技术要求，被划线钢材应平整、干净，无麻点、裂纹等。

垂直线必须用作图法划，不能用角度尺或者90°角尺，更不能用目测法划线。

用圆规在钢板上画圆、圆弧或者分量尺寸时，为防止圆规脚尖滑动，必须先冲出样冲眼。

当所划的直线长度超出直尺时，必须用粉线一次弹出；超长直线分段划时，其段与段两端直线应有一定的重合长度，且重合长度不能太短，否则直线难以平直。

3）划线方法

任何复杂的图形都是由直线、曲线和圆等基本线条、基本几何图形组成的。下面就介绍几种基本划线方法。

（1）平行线的划法

已知直线 ab，作距离为 s 的平行线，在直线上任取两点为圆心，以 s 长为半径作圆弧。作两圆弧的公切线，即求得平行线，如图 4-5 所示。

（2）垂直线的划法

已知直线 ab，过直线上的定点 c 作垂线。

以定点 c 为圆心，任取适当 R 为半径作圆弧，交直线于 d、e 两点。分别以 d、e 为圆心，用大于 R 的长为半径作弧交于 f、g。连接 f、g 的垂直线图，如图 4-6 所示。

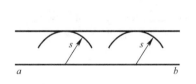

图 4-5 平行线的划法

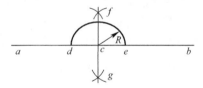

图 4-6 垂直线的划法

（3）圆周等分和内接正多边形

已知半径为 R 的圆周，作六等分。

以 b 为圆心、R 为半径作弧交圆周于 e、f，连接 ef，再连接 eb。

以 1 点为圆心，以 eb 之长为半径作弧，交圆于 2、6 两点，再以 2 点为圆心，以 eb 之长为半径作弧，交圆于 1、3 两点，依次类推划出 6 点，连接各等分点得正六边形（图 4-7a、图 4-7b）。

总结：

ef 弦长为三等分弦长，ch 弦长为五等分弦长，eb 弦长为六等分弦长，eg 弦长为七等分弦长，$6b$ 弦长为十二等分弦长（图 4-7c）。

4.2.2 锯削加工

用锯对材料或者工件进行切断或者切槽等的加工方法叫作锯削。大型原材料和工件的

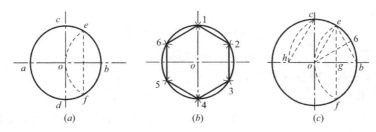

图 4-7 圆内等分划法

分割利用机械锯进行，其不属钳加工的工作范围。钳工的锯削只是利用手锯对较小材料和工件进行分割或切槽。

1. 锯削工具

手锯是钳工用来进行锯削的手动工具。手锯由锯弓（锯架）和锯条两部分组成，可分为固定式（图 4-8）和可调式（图 4-9）两种。

图 4-8 固定式   图 4-9 可调式

锯条是手锯的重要组成部分，锯削时起切削作用。锯条是手锯的切削部分。

锯削时要达到较高的工作效率，同时使锯齿具有一定的强度。因此，锯削部分必须具有足够的容屑槽以及保证锯齿较大的楔角。

锯条的安装手锯是在向前推进时进行切削的，所以安装锯条时要保证齿尖向前（图 4-10）。另外，安装锯条时其松紧也要适当，过紧锯条受力大，锯削时稍有阻滞而产生弯折时，锯条很容易绷断；锯条安装得过松，锯条不但容易弯曲造成折断，而且锯缝容易歪斜。锯条安装好后，还应检查锯条安装得是否歪斜、扭曲，因前后夹头的方榫与锯弓方孔有一定的间隙，如歪斜、扭曲，必须校正。

图 4-10 锯条安装
（a）正确；（b）错误

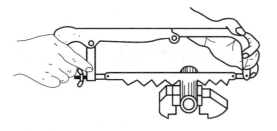

图 4-11 锯切时手的握法

2. 锯削操作要点

握锯的姿势如图 4-11 所示，起锯时以左手拇指靠住锯条，右手稳推手柄，起锯角稍小于 15°。

工件的夹持应当稳当牢固，不可有弹动。工件伸出部分要短，并将工件夹在台虎钳的左面。

压力、速度和往复长度要适当。锯削时，两手作用在手锯上的压力和锯条在工件上的往复速度，都将影响到锯削效率。确定锯削时的压力和速度，必须按照工件材料的性质来决定。

锯削硬材料时，因不易切入，压力应该大些，锯削软材料时，压力应小些。但不管何种材料，当向前推锯时，对手锯要加压力，向后拉时，不但不要加压力，还应把手锯微微抬起，以减少锯齿的磨损。每当锯削快结束时，压力应减小。钢锯的锯削速度以每分钟往复 20～40 次为宜。锯削软材料速度可快些，锯削硬材料速度应慢些。速度过快锯齿易磨损，过慢效率不高。锯削时，应使锯条全部长度都参加锯削，但不要碰撞到锯弓架的两端，这样锯条在锯削中的消耗平均分配于全部锯齿，从而延长锯条使用寿命。相反，如只使用锯条中间一部分，将造成锯齿磨损不匀，锯条使用寿命缩短。锯削时一般往复长度不应小于锯条长度的 2/3。锯削操作运动姿势变化如图 4-12 所示。

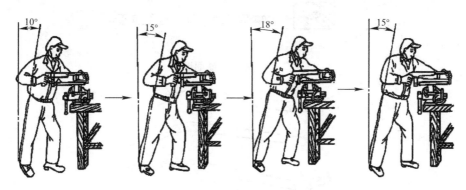

图 4-12　锯削操作运动姿势变化

4.2.3　锉削加工

用锉刀对工件进行切削加工的方法称为锉削。

锉削的精度可达 0.01mm 左右，表面粗糙度值最小可达 Ra0.8μm 左右。锉削是钳工的主要操作技能之一。锉削的工作范围较广，可以锉削工件的内、外表面和各种沟槽，钳工在装配过程中也经常利用锉刀对零件进行修整。

1. 锉刀的种类

锉刀可分为钳工锉、异形锉和整形锉三种。钳工锉是钳工常用的锉刀，钳工锉按其断面形状又可分为齐头扁锉、半圆锉、三角锉、方锉和圆锉，以适应各种表面的锉削。钳工锉的断面形状如图 4-13 所示。

异形锉是用来加工零件上特殊表面的，有弯的和直的两种，如图 4-14 所示。

整形锉是用于修整工件上的细小部位，它可由 5 把、6 把、8 把、10 把或 12 把不同的断面形状的锉刀组成一套（图 4-15）。

2. 锉削方法

钳工要掌握锉削技能和提高锉削质量必须正确握持锉刀和有正确的锉削姿势。

1）锉刀的握法

正确握锉刀有助于提高锉削质量。锉刀的种类较多，所以锉刀的握法还必须随着锉刀的大小、使用的地方不同而改变。较大锉刀的握法：用右手握着锉刀柄，柄端顶住拇指根部的手掌，拇指放在锉刀柄上，其余手指由下而上地握着锉刀柄，如图 4-16（a）所示；

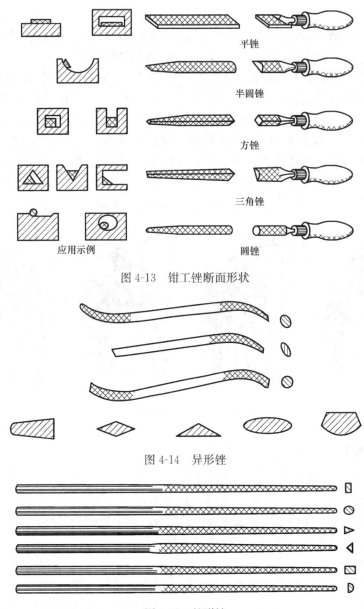

图 4-13 钳工锉断面形状

图 4-14 异形锉

图 4-15 整形锉

左手在锉刀上的放法有三种，如图 4-16（b）所示；两手结合起来的握锉姿势如图 4-16
（c）所示。中、小型锉刀的握法如图 4-17 所示。握持中型锉刀时，右手的握法与握大锉刀
一样，左手只需大拇指和食指轻轻地扶导。在使用较小锉刀时，为了避免锉刀弯曲，用左
手的几个手指压在锉刀的中部，用右手握住锉刀，食指放在上面。

2）锉削的姿势

锉削姿势对一个钳工来说是十分重要的，锉削时的姿势如图 4-18 所示。身体的重心
落在左脚上，右膝要伸直，脚始终站稳不可移动，靠左膝的屈伸而作往复运动。开始锉削
时身体要向前倾斜 10°左右，右肘尽可能缩到后方，当锉刀推出 1/3 行程时身体前倾 15°左
右。使左膝稍弯曲，锉刀推出 2/3 行程时，身体前倾 18°左右，左、右臂均向前伸出，

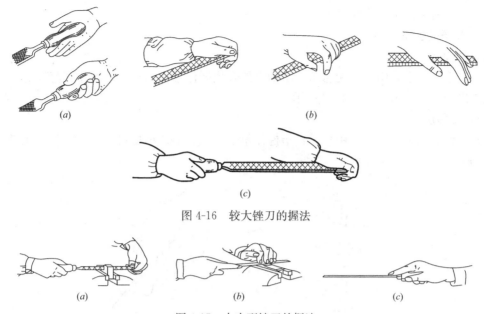

图 4-16 较大锉刀的握法

图 4-17 中小型锉刀的握法

(*a*) 中型锉刀的握法；(*b*) 小型锉刀的握法；(*c*) 最小型锉刀的握法

锉刀推出全程时，身体随着锉刀的反作用力退回到 15°位置。行程结束后，把锉刀略提高使手和身体回到初始位置，为了保证锉削表面平直，锉削时必须掌握好锉削力的平衡。锉削力由水平推力和垂直压力两者合成，推力主要由右手控制，压力是由两手控制的。锉削时由于锉刀两端伸出工件的长度随时都在变化，因此两手对锉刀的压力大小也必须随之变化，保持锉削力的平衡。开始锉削时左手压力要大，右手压力要小，推力也要大，随着锉刀向前的推进，左手压力减小，右手压力增大。当锉刀推进至中间时，两手压力相同，再继续推进锉刀时，左手压力逐渐减小，右手压力逐渐增加，锉刀回程时不加压力以减少锉纹的磨损。锉削时速度不宜太快，一般为 30～60 次/min。

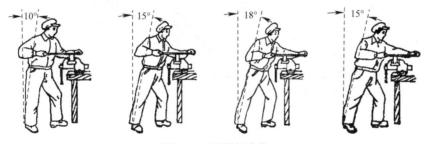

图 4-18 锉削的姿势

4.2.4 錾削加工

用手锤敲击錾子对金属进行切削加工的过程叫作錾削。目前，錾削工作主要用于不采用机械加工的场合，如去除毛坯上的凸缘、毛刺、分割材料、錾削平面及油槽等。同时，通过錾削工作的锻炼，可以提高锤击的准确性，为装拆机械设备打下扎实的基础。錾削是钳工工作中一项较为重要的基本操作。

錾削时所用的工具主要是錾子和手锤。

1. 錾子的握法

1）正握法

左手手心向下，中指、无名指、小指自然合拢握住錾身，拇指、食指自然贴合，錾子头部伸出 20～25mm，如图 4-19 所示。

2）反握法

左手手心向上，拇指、中指、食指握住錾子，无名指、小指自然弯曲；錾子头部伸出 25～30mm，如图 4-20 所示。

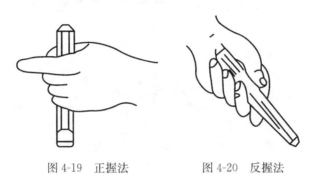

图 4-19　正握法　　　　　　图 4-20　反握法

2. 手锤的握法

1）紧握法

右手四指紧握锤柄，拇指合在食指上，虎口对着锤头方向；柄端伸出 15～30mm。在挥锤过程中始终紧握锤柄，小指、无名指自然放松。

2）松握法

只用拇指、食指、中指始终轻握锤柄，小指、无名指自然放松。

挥锤方法：腕挥、肘挥、臂挥，如图 4-21 所示。

(a)　　　　　　　　(b)　　　　　　　　(c)

图 4-21　挥锤方法
(a) 腕挥；(b) 肘挥；(c) 臂挥

4.3　清洗与刮削

4.3.1　零、部件清洗

零件在装配前，必须对再用零件和新换零件进行清理与洗涤，这是机械设备修理中的一个重要环节，它直接影响到机床的修理、装配质量。

1. 清洗液的种类和特点

清洗液可分为有机溶剂和化学清洗液两类。

有机溶液包括：煤油、柴油、工业汽油、酒精、丙酮、乙醚、苯及四氯化碳等。其中，工业汽油、酒精、丙酮、乙醚、苯、四氯化碳的去污、去油能力都很强，清洗质量好，挥发快，适于清洗较精密的零部件，如光学零件、仪表部件等。

煤油和柴油同工业汽油相比，清洗能力不及工业汽油，清洗后干燥也较慢，但比工业汽油使用安全。

化学清洗液中的合成清洗剂对油脂、水溶性污垢有良好的清洗能力，且无毒、无公害、不燃烧、无腐蚀、成本低，以水代油，节约能源，正在被广泛利用。

2. 清洗方法

初步清洗包括去除机件表面的旧油、铁锈和刮漆皮等工作。清洗时，用专门的油桶把刮下的旧干油保存起来，以作他用。

去旧油。一般用竹片或软质金属片从机件上刮下旧油或使用脱脂剂。脱脂方法：小零件浸在脱脂剂内 5～15min；较大的金属表面用清洁的棉布或棉纱浸蘸脱脂剂进行擦洗；一般容器或管件的内表面用灌洗法脱脂，每处灌洗时间不少于 15min；大容器的内表面用喷头淋脱脂剂进行冲洗。

除锈。轻微的锈斑要彻底除净，直至呈现出原来的金属光泽；对于中锈应除至表面平滑为止。应尽量保持接合面和滑动面的表面粗糙度和配合精度。除锈后，应用煤油或汽油清洗干净，并涂以适量的润滑油脂或防锈油脂。各种表面的除锈方法见表 4-1。

各种表面的除锈方法　　　　　　　　　　　　表 4-1

项次	表面粗糙度	除锈方法
1	不加工表面	用砂轮、钢丝刷、刮具、砂布、喷砂或酸洗除锈
2	5.0～6.3	用非金属刮具磨石或 F150 的砂布蘸全损耗系统用油擦除或进行酸洗除锈
3	3.2～1.6	用细磨石或 F150（或 F180）的砂布蘸全损耗系统用油擦除或进行酸洗除锈
4	0.8～0.2	先用 F80 或 F240 的砂布蘸全损耗系统用油进行擦拭，然后再用干净的棉布（或布轮）蘸全损耗系统用油和磨研膏的混合剂进行磨光
5	<0.1	先用 F280 的砂布蘸全损耗系统用油进行擦拭，然后用干净的绒布蘸全损耗系统用油和细研磨膏的混合剂进行磨光

去油漆。一般粗加工面都采用铲刮的方法；粗、细加工面可采用布头蘸汽油或香蕉水用力摩擦来去除；加工面高低不平（如齿轮加工面）时，可采用钢丝刷或用钢绳头刷。

用清洗剂或热油冲洗机件。经过除锈去漆之后，应用清洗剂将加工表面的渣子冲洗干净。原有润滑脂的机件，经初步清洗后，如仍有大量的润滑脂存在，可用热油烫洗，但油温不得超过 120℃。

净洗。机件表面的旧油、锈层、漆皮洗去之后，先用压缩空气吹（以节省汽油），再用煤油或汽油彻底冲洗干净。

3. 两种零部件的清洗

1）油孔的清洗

油孔是机械设备润滑的孔道。清洗时，先用钢丝绑上蘸有煤油的布条塞到油孔中往复通几次，把里面的切屑、油污擦干净，再用清洁布条捅一下，然后用压缩空气吹一遍。清洗干净后，用油枪打进润滑脂，外面用蘸有润滑脂的木塞堵住，以免灰尘侵入。

2）滚动轴承的清洗

滚动轴承是精密机件，清洗时要特别仔细。在未清洗到一定程度之前，最好不要转动，以防杂质划伤滚道或滚动体。清洗时，要用汽油，严禁用棉纱擦洗。在轴上清洗时，先用喷枪打入热油，冲去旧润滑脂。然后再喷一次汽油，将内部余油完全除净。清洗前要检查轴承是否有锈蚀、斑痕，如有，可用研磨粉擦掉。擦时要从多方向交叉进行，以免产生擦痕。滚动轴承清洗完毕后，如不立即装配，应涂油包装。

4.3.2 刮削

用刮刀在工件表面上刮去一层很薄的金属，以提高工件加工精度的操作叫作刮削。

1. 刮削原理

刮削是在与校准工具或与其配合的工件之间涂上一层显示剂，经过对研，使工件上较高的部分显示出来。然后用刮刀进行微量刮削，刮去较高的金属层。同时，刮刀对工件还有推挤和压光的作用，这样反复地显示和刮削，就能使工件的加工精度适合预定的要求。

2. 刮削的特点

刮削加工属于精加工。它具有切削量小、切削刀小、加工方便和夹装变形小等特点。通过刮削后的工件表面，不仅能获得很高的几何精度、尺寸精度、接触精度、传动精度，还能形成比较均匀的微浅凹坑，创造良好的存油条件。由于多次反复地受到刮刀的推挤和压光作用，能使工件表面组织紧密，得到较低的表面粗糙值。鉴于以上特点和精度要求，利用一般机械加工手段难以达到，所以必须采用刮削的方法来进行加工。

3. 刮削余量

由于刮削每次只能刮去很薄的一层金属，刮削操作的劳动强度又很大，所以要求工件在机械加工后留下的刮削余量不宜太大，一般为 0.05～0.4mm，具体见表 4-2。

刮削余量（mm）　　　　　　　　　　　　　　　　　　　表 4-2

平面的刮削余量					
平面宽度	平面长度				
	100～500	500～1000	1000～2000	2000～4000	4000～6000
100 以下	0.10	0.15	0.20	0.25	0.30
100～500	0.15	0.20	0.25	0.30	0.40
孔的刮削余量					
孔径	孔长				
	100 以下		100～200		200～300
80 以下	0.05		0.08		0.12
80～180	0.10		0.15		0.25
180～360	0.15		0.20		0.35

4. 刮削方法

刮削方法主要指平面刮削方法，有手刮法和挺刮法两种。

手刮法（图 4-22a）。刮削时右手握刮刀柄，左手 4 指向下蜷曲握住刮刀近头部约

50mm 处，刮刀和刮面成 25°～30°角。左脚向前跨一步，上身随着推刮而向前倾斜，以增加左手压力，以便于看清刮刀前面的研点情况。右臂利用上身摆动使刮刀向前推进，在推进的同时，左手下压，引导刮刀前进，当推进到所需距离后，左手迅速提起，这样就完成了一个手刮动作。这种刮削方法动作灵活、适应性强，适合于各种工作位置，对刮刀长度要求不太严格，姿势可合理掌握，但手易疲劳，因此不宜在加工余量较大的场合采用。

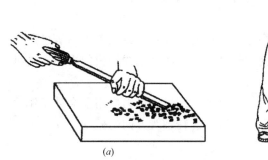

(a) (b)

图 4-22 平面刮法

(a) 手刮法；(b) 挺刮法

挺刮法（图 4-22b）。刮削时将刮刀柄放在小腹右下侧，双手握住刀身，左手在前，握于距刮刀刃约 80mm 处，右手在后。刀刃对准研点，左手下压，利用腿部和臀部的力量将刮刀向前推进，当推进到所需距离后，用双手迅速将刮刀提起，这样就完成了一个挺刮动作。由于挺刮法用下腹肌肉施力，每刀切削量较大，因此适合大余量的刮削，工作效率较高，但需要弯曲身体操作，故腰部易疲劳。

平面刮削的步骤可按粗刮、细刮、精刮和刮花四个步骤进行。

4.4 旋转件的平衡

4.4.1 平衡的概念

机器中旋转的零件或部件是很多的，如带轮、叶轮以及各种转子等。它们往往由于材料密度不匀、本身形状不对称、加工或装配产生误差等各种原因，在其径向各截面上或多或少地存在一些不平衡量。此不平衡量由于与旋转中心之间有一定距离，因此当旋转件转动时，不平衡量便要产生离心力，其离心力大小与不平衡量、不平衡量与旋转中心之间的径向距离，以及转速的平方成正比，即：

$$F = mr(2\pi n/60)^2 \tag{4-1}$$

式中：F——离心力（N）；

$\quad\ m$——不平衡量（kg）；

$\quad\ r$——不平衡量与旋转中心之间的径向距离（m）；

$\quad\ n$——转速（r/min）。

例：有一直径为 400mm 的叶轮，在离旋转中心 0.18mm 的径向位置有 0.04kg 的不平衡量，如果以 3000r/min 的转速旋转，则将产生的离心力为：

$$F=mr(2\pi n/60)^2=0.04\times0.18(\pi\times3000/30)^2\text{N}=711\text{N}$$

旋转件因不平衡而产生的离心力，其方向随着物体的旋转而不断周期性地改变，因而，旋转件的旋转中心位置也要不断发生变化，这就是旋转件产生振动的最基本原因。因此，为了保证机器的运转质量，凡转速较高或直径较大的旋转件，即使其几何形状完全对称，也最好在装配前进行平衡，并达到要求的平衡精度。

旋转件的不平衡的种类可归纳为静不平衡和动不平衡。

1. 静不平衡

旋转上有不平衡量，这不平衡量所产生的离心力，或几个不平衡量所产生的离心力合力，通过旋转件的重心，它不会使旋转件旋转时产生轴线倾斜的力矩，这种不平衡称为静不平衡。

静不平衡的旋转件在自然静止时，其不平衡量在重力作用下会处于铅垂线下方。在旋转时，其不平面离心力使旋转件产生垂直于旋转轴线方向的振动。

2. 动不平衡

旋转件上的各不平衡量所产生的离心力，如果形成力偶，则旋转件在旋转时不仅会产生垂直于旋转轴线方向的振动，而且还要使旋转轴线产生倾斜的振动，这种不平衡称为动不平衡。动不平衡的旋转件一般都同时存在静不平衡。

旋转件上不平衡量的分布是复杂和无规律的，但它们最终产生的影响总是属于静不平衡或动不平衡这两种。

4.4.2　静平衡

旋转件的静不平衡可以用静平衡的方法去解决，静平衡只能平衡旋转件重心的不平衡，而不能消除不平衡力偶。因此，静平衡一般仅适用于长径比比较小（如盘状旋转件）或长径比虽比较大而转速不高的旋转件。

静平衡方法的实质在于确定旋转件上不平衡量的大小和位置。

静平衡可以在棱形、圆柱形或滚轮等平衡支架上进行。

1. 静平衡的一般方法

将待平衡的旋转件，装上专用心轴后放在平衡支架上，如图 4-23 （*a*） 所示。用手推动一下旋转件使其缓慢转动，待自然静止后在它的正下方作一记号。重复动作若干次，若每次自然静止后，原来记号的位置保持不变，说明静平衡工艺具有一定的准确性，记号位

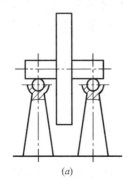

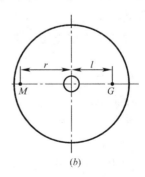

（*a*）　　　　　　　　　　　　　　（*b*）

图 4-23　旋转件的静平衡

置就是不平衡量的所在处。然后在记号位置的相对部位，粘上一定重量的橡皮泥，使橡皮泥重量 M 对旋转中心产生的力矩，恰好等于不平衡量 G 对旋转中心产生的力矩，即 $Mr = Gl$，如图 4-23（b）所示，此时旋转件便获得了静平衡。去掉橡皮泥，称出其重量，然后在不平衡位置去除适当的材料（其重量要按力矩平衡的原理算出），直至旋转件在任意角度都能自然地静止不动，静平衡便告完成。

2. 静平衡采用平行导轨的要求

为了使静平衡工艺准确，旋转件装上心轴后，其转动的灵敏度是很关键的，太低不可能获得较高的静平衡精度。因此，对平衡支架和心轴都有较高的要求，平衡支架的支承面（圆柱面或者菱形面）必须坚硬（HRC50～60）、光滑（表面粗糙度细于 Ra0.4μm）和具有较好的直线度（不大于 0.005mm）。两个支承面在水平面内必须相互平行（平行度不大于 1mm），并严格找正至水平位置（水平度不大于 0.02/1000）。专用心轴本身应具有较好的平衡精度，心轴的直线度和圆柱面的粗糙度都应有较良好的质量。

3. 静平衡程序举例

水泵的转速一般都不高，对于叶轮、叶片只要求进行静平衡试验。叶轮的静平衡试验如图 4-24 所示，静平衡的程序如下：

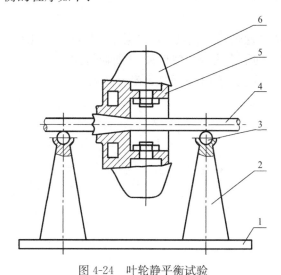

图 4-24 叶轮静平衡试验

1—平台；2—支座；3—导轨；4—轴套；5—叶片座；6—叶片

调整平衡轨道水平值在 0.02mm/m 以内，两平衡轨道的不平行度应不大于 1mm/m；将叶片与叶片座和轴套装配好后，吊放于平衡轨道上，并使轴套与轨道垂直；轻轻推动叶片，使叶片沿平衡导轨转动；待转动静止下来后，在转动上方划一条通过轴心的垂直线；在这条垂直线上，加上平衡配重块（先用磁铁或胶泥，后换算成配重的重量）；继续旋转叶片，直至调节平衡块的重量及至轴心距离，使叶片可在任意方向停下来；配重及配重与轴心的距离，即为所需配重块的重量及距离。

4.4.3 动平衡

对于长径比比较大或转速较高的旋转件，通常都要进行动平衡。

动平衡不仅要平衡离心力，而且还要平衡离心力所组成的力矩。动平衡在动平衡机上进行，常用的动平衡机有弹性支梁动平衡机、框架式动平衡机和电子动平衡机等。动平衡原理如图 4-25 所示。

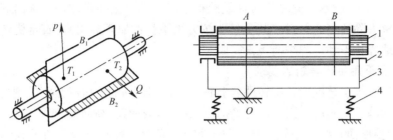

图 4-25 动平衡原理

假设转子存在两个不平衡量 T_1 和 T_2，当转子旋转时，产生离心力分别为 P 和 Q。P 在 B_1 平面内，Q 在 B_2 平面内，P 和 Q 都垂直于轴线。为了达到动平衡，将转子 1 放在平衡机上，摆架 3 下是弹簧 4，在轴承 2 中间转动时，摆架 3 将在离心力的作用下产生振动。由于任何一个转动零件的动不平衡，都可认为是由分别处于两个任选平面 A 和 B 内，回转半径为 r_A 和 r_B 的两个不平衡量 G_A 和 G_B 所产生的，因此，动平衡时只需针对 G_A 和 G_B 即可。

动平衡时，先使 A 面通过摆架支点 O，根据振动情况在 B 平面上增加平衡量，使之产生平衡力矩 $G_B r_B$ 直到振动消失为止；然后使 B 面通过摆架支点 O，依上法使之产生平衡力矩 $G_A r_A$ 直到振动消失为止，转子即可达到动平衡要求。

第5章 电工基本知识

5.1 常用电工仪表

1. 电工仪表的分类

电工仪表分类：按结构和用途不同，主要分为指示仪表、比较仪表、数字仪表和智能仪表四大类。

1）指示仪表（直读式仪表）

能将被测量转换为仪表可动部分的机械偏转角，并通过指示器直接指示出被测量的大小，故又称为直读式仪表。

（1）按工作原理分类：主要有磁电式、电磁式、电动式、感应式等。

磁电式——C、整流式——L、热偶式——E、电磁式——T、

电动式、铁磁电动式——D、感应式——G、静电式——Q。

（2）按电工指示仪表的测量对象分：可以分为电流表（安培表，毫安表、微安表）、电压表（伏特表，毫伏表、微伏表以及千伏表）、功率表（瓦特表）、电度表、欧姆表、相位表等。

（3）按电工仪表工作电流的性质分：可以分为直流仪表、交流仪表和交直流两用仪表。

（4）按使用方式分：可以分为安装式仪表与便携式仪表。

（5）按仪表的准确度分：有 0.1、0.2、0.5、1.0、1.5、2.5、5.0 共七个等级。

（6）按仪表使用条件分：分为 A、B、C 三组。

2）比较仪表

在测量过程中，通过被测量与同类标准量进行比较，然后根据比较结果才能确定被测量的大小。

比较仪表分类：直流比较仪表和交流比较仪表。直流电桥和电位差计属于直流比较仪表，交流电桥属于交流比较仪表。

典型仪表：比较式直流电桥。

3）数字仪表

数字仪表的特点：采用数字测量技术，并以数码的形式直接显示出被测量的大小。

数字仪表的分类：常用的有数字式电压表、数字式万用表、数字式频率表等。

典型仪表：数字式电压表。

4）智能仪表

智能仪表的特点：利用微处理器的控制和计算功能，这种仪器可实现程控、记忆、自动校正、自诊断故障、数据处理和分析运算等功能。

智能仪表的分类：智能仪表一般分为两大类：一类是带微处理器的智能仪器；另一类

是自动测试系统。

典型仪表：数字式存储示波器。

2. 万用表

万用表又叫三用表、复用表，是一种多功能、多量程的测量仪表，一般万用表可测量直流电流、直流电压、交流电压、电阻和音频电平等，有的还可以测交流电流、电容量、电感量及半导体的一些参数（如 β）。

1）指针式万用表

指针式万用表由表头、测量电路及转换开关等三个主要部分组成，如图 5-1 所示。

图 5-1　指针式万用表
示例图

（1）表头

它是一只高灵敏度的磁电式直流电流表，万用表的主要性能指标基本上取决于表头的性能。表头的灵敏度是指表头指针满刻度偏转时流过表头的直流电流值，这个值越小，表头的灵敏度越高。测电压时的内阻越大，其性能就越好。

万用表的表头是灵敏电流计，表头上的表盘印有多种符号、刻度线和数值。符号 A-V-Ω 表示这只电表是可以测量电流、电压和电阻的多用表。表盘上印有多条刻度线，其中右端标有"Ω"的是电阻刻度线，其右端为零，左端为∞，刻度值分布是不均匀的。符号"—"或"DC"表示直流，"～"或"AC"表示交流。刻度线下的几行数字是与选择开关的不同档位相对应的刻度值。

（2）测量线路

测量线路是万用表实现多种电量测量，多种量程变换的电路。实际上，它是由多量程直流电流表、多量程直流电压表、多量程交流电压表、多量程欧姆表等几种线路组合而成。它能将各种不同的被测量（如电流、电压、电阻等）、不同的量程，经过一系列的处理（如整流、分流、分压等）统一变成一定量限的微小直流电流送入表头进行测量。

（3）转换开关

其作用是用来选择各种不同的测量线路，以满足不同种类和不同量程的测量要求。它由许多固定触点和活动触点组成，用来闭合或断开测量回路。

表笔和表笔插孔：

表笔分为红、黑两支。使用时应将红色表笔和黑色表笔插入相应的插孔。

（4）指针式万用表的使用

① 熟悉表盘上各符号的意义及各个旋钮和选择开关的主要作用。

② 进行机械调零。

③ 根据被测量的种类及大小，选择转换开关的档位及量程，找出对应的刻度线。

④ 选择表笔插孔的位置。

⑤ 测量电压：

测电压时要选择好量程，如果用小量程去测量大电压，则会有烧表的危险；如果用大量程去测量小电压，那么指针偏转太小，无法读数。量程的选择应尽量使指针偏转到满刻度的 2/3 左右。如果事先不清楚被测电压的大小时，应先选择最高量程档，然后逐渐减小到合适的量程。

交流电压的测量：将万用表的一个转换开关置于交、直流电压档，并选择合适量程，万用表两表笔和被测电路或负载并联即可。

直流电压的测量：将万用表的一个转换开关置于交、直流电压档，选择合适量程，且"＋"表笔（红表笔）接到高电位处，"－"表笔（黑表笔）接到低电位处，即让电流从"＋"表笔流入，从"－"表笔流出。若表笔接反，表头指针会反方向偏转，容易撞弯指针。

⑥ 测量电流：

测量直流电流时，将万用表的一个转换开关置于直流电流档，同时选择合适量程。电流的量程选择和读数方法与电压一样。测量时必须先断开电路，然后按照电流从"＋"到"－"的方向，将万用表串联到被测电路中，即电流从红表笔流入，从黑表笔流出。如果误将万用表与负载并联，则因表头的内阻很小，会造成短路烧毁仪表。

选择量程：万用表直流电流档标有"mA"，有 1mA、10mA、100mA 三档量程。选择量程时，应根据电路中的电流大小。如不知电流大小，应选用最大量程。

读数方法：实际值＝指示值×量程/满偏。

测量电流注意事项：

要有人监护，作用为：一是使测量人与带电体保持规定的安全距离，二是监护测量人正确使用仪表和正确测量。

测量时，不要用手触摸表笔的金属部分，以保证安全和测量的准确性。

测量高压或大电流时，不能在测量时旋动转换开关，避免转换开关的触头产生电弧而损坏开关。

要注意被测量的极性，避免指针反打而损坏仪表。测直流时，红表笔接正极，黑表笔接负极。

当不知道电压和电流多大时，应先将量限档置于最高档，然后再向低量限档转换，防止打弯指针。

⑦ 测量电阻：

用万用表测量电阻时，应按下列方法做：

选择合适的倍率档。万用表欧姆档的刻度线是不均匀的，所以倍率档的选择应使指针停留在刻度线较稀的部分为宜，且指针越接近刻度尺的中间，读数越准确。一般情况下，应使指针指在刻度尺的 1/3～2/3 间。

欧姆调零。测量电阻之前，应将两个表笔短接，同时调节"调零旋钮"，使指针刚好指在欧姆刻度线右边的零位。如果指针不能调到零位，说明电池电压不足或仪表内部有问题。并且每换一次倍率档，都要再次进行欧姆调零，以保证测量准确。

读数：表头的读数乘以倍率，就是所测电阻的电阻值。欧姆档用"Ω"表示，分为 $R\times 1$、$R\times 10$、$R\times 100$ 和 $R\times 1k$ 四档。有些万用表还有 $R\times 10k$ 档。

使用万用表欧姆档测电阻，除前面讲的使用前应做到的要求外，还应遵循以下步骤：

首先作外观检查，然后检查表内电池电压是否足够。

机械调零，转动机械调零旋钮，使指针对准刻度盘的 0 位线。

检查表笔位置是否正确。

用两表笔分别接触被测电阻的两根引脚进行测量。正确读出指针所指电阻的数值，再乘以倍率（$R\times100$ 档应乘 100，$R\times1k$ 档应乘 1000）。

为使测量较为准确，测量时应使指针指在刻度线中心位置附近。若指针偏角较小，应换用 $R\times1k$ 档，若指针偏角较大，应换用 $R\times10$ 档或 $R\times1$ 档。每次换档后，应再次调整欧姆档零位调整旋钮，然后再测量。

测量结束后，应拔出表笔，将选择开关置于"OFF"档或交流电压最大档位。收好万用表。

测量电阻时应注意：

不允许带电测量，被测电阻应从电路中拆下后再测量。因为测量电阻的欧姆档是由电池供电，带电测量相当于外加一个电压，不但会使测量结果不准确，而且有可能会烧坏表头。不允许用电阻档直接测量微安表表头和检流计等的内阻，否则表内 1.5V 电池发出的电流会烧坏表头。

两只表笔不要长时间碰在一起，防止造成仪表损坏。

两只手不能同时接触两根表笔的金属杆、或被测电阻的两根引脚，最好用右手同时持两根表笔，否则会将身体的电阻并接在被测电阻上，引起测量误差。

测量完毕，将转换开关转至"OFF"档或交流电压最高档。长时间不使用欧姆档，应将表中电池取出，防止电池漏液腐蚀造成损坏。

⑧ 万用表使用注意事项：

万用表使用应做到水平放置。应检查表针是否停在表盘左端的零位。如有偏离，可用小螺钉旋具轻轻转动表头上的机械零位调整旋钮，使表针指零。将表笔按上面要求插入表笔插孔。将选择开关旋到相应的项目和量程上。在测电流、电压时，不能带电换量程。选择量程时，要先选大量程，后选小量程。测电阻时，不能带电测量。因为测量电阻时，万用表由内部电池供电，如果带电测量则相当于接入一个额外的电源，可能损坏表头。

⑨ 万用表使用后，应做到：

拔出表笔。将选择开关旋至"OFF"档，若无此档，应旋至交流电压最大量程档。若长期不用，应将表内电池取出，以防电池电解液渗漏而腐蚀内部电路。

图 5-2　数字式
万用表示例

2）数字式万用表

近年来，数字万用表在我国获得迅速普及与广泛使用，已成为现代电子测量与维修工作的必备仪表，并正在逐步取代传统的模拟式（指针式）万用表。其主要特点是准确度高、分辨率强、测试功能完善、测量速度快、显示直观、过滤能力强。

数字万用表采用先进的数显技术，显示清晰直观、读数准确。它既能保证读数的客观性，又符合人们的读数习惯，能够缩短读数或记录时间。这些优点是传统的模拟式（即指针式）万用表所不具备的。数字式万用表测量方法和指针式类似，但简单了很多，数字式万用表的步骤如图 5-2 所示。以 FLUKE 17B＋为例介绍数字式万用表测电压、电流、电阻。

接线端如图 5-3 所示。

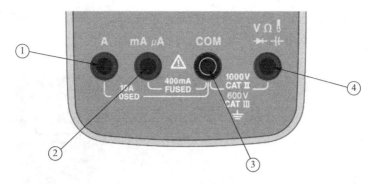

图 5-3 数字式万用表接线端

① 用于交流电和直流电电流测量（最高可测量 10A）和频率测量的输入端子。

② 用于交流电和直流电的微安以及毫安测量（最高可测量 400mA）和频率测量的输入端子。

③ 适用于所有测量的公共（返回）接线端。

④ 用于电压、电阻、通断性、二极管、电容、频率、占空比、温度的输入端子。

（1）测量交、直流电压

① 将旋转开关转至 $\tilde{V}$、$\overline{\overline{V}}$ 或 $\underset{mV}{\widetilde{=}}$ 选择交流电或直流电。

② 按显示屏下最右侧按钮可以在 mVac 和 vΩ⌐ 电压测量之间进行切换。

③ 将红色测试导线连接至 ⊷⊩ 端子，黑色测试导线连接至 COM 端子。

④ 用探头接触电路上的正确测试点以测量其电压，如图 5-4 所示。

⑤ 读取显示屏上测出的电压。

具体连接方式如图 5-4 所示。

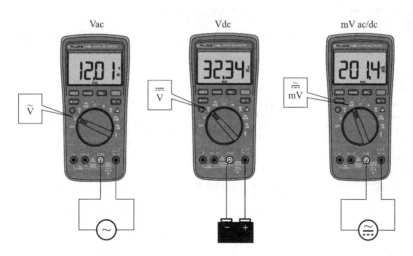

图 5-4 测量交流和直流电压示意图

（2）测量交、直流电流

① 将旋转开关转至 $\underset{A}{\widetilde{=}}$，$\mu$ 或 $\underset{mA}{\widetilde{=}}$。

② 按显示屏下最右侧按钮可以在交流和直流电流测量之间进行切换。

③ 根据要测量的电流将红色测试导线连接至 A 或 mA、μA 端子，并将黑色测试导线连接至 COM 端子，图 5-5 所示。

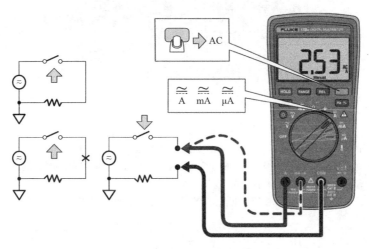

图 5-5　测量交流和直流电流示意图

④ 断开待测的电路，然后将测试导线衔接断口并投入电源。

⑤ 阅读显示屏上的测出电流值。

注意：为了防止可能发生的电击、火灾或人身伤害，测量电流时，先断开电路电源，然后再将电表串联到电路中。

（3）测量电阻

① 将旋转开关转至 ，确保已切断待测电路的电源。

② 将红色测试导线连接至端子 ，并将黑色测试导线连接至 COM 端子，如图 5-6 所示。

③ 将探针接触想要的电路测试点，测量电阻。

④ 阅读显示屏上的测出电阻值。

（4）通断性测试

选择电阻模式后，按一次显示屏下最右侧按钮以激活通断性蜂鸣器。如果电阻低于 70Ω，蜂鸣器将持续响起，表明出现短路。测试方法如图 5-6 所示。

（5）数字式万用表使用注意事项

① 为防止仪表受损，测量时，请先连接零线或地线，再连接火线；断开时，请先切断火线，再断开零线和地线。

② 为了防止可能发生的电击、火灾或人身伤害，测量电阻、连通性、电容或结式二极管

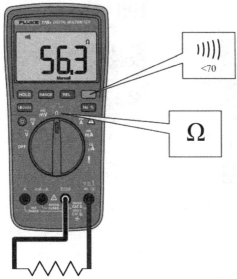

图 5-6　测量电阻和通断性示意图

之前请先断开电源并为所有高压电容器放电。

③ 为安全起见，打开电池盖之前，首先断开所有探头、测试线和附件。

④ 请勿超出产品、探针或附件中额定值最低的单个元件的测量类别（CAT）额定值。

⑤ 如果长时间不使用产品或将其存放在高于 50℃ 的环境中，请取出电池，否则电池漏液可能损坏产品。

3）兆欧表

兆欧表又称摇表，是一种测量绝缘电阻或高电阻的仪表。在仪表安装、检修中得到广泛的应用。

在仪表、电器供电线路中，说明绝缘性能的重要标志是绝缘电阻的大小，为确保电气设备正常运行和不发生触电事故，就要求必须定期对电气设备及配电线路做绝缘性能的检查。

兆欧表与其他欧姆表不同之处是本身带有高压电源，它能测出在高压条件下工作的绝缘电阻值。兆欧表的高压电源，是由手摇发电机产生的，故又叫作摇表。手摇发电机所产生的高压，有 500V、1000V、5000V 等几种。

3. 手摇式兆欧表

1）摇表结构及原理

手摇式兆欧表由两个主要部分组成：一个是测量机构，由磁电系比率表和测量电路组成。另一个是手摇发电机。

2）摇表的选用

选用兆欧表主要是选择其电压及测量范围，高压电气设备绝缘电阻要求大，需使用电压高的兆欧表进行测试；而低压电气设备，由于内部绝缘材料所承受的电压不高，为保证设备安全，则应选用电压低的兆欧表。通常是 500V 以下的电气设备，选用 500～1000V 的摇表；瓷瓶、母线及闸刀等选用 2500V 以上的兆欧表。

选用摇表测量范围的原则是，不要使测量范围过多地超出被测绝缘电阻的数值，以免产生较大的读数误差。

在测电气设备的绝缘电阻时，选用原则是根据被测物的工作电压而定。一般规定 48V 以下电气设备和线路选用 250V 摇表，48～500V 选用 500V 摇表，500V 以上的，选用 1000V 或 2500V 摇表。而仪表工作电压不高，因此选用 250V 或 500V 摇表。

4. 电桥

直流电桥是用来测量电阻的仪器，在电阻的测量中，通常把电阻分为小电阻（1Ω 以下）、中电阻（1Ω≈0.1MΩ）和大电阻（0.1MΩ 以上）三类，数值不同的电阻，其选用的测量仪器也不同。

直流电桥分单臂电桥和双臂电桥两种，下面分别介绍电桥原理和使用方法。

1）直流单臂电桥使用步骤

（1）打开检流计锁扣，调节机械调零旋钮，使指针位于零位。

（2）接上被测电阻 R_x，估计被测电阻的大约数值，选好"倍率臂"，使比较臂的 4 个电阻都用上。

（3）按下电源按钮"B"，并锁好，调节"比较臂"，使电阻值大约等于 R_x，试按检流计工作按钮"G"，观察指针指示，如指针向正向偏转，应增大"比较臂"电阻，如指针向反向偏转，则减小"比较臂"电阻，直至检流计指针指零。这时"比较臂"上各档的电阻代数和再乘以"倍率"即为数值。在调节过程中，不要把检流计按钮按死，待调到电桥接近平衡时，才可按死检流计按钮进行细调，否则指针会因猛烈撞击而损坏。

（4）若外接电源，其电压应按规定选择，过高会损坏桥臂电阻，太低则会降低灵敏度，若使用外接检流计，应将内附的检流计用短路片短接，将外接检流计接至"外接"端钮上。

（5）测量结束后，应松脱按钮，并锁好检流计指针锁扣，盖好仪器盖子。

2）直流双臂电桥的使用方法

（1）被测电阻应与电桥的电位端钮 P_1、P_2 和电流端钮 C_1、C_2 正确连接，若被测电阻没有专门的接线，可从被测电阻两接线头引出 4 根连接线，但注意要将电位端钮接至电流端钮的内侧。

（2）连接导线应尽量短而粗，接线头要除尽漆和锈并接紧，尽量减少接触电阻。

（3）直流双臂电桥工作电流很大，测量时操作要快，以避免电池的无谓消耗。

5.2　绝缘电阻的测量

1. 手摇式兆欧表测量绝缘电阻的方法

（1）首先检查兆欧表是否正常工作，将摇表水平位置放置，先将"L"和"E"短接，轻轻摇兆欧表的手柄，此时表针应指到零位。注意在摇动手柄时不得让"L"和"E"短接时间过长，不得用力过猛，以免损坏表头。然后将"L"与"E"接线柱开路，摇动手柄至额定转速，即达到每分钟 120 转，这时表针应指到∞位置。

（2）检查被测电气设备和电路，是否已全部切断电源。严禁设备和电路带电时用兆欧表去测量。

（3）测量前应对设备和线路先行放电，以免电容放电危及人身安全和损坏摇表，这样还可以减小测量误差，注意将被测试点擦拭干净。

（4）摇表必须水平放置于平稳牢固的地方，以免在摇动时因抖动和倾斜产生测量误差。

（5）接线要正确，兆欧表有三个接线柱，"E"（接地）、"L"（线）和"G"（保护环或叫屏蔽端子）。保护环的作用是消除表壳表面"L"与"E"接线柱间的漏电和被测绝缘物表面漏电的影响。在测电气设备对地绝缘电阻时，"L"用单根导线接设备的待测部位，"E"接设备外壳；如测电气设备内两绕组之间的绝缘电阻时，将"L"和"E"分别接两绕组的接线端，引线不能混在一起，以免产生测量误差。当测量电缆的绝缘时，为消除因表面漏电产生的误差，"L"接线芯，"E"接外壳，"G"接线芯与外壳之间的绝缘层，如图 5-7 所示。

（6）摇动手柄的转速要均匀，一般规定 120 转/min，允许有±20％的变化，最多不应超过 25％，通常要摇动一分钟后，待指针稳

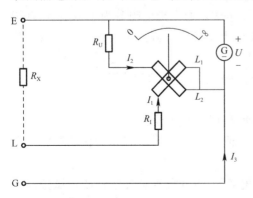

图 5-7　测量电缆绝缘电阻的接线

定下来再读数。如被测电路中有电容时，先持续摇动一段时间，让兆欧表对电容充电，指针稳定后再读数，测完后先拆去接线，再停止摇动。若测量中发现指针指零，应立即停止摇动手柄。

（7）测量完毕，应对设备充分放电，否则容易引起触电事故。

（8）禁止在雷电时或附近有高压导体的设备上测量绝缘电阻。只有在设备不带电又不可能受其他电源感应而带电的情况下才可测量。

（9）摇表在未停止转动前，切勿用手指触及设备的测量部分或兆欧表接线柱。拆线时也不可直接去触及引线裸露部分，以防触电。

（10）兆欧表应定期检查校验。校验方法是直接测量有确定值的标准电阻，检查它的测量误差是否在允许范围以内。

2. 数字式兆欧表测量绝缘电阻的方法

数字式兆欧表也逐渐被广泛应用。其输出功率大，短路电流值高，输出电压等级多。内置电池作为电源，经 DC/DC 变换产生的直流高压由"E"极出，经被测试品到达"L"极，从而产生一个从"E"极到"L"极的电流，经过运算直接将被测的绝缘电阻值由 LCD 屏显示出来。以 FLUKE 1550C 为例介绍数字式兆欧表使用方法，示例图见图 5-8。

图 5-8 数字式兆欧表示例图

使用按键来控制兆欧表，查看测试结果并滚动显示所选测试结果，如图 5-9 所示。

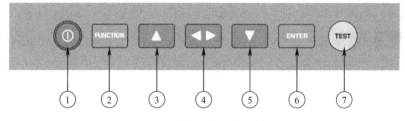

图 5-9 数字式兆欧表按键

① 打开和关闭兆欧表。

② 按 FUNCTION 转到功能菜单。再次按下退出功能菜单。若要在功能菜单之间滚动，请使用箭头按键。

③ 滚动浏览测试电压、保存的测试结果和计时器持续时间，并更改测试标签 ID 字符。同时用来在提示是/否时回答"是"。

④ 设置存储位置后，◀▶ 将显示所存储的测试参数和测试结果。这些存储项包括电压、电容、极化指数、介质吸收率和电流。

⑤ 用于滚动浏览测试电压、保存的测试结果、计时器持续时间及存储位置。同时用来在提示是/否时回答"否"。

⑥ 用于在测试电压模式下开始从 250V 到 10000V 之间递增设置测试电压。

⑦ 开始和停止测试。按住 1s 开始测试，再次按下停止测试。

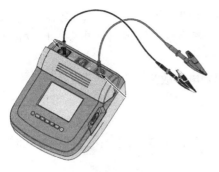

图 5-10　绝缘测试端子连接示例图

3. 绝缘电阻测试

1）将测试导线插入显示的正确端子

若需连接安全端子，则使用三线测量，另一根线连接中间端子插孔，设备端连接见图 5-10。

将测试导线连接至被测电路，连接方法和摇表类似。

2）选择预设测试电压

（1）在打开兆欧表的情况下，按 FUNCTION 选择 TEST VOLTAGE（测试电压）。

（2）按 ▲ 或 ▼ 滚动浏览预设电压选项（250V、500V、1000V、2500V、5000V 和 10000V），选定测试电压将出现在显示屏的右上角。

（3）按 ENTER ，电压将在显示屏的左下角闪烁。

（4）按 ▲ 或 ▼ 来增加和减小电压（50V/100V 步进），调节至合适电压值。

3）设置时间

可以通过设置计时器来控制绝缘测试的时间长度。可将时间（测试持续时间）以 1min 增量最多设置至 99min。在计时测试期间，时间限制将出现在显示屏的右下角，已用时间显示在显示屏的中间。在已用时间结束时，绝缘测试将完成并且测试终止。

设置测试时间限制：

（1）在打开兆欧表的情况下，按 FUNCTION 进入功能菜单。

（2）按 ▲ 或 ▼ 选择 2. Time Limit（2. 时间限制）功能。

（3）按 ENTER 调出菜单项。

（4）按 ▲ 或 ▼ 选择时间。

（5）按 ENTER 或 TEST 使用这些设置。 TEST 将启动测试。

4）启动/停止测试

按住 TEST 1s 启动测试。

兆欧表将在测试开始时发出 3 声"嘟"的声音，并且 ⚡ 将在显示屏上闪现，以指示测试端子上可能出现了危险电压。

显示屏将指示电路稳定后测量的绝缘电阻。长条图将此数值持续（实时）地显示为趋势走向，见图 5-11。

满足下列条件之一将终止绝缘测试：

（1）用户停止（按 TEST ）；

（2）达到计时器限制；

（3）测试电路上有干扰；

（4）电池耗尽。

在绝缘测试终止后，如果由于充电电路电容或存在外部电压而导致危险电压保留在测试端子上，兆欧表将发出蜂鸣声。

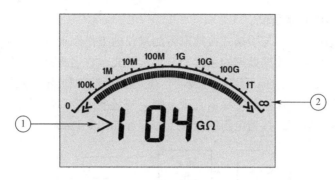

图 5-11　显示的测量绝缘电阻
①—数字主显示屏；②—条形图

5）保存结果

在绝缘测试完成后，兆欧表将显示 STORE RESULT 提示，以便保存测量结果供日后使用。兆欧表包含的内存足够用来保存 99 个绝缘测试结果供日后使用。按 ▲ 保存测量结果。兆欧表将指派并显示一个连续标签编号（00～99）来标识这些测量结果。若按 ▼ ，结果将不会保存。

6）注意事项

（1）为保证安全，在用兆欧表测试电路前，请先从被测电路断开所有电源并且将所有电容放电。

（2）在开始测试之前，请先确保安装接线正确且没有任何人员受伤的危险。

（3）首先，将测试导线连接至兆欧表输入，然后连接至被测电路。

（4）测试前后，确认兆欧表未指示存在危险电压。如果兆欧表持续蜂鸣并且显示屏上显示危险电压指示，请断开被测电路的电源及测试导线。

（5）测试完毕后，在端子的测试电压归零之前，请勿断开测试导线。

（6）为防止触电，请将手指握在探针护指装置的后面。

4. 手摇式接地电阻测量仪

手摇式接地电阻测量仪内附手摇交流发电机作为电源，其外形和摇表相似，所以又称为接地摇表。这种测量仪的端钮有三个和四个两种。有四个端钮时，应将"P2"和"C2"短接后或分别接至被测接地体。三端钮式测量仪的"P2"和"C2"已在内部短接，故只引出一个端钮"E"，测量时直接将"E"接至被测接地体即可。端钮"P1"和"C1"分别接上电压辅助极和电流辅助极，辅助电极应按规定的距离和夹角插入地中，以构成电压和电流辅助电极。为扩大仪表的量程，测量仪电路中接有三组不同的分流电阻，对应可以得到 0～1Ω、0～10Ω 和 0～100Ω 三个量程，用以测量不同大小的接地电阻值。

接地电阻测量仪的工作原理：仪器产生一个交变电流的恒流源。在测量接地电阻值时，恒流源从 E 端和 C 端向接地体和电流辅助极送入交变恒流，该电流在被测体上产生相应的交变电压值，仪器在 E 端和电压辅助极 P 端检测该交变电压值，数据经处理后，直接用数字显示被测接地体在所施加的交变电流下的电阻值。

接地电阻的测量一般都采用交流进行。这是因为，土壤的导电主要依靠地下电解质的作用，如果采用直流会引起极化作用，造成测量结果的不准确。

5. 数字式接地电阻测量仪

数字式接地电阻测量仪与手摇式接地电阻测量仪的工作原理和输出端钮相同，不同的是产生交变电流的方法、数据处理的手段和显示的形式。数字式接地电阻测量仪与传统手摇式接地电阻测量仪相比：有不用人力做功产生测试电流，检测方法和数据处理技术先进，抗杂散电流干扰能力强，数字显示直观清晰，测量准确度高等优点，逐步替换了手摇式接地电阻测量仪。数字式接地电阻测量仪工作原理如图 5-12 所示。

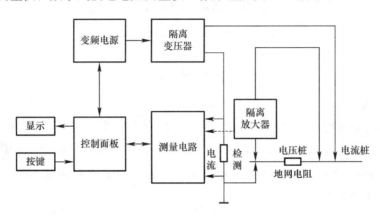

图 5-12　数字式接地电阻测量仪原理图

随着科学技术的发展，许多生产厂家以接地电阻测试的工作原理为基础，采用单片机技术，对接地电阻测试仪进行了全新的改造，生产出变频、大电流（3～5A）、可以测量电阻和电抗分量、数字显示的智能型大电流接地电阻测量仪。数字式接地电阻测量仪以 45～55Hz 的频率进行测量，避开了工频干扰。同时，可以测量一般接地电阻测试仪无法测量的接地电阻中的电抗分量。

数字式接地电阻测量仪的工作过程：接通电源开关，变频电源通电，自动调整合适的电压使测试电流达到设定值。测量电路根据试验电流自动选择并切换量程，采用傅立叶变换滤掉干扰，分离出信号基波，对测试电流和测试电压进行矢量计算，实部计算电阻值，虚部计算电抗值，计算结果显示在液晶显示屏上。通常数字式自动抗干扰接地电阻测量仪的测量范围在 0～500Ω，测量准确度为 ±1%。

6. 数字式钳形接地电阻测量仪

钳形接地电阻测量仪在测量接地电阻时不必使用辅助接地电极，也不需要中断待测设备接地，只要用钳形接地电阻测量仪的钳口钳合接地线或接地棒，就能测量出接地体的接地电阻。

钳形接地电阻测量仪的测量原理如图 5-13 所示。钳表上有两个独立线圈：电压线圈和电流线圈。电压线圈在被测回路中激励出一个感应电势 E，并在被测回路中产生一个回路电流 I，且有：

$$I = E/R_X + R_Z \qquad (5-1)$$

式中：R_X——接地电阻；

$\quad\quad R_Z$——导线电阻；

R_Z 远小于 R_X，所以可以忽略不计。则：

$$R_X = E/I \qquad (5-2)$$

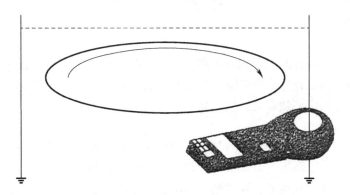

图 5-13　钳形接地电阻测量仪原理图

5.3　相位的核定

1. 相位

相位是反映交流电任何时刻的状态的物理量。交流电的大小和方向是随时间变化的。比如正弦交流电流，它的公式是 $i = I\sin 2\pi ft$。i 是交流电流的瞬时值，I 是交流电流的最大值，f 是交流电的频率，t 是时间。随着时间的推移，交流电流可以从零变到最大值，从最大值变到零，又从零变到负的最大值，从负的最大值变到零。正弦电压波 $U = U_m\sin(\omega t + \Phi_0)$，可用电压振幅 U_m、角频率 ω 以及相位 $\Phi = (\omega t + \Phi_0)$ 来表征。显然，Φ 随时间而变化，Φ_0 为初相位。

对于具有不同频率的两个正弦振荡的相位差 $\Phi = (\omega_1 - \omega_2)t + (\Phi_{01} - \Phi_{02})$，$\omega_1$、$\omega_2$ 为角频率，Φ_{01}、Φ_{02} 为它们的初相位，Φ 随时间而变；当 $\omega_1 = \omega_2$ 时，则 $\Phi = (\Phi_{01} - \Phi_{02})$，即两个频率相等的正弦振荡之间的相位差是常数，并等于它们初相位之差。

2. 相位差

两个频率相同的交流电相位的差叫作相位差，或者叫作相差。这两个频率相同的交流电，可以是两个交流电流，可以是两个交流电压，可以是两个交流电动势，也可以是这三种量中的任何两个。

例如，研究加在电路上的交流电压和通过这个电路的交流电流的相位差。如果电路是纯电阻，那么交流电压和交流电流的相位差等于零。也就是说交流电压等于零的时候，交流电流也等于零，交流电压变到最大值的时候，交流电流也变到最大值。这种情况叫作同相位，或者叫作同相。如果电路含有电感和电容，交流电压和交流电流的相位差一般是不等于零的，也就是说一般是不同相的，或者电压超前于电流，或者电流超前于电压。

加在晶体管放大器基极上的交流电压和从集电极输出的交流电压，这两者的相位差正好等于 $180°$。这种情况叫作反相位，或者叫作反相。

简谐运动中的相位差：如果两个简谐运动的频率相等，其初相位分别是 ϕ_1、ϕ_2。当 $\phi_2 > \phi_1$ 时，它们的相位差是

$$\Delta\phi = (\omega t + \phi_2) - (\omega t + \phi_1) = \phi_2 - \phi_1$$

此时我们常说 2 的相位比 1 超前 $\Delta\phi$。

3. 相位的测量方法

1）示波器法

示波器法是把两个被测信号同时加到双踪示波器的两个 Y 通道，直接进行比较，根据两个波形的时间间隔 ΔT 与波形周期 T 的比较，计算相位差 Φ。示波器测量相位差尚有椭圆法等，这些方法的主要缺点是精度不高。

2）零示法

零示（比较）法是用可变移相器与被测信号串联后，和另一同频率信号同时加在相位比较器如示波器、指示器等上，调节可变移相器，使比较器指示零值相位，则移相器上的读数值即为两信号间的相位差。这种测量方法的精度决定于所使用的移相器的精度，一般达十分之几度。

3）直读式相位计法

直读式相位计具有直读相位差的优点，并具有测量速度快、能显示相位变化等优点。可进行直读测量相位差的方法有：相敏检波器法、环形调制器法、数字式直读相位计法以及矢量电压表法。目前，使用较多的是数字式直读相位计法和矢量电压表法。

5.4　互感器极性测定

测量电流互感器极性的方法很多，我们在工作时常采用的有三种试验方法：直流法、交流法、仪器法。

1. 直流法

将 1.5～3V 的干电池正极接于互感器的一次线圈 L_1，L_2 接负极，互感器的二次侧 K_1 接毫安表正极，负极接 K_2，接好线后，将 K 合上毫安表指针正偏，拉开后毫安表指针负偏，说明互感器接在电池正极上的端头与接在毫安表正端的端头为同极性，L_1、K_1 为同极性即互感器为减极性。如指针摆动与上述相反为加极性，如图 5-14 所示。

2. 交流法

将电流互感器一、二次线圈的 L_2 和二次侧 K_2 用导线连接起来，在二次侧通以 1～5V 的交流电压（用小量程），用 10V 以下的电压表测量 U_2 及 U_3 的数值，若 $U_3 = U_1 - U_2$ 为减极性，如图 5-15 所示。

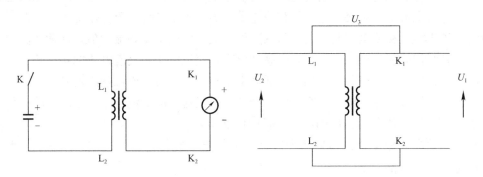

图 5-14　直流法测电流互感器极性　　　　图 5-15　交流法测电流互感器极性

$U_3 = U_1 + U_2$ 为加极性。注意：在试验过程中尽量使通入电压低一些，以免电流太大损坏线圈，为了读数清楚电压表尽量选择小一些。变流比在 5 以下时采用交流法测量比较简单、准确，对变流比超过 10 的互感器不要采用这种方法进行测量。因为 U_2 的数值较小，U_3 与 U_1 的数值接近，电压表的读数不易区别大小，所以在测量时不好辨别，一般不宜采用此法测量极性。

3. 仪器法

一般的互感器校验仪都有极性指示器，在测量电流互感器误差之前仪器可预先检查极性，若指示器没有指示则说明被试电流互感器极性正确（减极性）。

第二篇 专业知识与操作技能

第6章 机械设备修理装配技术

6.1 设备装配基本步骤及常用方法

1. 装配工艺过程

1）装配前的准备工作

研究和熟悉装配图，了解设备的结构、零件的作用以及相互间的连接关系；确定装配方法、顺序和所需要的装配工具；对零件进行清理和清洗；对某些零件要进行修配、密封试验或平衡工作等。

2）装配分类

装配工作分部装和总装。部装就是把零件装配成部件的装配过程。总装就是把零件和部件装配成最终产品的过程。

3）调整、精度检验和试运转

调整是指调节零件或部件的相对位置、配合间隙和结合松紧等。

精度检验指几何精度和工作精度的检验。

试运转是设备装配后，按设计要求进行的运转试验。它包括运转灵活性、工作温升、密封性、转速、功率、振动和噪声等的试验。

油漆、涂油和装箱：按要求的标准对装饰表面进行喷漆、用防锈油对指定部位加以保护。

2. 装配方法

为了使相配零件得到要求的配合精度，按不同情况可以采取以下四种装配方法。

1）互换装配法

互换装配法在装配时各配合零件不经修配、选择或调整即可达到装配精度。

2）分组装配法

分组装配法在成批或大量生产中，将产品各配合副的零件按实测尺寸分组，装配时，按组进行互换装配以达到装配精度。

3）调整装配法

调整装配法在装配时，用改变产品中可调整零件的相对位置或选用合适的调整件，以达到装配精度。

4）修配装配法

修配装配法在装配时，修去指定零件上的预留修配量，以达到装配精度。

3. 装配工作要点

1）清理和清洗

清理是指去除零件残留的型砂、铁锈及切屑等。清洗是指对零件表面的洗涤。这些工作都是装配不可缺少的内容。

2）加油润滑

相配表面在配合或连接前，一般都需要加油润滑。

3）配合尺寸准确

装配时，对于某些较重要的配合尺寸进行复验或抽验，尤其对过盈配合等装配后不再拆下重装的零件，这常常是很必要的。

4）边装配边检查

做到边装配边检查，当所装的产品较复杂时，每装完一部分就应检查一下是否符合要求，而不要等到大部分或全部装完后再检查，此时，发现问题往往为时已晚，有时甚至不易查出问题产生的原因。

5）试运转时的事前检查和启动过程的监视

运转意味着机器将开始运转并经受负荷的考验，不能盲目地从事，因为这是最有可能出现问题的阶段。试运转前应全面检查装配工作的完整性，各连接部分的准确性和可靠性，活动件运动的灵活性及润滑系统是否正常等，在确保都准确无误和安全的条件下，方可开机运转。

开机后，应立即全面观察一些主要工作参数和各运动件的运动是否正常。主要工作参数包括润滑油压力和温度、振动和噪声及机器有关部位的温度等。只有当启动阶段各运行指标正常稳定时，才能进行下一阶段的试运行内容。

4. 装配中的调整

装配中的调整就是按着规定的技术规范调节零件或机构的相互间位置、配合间隙与松紧程度，以使设备工作协调可靠。

1）程序

（1）确定调整基准面

即找出用来确定零件或部件在机器中位置的基准表面，校正基准件的准确性。

（2）调整基准件上的基准面

在调整之前，应首先对其进行检查、校核，以保证基准面具备应有的精度。若基准面精度超差，则必须对其进行修复，使其精度合格，才能作为基准来调整其他零件。

（3）测量实际位置偏差

就是以基准件的基准面为基准，实际测量出调整件间各项位置偏差，供调整参考。

（4）分析

根据实际测量的位置偏差，综合考虑各种调整方法，确定最佳调整方案。

（5）补偿

在调整工作中，只有通过增加尺寸链中某一环节的尺寸，才能达到调整的目的，称为补偿。

（6）调整

以基准面为基准，调节相关零件或机构，使其位置偏差、配合间隙及结合松紧在技术规范允差范围之内。

（7）复校

以基准件的基准面为基准，重新按技术文件规定的技术规范检查、校核各项位置偏差。

（8）紧固

对调整合格的零件或机构的位置进行固定。

2）基准的选择方法

选择有关零、部件几个装配尺寸链的公共环，如卧式车床的床身导轨面；选择精度要求高的表面作调整基准；选择适于作测量基准的水平或铅垂面；选择装配调整时修刮量最大的表面。

（1）自动调整

即利用液压、气压、弹簧、弹性胀圈和重锤等，随时补偿零件间的间隙或因变形引起的偏差。改变装配位置，如利用螺钉孔空隙调整零件装配位置使误差减小，也属自动调整。

（2）修配调整

即在尺寸链的组成环中选定一环，预留适当的修配量作为修配件，而其他组成环零件的加工精度则可适当降低。例如，调整前将调整垫圈的厚度预留适当的量，装配调整时，修配垫圈的厚度达到调整的目的。

（3）自身加工

机器总装后，加工及装配中的综合误差可利用设备自身进行精加工达到调整的目的。如牛头刨床工作台上面的调整，可在总装后，利用自身精刨的加工方法，恢复其位置精度与几何精度；可将误差集中到一个零件上，进行综合加工。

6.2 机械设备拆卸专业技术

6.2.1 机械拆卸概述

拆卸是泵站维修工作中的一个重要环节，如果拆卸不当，不但会造成设备零件的损坏，而且会造成设备的精度降低，甚至有时因一个零件拆卸不当使整个拆卸工作停顿，造成很大损失。特别是供水行业的安全保供更是意义重大。

拆卸工作简单地来讲，就是如何正确地解除零、部件在机器中相互的约束与固定形式，把零、部件有条不紊地分解出来。

1. 机械设备拆卸的一般原则

拆卸前必须首先弄清楚设备的结构、性能，掌握各个零、部件的结构特点、装配关系以及定位销、弹簧、垫圈、锁紧螺母与顶丝的位置及退出方向，以便正确进行拆卸。

设备的拆卸程序与装配程序相反。在切断电源后，做好相应的安全措施后先拆外部附件，再将整机拆成部件，最后拆成零件，并按部件归并放置，不准就地乱扔乱放，特别是还可以继续使用的零件更应保管好，精密零件要单独存放，丝杠与长度大的轴类零件应悬挂起来，以免变形。螺钉、垫圈等标准件可集中放在专用箱内。

选择合适的拆卸方法，正确使用拆卸工具。如果用锤子敲击零件，应该在零件上垫好衬垫，或者用铜锤谨慎敲打，绝不允许用锤子直接猛敲狠打，更不允许敲打零件的工作表面，以免损坏零件。

直接拆卸轴孔装配件时，通常要坚持用多大力装配，就应该基本上用多大力拆卸的原则。如果出现异常情况，就要查找原因，防止在拆卸中将零件拉伤，甚至损坏。

热装零件要利用加热来拆卸。一般情况下不允许进行破坏性拆卸。当决定采用破坏性拆卸时，在拆卸过程中应有保证其他零件不受损坏的有效措施。

拆卸大型零件时，要坚持慎重、安全的原则。拆卸中应仔细检查锁紧螺钉及压板等零件是否拆开。吊挂时，要注意安全。对装配精度影响较大的关键件，为保证重新装配后仍能保持原有的装配关系和配合位置，在不影响零件完整和不损伤零件的前提下，在拆前应做好打印记号工作。

对于精密、大型、复杂设备，拆卸时应特别谨慎。在日常维护时一般不许拆卸，尤其是光学部件、数控部件。

要坚持拆卸服务于装配的原则。如被拆设备的技术资料不全，拆卸中必须对拆卸过程进行记录，必要时还要画出装配关系图。装配时，遵照"先拆后装"的原则装配。

2. 拆卸作业前的准备

设备拆卸前要做好各项准备工作。准备工作的好坏，对于设备的停台时间和修理质量都有直接影响。为了使修理工作顺利进行，事先应做一些必要的调查研究和做好工具、材料以及工作场地的准备工作，使设备修理工作开始后就能有条不紊地进行。

1）对要修理的设备做好现场调查研究

组织维修、技术人员认真听取操作工人对设备修理的要求，并详细了解设备的主要毛病。认真阅读设备修理作业计划书，掌握设备精度丧失情况、主要件的磨损情况、设备传动系统的精度及外观缺损等。在操作工人的配合下，对必要的项目进行修理前的试机检查，如泵的轴套磨损、机组系统的振动情况、操作机构的灵活性及进给机构的准确性等，逐项检查，做好记录。

了解设备修理时需要搬迁的情况，并做出必要的安排，使修理设备能安全地运到修理场地。

2）研究熟悉有关技术资料

查阅设备说明书、总图及部件装配图及历次修理记录。详细了解设备的结构、传动、规格、性能及传动系统等情况。

了解设备修理的精度检验标准，仔细研究确定达到各项精度要求的措施。

根据设备的实际情况，准备必要的通用和专用工具、量具，像顶拔器、轴用顶具、孔用顶具、轴承拉具、螺钉取出器，特别是自制的特殊工具。

3. 机械设备的拆卸方法

设备拆卸包括两方面的内容，首先是将整机按部件解体，其次是将各部件拆卸成零件。设备拆卸是十分重要的工作，拆卸质量直接关系到设备的修理质量，因此掌握几种拆卸方法的特点及注意事项是非常必要的。

设备拆卸，按其拆卸的方式可分为击卸、拉卸、压卸、热拆卸及破坏性拆卸。在拆卸中应根据实际情况，采用不同的拆卸方法。

1）击卸法

击卸法是利用锤子或其他重物的冲击能量，把零件拆卸下来，此法是拆卸工作中最常用的一种方法。

击卸法的优点为使用工具简单，操作方便，不需要特殊工具与设备。它的不足之处是如果击卸方法不对，容易损伤或破坏零件。击卸法适用的场合广泛，一般零件几乎都可以用击卸法拆卸。击卸大致分为三类：

（1）用锤子击卸：在维修中，由于拆卸件是各种各样的，一般多为就地拆卸，故使用锤子击卸十分普遍。

（2）利用零件自重冲击拆卸：在某种场合适合利用零件自重冲击的能量来拆卸零件。

（3）利用其他重物冲击拆卸：在拆卸结合牢固的大型和中型轴类零件时，往往采用重型撞锤。

由于击卸法本身的特点是冲击，故此处以锤击为例简述，拆卸时必须根据拆卸件尺寸大小、重量以及结合的牢固程度，选择大小适当的锤子和注意用力的轻重。如果击卸件重量大、配合紧，而选择的锤子太轻，零件不易击动，还容易将零件打毛。

要对击卸件采取保护措施，通常用铜棒、胶木棒、木棒及木板等保护被锤击的轴端、套端及轮缘等。

要先对击卸件进行试击，目的是考察零件的结合牢固程度，试探零件的走向。如听到坚实的声音，要立即停止击卸，然后检查，看是否是由于走向相反或由于紧固件漏拆而引起的。发现零件严重锈蚀时，可加些润滑剂加以润滑。

要注意安全。击卸前应检查锤子柄是否松动，以防猛击时锤头飞出伤人。要观察锤子所划过的空间是否有人或其他障碍物。击卸时为保证安全，垫铁等不宜用手直接扶持的可用抱钳等夹持。

2）拉卸法

拉卸法是使用专用拉具把零件拆卸下来的一种静力拆卸方法。拉卸法的优点是拆卸件不受冲击力，拆卸比较安全，不易破坏零件；其缺点是需要制作专用拉具。拉卸法是拆卸工作中常用的方法，尤其适用于精度较高，不许敲击的零件和无法敲击的零件。

轴端零件的拉卸：利用各种拉出器拉卸装于轴端的带轮、齿轮以及轴承等零件的情形。拉卸时，顶拔器拉钩应保持平行，钩子与零件接触要平整，不然容易打滑。为了防止打滑，可用具有防滑装置的顶拔器，轴套拉卸时需用一种特殊的拉具，可以拉卸一般套，也可拉卸轴两端孔径相等的套。

拉卸轴、套时要仔细检查轴、套上的定位紧固件是否完全拆开；防止零件毛刺、污物落入配合孔内卡死零件；不需要更换的套一般不要拆卸，这样做可避免拆卸的零件变形；需要更换的套，拆卸时不能任意冲打，套端打毛后会破坏配合孔的表面。

3）压卸法

压卸法也是一种静力拆卸方法，是在各种手压机、液压机上进行的。一般适用于形状简单的静止配合零件。在维修拆卸中，许多零件都不能在压力机上拆卸，故应用相对少些。

4）热卸法

拆卸尺寸较大和热盈配合的零件，比如拆卸这种情况下的轴承与轴时，往往需要对轴承内圈用热油加热才能拆下来。如图6-1所示，在加热前用石棉把靠近轴承的那部分轴隔离开来，防止轴受热胀大，用顶拔器卡爪钩住轴承内圈，给轴承施加一定拉力。然后，迅速将加热到100℃左右的热油浇注在轴承圈上，待轴承内圈受热膨胀后，即可用拉力器将轴承拉出。

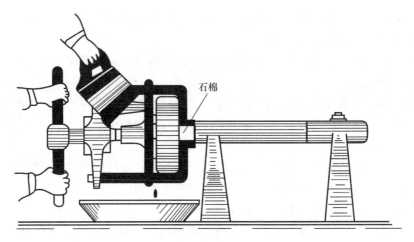

图 6-1　用热油加热轴承内圈拆卸法

5）破坏性拆卸法

此法是拆卸中用得最少的一种方法，只有在拆卸热压、焊接、铆接等固定连接件等情况时才不得已采用保存主件、破坏副件的措施。

6.2.2　典型零部件拆卸

在泵站维修过程中，轴承拆卸是比较常见的维修工作，下面就比较典型的零件拆卸做简单介绍。

1. 拆卸滚动轴承

通常滚动轴承的拆卸有如下几种方法。

1）敲击法

从轴的末端拆卸轴承时，可在轴承下端加垫块（注意应垫着轴承内圈），用小于轴承内径的铜棒或其他硬度较低的有色金属棒抵住轴端，然后用锤子轻轻敲击，即可拆卸。若轴承距轴端较远时，可用焊有铁圈作支点的套筒套上后，用平头錾子抵住铁圈，在铁圈上对称地施加敲击力。敲击法简单易行，但要注意着力点应正确，敲击力不能加在轴承的滚动体和保持架上，禁止直接用锤敲打，以免损伤轴承。

2）拉出法

用专用顶拔器进行拆卸。顶拔器的种类很多，通用性较大。如图 6-2 所示，拉杆位置可随被拉卸轴承 2 的直径大小任意调节，拆卸时，使用顶拔器 1 上的顶杆螺钉和轴 3 中心线在一条直线上，将拉钩钩住环形件，紧压轴承 2 内圈，然后缓慢旋转顶杆螺钉进行拆卸。

3）推压法

从轴承组合件上拆卸过盈配合的轴承，可用压力机压出（图 6-3），其优点是工作平稳可靠。经适当改制的液压千斤顶亦可代用。

4）热拆法

拆卸尺寸较大和过盈配合的轴承，往往还需要对轴承内圈用热油加热才能拆卸下来。前面已有介绍，这里不再赘述。

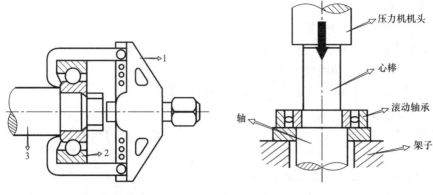

图 6-2 用顶拔器拆卸轴承　　　　图 6-3 用压力机拆卸轴承

1—顶拔器；2—滚动轴承；3—轴

2. 拆卸锈蚀、断头螺钉

1）拆卸锈蚀螺钉

用锤子振击螺母，以振散锈层；将螺母往紧拧 1/4 圈，再退回来，反复进行，逐步将锈蚀的螺钉拧出；可以用煤油浸泡数十分钟后，再继续拧，直至拧出；还可以使用螺栓松动剂。其中，WT-1 速效型螺栓松动剂使用较为广泛，其渗透性强，能渗入锈层；能松动螺纹尚未损坏的锈死螺钉，对金属具有良好的防锈性能。

2）拆卸断头螺栓

在断头螺栓钻孔，揳入一根多角的钢杆，转动钢杆，即可拧出断头螺钉；在断头螺钉上钻孔并攻螺纹（与螺钉相反扣），借助反扣螺钉拧出断头螺钉；应用螺钉取出器取出断头螺钉；当断头螺钉凹入表面 5mm 以内时，可用一个内径比螺钉头外径稍小一点的六角螺母，放在螺钉头上，并与螺钉焊成一体，待冷却后用扳手拧螺母，便可取出断头螺钉；若破损螺钉头略露出零件表面，用一适当的垫圈套在上面，然后在断头上倾斜焊接一根圆棒，扳动圆棒将螺钉拧出；在允许的情况下，如果断头螺钉拆卸十分困难时，可用直径大于破损螺钉大径的钻头把螺钉钻掉，重新攻螺纹；必要时用电火花加工法，在螺钉上打出方孔，用方形起子拆下断头螺钉。

6.3 传动机械装配

6.3.1 带传动机构的装配

带传动的类型、结构及应用在前面已有讲述，本节主要介绍带传动的装配，在带传动结构中 V 带具有典型的代表性，本节主要讲述 V 带传动机构的装配。

1. V 带传动机构的装配要求

1）带轮的正确安装

通常要求其径向圆跳动量为 $0.0025D \sim 0.005D$，端面圆跳动量为 $0.0005D \sim 0.01D$，D 为带轮直径。

2）两轮的中间平面应重合

其倾斜角和轴向偏移量不得超过规定要求。一般倾斜角要求不超过 1°，否则会使带易脱落或加快带的侧面磨损。

3）带轮工作表面的表面粗糙度要适当

表面粗糙度过细不但加工成本高，而且容易打滑；过粗则带的磨损加快。

4）带在带轮上的包角不能太小

对于 V 带传动，包角不能小于 120°，否则容易打滑。

5）带的张紧力要适当

张紧力过小，不能传递一定的功率；张紧力过大，则带、轴和轴承都容易磨损，并降低了传动平稳性。因此，适当的张紧力是保证带传动能正常工作的重要因素。

2. V 带传动机构的张紧装置及调整

带传动中，由于带长期受到拉力的作用，会产生永久变形而伸长，带由张紧变为松弛，张紧力逐渐减小，导致传动能力降低，甚至无法传动，因此，必须将带重新张紧。常用的张紧方法有两种，即调整中心距和使用张紧轮。

1）调整中心距

调整中心距的张紧装置有带的定期张紧和带的自动张紧两种。带的定期张紧装置一般利用调整螺钉来调整两带轮轴线间的距离。如图 6-4（a）所示，将装有带轮的电动机固定在滑座上，旋转调整螺钉使滑座沿滑槽移动，将电动机推到所需位置，使带达到预期的张紧程度，然后固定。这种张紧方式适用于水平传动或接近水平的传动。

图 6-4（b）所示为垂直或接近垂直传动时采用的定期张紧方式。装有带轮的电动机安装在可以摆动的托架上，旋转调节螺母使托架绕固定轴摆动，达到调整中心距使带张紧的要求。

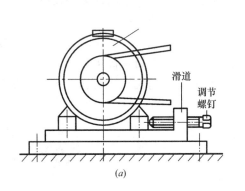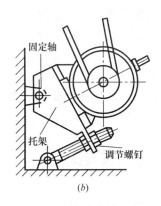

图 6-4 带的定期张紧装置

如图 6-5 所示，将装有带轮的电动机固定在浮动的摆架上，利用电动机及摆架的自重，使带轮随同电动机绕固定轴摆动，自动保持张紧力。这种方式多用在小功率的传动中。

2）使用张紧轮

张紧轮是为改变带轮的包角或控制带的张紧力而压在带上的随动轮。当两带轮中心距不能调整时，可使用张紧轮装置。图 6-6 所示为 V 带传动时采用的张紧轮装置。V 带传动中使用的张紧轮应安放在 V 带松边的内侧。张紧轮放在带外侧，带在传动时受双向弯曲而影响使用寿命；放在带的内侧时，传动时带只受单方向的弯曲，但会引起小带轮上包角的减小，影响带的传动能力，因此，应使张紧轮尽量靠近大带轮处，这样可使小带轮上的包角不致减小太多。

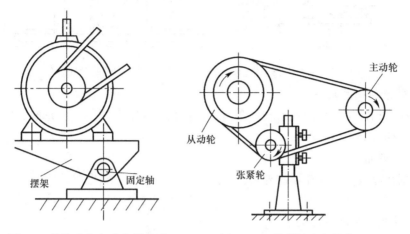

图 6-5 带的重力自动张紧装置　　　　图 6-6 V 带传动张紧轮装置

3. 带轮与轴的装配

一般带轮孔与轴的连接为过渡配合（H7/k6），这种配合有少量过盈，对同轴度要求较高。为了传递较大的转矩，需用键和紧固件等进行周向固定和轴向固定。图 6-7 所示为带轮与轴的几种连接方式。

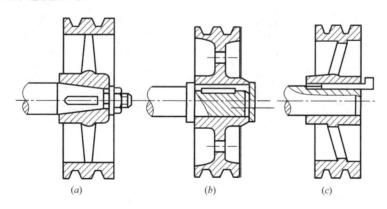

图 6-7 带轮与轴的连接

(a) 圆锥形轴头连接；(b) 圆柱形轴头连接；(c) 楔键轴头连接

装配时，按轴和轮毂孔键槽修配键，然后清除安装面并涂上润滑油。用木槌将带轮轻轻打入，或用螺旋压力机压装，如图 6-8 所示。由于带轮通常用铸铁制造，故用锤击法装配时应避免锤击轮缘，锤击点尽量靠近轴心。

带轮装在轴上后，要检查带轮的径向圆跳动量和轴向圆跳动量。通常用划线盘或百分表来检查，检查方法见图 6-9。

另外，装配时还要保证两带轮相互位置正确，以防止由于两带轮倾斜或错位而引起带张紧不均匀，从而过快磨损。检查方法见图 6-10。中心距较大时用拉线法，中心距不大时可用直尺进行测量。

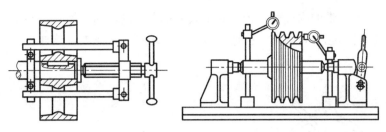

图 6-8　螺旋压入工具　　　　　图 6-9　带轮圆跳动量的检查

4. 带传动机构的修理

带传动机构常见损坏形式有轴颈弯曲，带轮孔与轴配合松动，带轮槽磨损，带拉长或断裂，带轮崩裂等。

1）轴颈弯曲

可用划线盘或百分表在轴的外圆柱面上检查摆动情况，根据弯曲程度可采用矫直或更换的方法修复。

2）带轮孔与轴配合松动

这主要是孔轴之间的相对活动而产生磨损造成的。磨损不大时，可将轮孔修整，有时键槽也需修整，轴颈可用镀铬法增大直径。当磨损较严重时，轮孔可镗大后压入衬套，并用骑缝螺钉固定，如图 6-11 所示。

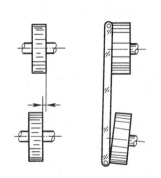
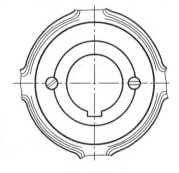

图 6-10　带轮相互位置正确性的检查　　　图 6-11　在孔内压入衬套

3）带轮槽磨损

随着带与带轮的磨损，带底面与带轮槽底部逐渐接近，最后甚至接触而将槽底磨亮。如已发亮则必须换掉传动带并修复轮槽：可适当车深轮槽，然后再修整外缘。

4）V 带拉长

V 带在正常范围内拉长，可通过调节装置来调整中心距。当超过正常的拉伸量时，则必须更换传动带。必须注意，应将一组 V 带一起更换，以免松紧不一致。

5）带轮崩碎

带轮崩碎则必须进行更换。

6.3.2　链传动机构的装配

1. 装配技术要求

链轮的两轴线必须平行。两轴线不平行，将加剧链条和链轮的磨损，降低传动平稳性和使噪声增大。两轴线平行度的检查如图 6-12 所示，通过测量 A、B 两尺寸来确定其误差。

两链轮的轴向偏移量必须在要求范围内。一般当中心距小于 500mm 时，允许偏移量 a 为 1mm；当中心距大于 500mm 时，允许偏移量 a 为 2mm。其检查方法见图 6-12，轴向偏移量 a 可用直尺法或拉线法检查。

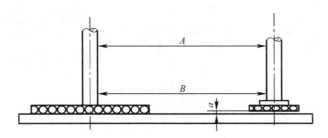

图 6-12 链轮两轴线平行度和轴向偏移的检查

链轮的跳动量应符合相应数值的要求。跳动量可用划线盘或指示表进行检查。

链条的下垂度要适当。链条过紧会加剧磨损；过松则容易产生脱链或振动。检查链条下垂度的方法见图 6-13。一般水平传动时下垂度 f 应不大于 $20\%L$；链条垂直放置时，f 应不大于 $0.2\%L$，L 为两链轮的中心距。

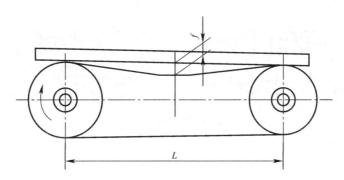

图 6-13 链条下垂度的检查方法

2. 链传动机构的装配

链轮在轴上的固定方法，见图 6-14。图 6-14 (a) 所示为用键连接后，再用紧定螺钉固定；图 6-14 (b) 所示为圆锥销固定，链轮装配方法与带轮装配方法基本相同。

套筒滚子链的接头形式见图 6-15。其中，图 6-15 (a) 所示为开口销固定活动销轴；图 6-15 (b) 所示为用弹簧卡片固定活动销轴，这两种都在链条节数为偶数时适用。用弹簧卡片时要注意使开口端方向必须与链条的速度方向相反，以免运转中受到撞碰而脱落。图 6-15 (c) 所示为采用过

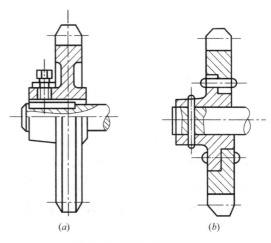

图 6-14 链轮的固定方法

渡链节接合的情况，这在链节数为奇数时适用。这种过渡链节的柔性较好，具有缓冲和吸振作用，但这种链板会受到附加的弯曲作用，所以应尽量避免使用奇数链节。

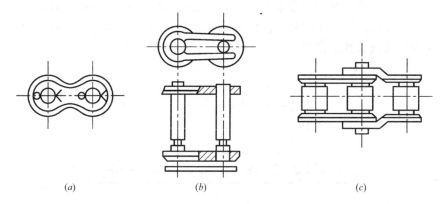

图 6-15　套筒滚子链的接头形式

（a）开口销固定；（b）弹簧卡片固定；（c）过渡链节接合

　　对于链条两端的接合，如两轴中心距可调节且链轮在轴端时，可以预先接好，再装到链轮上。如果结构不允许链条预先将接头连好时，则必须先将链条套在链轮上，以后再利用专用的拉紧工具，如图 6-16 所示。

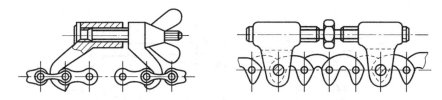

图 6-16　拉紧链条的工具

3. 链传动机构的拆卸与修理

1）链传动机构的拆卸

链轮拆卸时先将紧定件（紧定螺钉、圆锥销等）取下，即可拆卸掉链轮。

拆卸链条时套筒滚子链按其接头方式不同进行拆卸。开口销连接的可先取下开口销、外连板和销轴后即可将链条拆卸；用弹簧卡片连接的应先拆卸弹簧卡片，然后取下外连板和两销轴即可；对于销轴采用铆合形式的，用小于销轴的冲头冲出即可。

2）链传动机构的修理

链传动机构常见的损坏现象有链被拉长、链和链轮磨损、链节断裂等。常用的修理方法如下：

链条经过一段时间的使用，会被拉长而下垂，产生抖动和脱链现象。修理时，当链轮中心距可调节时，可通过调节中心距使链条拉紧；链轮中心距不可调节时，可以装张紧轮使链条拉紧；另外，也可以采用卸掉一个或几个链节来达到拉紧的目的。

链传动中，链轮的轮齿逐渐磨损，节距增大，使链条磨损加快，当磨损严重时应更换链轮、链条。

在链传动中，发现个别链节断裂，则可更换个别链节予以修复。

6.3.3 圆柱齿轮机构的装配

1. 齿轮传动机构装配的技术要求

齿轮孔与轴的配合要满足使用要求。例如，对固定连接齿轮不得有偏心和歪斜现象；对滑移齿轮不应有卡死或阻滞现象；对空套在轴上的齿轮不得有晃动现象。

保证齿轮有准确的安装中心距和适当的侧隙。侧隙过小，齿轮传动不灵活，热胀时会卡齿，从而加剧齿面磨损；侧隙过大，换向时空行程大，易产生冲击和振动。

保证齿面有一定的接触斑点和正确的接触位置，这二者是有相互联系的。接触位置不准确同时也反映了两啮合齿轮的相互位置误差。

在变换机构中应保证齿轮准确地定位，其错位量不得超过规定值。

对转速较高的大齿轮，一般应在装配到轴上后再作动平衡检查，以免振动过大。

2. 圆柱齿轮传动机构的装配

装配圆柱齿轮传动机构时，一般是先把齿轮装在轴上，再把齿轮轴部件装入箱体中。

齿轮与轴的装配：齿轮是装在轴上工作的，轴安装齿轮的部位应光洁并符合图样要求。齿轮在轴上可以空转、滑移或固定连接。

在轴上空转或滑移的齿轮，与轴为间隙配合，装配后的精度主要取决于零件本身的加工精度。这类齿轮的装配比较方便，装配后，齿轮在轴上不得有晃动现象。

在轴上固定的齿轮，通常与轴为过渡配合或少量过盈的配合，装配时需加一定外力。在装配过程中要避免齿轮歪斜和产生变形等。若配合的过盈量较小，可用手工工具敲击压装，过盈量较大的，可用压力机压装或采用热装法进行装配。

在轴上安装的齿轮，常见的误差是：齿轮的偏心、歪斜和端面未贴紧轴肩，见图6-17。

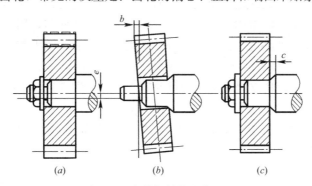

图 6-17 齿轮与轴的安装误差

（a）径向圆跳动误差；（b）轴向圆跳动误差；（c）未靠紧轴间误差

精度要求高的齿轮传动机构，在压装后需要检查其径向圆跳动和轴向圆跳动误差。径向圆跳动误差的检查方法见图6-18。将齿轮轴支在V形架或两顶尖上，使轴与平板平行，把圆柱规放在齿轮的轮齿间，将指示表测量头抵在圆柱规上，从指示表上得出一个读数。然后转动齿轮，每隔3～4个轮齿重复进行测量，测得指示表最大读数与最小读数之差，就是齿轮分度圆上的径向圆跳动误差。

轴向圆跳动误差的检查方法见图6-19。用顶尖将轴顶在中间，使指示表测量头抵在齿轮端面上，在齿轮轴旋转一周范围内，指示表的最大读数与最小读数之差即为齿轮端面圆跳动误差。

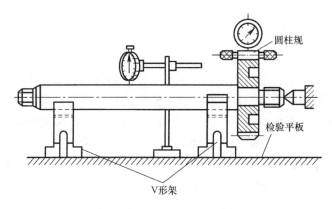

图 6-18　齿轮径向跳动误差的检查

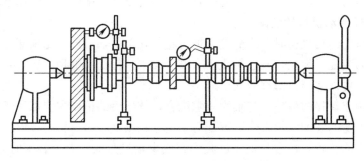

图 6-19　齿轮轴向圆跳动误差的检查

这里还要指出，安装在非剖分式箱体内的传动齿轮，将齿轮先装在轴上后，不能安装进箱体中时，齿轮与轴的装配是在装入箱体的过程中同时进行的。

齿轮与轴为锥面结合，常用于定心精度较高的场合。装配前，用涂色法检查内外锥面的接触情况，贴合面不良的可用三角刮刀进行修正。装配后，轴端与齿轮端面应有一定的间隙。

将齿轮轴部件装入箱体这是一个极为重要的工序。装配方法应根据轴在箱体中的结构特点而定。为了保证质量，装配前应检验箱体的主要部位是否达到规定的技术要求。检验内容主要有：孔和平面的尺寸精度及几何形状精度；孔和平面的表面粗糙度及外观质量；孔和平面的相互位置精度。

6.4　固定连接的装配

6.4.1　螺纹连接的装配

1. 螺纹连接的拆卸工具

1）常用扳手

扳手是一种用于拧紧或旋松螺栓、螺母、螺钉等螺纹紧固件的装卸用手工工具。扳手通常由碳素结构钢或合金结构钢制成。它的一头或两头锻压成凹形开口或套圈，开口和套圈的大小随螺钉对边尺寸而定。扳手头部具有规定的硬度，中间及手柄部分则具有弹性。当扳手超负荷使用时，会在突然断裂之前先出现柄部弯曲变形。常用的扳手有活扳手、呆扳手、梅花扳手、两用扳手、套筒扳手、内六角扳手、锁紧扳手、棘轮扳手和扭力扳手。

2）常用旋具

旋具用来紧固或拆卸螺钉，它的种类很多，常见的有：按照头部形状的不同，可分为一字和十字两种；按照手柄的材料和结构的不同，可分为木柄、塑料柄、夹柄和金属柄四种；按照操作形式可分为自动、电动和风动等形式。

3）旋具的使用注意事项

使用一字槽螺钉旋具，刀口应与螺钉槽口大小、宽窄、长短相适应，刀口不得残缺，以免损坏槽口和刀口。

使用十字槽螺钉旋具时，应注意使旋杆端部与螺钉槽相吻合，否则容易损坏螺钉的十字槽。不准用锤子敲击螺钉旋具柄（当錾子使用）。不准将螺钉旋具当撬棒使用。不可在螺钉旋具口端用扳手或钳子增加扭力，以免损伤螺钉旋具。

2. 双头螺栓的装配

双头螺栓装配后必须保证与机体螺孔配合有足够的紧固性。通常是利用双头螺栓最后几圈较浅的螺纹，使配合后中径有一定的过盈量，来达到配合紧固的要求。

将双头螺柱拧入机体螺孔的方法很多，常用的有以下两种：

双螺母拧紧法（图6-20）：先将两个螺母相互锁紧在双头螺柱上，然后转动上面的螺母，即可把双头螺柱拧入螺孔。

长螺母拧紧法（图6-21）：先将长六角螺母旋在双头螺柱上，再拧紧止动螺钉，然后扳动长螺母，即可将双头螺柱拧入螺孔。

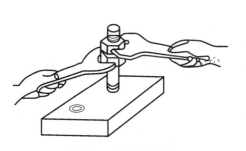 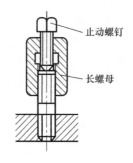

图 6-20 双螺母拧紧法　　　　　　　图 6-21 长螺母拧紧法

3. 螺纹连接的损坏与修理

螺纹连接损坏的形式一般有：螺纹有部分或全部滑牙、螺钉头损坏、螺杆断裂等。对于螺钉、螺栓或螺母的任何形式的损坏，通常都以更换新件的方法来解决。螺孔滑牙后有时需要修理，其方法大多是扩大螺纹直径。而镶入套圈后再重新攻螺纹的方法，在特殊条件下才被采用。

螺纹连接修理时，会遇到锈蚀的螺纹难于拆卸的情况，常用的方法有：用煤油浸润或把锈蚀零件放入煤油中，间隔一定时间后利用煤油的渗入，可使锈蚀处疏松，再用工具拧紧螺母或螺钉，就比较容易拆卸；用锤子敲打螺钉或螺母，使铁锈受到振动而脱落，就容易拆卸；用火焰对锈蚀部位进行加热，经过膨胀或冷却后收缩的作用，使锈蚀处松动，即可比较容易拆卸。

6.4.2　键连接的装配

键用于连接轴和轴上零件，实现周向固定和传递扭矩。具有结构简单、工作可靠、装拆方便等优点，在机械连接中应用广泛。根据结构特点和用途不同，可分为：松键连接、紧键连接和花键连接。

1. 松键连接的装配

松键连接所采用的键有普通平键、导向键和半圆键三种。键装入轴槽中与槽底贴紧，长度方向与轴槽有 0.1mm 间隙，键顶与轮毂槽间有 0.3～0.5mm 间隙。

1）普通平键

键与轴槽的配合采用 P9/h9 或 N9/h9 配合，键与毂槽的配合为 Js9/h9 或 P9/h9，即键在轴上和轮毂上均固定。

2）半圆键连接

一般用于轻载，适于轴的锥形端部。

3）导向平键连接

键与轴槽采用 H9/h9 配合并用螺钉固定在轴上。键与轮毂采用 D10/h9 配合，轴上零件能做轴向移动。

2. 紧键连接的装配

紧键连接主要指楔键连接。它分为普通楔键和钩头楔键两种。装配时需要打入，靠楔紧作用传递扭矩，还能轴向固定零件和承受单向轴向力。轴上的零件与轴配合易产生偏心和歪斜，故多用于对中性要求不高、转速较低的场合。

3. 花键连接的装配

按工作方式分：有静连接和动连接两种。

按齿廓形状分：有矩形、渐开形和三角形三种。

花键配合的定心方式有：外径定心、内径定心和键侧定心三种。通常情况下采用外径定心。

装配静连接的花键时，花键孔与花键轴允许有少量过盈，装配时可用铜棒轻轻敲入，但不得过紧。过盈量较大的配合，可加热至 80～120℃后进行装配。

4. 键的损坏和修理

键磨损或损坏时，一般是更换新的键；轴与轮上的键、键槽损坏时，可将轴槽（即轮毂）用锉或铣的方法加宽，然后重新配键来修复；键产生变形或剪断，说明键受不了所传递的转矩，在条件允许的情况下，可适当增加键和键槽宽度或增加键长度来解决。也可再增加一个键，使两键相隔 180°，以增加键的强度。

6.4.3　销连接装配

1. 圆柱销的装配

国家标准规定圆柱销按 n6、g6、h8 和 h9 四种偏差制造。多数情况下圆柱销与销孔的配合具有少量的过盈，以保证连接或定位的紧固性和准确性。过盈配合的圆柱销连接，不宜多次装拆；需经常装拆的圆柱销定位结构，两个定位销孔之一，一般采用间隙配合。

2. 圆锥销的装配

圆锥销具有 1∶50 的锥度，定位准确，可多次装拆而不降低定位精度，应用广泛。以小端直径和长度表示其规格。装配时一般用试装法测定，以能插入销子长度的 80％左右为宜。

6.5 轴承装配

轴承装配包括滑动轴承的装配和滚动轴承的装配，在供水行业，接触较多的是滚动轴承；对于滑动轴承装配的要求本节简单介绍一下，重点偏重于实际操作的滚动轴承的装配。

6.5.1 滑动轴承的装配

剖分式滑动轴承的装配：上下轴瓦应与轴颈（或工艺轴）的尺寸精度要求配合加工，以达到设计规定的配合间隙、接触面积、孔与端面的垂直和前后轴承的同轴度要求。为保证配合面的接触要求，应按滑动轴承的装配精度，根据轴承的不同尺寸及工作状态，刮削滑动轴承轴瓦孔的刮研接触点数。每 25mm×25mm 内的刮研接触点数可查表获得。

刮研时，上下轴瓦的接合面要紧密接触，用 0.05mm 的塞尺从外侧检查时，任何部位塞入深度均不得大于接合面宽度的 1/3。上下轴瓦应按加工时的配对标记装配，不得装错。瓦口垫片应平整，其宽度应小于瓦口面宽度 1～2mm，长度应小于瓦口面长度。垫片不得与轴颈接触，一般应与轴颈保持 1～2mm 的间隙。

滑动轴承轴瓦的固定：为了使轴瓦在轴承座内保持正确的位置，滑动轴承的轴瓦常用定位销或骑缝螺钉与定位结构固定。当用定位销固定轴瓦时，应保证瓦口面、端面与相关轴承孔的开合面、端面保持平齐。固定销打入后不得有松动现象，且销的端面应低于轴瓦内孔表面 1～2mm。

对于薄壁轴瓦的固定方式，常用定位唇结构加骑缝螺钉。装配时，将轴瓦的定位唇嵌入轴承座相应的定位槽中，与两片轴瓦对应的定位凹槽应配置在同一侧。

球面自位轴承的装配：球面自位轴承的轴承体与球面座装配时，应涂色检查它们的配合表面接触情况，一般接触面积应大于 70％，并应均匀接触。

整体圆柱滑动轴承装配：固定式圆柱滑动轴承装配时可根据过盈量的大小，采用压装或冷装，装入后内径必须符合设计要求。轴套装入后，固定轴承用的锥端紧定螺钉或固定销端头应埋入轴承内。轴装入轴套后应转动自如。

整体圆锥滑动轴承装配：装配圆锥滑动轴承时，应涂色检查锥孔与主轴颈的接触情况，一般接触长度应大于 70％，并应靠近大端。

6.5.2 滚动轴承装配

1. 装配要求

装配前，必须清除配合表面的凸痕、毛刺、锈蚀、斑点等缺陷。如果轴承上有锈迹，应用化学法除锈，不用砂布和砂纸打磨；与轴承配合的表面需用煤油清洗干净，并检查尺寸，其圆度、圆柱度误差不允许超过尺寸公差的 1/4～1/2。禁止用锉刀锉轴承的配合表面，壳体孔表面允许用刮刀稍加修整，但必须保证其几何精度在公差范围内。装配前，轴承需用煤油洗涤。要保持轴承体清洁，防止杂物侵入。

装配时，在轴、轴承及轴承座孔的配合表面先加一层清洁的润滑油，然后再进行装配。装配时，作用力需均匀地作用在待配合的轴承环上。轴承必须紧贴在轴肩或孔肩上，不准有间隙。轴承端面、垫圈及压盖之间的接合面必须平行，当拧紧螺钉后，压盖应均匀地贴在垫圈上，不允许局部有间隙。如果需有间隙，则四周间隙应均匀。装配后，用手转动轴承或轴承座时，轴承应能均匀、轻快、灵活地转动。

试运转时，在正常运转后，温升不得大于允许的数值。

2. 装配方法

常用的方法有：敲入法、压入法和热套法。

1）敲入法

借助钢套、铜套，用锤子敲入。用铜棒分别对称地将轴承的内圈或外圈均匀敲入。

2）压入法

对尺寸较大的轴承，可用螺旋压力机或油压机压入。

3）热套法

适用于过盈配合轴承的装配。把轴承放入温度 80～90℃ 的热油中加热，然后趁热装在轴颈上。

3. 深沟球轴承的装配

滚动轴承装配可以采用热套法，也可以采用手动压床压入法，这里以敲击法装配为例。

1）装配要点

装配前应认真检查实际尺寸，根据配合性质，采用正确的方法进行装配。

装配时，轴承要摆正，外力应均匀，对称地加在轴承内、外端面上。

2）装配步骤

读图。轴承的内圈须与轴配合，外圈与壳体孔配合。

准备工具、量具、辅具。选取锉刀一把，锤子一把，千分尺、内径指示表各一件，专用套筒一件，煤油、润滑油适量。

检查零件。按装配图检查轴承的规格、牌号、精度等级正确。用内径指示表和千分尺分别测量轴承孔和轴径，确定是否符合要求。

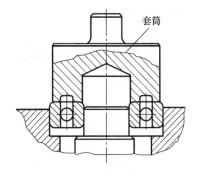
图 6-22　轴承内径和
外径过盈配合安装

3）装配过程

用锉刀将轴承孔、轴颈上的毛刺去掉并倒角；用煤油清洗轴承和全部装配零件；在配合表面涂上洁净的润滑油（需要润滑脂的轴承涂上洁净的润滑脂），并将轴承放置在轴承孔内及轴颈上，注意不要歪斜；采用专用套筒顶住轴承内、外圈端面，敲击套筒中央，将轴承装配到位，如图 6-22 所示。当用锤子和有一定硬度的圆棒顶住轴承的内圈或外圈敲击装配时，要从四周对称地交替轻敲，用力要均匀，不使轴承倾斜。

检查装配。用手转动轴，应转动自如。

4）注意事项

不要用锤子直接敲击轴承；用软钢作垫棒敲击时，要轻而均匀地敲打内圈或外圈。不可敲轴承的保持架，严禁用铜棒或铝棒作垫棒，以防杂物、铜屑或铝屑掉入轴承滚动体及滚道间；安装内圈时，作用力应加在内圈上，安装外圈时，作用力应加在外圈上，内、外圈同时装配时，作用力应同时作用在内、外圈上。

第7章 供电设备及电气系统

7.1 变压器

7.1.1 变压器的工作原理与技术参数

1. 变压器的工作原理

变压器是变换电压、传输电功率的设备，变压器的一次侧和电源相连，接收电网中的电能，将一次侧的电压和电流转换成同频率的二次侧的另一等级电压和电流，变压器的二次侧是输出端，把从电源接收的电能输出给用电负载（图 7-1）。

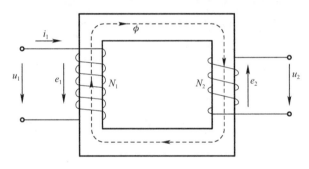

图 7-1 变压器的工作原理

变压器是利用电磁感应原理制成的静止用电器。当变压器的原线圈接在交流电源上时，铁心中便产生交变磁通，交变磁通用 ϕ 表示。原、副线圈中的 ϕ 是相同的，ϕ 也是简谐函数，表示为 $\phi = \phi m \sin\omega t$。由法拉第电磁感应定律可知，原、副线圈中的感应电动势为 $e_1 = -N_1 \mathrm{d}\phi/\mathrm{d}t$、$e_2 = -N_2 \mathrm{d}\phi/\mathrm{d}t$。式中：$N_1$、$N_2$ 为原、副线圈的匝数。由图 7-1 可知 $u_1 = -e_1$，$u_2 = e_2$（原线圈物理量用下角标 1 表示，副线圈物理量用下角标 2 表示），其复有效值为 $u_1 = -E_1 = jN_1\omega\Phi$、$u_2 = E_2 = -jN_2\omega\Phi$，令 $k = N_1/N_2$，称变压器的变比。由上式可得 $u_1/u_2 = -N_1/N_2 = -k$，即变压器原、副线圈电压有效值之比，等于其匝数比，而且原、副线圈电压的相位差为 π。

进而得出：

$$u_1/u_2 = N_1/N_2 \tag{7-1}$$

在空载电流可以忽略的情况下，有 $i_1/i_2 = -N_2/N_1$，即原、副线圈电流有效值大小与其匝数成反比，且相位差为 π。

进而得出：

$$i_1/i_2 = N_2/N_1 \tag{7-2}$$

理想变压器原、副线圈的功率相等，$P_1 = P_2$。说明理想变压器本身无功率损耗。实际变压器总存在损耗，其效率为：

$$\eta = \frac{P_2}{P_1} \times 100\% \qquad\qquad (7\text{-}3)$$

2. 变压器的技术参数

1）变压器铭牌实例（表7-1）

表 7-1

变压器铭牌实例

产品型号：SZ11-6300/35		标准代号：GB 1094.1—1996　GB 1094.2—1996	

GB 1094.3—85　GB 1094.5—85

额定容量：6300kVA	额定频率：50Hz	相数：3
额定电压：35±3×2.5％/6.3kV		产品代号：1ZB710342
海拔高度：1000m		出厂序号：09094247（09094246）
联结组别：YNd11		冷却方式：ONAN
使用条件：户外		绝缘水平：L1 200 AC85/L1 60AC25
短路阻抗：主分接 7.29％		器身自重：7350kg	油总重：3490kg
总重：14370kg			

档位	高压侧		低压侧	
	电压（V）	电流（A）	电压（V）	电流（A）
1	37625	96.67		
2	36750	98.97		
3	35875	101.38		
4	35000	103.9	6300	577.4
5	34125	106.9		
6	33250	109.39		
7	32375	112.34		

2）变压器的产品型号（图7-2）

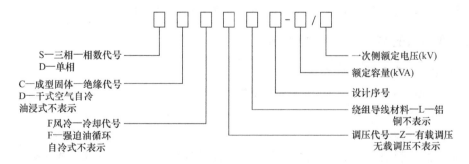

图 7-2　变压器的产品型号

例如：SFZ-10000/110 表示三相自然循环风冷有载调压，额定容量为 10000kVA，高压侧绕组额定电压 110kV 电力变压器。

S9-160/10 表示三相油浸自冷式，双绕组无励磁调压，额定容量 160kVA，高压侧绕组额定电压为 10kV 电力变压器。

SC8-315/10 表示三相干式浇注绝缘、双绕组无励磁调压、额定容量 315kVA、高压侧绕组额定电压为 10kV 电力变压器。

S11-M（R）-100/10 表示三相油浸自冷式、双绕组无励磁调压、卷绕式铁心（圆截面）、密封式、额定容量 100kVA、高压侧绕组额定电压为 10kV 电力变压器。

SH11-M-50/10 表示三相油浸自冷式、双绕组无励磁调压、非晶态合金铁心、密封式、额定容量 50kVA、高压侧绕组额定电压为 10kVA 电力变压器。

电力变压器可以按绕组耦合方式、相数、冷却方式、绕组数、绕组导线材质和调压方式分类。但是，这种分类还不足以表达变压器的全部特征，所以在变压器型号中除要把分类特征表达出来外，还需标记其额定容量和高压绕组额定电压等级。一些新型的特殊结构的配电变压器，如非晶态合金铁心、卷绕式铁心和密封式变压器，在型号中分别加 H、R 和 M 表示。

3）额定电压

对三相电力变压器，额定电压指线电压。它应与所连接的输变电线路电压相符合。我国输变电线路的电压等级（即线路终端电压）为 0.38kV、（3.6kV）、10kV、35kV、（63kV）、110kV、220kV、330kV、500kV。故连接于线路终端的变压器（称为降压变压器）其一次侧额定电压与上列数值相同。

4）额定容量

额定容量 SN（kVA）指额定工作条件下变压器输出能力（视在功率）的保证值。三相变压器的额定容量是指三相容量之和。

5）连接组别

变压器同侧绕组是按一定形式连接的。

三相变压器或组成三相变压器组的单相变压器，可以连接成星形、三角形等。星形连接是各相线圈的一端接成一个公共点（中性点），其接端子接到相应的线端上；三角形连接是三个相线圈互相串联形成闭合回路，由串联处接至相应的线端。

星形、三角形、曲折形连接，对于高压绕组分别用符号 Y、D、Z 表示，对于中压和低压绕组分别用符号 y、d、z 表示。有中性点引出时则分别用符号 YN、ZN 和 yn、zn 表示。

变压器按高压、中压和低压绕组连接的顺序组合起来就是绕组的连接组，例如：变压器按高压为 D、低压为 yn 连接，则绕组连接组为 Dyn（Dyn11）。

7.1.2　变压器的结构及其各部件的作用

1. 油浸电力变压器

1）中小型油浸电力变压器典型结构（图 7-3）

2）变压器铁心

（1）铁心结构：变压器的铁心是磁路部分。由铁心柱和铁轭两部分组成。绕组套装在铁心柱上，而铁轭则用来使整个磁路闭合。铁心的结构一般分为心式和壳式两类。

心式铁心的特点是铁轭靠着绕组的顶面和底面，但不包围绕组的侧面。壳式铁心的特点是铁轭不仅包围绕组的顶面和底面，而且还包围绕组的侧面。由于心式铁心结构比较简单，绕组的布置和绝缘也比较容易，因此我国电力变压器主要采用心式铁心，只在一些特种变压器（如电炉变压器）中才采用壳式铁心。近年来，大量涌现的节能性配电变压器均采用卷铁心结构。

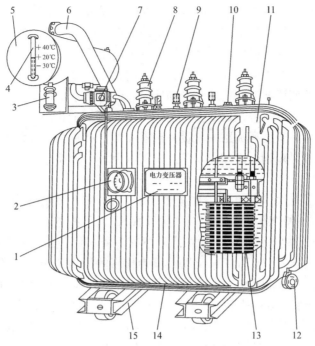

图 7-3　油浸变压器示例图

1—铭牌；2—信号式温度计；3—吸湿器；4—油表；5—储油柜；6—安全气道；7—气体继电器；8—高压套管；
9—低压套管；10—分接开关；11—油箱；12—放油阀门；13—器身；14—接地板；15—小车

（2）铁心材料：由于铁心为变压器的磁路，所以其材料要求导磁性能好，这样才能使铁损小。故变压器的铁心采用硅钢片叠制而成。硅钢片有热轧和冷轧两种。由于冷轧硅钢片在沿着辗轧的方向磁化时有较高的导磁率和较小的单位损耗，其性能优于热轧的，国产变压器均采用冷轧硅钢片。国产冷轧硅钢片的厚度为 0.35mm、0.30mm、0.27mm 等几种。片厚则涡流损耗大，片薄则叠片系数小，因为硅钢片的表面必须涂覆一层绝缘漆以使片与片之间绝缘。

3）变压器绕组

绕组是变压器的电路部分，一般由绝缘纸包的铝线或铜线绕制而成。根据高、低压绕组排列方式的不同，绕组分为同心式和交叠式两种。对于同心式绕组，为了便于绕组和铁心绝缘，通常将低压绕组靠近铁心柱。对于交叠式绕组，为了减小绝缘距离，通常将低压绕组靠近铁轭。

4）变压器的绝缘

变压器内部的主要绝缘材料有变压器油、绝缘纸板、电缆纸、皱纹纸等。

5）变压器分接开关

为了供给稳定的电压、控制电力潮流或调节负载电流，均需对变压器进行电压调整。目前，变压器调整电压的方法是在其某一侧绕组上设置分接，以切除或增加一部分绕组的线匝，改变绕组的匝数，从而达到改变电压比的有级调整电压的方法。这种绕组抽出分接以供调压的电路，称为调压电路；变换分接以进行调压所采用的开关，称为分接开关。一般情况下是在高压绕组上抽出适当的分接。这是因为高压绕组常套在外面，引出分接方便；另外，高压侧电流小，分接引线和分接开关的载流部分截面小，开关接触触头也较容易制造。

6）变压器冷却装置

变压器运行时，由绕组和铁心中产生的损耗转化为热量，必须及时散热，以免变压器过热造成事故。变压器的冷却装置是起散热作用的。根据变压器容量大小不同,采用不同的冷却装置。

对于小容量的变压器,绕组和铁心所产生的热量经过变压器油与油箱内壁的接触,以及油箱外壁与外界冷空气的接触而自然地散热冷却,无须任何附加的冷却装置。若变压器容量稍大些,可以在油箱外壁上焊接散热管,以增大散热面积。

对于容量更大的变压器,则应安装冷却风扇,以增强冷却效果。

当变压器容量在 5 万 kVA 及以上时,则采用强迫油循环水冷却器或强迫油循环风冷却器。与前者的区别在于循环油路中增设一台潜油泵,对油加压以增加冷却效果。这两种强迫循环冷却器的主要差别为冷却介质不同,前者为水,后者为风。

2. 干式变压器

干式变压器分类有很多种方法,如按型号分,有 SC(环氧树脂浇注包封式)、SCR(非环氧树脂浇注固体绝缘包封式)、SG(敞开式);也可按绝缘等级分,有 B 级、F 级、H 级和 C 级,国外有些国家在 H 和 C 级之间还有一个 N 级。当前主要存在着以欧洲为代表的树脂浇注干式变压器(CRDT)及以美国为代表的浸漆式干式变压器(OVDT)两种类型。我国及一些新兴工业国家(如日、韩等)与欧洲相似,由早期采用浸漆式干变发展到采用树脂真空浇注干变,该项技术在我国得以飞速发展。近来,有几个厂家从国外引进了用 NOMEX 纸作绝缘的浸漆式干变(OVDT),因各方面的原因,尚未占据国内较大市场。

如图 7-4 所示,以环氧树脂浇注绝缘的三相干式电力变压器为例介绍其主要结构。

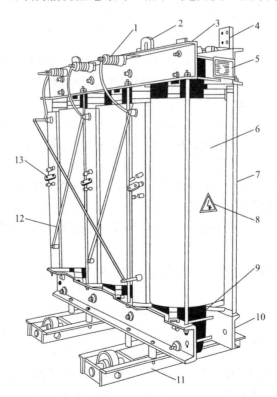

图 7-4　环氧树脂浇注绝缘的三相干式电力变压器

1—高压出线套管和接线端子;2—吊环;3—上夹件;4—低压出线套管和接线端子;5—铭牌;
6—环氧树脂浇注绝缘绕组(内低压、外高压);7—上下夹件拉杆;8—警示标牌;9—铁心;10—下夹件;
11—小车;12—高压绕组间连接导体;13—高压分接头连接片

7.1.3 电力变压器的保护

1. 电力变压器的继电保护装设参考原则（表 7-2）

电力变压器继电保护装设参考原则 表 7-2

变压器容量（kVA）	保护装置名称							备注
	带时限的过电流保护	电流速断保护	纵联差动保护	低压侧单相接地保护	过负荷保护	瓦斯保护	温度保护	
<400	—	—	—	—	—	≥315kVA的车间内油浸变压器装设	—	一般用高压熔断器保护
400～630	高压侧采用断路器时装设	高压侧采用断路器且过电流保护时限>0.5s时装设	—	装设	并列运行的变压器装设，作为其他备用电源的变压器，根据过负荷的可能性装设	—	—	一般用GL型继电器兼作过电流及电流速断保护
800						装设		
1000～1600	装设	—					假设	—
2000～5000		过电流保护时限>0.5s时装设	当电流速断保护不能满足灵敏性要求时装设	—				

注1：
1）当带时限的过电流保护不能满足灵敏性要求时，应采用低电压闭锁的带时限的过电流保护。
2）当利用高压侧过电流保护及低压侧出线断路器保护不能满足灵敏性要求时，应装设变压器中性线上的零序过电流保护。
3）低压电压为230V/400V的变压器，当低压侧出线断路器带有过负荷保护时，可不装设专用的过负荷保护。
4）密闭油浸变压器装设压力保护。
5）干式变压器均应装设温度保护。
注2：电力变压器配置保护的说明
1）配置保护变压器内部各种故障的瓦斯保护，其中轻瓦斯保护瞬时动作发出信号，重瓦斯保护瞬时动作发出跳闸脉冲跳开所连断路器。
2）配置保护变压器绕组和引线多相短路故障及绕组匝间短路故障的纵联差动保护或者电流速断保护，瞬时动作跳开所连断路器。
3）配置保护变压器外部相间短路故障引起的过电流保护或复合电压启动过电流保护。
4）配置防止变压器长时间工作的过负荷保护，一般带时限动作发出信号。
5）配置防止变压器温度升高或冷却系统故障的保护，一般根据变压器标准规定，动作后发出信号或作用于跳闸。
6）对于110kV级以上中性点直接接地的电网，要根据变压器中性点接地运行的具体情况和变压器的绝缘情况装设零序电流保护或零序电压保护，一般带时限动作作用于跳闸。
注3：过流保护和速断保护的作用及范围
1）过流保护：可作为本线路的主保护或后备保护以及相邻线路的后备保护。它是按照躲过最大负荷电流整定，动作时限按阶段原则选择。
2）速断保护：分为无时限和带时限两种。

(1) 无时限电流速断保护装置是按照故障电流整定的，线路有故障时，它能瞬时动作，其保护范围不能超出本线路末端，因此只能保护线路的一部分。

(2) 带时限电流速断保护装置，当线路采用无时限保护没有保护范围时，为使线路全长都能得到快速保护，常常采用略带时限的电流速断与下级无时限电流速断保护相配合，其保护范围不仅包括整个线路，而且深入相邻线路的第一级保护区，但不保护整个相邻线路，其动作时限比相邻线路的无时限速断保护大一个时间级。

2. 电力变压器的继电保护整定值计算

1）计算公式中所涉及的符号说明

在继电保护整定计算中，一般要考虑电力系统的最大与最小运行方式。

最大运行方式——是指在被保护对象末端短路时，系统等值阻抗最小，通过保护装置的短路电流为最大的运行方式。

最小运行方式——是指在上述同样短路情况下，系统等值阻抗最大，通过保护装置的短路电流为最小的运行方式。

(1) $S_{r.T}$——变压器的额定容量（kVA）。

(2) $U_{1r.T}$——变压器的高压侧额定电压（kV）。

(3) $U_{2r.T}$——变压器的低压侧额定电压（kV）。

(4) $I_{1r.T}$——变压器的高压侧额定电流（A）。

(5) $I_{2r.T}$——变压器的低压侧额定电流（A）。

(6) $u_k\%$——变压器的短路电压（即阻抗电压）百分值。

(7) K_{rel}——可靠系数，用于过电流保护时，DL 型继电器取 1.2 和 GL 型继电器取 1.3；用于电流速断保护时，DL 型继电器取 1.3 和 GL 型继电器取 1.5。用于低压侧单相接地保护时（在变压器中性线上装设的）取 1.2，用于过负荷保护取 1.05～1.1，而微机保护的可靠系数大约为 1.05～1.2。

注：继电保护整定可靠系数 K_{rel} 的选取应考虑的因素：

• 按照短路电流整定的无时限保护，应选用较小的系数。

• 按照与相邻保护的整定值配合整定的保护，应选用较小的系数。

• 保护动作速度较快时，应选用较大的系数。

• 不同原理或不同类型的保护之间整定配合时，应选用较大的系数。

• 运行中设备参数有变化或难以准确计算时，应选用较大的系数。

• 在短路计算中，当有零序互感时，因为难以精确计算，故应选用较大的系数。

• 在整定计算中有误差因素时，应选用较大的系数。

(8) K_{jx}——接线系数，接于相电流时取 1，接于相电流差时取 $\sqrt{3}$。

(9) K_r——继电器返回系数，取 0.85（动作电流）。

注：返回系数 K_r 是指返回量与动作量的比值。因此，对于用于过量动作的继电器 $K_r < 1$；对于用于欠量动作的继电器 $K_r > 1$。返回系数 K_r 与继电器的类型有关。电磁型继电器的返回系数大约为 0.85，而微机保护的返回系数大约为 0.9～0.95。

(10) K_{gh}——过负荷保护系数，包括电动机自启动引起的过电流倍数，一般取 2～3，当无自启动电动机时取 1.3～1.5；而微机保护的过负荷保护系数（工业配电）取 3，民用配电取 1.5～2。

（11）K_T——变压器的高、低压侧额定电压比（线电压）。

（12）K_{sen}——灵敏系数。

（13）n_{TA}——电流互感器变比。

（14）I_{op}——保护装置一次动作电流。

（15）$I_{op \cdot k}$——保护装置动作电流。

（16）$I_{2k2 \cdot min}$——最小运行方式下，变压器低压侧两相短路时流过高压侧（保护安装处）的稳态电流。

（17）$I''_{k3 \cdot max}$——三相对称短路电流初始值（超瞬态短路电流）。

（18）$I''_{2k3 \cdot max}$——最大运行方式下，变压器低压侧三相短路时流过高压侧（保护安装处）的超瞬态电流。

（19）$I''_{1k2 \cdot min}$——最小运行方式下，保护装置安装处两相短路时的超瞬态电流。

2）涉及的计算公式

（1）变压器的额定容量计算公式

$$S_{r \cdot T} = \sqrt{3} U_{1r \cdot T} \cdot I_{1r \cdot T} \tag{7-4}$$

$$S_{r \cdot T} = \sqrt{3} U_{2r \cdot T} \cdot I_{2r \cdot T} \tag{7-5}$$

（2）变压器低压侧三相短路电流经验计算公式

$$I''_{k3 \cdot max} = \frac{100 I_{2r \cdot T}}{u_k \%} \tag{7-6}$$

（3）过电流保护整定值计算公式

保护装置的动作电流 $I_{op \cdot k}$ 应躲过可能出现的过负荷电流，其计算公式为

$$I_{op \cdot k} = K_{rel} \cdot K_{jx} \cdot \frac{K_{gh} \cdot I_{1r \cdot T}}{K_r \cdot n_{TA}} \tag{7-7}$$

保护装置的灵敏系数 K_{sen} 按电力系统最小运行方式下，低压侧两相短路时流过高压侧（保护安装处）的短路电流校验，其校验公式为

$$K_{sen} = \frac{I_{2k2 \cdot min}}{I_{op}} \geqslant 1.5 \tag{7-8}$$

其中，保护装置一次动作电流为 I_{op}，其计算公式为

$$I_{op} = I_{op \cdot k} \cdot \frac{n_{TA}}{K_{jx}} \tag{7-9}$$

保护装置的动作时限应与下一级保护动作时限相配合，一般取 $0.5 \sim 0.7s$。

（4）电流速断保护整定值计算公式

保护装置的动作电流 $I_{op \cdot k}$ 应躲过低压侧短路时，流过保护装置的最大短路电流，其计算公式为

$$I_{op \cdot k} = K_{rel} \cdot K_{jx} \cdot \frac{I''_{2k3 \cdot max}}{n_{TA}} \tag{7-10}$$

保护装置的灵敏系数 K_{sen} 按电力系统最小运行方式下，保护装置安装处两相短路电流校验，其校验公式为

$$K_{sen} = \frac{I''_{1k2 \cdot min}}{I_{op}} \geqslant 2 \tag{7-11}$$

其中，保护装置一次动作电流为 I_{op}，其计算公式为

$$I_{op} = I_{op \cdot k} \cdot \frac{n_{TA}}{K_{jx}} \tag{7-12}$$

保护装置的动作时限：变压器电流速断保护装置动作时限分为 $t=0s$（速断跳闸）和 $t=0.5s$（延时速断跳闸）两种。

7.1.4　变电所微机保护

微机保护是用微型计算机构成的继电保护，是电力系统继电保护的发展方向（现已基本实现，尚需发展），它具有高可靠性、高选择性、高灵敏度。微机保护装置硬件包括微处理器（单片机）为核心，配以输入、输出通道，人机接口和通信接口等。该系统广泛应用于电力、石化、矿山冶炼、铁路以及民用建筑等。微机的硬件是通用的，而保护的性能和功能是由软件决定。

微机保护装置的数字核心一般由 CPU、存储器、定时器/计数器、Watchdog 等组成。目前，数字核心的主流为嵌入式微控制器（MCU），即通常所说的单片机；输入输出通道包括模拟量输入通道（模拟量输入变换回路（将 CT、PT 所测量的量转换成更低的适合内部 A/D 转换的电压量，± 2.5、± 5 或 $\pm 10V$）、低通滤波器及采样、A/D 转换）和数字量输入输出通道（人机接口和各种告警信号、跳闸信号及电度脉冲等）。

传统的继电保护装置是使输入的电流、电压信号直接在模拟量之间进行比较和运算处理，使模拟量与装置中给定的机械量（如弹簧力矩）或电气量（如门槛电压）进行比较和运算处理，决定是否跳闸。

计算机系统只能作数字运算或逻辑运算，因此微机保护的工作过程大致是：当电力系统发生故障时，故障电气量通过模拟量输入系统转换成数字量，然后送入计算机的中央处理器，对故障信息按相应的保护算法和程序进行运算，且将运算的结果随时与给定的整定值进行比较，判别是否发生故障。一旦确认区内故障发生，根据开关量输入的当前断路器和跳闸继电器的状态，经开关量输出系统发出跳闸信号，并显示和打印故障信息。

微机保护由硬件和软件两部分组成。

微机保护的软件由初始化模块、数据采集管理模块、故障检出模块、故障计算模块、自检模块等组成。

通常微机保护的硬件电路由六个功能单元构成，即数据采集系统、微机主系统、开关量输入输出电路、工作电源、通信接口和人机对话系统。

7.1.5　变电所综合自动化系统

1. 变电所综合自动化系统的特点

综合自动化系统就是将变电站的二次设备（包括仪表、信号系统、继电保护、自动装置和远动装置）经过功能的组合和优化设计，利用先进的计算机技术、现代电子技术和通信设备及信号处理技术，实现对全变电站的主要设备和输配电线路的自动监视、测量、自动控制和微机保护以及与调度通信等综合性的自动化功能。概括地说有四点：功能综合化、结构微机化、操作监视屏幕化、运行管理智能化。

综合自动化的优越性：提高供电质量，提高电压合格率；提高了变电站的安全可靠性、运行水平；提高了电力系统的运行管理水平；减少了维护工作量；实现了无人值班变电站。

2. 变电所综合自动化系统的基本功能和结构

1）变电所综合自动化系统的基本功能

（1）监控子系统的功能

数据采集；

事件顺序记录；

故障记录、故障录波和测距；

操作控制功能；

安全监视功能；

人机联系功能；

打印功能；

数据处理与记录功能；

谐波分析与监视。

（2）微机保护子系统的功能

（3）电压、无功综合控制子系统

（4）低周减载子系统的功能

（5）备用电源自动投切控制子系统的功能

2）变电所综合自动化系统的结构分类

（1）集中式的结构形式是根据变电站的规模，配置相应容量的集中式保护装置和监控主机及数据采集系统。它们安装在中央控制室内。

该种方式结构紧凑、体积小、造价低，尤其是对 35kV 或规模较小的变电站更为有利，能完成综合自动化式变电站的各种要求。

缺点是：每台机器的功能较集中，一旦机器发生故障，会有较大的影响，所以最好采用双机并联运行方式。软件量大，系统调试麻烦。组态不灵活，对不同的主结线或是不同规模的变电站，软硬件都需改动。

（2）分层分布式系统的体系结构（现在较多用）：为多 CPU 的体系结构，每一层完成不同的功能。每一层都由不同的设备或不同的子系统组成。一般分为三层：变电站层，单元层，设备层。其中，设备层指站内的主要设备，包括变压器、断路器、隔离开关及辅助触点、电流电压互感器。单元层按断路器的间隔分，具有测量、控制和保护部件。变电站层包括全站性的监控主机、远程通信机。

分层分布式的特点：继电保护相对独立，且具有与系统控制中心通信功能，模块化结构，所以可靠性高。其优点是便于设计和安装调试、管理。尤其适用于老站改造。

7.2 异步电动机

7.2.1 三相异步电动机结构及工作原理

1. 旋转磁场

三相异步电动机要旋转起来的先决条件是具有一个旋转磁场，三相异步电动机的定子绕组就是用来产生旋转磁场的。电源相与相之间的电压在相位上是相差 120°的，三相异步电动机定子中的三个绕组在空间方位上也互差 120°，这样，当在定子绕组中通入三相电源时，定子绕组就会产生一个旋转磁场，其产生的过程如图 7-5 所示。图中分四个时刻来描述旋转磁场的产生过程。电流每变化一个周期，旋转磁场在空间旋转一周，即旋转磁场的旋转速度与电流的变化是同步的。旋转磁场的转速为：$n=60f/P$，式中：f 为电源频率，P 是磁场的磁极对数，n 的单位是每分钟转数。根据此式我们知道，电动机的转速与磁极数和使用电源的频率有关，为此，控制交流电动机的转速有两种方法：①改变磁极法；②变频法。以往多用第一种方法，现在则利用变频技术实现对交流电动机的无级变速控制。

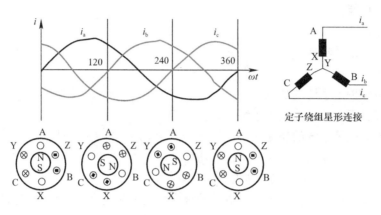

图 7-5　三相交流磁场

观察图 7-5 还可发现，旋转磁场的旋转方向与绕组中电流的相序有关。相序 A、B、C 顺时针排列，磁场顺时针方向旋转，若把三根电源线中的任意两根对调，例如将 B 相电流通入 C 相绕组中，C 相电流通入 B 相绕组中，则相序变为：C、B、A，则磁场必然逆时针方向旋转。利用这一特性我们可很方便地改变三相电动机的旋转方向。定子绕组产生旋转磁场后，转子导条（鼠笼条）将切割旋转磁场的磁力线而产生感应电流，转子导条中的电流又与旋转磁场相互作用产生电磁力，电磁力产生的电磁转矩驱动转子沿旋转磁场方向以 n_1 的转速旋转起来。一般情况下，电动机的实际转速 n_1 低于旋转磁场的转速 n。因为假设 $n=n_1$，则转子导条与旋转磁场就没有相对运动，就不会切割磁力线，也就不会产生电磁转矩，所以转子的转速 n_1 必然小于 n。

2. 三相异步电动机结构（图 7-6）

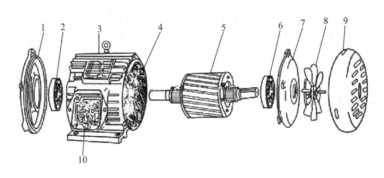

图 7-6　封闭式三相异步电动机的结构

1—端盖；2—轴承；3—机座；4—定子绕组；5—转子；6—轴承；7—端盖；8—风扇；9—风罩；10—接线盒

异步电动机的结构也可分为定子、转子两大部分。定子就是电机中固定不动的部分，转子是电机的旋转部分。由于异步电动机的定子产生励磁旋转磁场，同时从电源吸收电能，并产生且通过旋转磁场把电能转换成转子上的机械能，所以与直流电机不同，交流电机定子是电枢。另外，定、转子之间还必须有一定的间隙（称为空气隙），以保证转子的自由转动。异步电动机的空气隙较其他类型的电动机空气隙要小，一般为 0.2~2mm。

三相异步电动机外形有开启式、防护式、封闭式等多种形式，以适应不同的工作需要。在某些特殊场合，还有特殊的外形防护形式，如防爆式、潜水泵式等。不管外形如何电动机结构基本上是相同的。

3. 三相交流异步电动机工作原理

三相异步电动机是根据电磁感应原理而工作的，当定子绕组通过三相对称交流电时，则在定子与转子间产生旋转磁场，该旋转磁场切割转子绕组，在转子回路中产生感应电动势和电流，转子导体的电流在旋转磁场的作用下，受到力的作用而使转子旋转（图 7-7）。

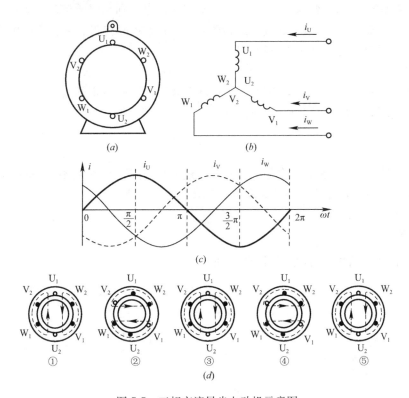

图 7-7　三相交流异步电动机示意图

(a) 简化的三相绕组分布图；(b) 按星形连接的三相绕组接通三相电源；

(c) 三相对称电流波形图；(d) 两极绕组的旋转磁场

三相异步电动机的定子铁心中放置三相结构完全相同的绕组 U、V、W，各相绕组在空间上互差 120°电角度，如图 7-7 所示，向这三相绕组通入对称的三相交流电，如图 7-7 (b)、图 7-7 (c) 所示。下面我们以两极电动机为例说明电流在不同时刻时，磁场在空间的位置。

如图 7-7 (b) 所示，假设电流的瞬时值为正时是从各绕组的首端流入（用"⊗"表示），末端流出（用"⊙"表示），当电流为负值时，与此相反。

在 $\omega t=0$ 的瞬间，$i_u=0$，i_v 为负值，i_w 为正值，如图 7-7（c）所示，则 V 相电流从 V_2 流进，V_1 流出，而 W 相电流从 W_1 流进，W_2 流出。利用安培右手定则可以确定 $\omega t=0$ 瞬间由三相电流所产生的合成磁场方向，如图 7-7（d）①所示。可见这时的合成磁场是一对磁极，磁场方向与纵轴线方向一致，上方是北极，下方是南极。

在 $\omega t=\pi/2$ 时，经过了 1/4 周期，i_u 由零变为最大值，电流由首端 U_1 流入，末端 U_2 流出；i_v 仍为负值，U 相电流方向与①时一样；i_w 也变为负值，W 相电流由 W_1 流出，W_2 流入，其合成磁场方向如图 7-7（d）②所示，可见磁场方向已经较 $\omega t=0$ 时按顺时针方向转过 90°。

应用同样的分析方法可画出 $\omega t=\pi$、$\omega t=2/3\pi$、$\omega t=2\pi$ 时的合成磁场，分别如图 7-7（d）③④⑤所示，由图中可明显地看出磁场的方向逐步按顺时针方向旋转，共计转过 360°，即旋转了一周。

由此可以得出如下结论：在三相交流电动机定子上布置有结构完全相同、在空间位置上各相差 120° 电角度的三相绕组，分别接入三相对称交流电，则在定子与转子间所产生的合成磁场是沿定子内圆旋转的，我们称此为旋转磁场。旋转磁场的转向取决于三相电源的相序。

一个电流周期，旋转磁场在空间转过 360°，则同步转速（旋转磁场的速度）为：

$$n_0'=60f(\text{r/min}) \tag{7-13}$$

如果将三相交流异步电动机的每相绕组分成两段，按照一定的规则嵌入到定子槽内，那么就会形成两对磁极。以此类推，那么同步转速公式为

$$n_0=\frac{60f}{p}(\text{r/min}) \tag{7-14}$$

既然叫"异步"电动机，顾名思义其转子转速 n 与同步转速 n_0 是不相等的，即：$n<n_0$。转差率 s 为旋转磁场的同步转速和电动机转速之差。即

$$s=\left(\frac{n_0-n}{n_0}\right)\times100\% \tag{7-15}$$

7.2.2　异步电动机的参数及其主要系列

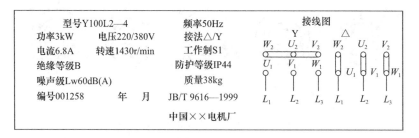

1. 三相异步交流电动机型号识读举例

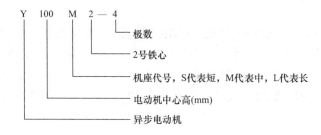

2. 三相绕组的接法

220V/380V，△/Y，电源电压为 220V 时用 △ 接法，电源电压为 380V 时用 Y 接法。

3. 额定电压

铭牌上的电压值是指电动机在额定运行时定子绕组上应加的线电压，一般规定波动不大于 5%。若一异步电动机铭牌上标示额定电压 380V，△ 连接，而电源线电压为 660V，若将此电动机绕组接成 Y 形，则电动机绕组上的线电压就是 380V。

4. 额定电流

铭牌上的电流值是指电动机在额定运行时定子绕组上应加的线电流。

5. 额定功率

铭牌上的功率是指电动机在额定运行时轴上输出的机械功率值，它不是输入功率。

6. 额定转速

指电动机在额定电压、额定频率、额定功率下，转子每分钟所转的圈数，通常额定转速比同步转速低 2%～6%。两极电机的额定转速为 2950r/min 左右，四极电机的额定转速为 1450r/min 左右。

7. 电动机的绝缘等级和允许温升

在发电机等电气设备中，绝缘材料是最为薄弱的环节。绝缘材料尤其容易受到高温的影响而加速老化并损坏。不同的绝缘材料耐热性能有区别，采用不同绝缘材料的电气设备其耐受高温的能力就有不同。因此，一般的电气设备都规定其工作的最高温度。

电动机的绝缘等级是指其所用绝缘材料的耐热等级，分 Y、A、E、B、F、H、C 级。允许温升是指电动机的温度与周围环境温度相比升高的限度，见表 7-3。

电动机的绝缘等级及极限温度　　　　　　　　表 7-3

绝缘等级	Y 级	A 级	E 级	B 级	F 级	H 级	C 级
极限温度（℃）	90	105	120	130	155	180	180 以上

电机的绝缘等级决定于它所采用的绝缘材料的耐热等级。若一台电机主要部件的绝缘结构采用不同耐热等级的绝缘材料，其绝缘等级按绝缘材料的最低耐热等级考核。

8. 电动机的外壳防护等级

IP 为电动机的外壳防护等级，表示国际防护代号，44 为防护等级，数字越大，防护能力越强，见表 7-4。

电动机的防护等级　　　　　　　　表 7-4

第一位数字：表征防固体进入性能	简述	第二位数字：表征防液体进入性能	简述
0	无防护电机	0	无防护电机
1	防护>50mm 固体的电机	1	防滴电机
2	防护>12mm 固体的电机	2	15°防滴电机
3	防护>2.5mm 固体的电机	3	防淋水电机
4	防护>1mm 固体的电机	4	防溅水电机
5	防尘的电机	5	防喷水电机
		6	防海浪电机
		7	防浸水电机
		8	潜水电机

9. 噪声级

噪声级只反映人们对声音强度的感觉，不能反映人们对频率的感觉，而且，人耳对高频声音比对低频声音较为敏感。因此，表示噪声的强弱必须同时考虑声压级和频率对人的作用，这种共同作用的强弱称为噪声级。噪声级可借噪声计测量。噪声计中设有 A、B、C 三种计权网络，其中 A 权网络能较好地模拟人耳听觉特性。由 A 网络测出的声级称为 A 声级，计作 "dB（A）"。A 声级越高，人们就觉得越吵闹。目前，大都采用 A 声级来表征噪声的大小。表 7-5 所示为几种 A 声级的噪声级。

几种 A 声级的噪声级　　　　表 7-5

声音	正常讲话	火车驰过	电动机开动	喷气式飞机起飞	火箭发射声级
（dB）	60	90	110	140	190

10. 工作制（也叫定额）

电动机的工作方式。有 S1～S10 共十类，常用的是 S1～S3 这三类。S1 为连续工作制，S2 为短时工作制（运行与停歇交替进行，运行时间短，停歇时间也不是很长，温升未达额定值已停，温升未降至 0 又开始），S3 为断续周期工作制（运行与停歇交替进行，运行时间短，停歇时间长，能使电机温升降至 0）。

7.2.3 异步电动机的绕组

交流绕组是把属于同相的导体绕成线圈，再按照一定的规律，将线图串联或并联起来。交流绕组通常都绕成开启式，每相绕组的始端和终端都引出来，以便于接成星形或三角形。

1. 绕组的基本术语

1）线圈、线圈组、绕组

线圈也称绕组元件，是构成绕组的最基本单元，它是用绝缘导线按一定形状绕制而成的，可由一匝或多匝组成；多个线圈连成一组就称为线圈组；由多个线圈或线圈组按照一定规律连接在一起就形成了绕组，图 7-8 所示为常用的线圈示意图。线圈嵌放在铁心槽内用，不能直接转换能量，称为端部。

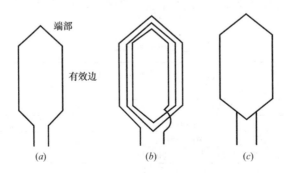

图 7-8　常用的线圈示意图

2）极距 τ

极距是指交流绕组一个磁极所占有定子圆周的距离，一般用定子槽数来表示。即

$$\tau = \frac{Z_1}{2p} \tag{7-16}$$

式中：Z_1——定子铁心总槽数；

   $2p$——磁极数；

   τ——极距。

3）线圈节距 Y

一个线圈的两个有效边所跨定于圆周的距离称为节距，一般也用定于槽数来表示。如某线圈的一个有效边嵌放在第 1 槽而另一个有效边放在第 6 槽，则其节距 $Y=(6-1)$槽=5 槽。从绕组产生最大磁势或电势的要求出发，节距 Y 应接近于极距 τ，即

$$Y \approx \tau = \frac{Z_1}{2p} \tag{7-17}$$

当 $Y=\tau$ 时，称为整距绕组；$Y<\tau$ 时，称为短距绕组；$Y>\tau$ 时，称为长距绕组。

实际应用中，常采用短距和整距绕组，长距绕组一般不采用，因其端部较长，用钢量较多。

4）机械角度和电角度

一个圆周所对应的几何角度为 360°就称为机械角度。而从电磁方面来看，导体每经过一对磁极 N、S，电势就完成一个交变周期。对于 4 电机，$P=2$，这时导体每旋转一周要经过两对磁极，对应的电角度为 $2\times360°=720°$，若电机有 P 对极，则：

$$电角度 = P \times 机械角度 \tag{7-18}$$

5）每极每相槽数 q

每极每相槽数 q 是指每相绕组在每个磁极下占的槽数，可由下式计算：

$$q = \frac{Z_1}{2pm} \tag{7-19}$$

式中：m——相数。

每极下每相绕组占有的范围称为相带。通常情况下，三相异步电动机每个磁极下可按相数分为 3 个相带，因一个磁极对应的电角度为 180°，故每个相带占有电角度为 60°称为 60°相带。

6）槽距角 α

槽距角是指相邻的两个槽之间的电角度。可由下式计算：

$$\alpha = \frac{360 \times p}{Z_1} \tag{7-20}$$

7）极相组

极相组是指一个磁极下属于同一相的线圈按一定方式串联成的线圈组。

2. 交流绕组的基本要求

三相异步电动机交流绕组的构成主要从设计制造和运行两方面考虑。绕组的形式有多种多样，具体要求为：

（1）在一定的导体数下，绕组的合成电势和磁势在波形上应尽可能为正弦波，在数值上尽可能大，而绕组的损耗要小，用钢量要省。

（2）对三相绕组，各相的电势和磁势要求对称而各相的电阻和电抗都相同。为此，必

须保证各绕组所用材料、形状、尺寸及匝数都相同且各相绕组在空间的分布应彼此相差1200 电角度。

（3）绕组的绝缘和机械强度要可靠，散热条件要好。

（4）制造、安装、检修要方便。

三相交流绕组在槽内嵌放完毕后共有 6 个出线端引到电动机机座上的接线盒内。高压大、中型容量的异步电动机三相绕组一般采用星形接法；小容量的异步电动机三相绕组一般采用三角形接法。

3. 三相交流绕组的分布、排列与连接要求

三相异步电动机交流绕组的作用是产生旋转磁场，要求交流绕组是对称的三相绕组，其分布、排列与连接应按下列要求进行：

（1）各相绕组在每个磁极下应均匀分布，以达到磁场的对称。为此，先将定子槽数按极数均分，每一等分代表 180°电角度（称为分极）；再把每极下的槽数分为 3 个区段（相带），每个相带占 60°电角度（称为分相）。

（2）各相绕组的电源引出线应彼此相隔 120°电角度。

（3）同一相绕组的各个有效边在同性磁极下的电流方向应相同，而在异性磁极下的电流方向相反。

（4）同相线圈之间的连接应顺着电流方向进行。

4. 交流绕组的分类

按槽内层数来分，可分为单层绕组、双层绕组和单双层混合绕组；按每极每相所占的槽数来分，可分为整数槽绕组和分数槽绕组；按绕组的结构形状来分，可分为链式绕组、交叉式绕组、同心式绕组、叠绕组和波绕组等。

5. 相绕组的构成示意图（图 7-9）

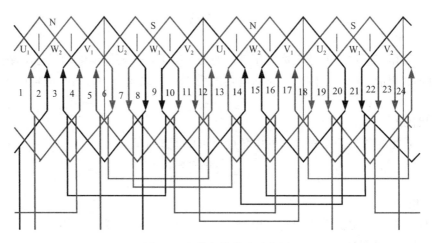

图 7-9　相绕组的构成示意图

7.2.4　三相异步电动机启动、制动、调速

1. 三相异步电动机启动

在三相交流电动机定子上布置有结构完全相同，在空间位置上各相差 120°电角度的三

相绕组，分别通入三相交流电，则在定子与转子的空气隙间所产生的合成磁场是沿定子内圆旋转的，故称旋转磁场。转速的大小由电动机极数和电源频率而定。转子在磁场中相对定子有相对运动，切割磁杨，形成感应电动势。转子铜条（铝条）是短路的，有感应电流产生而产生磁场。在磁场中受到力的作用，转子就会旋转起来。电机转动要有三个条件：第一要有旋转磁场，第二转子转动方向与旋转磁场方向相同，第三转子转速必须小于同步转速，否则导体不会切割磁场，无感应电流产生，电机就速度减慢产生转速差，所以只要有旋转磁场存在，转子总是落后同步转速在转动。

三相异步电机启动方式有：

直接启动：电机直接接额定电压启动。

降压启动：①定子串电抗降压启动；②星形三角形启动器启动；③软启动器启动；④用自耦变压器启动；⑤转子绕线式电机采用转子绕组串电阻启动；⑥变频启动。

1）直接启动

直接启动是最好的启动方式之一，它是将电动机的定子绕组直接接入额定电压启动，因此也称为全压启动。全压启动具有启动转矩大、启动时间短、启动设备简单、操作方便、易于维护、投资省、设备故障率低等优点。为了能够利用这些优点，目前设计制造的笼形感应电动机都按全压启动时的冲击力矩与发热条件来考虑其机械强度与热稳定性。所以，只要被拖动的设备能够承受全压启动的冲击力矩，启动引起的压降不超过允许值，就应该选择全压启动的方式。有人误认为降压启动比全压启动好，将负荷较重的电机也采用了降压启动方式，因而降低了启动转矩，延长了启动时间，使电动机发热更加严重，且设备复杂，投资增加，这是一个误区，应当引起重视。

直接启动时的电流一般为额定电流的 4～7 倍，对电网冲击大，理论上来说，只要向电动机提供电源的线路和变压器容量大于电动机容量 5 倍以上的，都可以直接启动，不需要降压启动。对于大容量的电动机来说，一方面是提供电源的线路和变压器容量很难满足电动机直接启动的条件，另一方面强大的启动电流冲击电网和电动机，影响电动机的使用寿命，对电网不利，所以大容量的电动机和不能直接启动的电动机都要采用降压启动或分段变频启动。

2）降压启动

（1）软启动器启动

软启动器是一种集电机软启动、软停车、轻载节能和多种保护功能于一体的新颖电机控制装置，它的主要构成是串接于电源与被控电机之间的三相晶闸管交流调压器（使用三只双向晶闸管或两只正反向并联共用六只）。运用不同的方法，改变晶闸管的触发角，就可调节晶闸管调压电路的输出电压。在整个启动过程中，软启动器的输出是一个平滑的升压过程，直到晶闸管全导通，电机在额定电压下工作（软启动器带短接切除装置，当晶闸管全部导通后，并联在晶闸管两端点的接触器吸合，电流不再流经晶闸管，而是流经被吸合后的接触器旁路）。软启动器的优点是降低电压启动，启动电流小，适合所有的空载、轻载异步电动机使用。缺点是启动转矩小，不适用于重载启动的大型电机。在水厂系统有应用。

软启动器在启动电机时，通过逐渐增大晶闸管导通角，使电机启动电流从零线性上升至设定值。对电机无冲击，提高了供电可靠性，平稳启动，减少对负载机械的冲击转矩，延长机器使用寿命。软启动器启动有软停车功能，即平滑减速，逐渐停机，它可以克服瞬间断电停机的弊病，减轻对重载机械的冲击，避免高程供水系统的水锤效应，减少设备损坏。软启动器启动参数可调，根据负载情况及电网继电保护特性选择，可自由地无级调整至最佳的启动电流。

目前，市场上常见的软启动器有旁路型、无旁路型、节能型等。根据负载性质选择不同型号的软启动器。

根据电动机的标称功率、电流负载性质选择启动器，一般软启动器容量稍大于电动机工作电流，还应考虑保护功能是否完备，例如：缺相保护、短路保护、过载保护、逆序保护、过压保护、欠压保护等。

（2）变频器启动

通常把电压和频率固定不变的交流电变换为电压和频率可变的交流电的装置称作变频器。该设备首先要把三相或单相交流电变换为直流电，然后再把直流电变换为三相或单相交流电（简称交—直—交）。变频器同时改变输出频率与电压，也就是改变了电机运行曲线上的 n_0，使电机运行曲线平行下移。因此，变频器可以使电机以较小的启动电流，获得较大的启动转矩，即变频器可以启动重载负荷。有的启动专用变频器频率不是连续可调而是分成几段，如：5、15、25、35Hz 或根据用户分段，这种变频器成本较低。

变频器具有调压、调频、稳压、调速等基本功能，价格较贵、内部结构复杂，需有一定专业基础的人员进行维护，但性能良好。所以，不只是用于电动机的启动及调速，而是广泛地应用到工业及家电各个领域，随着技术的发展，成本的降低，变频器一定还会得到更广泛的应用。缺点现在依然是成本高，结构复杂，出现故障需要一定水平的电气技工处理。

2. 三相异步电动机制动

三相异步电动机切除电源后依靠惯性还要转动一段时间（或距离）才能停下来，而生产中起重机的吊钩或卷扬机的吊篮要求准确定位；万能铣床的主轴要求能迅速停下来；升降机在突然停电后需要安全保护和准确定位控制等。这些都需要对拖动的电动机进行制动，所谓制动，就是给电动机一个与转动方向相反的转矩使它迅速停转（或限制其转速）。制动的方法一般有两类：机械制动和电气制动。

1）机械制动

利用机械装置使电动机断开电源后迅速停转的方法叫机械制动。常用的方法为电磁抱闸制动。

（1）电磁抱闸的结构：主要由两部分组成：制动电磁铁和闸瓦制动器。制动电磁铁由铁心、衔铁和线圈三部分组成。闸瓦制动器包括闸轮、闸瓦和弹簧等，闸轮与电动机装在同一根转轴上。

（2）工作原理：电动机接通电源，同时电磁抱闸线圈也得电，衔铁吸合，克服弹簧的拉力使制动器的闸瓦与闸轮分开，电动机正常运转。断开开关或接触器，电动机失电，同时电磁抱闸线圈也失电，衔铁在弹簧拉力作用下与铁心分开，并使制动器的闸瓦紧紧抱住闸轮，电动机被制动而停转。

（3）电磁抱闸制动的特点：机械制动主要采用电磁抱闸、电磁离合器制动，二者都是利用电磁线圈通电后产生磁场，使静铁心产生足够大的吸力吸合衔铁或动铁心（电磁离合器的动铁心被吸合，动、静摩擦片分开），克服弹簧的拉力而满足工作现场的要求。电磁抱闸是靠闸瓦的摩擦片制动闸轮，电磁离合器是利用动、静摩擦片之间足够大的摩擦力使电动机断电后立即制动。优点：电磁抱闸制动，制动力强，广泛应用在起重设备上。它安全可靠，不会因突然断电而发生事故。缺点：电磁抱闸体积较大，制动器磨损严重，快速制动时会产生振动。

2）电气制动

能耗制动的原理：电动机切断交流电源后，转子因惯性仍继续旋转，立即在两相定子绕组中通入直流电，在定子中即产生一个静止磁场。转子中的导条就切割这个静止磁场而产生感应电流，在静止磁场中受到电磁力的作用。

3. 三相异步电动机调速

1）改变电动机磁极对数调速

这种调速方法是用改变定子绕组的接线方式来改变笼形电动机定子极对数达到调速目的。优点：具有较硬的机械特性、稳定性良好、无转差损耗、效率高、接线简单、控制方便、价格低。缺点：电机造价高、体积较大、有级调速、级差较大、不能获得平滑调速。如某绞车需快慢两种速度，电机有 8 极和 2 极两种绕组，慢速时电机接成 8 极 740 转左右，快速时接成 2900 转左右。

2）变频调速

变频调速是改变电动机定子电源的频率，从而改变其同步转速的调速方法。变频调速系统的主要设备是提供变频电源的变频器，变频器可分成交流－直流－交流变频器和交流－交流变频器两大类，目前国内大都使用交流－直流－交流变频器。其特点：效率高，调速过程中没有附加损耗，应用范围广，调速范围大，调速平稳，特性硬，精度高；可远程控制，与 PLC 或 DCS 组成自动控制系统。缺点：现在依然是成本高，结构复杂，出现故障需要一定水平的电气技工处理。当电压瞬间跌落时容易造成跳车。

3）绕线式电动机转子串电阻调速

绕线式异步电动机转子串入电阻（或碱液水电阻），使电动机的转差率加大，电动机在较低的转速下运行。串入的电阻越大，电动机的转速越低，电阻越小转速越高。根据电动机的特性，转子串接电阻会降低电动机的转速，提高转动力矩，在这种调速方式中，由于电阻是常数，将启动电阻分为几级，在调速过程中逐级切除，可以获取较平滑的调速过程。根据上述分析知：要想获得更加平稳的调速特性，必须增加级数，这就会使成本增加，设备复杂化。缺点：转差功率以发热的形式消耗在电阻上。属有级调速，机械特性较软。电机价格昂贵、结构复杂。

4. 异步电动机的额定功率

$$P_N = \sqrt{3}U_N I_N \eta \cos\varphi \tag{7-21}$$

式中：U_N——电动机的额定电压；

I_N——电动机的额定电流；

η——电动机的效率；

$\cos\varphi$——电动机的功率因素。

7.3　高低压电器

7.3.1　高压电器

1. 高压断路器

高压断路器（文字符号为 QF）的功能是，不仅能通断正常的负荷电流，而且能接通和承受一定时间的短路电流，并能在保护装置作用下自动跳闸，切除短路故障。

高压断路器按其采用的灭弧介质分，有油断路器、真空断路器、六氟化硫（SF_6）断路器以及压缩空气断路器等。过去，35kV 及以下的户内配电装置中大多采用少油断路器。而现在大多采用真空断路器，也有的采用六氟化硫断路器，压缩空气断路器一直应用很少。

高压断路器全型号的表示和含义如图 7-10 所示。

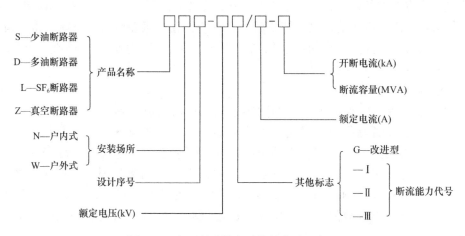

图 7-10　高压断路器全型号的表示和含义

例如，ZN4-10/600 型断路器，表示该断路器为室内式真空断路器，设计序号为 4，额定电压为 10kV，额定电流为 600A。

高压断路器主要参数如下。

1）额定电压

额定电压是指高压断路器正常工作时所能承受的电压等级，它决定了断路器的绝缘水平。额定电压（UN）是指其线电压。常用的断路器的额定电压等级为 3kV、10kV、20kV、35kV、60kV、110kV……为了适应断路器在不同安装地点耐压的需要，国家相关标准中规定了断路器可承受的最高工作电压。上述不同额定电压断路器的最高工作电压分别为 3.6kV、12kV、24kV、40.5kV、72.5kV、126kV……

2）额定电流

额定电流是在规定的环境温度下，断路器长期允许通过的最大工作电流（有效值）。断路器规定的环境温度为 40℃。常用断路器的额定电流等级为 200A、400A、630V、1000A、1250A、1600A、2000A、3150A……

3）额定开断电流

额定开断电流是指在额定电压下断路器能够可靠开断的最大短路电流值，它是表明断路器灭弧能力的技术参数。

4）关合电流

在断路器合闸前，如果线路上存在短路故障，则在断路器合闸时将有短路电流通过触头，并会产生巨大的电动力与热量，因此可能会造成触头的机械损伤或熔焊。关合电流是指保证断路器能可靠关合而又不会发生触头熔焊或其他损伤时，断路器所允许接通的最大短路电流。

下面分别介绍我国现在应用日益广泛的真空断路器和六氟化硫断路器。

2. 真空断路器

真空断路器虽价格较高，但具有体积小、重量轻、噪声小、无可燃物、维护工作量少等突出的优点，它将逐步成为发电厂、变电所和高压用户变电所3～10kV电压等级中广泛使用的断路器。

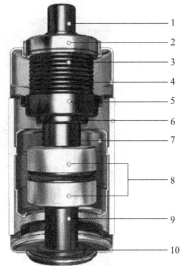

1）真空灭弧室

真空断路器的关键元件是真空灭弧室。真空断路器的动、静触头安装在真空灭弧室内，其结构如图 7-11 所示。

真空灭弧室的结构像一个大的真空管，它是一个真空的密闭容器。真空灭弧室的绝缘外壳主要用玻璃或陶瓷材料制作。玻璃材料制成的真空灭弧室的外壳具有容易加工、具有一定的机械强度、易于与金属封接、透明性好等优点。它的缺点是承受冲击的机械强度差。陶瓷真空灭弧室的瓷外壳材料多用高氧化铝陶瓷，它的机械强度远大于玻璃，但与金属密封端盖的装配焊接工艺较复杂。

波纹管是真空灭弧室的重要部件，要求它既要保证动触头能做直线运动（10kV 真空断路器动静触头之间的断开距离一般为 10～15mm），同时又不能破坏灭弧室的真空度。因此，波纹管通常采用 0.12～0.14mm 的铬-镍-钛不锈钢材料经液压或机械滚压焊接成型，以保证其密

图 7-11 真空灭弧室结构

1—动导电杆；2—导向套；
3—波纹管；4—动盖板；
5—波纹管屏蔽罩；6—瓷壳；
7—屏蔽筒；8—触头系统；
9—静导电杆；10—静盖板

封性。真空断路器在每次跳合闸时，波纹管都会有一次伸缩变形，是易损坏的部件，它的寿命通常决定了断路器的机械寿命。

触头材料对真空断路器的灭弧性能影响很大，通常要求它具有导电好、耐弧性好、含气量低、导热好、机械强度高和加工方便等特点。常用触头材料是铜铬合金、铜合金等。

静导电杆焊接在静盖板上，静盖板与绝缘外壳之间密封。动触头杆与波纹管一端焊接，波纹管另一端与动盖板焊接，动盖板与绝缘外壳封闭，以保证真空灭弧室的密封性。断路器动触头杆在波纹管允许的压缩变形范围内运动，而不破坏灭弧室真空。

屏蔽罩是包围在触头周围用金属材料制成的圆筒，它的主要作用是吸附电弧燃烧时释放出的金属蒸气，提高弧隙的击穿电压，并防止弧隙的金属喷溅到绝缘外壳内壁上，降低

外壳的绝缘强度。

真空灭弧室中的触头断开过程中，依靠触头产生的金属蒸气使触头间产生电弧。当电流接近零值时，电弧熄灭。一般情况下，电弧熄灭后，弧隙中残存的带电质点继续向外扩散，在电流过零值后很短时间（约几微秒）内弧隙便没有多少金属蒸气，立刻恢复到原有的"真空"状态，使触头之间的介质击穿电压迅速恢复，达到触头间介质击穿电压大于触头间恢复电压条件，使电弧彻底熄灭。

2）厦门 ABB 生产的 VD4 真空断路器

VD4 真空断路器适用在以空气为绝缘的户内式开关系统中。只要在正常的使用条件及断路器的技术参数范围内，VD4 真空断路器就可以满足电网在正常或事故状态下的各种操作，包括关合和开断短路电流。真空断路器在需进行频繁操作和/或需要开断短路电流的

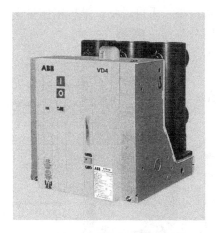

场合下具有极为优良的性能。VD4 真空断路器完全满足自动重合闸的要求并具有极高的操作可靠性与使用寿命。VD4 真空断路器在开关柜内的安装形式既可以是固定式，也可以是安装于手车底盘上的可抽出式，还可安装于框架上使用。对于可抽出式 VD4，可根据需要增设电动机驱动装置，实现断路器手车在开关柜内移进/移出的电动操作。如图 7-12 所示。

结构与功能断路器本体的结构如图 7-13 及图 7-14所示。断路器本体呈圆柱状，垂直安装在做成托架状的断路器操动机构外壳的后部。断路器本体为组装式，导电部分设置在用绝缘材料制成的极柱套筒内，使得真空灭弧室免受外界影响和机械的伤害。断路器在合闸位置时主回路的电流路径是：从上出线端经固

图 7-12　VD4 真空断路器操作机构侧视图

定在极柱套筒上的灭弧室支撑座，到位于真空灭弧室内部的静触头，而后经过动触头及滚子触头，至下部接线端子。真空灭弧室的开合是依靠绝缘拉杆与触头压力弹簧推动的。

图 7-13　断路器面板上的信号指示与控制设备

1—手动合闸按钮；2—面板；3—两侧的起吊孔；4—手动分闸按钮；5—断路器分合闸位置指示器；
6—断路器动作计数器；7—储能手柄的插孔；8—铭牌；9—储能状态指示器；10—储能手柄

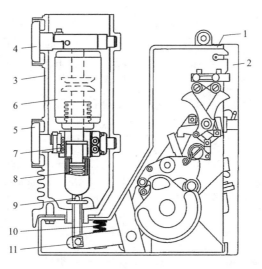

图 7-14　VD4 真空断路器剖视图

1—断路器操动机构外壳；2—可拆卸的面板；3—极柱绝缘套筒；4—上部接线端子；5—下部接线端子；
6—真空灭弧室；7—滚动触头；8—触头压力弹簧；9—绝缘拉杆；10—分闸弹簧；11—拨叉

3. 六氟化硫断路器

六氟化硫断路器，是利用六氟化硫气体作灭弧和绝缘介质的一种断路器。

六氟化硫是一种无色、无味、无毒且不易燃的惰性气体。在 150℃ 以下时，其化学性能相当稳定。但它在电弧高温（高达几千摄氏度）作用下要分解出氟（F_2），氟有较强的腐蚀性和毒性，且能与触头的金属蒸气化合为一种具有绝缘性能的白色粉末状的氟化物。因此，这种断路器的触头一般都设计成具有自动净化的作用。然而，由于上述的分解和化合作用所产生的活性杂质，大部分能在电弧熄灭后几微秒的极短时间内自动还原，而且残余杂质可用特殊的吸附剂（如活性氧化铝）清除，因此对人身和设备都不会有什么危害。六氟化硫不含碳（C）元素，这对于灭弧和绝缘介质来说，是极为优越的特性。前面所讲的油断路器是用油作灭弧和绝缘介质的，而油在电弧高温作用下要分解出碳，使油中的含碳量增高，从而降低了油的绝缘和灭弧性能。因此，油断路器在运行中要经常注意监视油色，适时分析油样，必要时要更换新油，而六氟化硫就没有这些麻烦。六氟化硫又不含氧元素（O），因此它不存在触头氧化的问题。所以，六氟化硫断路器较之空气断路器，其触头的磨损较少，使用寿命增长。六氟化硫除具有上述优良的物理化学性能外，还具有优良的绝缘性能，在 300kPa 下，其绝缘强度与一般绝缘油的绝缘强度大体相当。六氟化硫特别优越的性能是在电流过零时，电弧暂时熄灭后，它具有迅速恢复绝缘强度的能力，从而使电弧难以复燃而很快熄灭。

六氟化硫断路器的结构，按其灭弧方式分，有双压式和单压式两类。双压式具有两个气压系统，压力低的用作绝缘，压力高的用作灭弧。单压式只有一个气压系统，灭弧时，六氟化硫的气流靠压气活塞产生。单压式的结构简单，LN1、LN2 等型断路器均为单压式。

4. 隔离开关

高压隔离开关（文字符号 QS）的功能，主要是用来隔离高压电源，以保证其他设备和线路的安全检修。因此，其结构特点是它断开后有明显可见的断开间隙，而且断开间隙的绝缘及相间绝缘都是足够可靠的，能充分保障人身和设备的安全。但是隔离开关没有专门的灭弧装置，因此它不允许带负荷操作。然而，可用来通断一定的小电流，如励磁电流（空载电流）不超过 2A 的空载变压器，电容电流（空载电流）不超过 5A 的空载线路以及电压互感器、避雷器电路等。

高压隔离开关全型号的表示和含义如图 7-15 所示。

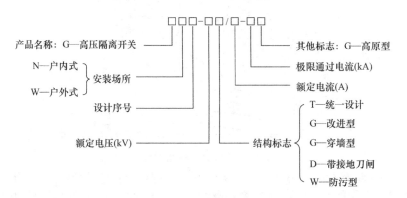

图 7-15　高压隔离开关全型号的表示和含义

从高压隔离开关的型号含义可以看出，其按安装地点，分户内和户外两大类。图 7-16 所示是 GN8-10 型户内高压隔离开关的外形结构图。

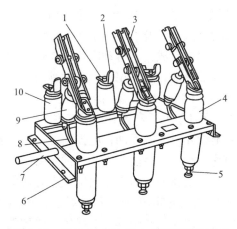

图 7-16　GN8-10/600 型户内高压隔离开关

1—上接线端子；2—静触头；3—闸刀；4—绝缘套管；5—下接线端子；6—框架；
7—转轴；8—拐臂；9—升降瓷瓶；10—支柱瓷瓶

5. 负荷开关

高压负荷开关（文字符号为 QL），具有简单的灭弧装置，因而能通断一定的负荷电流和过负荷电流。但是它不能断开短路电流，所以它一般与高压熔断器串联使用，借助熔断器来进行短路保护。负荷开关断开后，与隔离开关一样，也有明显可见的断开间隙，因此也具有隔离高压电源、保证安全检修的功能。

高压负荷开关全型号的表示和含义如图 7-17 所示。

高压负荷开关的类型较多，这里主要介绍一种应用最广的户内压气式高压负荷开关。

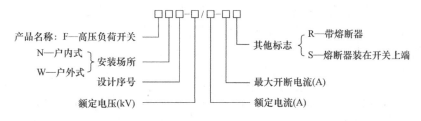

图 7-17　高压负荷开关全型号的表示和含义

由图 7-18 可以看出,上半部为负荷开关本身,外形与高压隔离开关类似,实际上它也就是在隔离开关的基础上加一个简单的灭弧装置。负荷开关上端的绝缘子就是一个简单的灭弧室,其内部结构如图 7-18 所示。该绝缘子不仅起支柱绝缘子的作用,而且内部是一个气缸,装有由操作机构主轴传动的活塞,其作用类似于打气筒。绝缘子上部装有绝缘喷嘴和弧静触头。

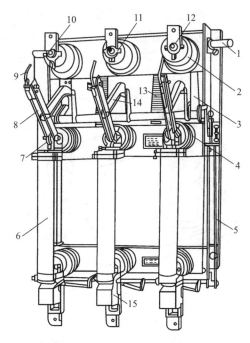

图 7-18　FN3-10RT 型高压负荷开关

1—主轴;2—上绝缘子兼汽缸;3—连杆;4—下绝缘子;5—框架;6—RN1 型高压熔断器;7—下触座;
8—闸刀;9—弧动触头;10—绝缘喷嘴(内有弧静触头);11—主静触头;12—上触座;
13—断路弹簧;14—绝缘拉杆;15—热脱扣器

当负荷开关分闸时,在闸刀一端的弧动触头与绝缘子上的弧静触头之间产生电弧。由于分闸时主轴转动而带动活塞,压缩气缸内的空气而从喷嘴往外吹弧,使电弧迅速熄灭。当然,分闸时还有迅速拉长电弧及电流回路本身的电磁吹弧的作用,加强了灭弧。但总的来说,负荷开关的断流灭弧能力是很有限的,只能分断一定的负荷电流和过负荷电流,因此负荷开关不能配置短路保护装置来自动跳闸,但可以装设热脱扣器用于过负荷保护。

6. 熔断器

熔断器(文字符号为 FU),是一种在电路电流超过规定值并经一定时间后,使其熔体

（文字符号为 FE）熔化而分断电流、断开电路的保护电器。熔断器的功能主要是对电路和设备进行短路保护，有的熔断器还具有过负荷保护的功能。

高压熔断器全型号的表示和含义如图 7-19 所示。

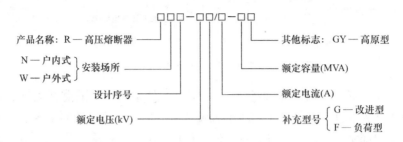

图 7-19　高压熔断器全型号的表示和含义

工厂供电系统中，室内广泛采用 RN1、RN2 等型高压管式限流熔断器，室外则广泛采用 RW4-10、RW10-10（F）等型高压跌开式熔断器和 RW10-35 等型高压限流熔断器。

1）RN1 和 RN2 型户内高压管式熔断器

RN1 型和 RN2 型的结构基本相同，都是瓷质熔管内充石英砂填料的密封管式熔断器。其外形结构如图 7-20 所示。

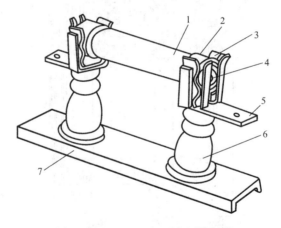

图 7-20　RN1、RN2 型高压熔断器

1—瓷熔管；2—金属管帽；3—弹性触座；4—熔断指示器；5—接线端子；6—支柱瓷瓶；7—底座

RN1 型主要用作高压电路和设备的短路保护，也能起过负荷保护的作用。其熔体要通过主电路的大电流，因此其结构尺寸较大，额定电流可达 100A。而 RN2 型只用作高压电压互感器一次侧的短路保护。由于电压互感器二次侧全部连接阻抗很大的电压线圈，致使它接近于空载工作，其一次电流很小，因此 RN2 型的结构尺寸较小，其熔体额定电流一般为 5A。

2）RW4 和 RW10（F）型户外高压跌开式熔断器

跌开式熔断器（其文字符号一般型用 FD，负荷型用 FDL），又称跌落式熔断器，广泛用于环境正常的室外场所。其功能是，既可作 6～10kV 线路和设备的短路保护，又可在一定条件下，直接用高压绝缘操作棒（俗称令克棒）来操作熔管的分合，兼起高压隔离开关的作用。一般的跌开式熔断器如 RW4-10（G）型等，只能在无负荷下操作，或通断小容量的空载变压器和空载线路等，其操作要求与后面即将介绍的高压隔离开关相同。而负荷型跌开式熔断器如 RW10-10（F）型，则能带负荷操作，其操作要求则与后面将要介绍的高压负荷开关相同。

图 7-21 所示是 RW4-10（G）型跌开式熔断器的基本结构。这种跌开式熔断器串接在线路上。正常运行时，其熔管上端的动触头借熔丝的张力拉紧后，利用绝缘操作棒将此动触头推入上静触头内锁紧，同时下动触头与下静触头也相互压紧，从而使电路接通。当线路上发生短路时，短路电流使熔丝熔断，形成电弧。熔管（消弧管）内壁由于电弧烧灼而分解出大量气体，使管内气压剧增，并沿管道形成强烈的气流纵向吹弧，使电弧迅速熄灭。熔管的上动触头因熔丝熔断后失去张力而下翻，使锁紧机构释放熔管，在触头弹力及熔管自重的作用下，回转跌开，造成明显可见的断开间隙。

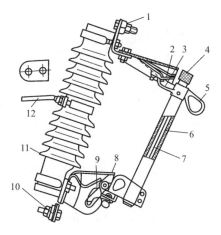

图 7-21　RW4-10（G）型跌开式熔断器

1—上接线端子；2—上静触头；3—上动触头；4—管帽（带薄膜）；5—操作扣环；6—熔管
（外层为酚醛纸管或环氧玻璃布管，内套纤维质消弧管）；7—铜熔丝；8—下动触头；
9—下静触头；10—下接线端子；11—绝缘瓷瓶；12—固定安装板

这种跌开式熔断器还采用了"逐级排气"的结构。其熔管上端在正常时是被一薄膜封闭的，可以防止雨水侵入。在分断小的短路电流时，由于熔管上端封闭而形成单端排气，使管内保持足够大的气压，这样有助于熄灭小的短路电流所产生的电弧。而在分断大的短路电流时，由于管内产生的气压大，致使上端薄膜冲开而形成两端排气，这样有助于防止分断大的短路电流时可能造成的熔管爆裂，从而较好地解决了自产气熔断器分断大小故障电流的矛盾。

RW10-10（F）型跌开式熔断器是在一般跌开式熔断器的上静触头上面加装一个简单的灭弧室，因而能够带负荷操作。这种负荷型跌开式熔断器既能实现短路保护，又能带负荷操作，且能起隔离开关的作用，因此应用较广。

跌开式熔断器利用电弧燃烧使消弧管内壁分解产生气体来熄灭电弧，即使负荷型跌开式熔断器加装有简单的灭弧室，其灭弧能力都不强，灭弧速度也不快，不能在短路电流达到冲击值之前熄灭电弧，因此这种跌开式熔断器属于"非限流"熔断器。

7. 电力电缆

电缆是一种特殊结构的导线，在其几根绞绕的（或单根）绝缘导电芯线外面，统包有绝缘层和保护层。保护层又分内护层和外护层。内护层用以保护绝缘层，而外护层用以防止内护层受到机械损伤和腐蚀。外护层通常为钢丝或钢带构成的钢铠，外覆麻被、沥青或塑料护套。

电缆线路与架空线路相比，具有成本高、投资大、维修不便等缺点，但是电缆线路具有运行可靠、不受外界影响、不需架设电杆、不占地面、不碍观瞻等优点，特别是在有腐蚀性气体和易燃易爆场所，不宜架设架空线路时，只有敷设电缆线路。在现代化工厂和城市中，电缆线路得到了越来越广泛的应用。

1）电力电缆型号的表示

供电系统中常用的电力电缆，按其缆芯材质分，有铜芯电缆和铝芯电缆两大类。按其采用的绝缘介质分，有油浸纸绝缘电缆和塑料绝缘电缆两大类。电力电缆全型号的表示和含义如图7-22所示。

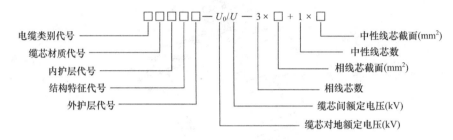

图7-22 电力电缆全型号的表示和含义

（1）电缆类别代号含义：Z—油浸纸绝缘电力电缆；V—聚氯乙烯绝缘电力电缆；YJ—交联聚乙烯绝缘电力电缆；X—橡皮绝缘电力电缆；JK—架空电力电缆（加在上列代号之前）；ZR或Z—阻燃型电力电缆（加在上列代号之前）。

（2）缆芯材质代号含义：L—铝芯；LH—铝合金芯；T—铜芯（一般不标）；TR—软铜芯。

（3）内护层代号含义：Q—铅包；L—铝包；V—聚氯乙烯护套。

图7-23 交联聚乙烯绝缘电力电缆
1—缆芯（铜芯或铝芯）；2—交联聚乙烯绝缘层；3—聚氯乙烯护套（内护层）；4—钢铠或铝铠（外护层）；5—聚氯乙烯外套（外护层）

（4）结构特征代号含义：P—滴干式；D—不滴流式；F—分相铅包式。

（5）外护层代号含义：02—聚氯乙烯套；03—聚乙烯套；20—裸钢带铠装；22—钢带铠装聚氯乙烯套；23—钢带铠装聚乙烯套；30—裸细钢丝铠装；32—细钢丝铠装聚氯乙烯套；33—细钢丝铠装聚乙烯套；40—裸粗钢丝铠装；41—粗钢丝铠装纤维外被；42—粗钢丝铠装聚氯乙烯套；43—粗钢丝铠装聚乙烯套；441—双粗钢丝铠装纤维外被；241—钢带-粗钢丝铠装纤维外被。

2）塑料绝缘电力电缆

它有聚氯乙烯绝缘及护套电缆和交联聚乙烯绝缘聚氯乙烯护套电缆两种类型。塑料绝缘电缆具有结构简单、制造加工方便、重量较轻、敷设安装方便、不受敷设高度差限制以及能抵抗酸碱腐蚀等优点，交联聚乙烯绝缘电缆（图7-23）的电气性能更优异，因此在工厂供电系统中有逐步取代油浸纸绝缘电缆的趋势。

在考虑电缆缆芯材质时，一般情况下宜按"节约用铜、以铝代铜"原则，优先选用铝芯电缆。但在下列情况下应采用铜芯电缆：①振动剧烈、有爆炸危险或对铝有腐蚀等的严酷工作环境；②安全性、可靠性要求高的重要回路；③耐火电缆及紧靠高温设备的电缆等。

7.3.2 低压电器

1. 刀开关

低压刀开关（文字符号为 QK）的类型很多。按其操作方式分，有单投和双投。按其极数分，有单极、双极和三极。按其灭弧结构分，有不带灭弧罩和带灭弧罩两种。不带灭弧罩的刀开关，一般只能在无负荷或小负荷下操作，作隔离开关使用。

低压刀开关全型号的表示和含义如图 7-24 所示。

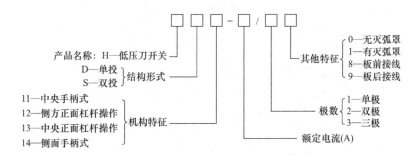

图 7-24　低压刀开关全型号的表示含义

（1）带有灭弧罩的刀开关（图 7-25），则能通断一定的负荷电流。

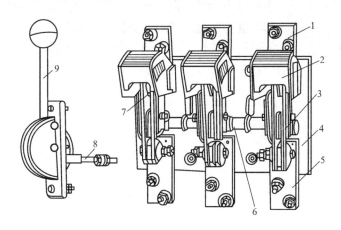

图 7-25　HD13 型低压刀开关

1—上接线端子；2—钢片灭弧罩；3—闸刀；4—底座；5—下接线端子；
6—主轴；7—静触头；8—传动连杆；9—操作手柄

（2）低压刀熔开关又称熔断器式刀开关，俗称刀熔开关，是低压刀开关与低压熔断器组合而成的开关电器。

低压刀熔开关全型号的表示和含义如图 7-26 所示。

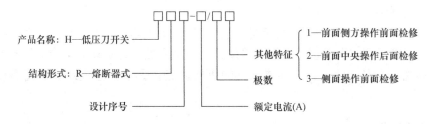

图 7-26　低压刀熔开关全型号的表示和含义

最常见的 HH3 型刀熔开关如图 7-27 所示，是将 HD 型刀开关的闸刀换以 RTO 型熔断器的具有刀形触头的熔管。具有刀开关和熔断器的双重功能。采用这种组合型开关电器，可以简化配电装置的结构，广泛应用于低压动力配电屏中。

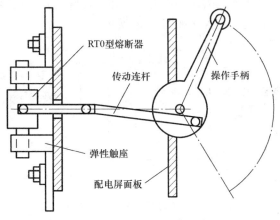

图 7-27　HH3 型刀熔开关

（3）低压负荷开关（文字符号为 QL）是由低压刀开关和熔断器串联组合而成，外装封闭式铁壳或开启式胶盖的开关电器。低压负荷开关具有带灭弧罩刀开关和熔断器的双重功能，既可带负荷操作，又能进行短路保护，但短路熔断后需更换熔体后才能恢复供电。

低压负荷开关全型号的表示和含义如图 7-28 所示。

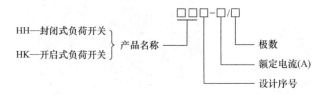

图 7-28　低压负荷开关全型号的表示和含义

2. 低压空气断路器

低压断路器（文字符号为 QF），又称低压自动开关，它既能带负荷通断电路，又能在短路、过负荷和低电压（失压）下自动跳闸，其功能与高压断路器类似，其原理结构和接线如图 7-29 所示。当线路上出现短路故障时，其过流脱扣器动作，使开关跳闸。如果出现过负荷时，其串联在一次电路上的加热电阻丝加热，使双金属片弯曲，也使开关跳闸。当线路电压严重下降或失压时，其失压脱扣器动作，同样使开关跳闸。如果按下脱扣按钮（图中 6 或 7），则可使开关远距离跳闸。

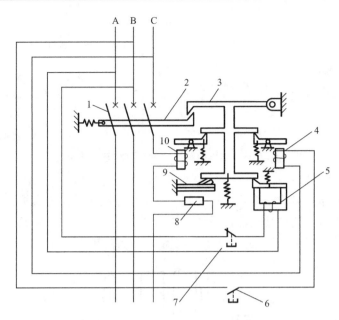

图 7-29 低压断路器的原理结构和接线

1—主触头；2—跳钩；3—锁扣；4—分励脱扣器；5—失压脱扣器；6、7—脱扣按钮；
8—加热电阻丝；9—热脱扣器；10—过流脱扣器

低压断路器按灭弧介质分，有空气断路器和真空断路器等；按用途分，有配电用断路器、电动机用断路器、照明用断路器和漏电保护用断路器等。

配电用断路器按保护性能分，有非选择型和选择型两类。非选择型断路器，一般为瞬时动作，只作短路保护用；也有的为长延时动作，只作过负荷保护用。选择型断路器，有两段保护、三段保护和智能化保护。两段保护为瞬时-长延时特性或短延时-长延时特性。三段保护为瞬时-短延时-长延时特性。瞬时和短延时特性适于短路保护，长延时特性适于过负荷保护。图 7-30 所示为低压断路器的上述三种保护特性曲线。而智能化保护，其脱扣器为微处理器或单片机控制，保护功能更多，选择性更好，这种断路器称为智能型断路器。

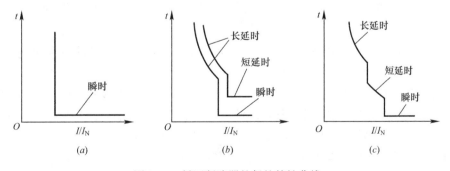

图 7-30 低压断路器的保护特性曲线

（a）瞬时动作式；（b）两段保护式；（c）三段保护式

配电用低压断路器按结构形式分，有万能式和塑料外壳式两大类。低压断路器全型号的表示和含义如图 7-31 所示。

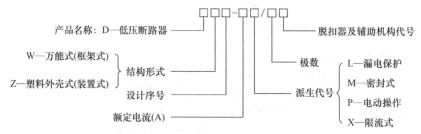

图 7-31　低压断路器全型号的表示和含义

1）万能式低压断路器

万能式低压断路器又称框架式自动开关。它是敞开地装设在金属框架上的，而其保护方案和操作方式较多，装设地点也较灵活，故名"万能式"或"框架式"。

图 7-32 所示是 DW16 型万能式低压断路器的外形结构图。

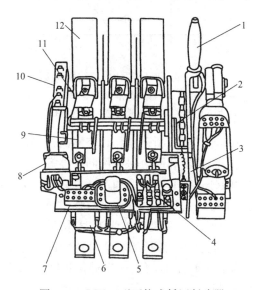

图 7-32　DW16 型万能式低压断路器

1—操作手柄（带电动操作机构）；2—自由脱扣机构；3—失压脱扣器；4—热继电器；5—接地保护用小型电流继电器；
6—过负荷保护用过流脱扣器；7—接地端子；8—分励脱扣器；9—短路保护用过流脱扣器；
10—辅助触头；11—底座；12—灭弧罩（内有主触头）

图 7-33 所示是 DW 型断路器的交直流电磁合闸控制回路。当断路器利用电磁合闸线圈 YO 进行远距离合闸时，按下合闸按钮 SB，使合闸接触器 KO 通电动作，于是电磁合闸线圈（合闸电磁铁）YO 通电，使断路器 QF 合闸。但是合闸线圈 YO 是按短时大功率设计的，允许通电的时间不得超过 1s，因此在断路器 QF 合闸后，应立即使 YO 断电。这一要求靠时间继电器 KT 来实现。在按下按钮 SB 时，不仅使接触器 KO 通电，而且同时使时间继电器 KT 通电。KO 线圈通电后，其触点 KO1-2 在 KO 线圈通电 1s 后（QF 已合闸）自动断开，使 KO 线圈断电，从而保证合闸线圈 YO 通电时间不致超过 1s。

时间继电器 KT 的另一对常开触点 KT 3-4 是用来"防跳"的。当按钮 SB 按下不返回或被粘住而断路器 QF 又闭合在永久性短路故障上时，QF 的过流脱扣器（图上未示出）瞬时动作，使 QF 跳闸。这时断路器的联锁触头 QF 1-2 返回闭合。如果没有接入时间继电器 KT 及其常闭触点 KT 1-2 和常开触点 KT 3-4，则合闸接触器 KO 将再次通电动作，使合闸线圈 YO 再次通电，使断路器 QF 再次合闸。但由于线路上还存在着短路故障，因此断路器 QF 又要跳闸，而其联锁触头 QF 1-2 返回时又将使断路器 QF 又一次合闸……断路器 QF 如此反复地跳、合闸，称为断路器的"跳动"现象，将使断路器的触头烧毁，并将危及整个供电系统，使故障进一步扩大。为此，加装时间继电器常开触点 KT 3-4。当断路器 QF 因短路故障自动跳闸时，其联锁触头 QF 1-2 返回闭合，但由于在 SB 按下不返回时，时间继电器 KT 一直处于动作状态，其常开触点 KT 3-4 一直闭合，而其常闭触点 KT 1-2 则一直断开，因此合闸接触器 KO 不会通电，断路器 QF 也就不可能再次合闸，从而达到了"防跳"的目的。

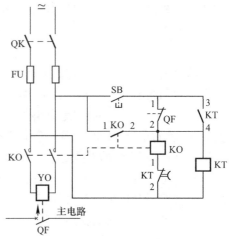

图 7-33　DW 型低压断路器的交直流
电磁合闸控制回路

QF—低压断路器；SB—合闸按钮；KT—时间继电器；
KO—合闸接触器；YO—电磁合闸线圈

低压断路器的联锁触头 QF 1-2 用来保证电磁合闸线圈 YO 在 QF 合闸后不致再次误通电。

目前，推广应用的万能式低压断路器有 DW15、DW15X、DW16 等型及引进技术生产的 ME、AH 等型，此外还生产有智能型万能式断路器如 DW48 等型。其中，DW16 型保留了过去广泛使用的 DW10 型结构简单、使用维修方便和价廉的特点，而在保护性能方面大有改善，是取代 DW10 型的新产品。

2）塑料外壳式低压断路器及模数化小型断路器

塑料外壳式低压断路器又称装置式自动开关，其全部机构和导电部分都装设在一个塑料外壳内，仅在壳盖中央露出操作手柄，供手动操作之用。它通常装设在低压配电装置之中。

图 7-34 所示是 DZ-20 型塑料外壳式低压断路器的剖面图。

DZ 型断路器可根据工作要求装设以下脱扣器：①电磁脱扣器，只作短路保护；②热脱扣器，只作过负荷保护；③复式脱扣器，可同时实现过负荷保护和短路保护。

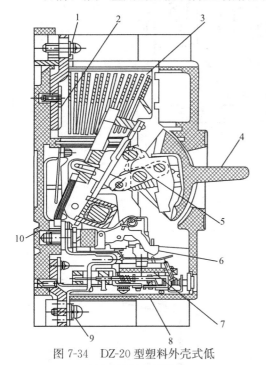

图 7-34　DZ-20 型塑料外壳式低
压断路器的内部结构

1—引入线接线端子；2—主触头；
3—灭弧室（钢片灭弧栅）；4—操作手柄；
5—跳钩；6—锁扣；7—过流脱扣器；
8—塑料外壳；9—引出线接线端子；
10—塑料底座

目前，推广应用的塑料外壳式断路器有 DZX10、DZ15、DZ20 等型及引进技术生产的 H、3VE 等型，此外还生产有智能型塑料外壳式断路器如 DZ40 等型。

塑料外壳式断路器中，有一类是 63A 及以下的小型断路器。由于它具有模数化结构和小型（微型）尺寸，因此通常称为"模数化小型（或微型）断路器"。它现在广泛应用在低压配电系统的终端，作为各种工业和民用建筑特别是住宅中照明线路及小型动力设备、家用电器等的通断控制和过负荷、短路及漏电保护等之用。

模数化小型断路器具有以下优点：体积小，分断能力高，机电寿命长，具有模数化的结构尺寸和通用型卡轨式安装结构，组装灵活方便，安全性能好。

由于模数化小型断路器是应用在"家用及类似场所"，所以其产品执行的标准为《家用及类似场所用过电流保护断路器　第 1 部分：用于交流的断路器》GB 10963.1—2005。其结构适用于未受过专门训练的人员使用，其安全性能好，且不能进行维修，即损坏后必须换新。

模数化小型断路器由操作机构、热脱扣器、电磁脱扣器、触头系统和灭弧室等部件组成，所有部件都装在一塑料外壳之内，如图 7-35 所示。有的小型断路器还备有分励脱扣器、失压脱扣器、漏电脱扣器和报警触头等附件，供需要时选用，以拓展断路器的功能。

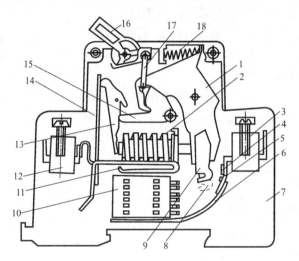

图 7-35　模数化小型断路器的原理结构

1—动触头杆；2—瞬动电磁铁（电磁脱扣器）；3—接线端子；4—主静触头；5—中线静触头；6—弧角；7—塑料外壳；8—中线动触头；9—主动触头；10—灭弧栅片（灭弧室）；11—弧角；12—接线端子；13—锁扣；14—双金属片（热脱扣器）；15—脱扣钩；16—操作手柄；17—连接杆；18—断路弹簧

模数化小型断路器的外形尺寸和安装导轨的尺寸，如图 7-36 所示。

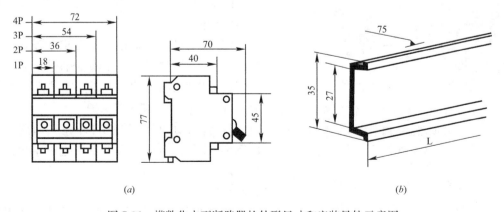

(a)　　　　　　　　　　　　　　(b)

图 7-36　模数化小型断路器的外形尺寸和安装导轨示意图

模数化小型断路器常用的型号有 C45N、DZ23、DZ47、M、K、S、PX200C 等系列。

3. 交流接触器

1) 交流接触器的工作原理

接触器是一种电磁式自动开关,操作方便、动作迅速、灭弧性能好,主要用于远距离频繁接通和分断交直流主电路及大容量控制电路。其主要的控制对象为电动机。根据主触点通过电流种类的不同,接触器有交流接触器与直流接触器之分。接触器的动力来源是电磁机构。由于接触器不能单独切断短路电流和过载电流,所以电动机控制电路通常用空气开关、熔断器等配合接触器来实现自动控制和保护功能。

交流接触器的型号含义如图 7-37 所示。

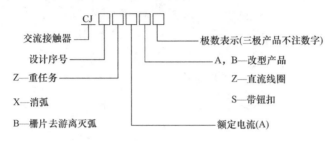

图 7-37 交流接触器的型号含义

直流接触器的型号含义如图 7-38 所示。

接触器是利用电磁吸力的原理工作的,主要由电磁机构和触头系统组成。电磁机构通常包括吸引线圈、铁心和衔铁三部分。图 7-39 所示为接触器的结构示意图与图文符号。图中,1-2、3-4 是静触点,5-6 是动触点,7-8 是吸引线圈,9-10 分别是动、静铁心,11 是弹簧。

当吸引线圈 7、8 两端加上额定电压时,动、静铁心间产生大于反作用弹簧弹力的电磁

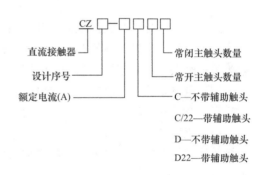

图 7-38 直流接触器的型号含义

吸力,动、静铁心 9、10 吸合,带动动铁心上的触头动作,即常闭触头 1-5 和 2-6 断开,常开触头 3-5 和 4-6 闭合。当吸引线圈 7、8 两端电压消失后,电磁吸力消失,触头在反弹力(弹簧弹力)作用下恢复常态。

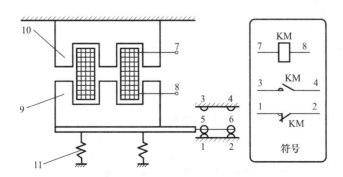

图 7-39 接触器工作原理示意图

2) 接触器的结构组成

图 7-40 为交流接触器结构原理图。主要由三部分组成。

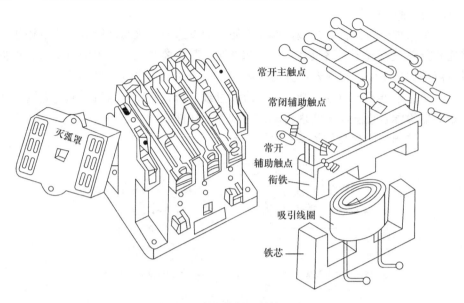

图 7-40　交流接触器结构原理图

（1）触头系统：交流接触器的触头系统通常包括主触头和辅助触头，通常采用双断点桥式触头结构。主触头一般有三对常开形式，指式或桥式，用来接通主电路。辅助触头一般为桥式触头，主要起接通信号、电气连锁或自保持的作用。

（2）电磁系统：交流接触器的电磁系统包括动、静铁心，吸引线圈和反作用弹簧。主要有螺旋管式和直动式，适合额定电流较小的电路；转动式，适合额定电流较大的电路。

（3）灭弧系统：大容量的接触器（20A 以上）采用缝隙灭弧罩及灭弧栅片灭弧，小容量接触器采用双断口触头灭弧、电动力灭弧、相间弧板隔弧及陶土灭弧罩、石棉水泥灭弧罩灭弧。

3) 接触器触点的形式

接触器触点的形式主要有以下三种，如图 7-41 所示。

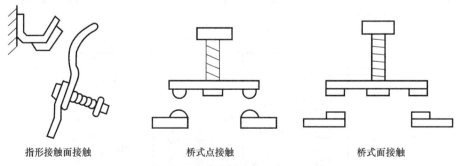

图 7-41　接触器常见触头的形式

（1）指形接触（有线接触和面接触之分）一般用于大容量电路。

（2）桥式点接触用于小容量电路（例如控制电路，按钮、行程开关等）。

（3）桥式面接触用于中、小等容量电路（例如小型接触器等）。

4）电磁机构的特点

根据吸引线圈通电电流的性质分类，电磁机构分为直流电磁机构与交流电磁机构。交流电磁机构最为常见（图 7-42），设置障碍消除衔铁的机械振动，通常采用短路环来解决，短路环起到磁分相的作用，把极面上的交变磁通分成两个相位不同的交变磁通，这样，两部分吸力就不会同时达到零值，当然合成后的吸力就不会有零值的时刻，如果使合成后的吸力在任一时刻都大于弹簧拉力，就消除了。

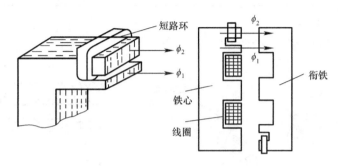

图 7-42　交流电磁机构与短路环

4. 熔断器

熔断器是低压配电网络和电力拖动系统中主要用作短路保护的电器，主要由熔体、安装熔体的熔管和熔座三部分组成。使用时，熔断器应串联在被保护的电路中。正常情况下，熔断器的熔体相当于一段导线；而当电路发生短路故障时，熔体能迅速熔断分断电路，起到保护线路和电气设备的作用。

低压熔断器的型号表示如图 7-43 所示。

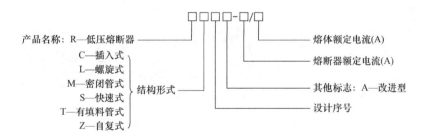

图 7-43　低压熔断器的型号表示

1）熔断器的结构与主要技术参数

（1）熔断器的结构

熔体是熔断器的核心，常做成丝状、片状或栅状，制作熔体的材料一般有铅锡合金、锌、铜、银等。熔管是熔体的保护外壳，用耐热绝缘材料制成，在熔体熔断时兼有灭弧作用。熔座是熔断器的底座，作用是固定熔管和外接引线。

（2）熔断器的主要技术参数

① 额定电压：熔断器长期工作所能承受的电压。

② 额定电流：保证熔断器能长期正常工作的电流。

③ 分断能力：在规定的使用和性能条件下，在规定电压下熔断器能分断的预期分断电流值。

④ 时间—电流特性：在规定的条件下，表征流过熔体的电流与熔体熔断时间的关系曲线。熔断器的熔断电流与熔断时间的关系如表 7-6 所示。

熔断器的熔断电流与熔断时间的关系　表 7-6

熔断电流 I_S(A)	$1.25I_N$	$1.6I_N$	$2.0I_N$	$2.5I_N$	$3.0I_N$	$4.0I_N$	$8.0I_N$	$10.0I_N$
熔断时间 t(s)	∞	3600	40	8	4.5	2.5	1	0.4

2）常用低压熔断器

（1）RM10 系列封闭管式熔断器（图 7-44）

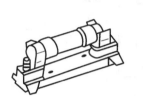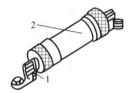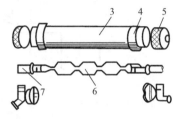

图 7-44　RM10 系列封闭管式熔断器

1—夹座；2—熔断管；3—钢纸管；4—黄铜套管；5—黄铜帽；6—熔体；7—刀形夹头

特点：熔断管为钢纸制成，两端为黄铜制成的可拆式管帽，管内熔体为变截面的熔片，更换熔体较方便。

应用：用于交流额定电压 380V 及以下、直流额定电压 440V 及以下、电流在 600A 以下的电力线路中。

（2）RT0 系列有填料封闭管式熔断器（图 7-45）

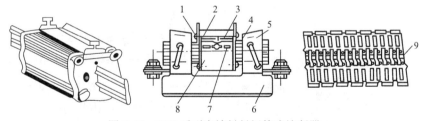

图 7-45　RT0 系列有填料封闭管式熔断器

1—熔断指示器；2—石英砂填料；3—指示器熔丝；4—夹头；5—夹座；6—底座；7—熔体；8—熔管；9—锡桥

特点：熔体是两片网状紫铜片，中间用锡桥连接。熔体周围填满石英砂起灭弧作用。

应用：用于交流额定电压 380V 及以下、短路电流较大的电力输配电系统中，作为线路及电气设备的短路保护及过载保护。

（3）NG30 系列有填料封闭管式圆筒帽形熔断器

特点：熔断体由熔管、熔体、填料组成，由纯铜片制成的变截面熔体封装于高强度熔管内，熔管内充满高纯度石英砂作为灭弧介质，熔体两端采用点焊与端帽牢固连接。

应用：用于交流 50Hz、额定电压 380V、额定电流 63A 及以下工业电气装置的配电线路中。

（4）RS0、RS3 系列有填料快速熔断器

特点：在 6 倍额定电流时，熔断时间不大于 20ms，熔断时间短，动作迅速。

应用：主要用于半导体硅整流元件的过电流保护。

3）熔断器的选用

（1）熔断器类型的选用

根据使用环境、负载性质和短路电流的大小选用适当类型的熔断器。

（2）熔断器额定电压和额定电流的选用

熔断器的额定电压必须等于或大于线路的额定电压。

熔断器的额定电流必须等于或大于所装熔体的额定电流。

（3）熔体额定电流的选用

① 对照明和电热等的短路保护，熔体的额定电流应等于或稍大于负载的额定电流。

② 对一台不经常启动且启动时间不长的电动机的短路保护，应有：$I_{RN} \geqslant (1.5 \sim 2.5) I_N$

③ 对多台电动机的短路保护，应有：

$$I_{RN} \geqslant (1.5 \sim 2.5) I_{Nmax} + \sum I_N$$

5. 热继电器

热继电器是用于电动机或其他电气设备、电气线路的过载保护的保护电器。电动机在实际运行中，如拖动生产机械进行工作过程中，若机械出现不正常的情况或电路异常使电动机遇到过载，则电动机转速下降、绕组中的电流将增大，使电动机的绕组温度升高。若过载电流不大且过载的时间较短，电动机绕组不超过允许温升，这种过载是允许的。但若过载时间长，过载电流大，电动机绕组的温升就会超过允许值，使电动机绕组老化，缩短电动机的使用寿命，严重时甚至会使电动机绕组烧毁。所以，这种过载是电动机不能承受的。热继电器就是利用电流的热效应原理，在出现电动机不能承受的过载时切断电动机电路，为电动机提供过载保护的保护电器。

图 7-46　热继电器的型号含义

1）热继电器的型号含义（图 7-46）

热继电器的型号较多，但常见的有：

（1）双金属片式：利用两种膨胀系数不同的金属（通常为锰镍和铜板）辗压制成的双金属片受热弯曲去推动杠杆，从而带触头动作。

（2）热敏电阻式：利用电阻值随温度变化而变化的特性制成的热继电器。

（3）易熔合金式：利用过载电流的热量使易熔合金达到某一温度值时，合金熔化而使继电器动作。

在上述三种形式中，以双金属片热继电器应用最多，并且常与接触器构成磁力启动器继电器的作用。

热继电器工作原理示意图如图 7-47 所示。

2）热继电器的结构（图 7-48）

3）热继电器的工作原理

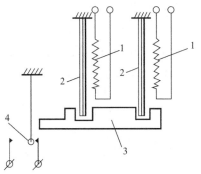

图 7-47　热继电器工作原理示意图
1—热元件；2—双金属片；
3—导板；4—触点

使用热继电器对电动机进行过载保护时，将热元件与电动机的定子绕组串联，将热继电器的常闭触头串联在交流接触器的电磁线圈的控制电路中，并调节整定电流调节旋钮，使人字形拨杆与推杆相距一适当距离。当电动机正常工作时，通过热元件的电流即为

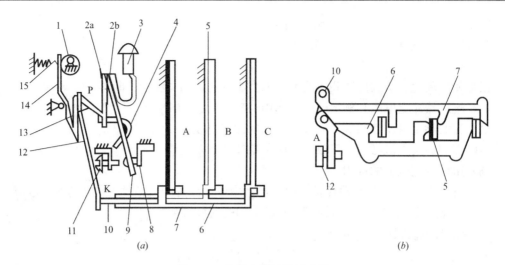

图 7-48　热继电器结构示意图

(*a*) 结构示意图；(*b*) 差动式断相保护示意图

1—电流调节凸轮；2—片簧（2a、2b）；3—手动复位按钮；4—弓簧片；5—主金属片；6—外导板；7—内导板；
8—常闭静触点；9—动触点；10—杠杆；11—常开静触点（复位调节螺钉）；
12—补偿双金属片；13—推杆；14—连杆；15—压簧

电动机的额定电流，热元件发热，双金属片受热后弯曲，使推杆刚好与人字形拔杆接触，而又不能推动人字形拔杆。常闭触头处于闭合状态，交流接触器保持吸合，电动机正常运行。

若电动机出现过载情况，绕组中电流增大，通过热继电器元件中的电流增大使双金属片温度升得更高，弯曲程度加大，推动人字形拔杆，人字形拔杆推动常闭触头，使触头断开而断开交流接触器线圈电路，使接触器释放、切断电动机的电源，电动机停车而得到保护。

热继电器其他部分的作用如下：人字形拔杆的左臂也用双金属片制成，当环境温度发生变化时，主电路中的双金属片会产生一定的变形弯曲，这时人字形拔杆（我理解的意思是推杠）的左臂也会发生同方向的变形弯曲，从而使人字形拔杆与推杆之间的距离基本保持不变，保证热继电器动作的准确性。这种作用称温度补偿作用。

螺钉 8 是常闭触头复位方式调节螺钉。当螺钉位置靠左时，电动机过载后，常闭触头断开，电动机停车后，热继电器双金属片冷却复位。常闭触头的动触头在弹簧的作用下会自动复位，此时热继电器为自动复位状态。将螺钉逆时针旋转向右调到一定位置时，若这时电动机过载，热继电器的常闭触头断开。其动触头将摆到右侧一新的平衡位置。电动机断电停车后，动触头不能复位。必须按动复位按钮后动触头方能复位，此时热继电器为手动复位状态。若电动机过载是故障性的，为了避免再次轻易地启动电动机，热继电器宜采用手动复位方式。若要将热继电器由手动复位方式调至自动复位方式，只需将复位调节螺钉顺时针旋进至适当位置即可。

6. 中间继电器

中间继电器：用于继电保护与自动控制系统中，以增加触点的数量及容量。它用于在控制电路中传递中间信号。中间继电器的结构和原理与交流接触器基本相同，与接触器的主要区别在于：接触器的主触头可以通过大电流，而中间继电器的触头只能通过小电流。所以，它只能用于控制电路中。它一般是没有主触点的，因为过载能力比较小。所以，它用的全部都是辅助触头，数量比较多。

7. 软启动器

软启动器（soft starter）是一种集电机软启动、软停车、多种保护功能于一体的新颖电机控制装置，国外称为 Soft Starter。将其接入电源和电动机定子之间，采用三相反并联晶闸管作为调压器，用这种电路如三相全控桥式整流电路，使用软启动器启动电动机时，晶闸管的输出电压逐渐增加，电动机逐渐加速，直到晶闸管全导通，使电动机工作在额定电压的机械特性上。因为电压由零慢慢提升到额定电压，这样电机在启动过程中的启动电流，就由过去过载冲击电流不可控变成为可控。并且，可根据需要调节启动电流的大小。电机启动的全过程都不存在冲击转矩，而是平滑地启动运行，这样实现电动机平滑启动，降低启动电流，可以有效避免启动过流跳闸。

软启动器还具有软停车功能，即平滑减速，逐渐停机，它可以克服瞬间断电停机的弊病，减轻对重载机械的冲击，避免高程供水系统的水锤效应，减少设备损坏。

软启动器的启动参数可调，根据负载情况及电网继电保护特性选择，可自由地无级调整至最佳的启动电流。

软启动器一般有下面几种启动方式：

（1）斜坡升压软启动；

（2）斜坡恒流软启动；

（3）阶跃启动；

（4）脉冲冲击启动。

8. 低压变频器

低压变频器是指电压等级低于 690V 的可调输出频率交流电机驱动装置。

控制方式

随着低压变频器技术的不断成熟，低压变频的应用场合决定了它不同的分类。单从技术角度来看，低压变频器的控制方式也在一定程度上表明了它的技术流派。我们在此分析了以下几种控制方式：

正弦脉宽调制（SPWM）：其特点是控制电路结构简单、成本较低，机械特性硬度也较好，能够满足一般传动的平滑调速要求，已在产业的各个领域得到广泛应用。但是，这种控制方式在低频时，由于输出电压较低，转矩受定子电阻压降的影响比较显著，使输出最大转矩减小。另外，其机械特性终究没有直流电动机硬，动态转矩能力和静态调速性能都还不尽如人意，且系统性能不高、控制曲线会随负载的变化而变化，转矩响应慢、电机转矩利用率不高，低速时因定子电阻和逆变器死区效应的存在而性能下降、稳定性变差等。因此，人们又研究出矢量控制变频调速。但是此种控制方式也是目前变频器普遍使用的控制方式之一，也是目前国产品牌使用最多的控制方式之一。

电压空间矢量（SVPWM）：它是以三相波形整体生成效果为前提，以逼近电机气隙的理想圆形旋转磁场轨迹为目的，一次生成三相调制波形，以内切多边形逼近圆的方式进行控制的。经实践使用后又有所改进，即引入频率补偿，能消除速度控制的误差；通过反馈估算磁链幅值，消除低速时定子电阻的影响；将输出电压、电流闭环，以提高动态的精度和稳定度。但控制电路环节较多，且没有引入转矩的调节，所以系统性能没有得到根本改善。由于众多国产变频器在矢量控制上还与国外品牌有一定差距，因此 SVPWM 控制方式在国内的变频器矢量控制方式中比较常见。

矢量控制变频调速的做法是将异步电动机在三相坐标系下的定子电流 I_a、I_b、I_c，通过三相—二相变换，等效成两相静止坐标系下的交流电流 I_{a1}、I_{b1}，再通过按转子磁场定向旋转变换，等效成同步旋转坐标系下的直流电流 I_{m1}、I_{t1}（I_{m1} 相当于直流电动机的励磁电流；I_{t1} 相当于与转矩成正比的电枢电流），然后模仿直流电动机的控制方法，求得直流电动机的控制量，经过相应的坐标反变换，实现对异步电动机的控制。其实质是将交流电动机等效为直流电动机，分别对速度、磁场两个分量进行独立控制。通过控制转子磁链，然后分解定子电流而获得转矩和磁场两个分量，经坐标变换，实现正交或解耦控制。使用矢量控制，可以使电机在低速，如（无速度传感器时）1Hz（对 4 极电机，其转速大约为30r/min）时的输出转矩达到电机在 50Hz 供电输出的转矩（最大约为额定转矩的 150%）。对于常规的 V/F 控制，电机的电压降随着电机速度的降低而相对增加，这就导致由于励磁不足，而使电机不能获得足够的旋转力。为了补偿这个不足，变频器中需要通过提高电压，来补偿电机速度降低而引起的电压降。这个功能即为转矩提升。转矩提升功能提高变频器的输出电压。然而，即使提高很多输出电压，电机转矩也不能和其电流相对应地提高。因为电机电流包含电机产生的转矩分量和其他分量（如励磁分量）。矢量控制则把电机的电流值进行分配，从而确定产生转矩的电机电流分量和其他电流分量（如励磁分量）的数值。矢量控制可以通过对电机端的电压降的响应，进行优化补偿，在不增加电流的情况下，允许电机产出大的转矩。此功能对改善电机低速时的温升也有效。矢量控制方式也因此成为国外品牌占领高端市场的一个重要的优势。

直接转矩控制（DTC）方式：该技术在很大程度上解决了上述矢量控制的不足，并以新颖的控制思想、简洁明了的系统结构、优良的动静态性能得到了迅速发展。目前，该技术已成功地应用在电力机车牵引的大功率交流传动上。直接转矩控制直接在定子坐标系下分析交流电动机的数学模型，控制电动机的磁链和转矩。它不需要将交流电动机等效为直流电动机，因而省去了矢量旋转变换中的许多复杂计算；它不需要模仿直流电动机的控制，也不需要为解耦而简化交流电动机的数学模型。ABB 公司的 ACS800 系列即采用这种控制方式。

矩阵式交—交控制方式：VVVF 变频、矢量控制变频、直接转矩控制变频都是交—直—交变频中的一种。其共同缺点是输入功率因数低，谐波电流大，直流电路需要大的储能电容，再生能量又不能反馈回电网，即不能进行四象限运行。为此，矩阵式交—交变频应运而生。由于矩阵式交—交变频省去了中间直流环节，从而省去了体积大、价格贵的电解电容。它能实现功率因数为 1，输入电流为正弦且能四象限运行，系统的功率密度大。该技术目前尚未成熟，其实质不是间接地控制电流、磁链等量，而是把转矩直接作为被控制量来实现的。矩阵式交—交变频具有快速的转矩响应（<2ms），很高的速度精度（±2%，无 PG 反馈），高转矩精度（<+3%）；同时还具有较高的启动转矩及高转矩精度，尤其在低速时（包括 0 速度时），可输出 150%～200% 转矩。

9. 低压成套装置

将低压线路上所需要的刀开关、断路器、熔断器等设备和测量仪表以及辅助设备，根据接线方案，组织安装在金属柜体内，成为一种组合电气设备。按其用途大致可分成电能计量柜、总柜（进线柜）、出线柜、电容补偿柜等，出线柜又分动力柜和照明柜。

配电柜形式基本可分固定式和抽屉式两类，柜体有焊接式和拼装式两种。按柜的型号技术指标，分低级型和高级型。目前，具有代表性的低压配电柜，固定式有 PGL 型、GGD 型，抽屉式有 GCL、GCK、GCS、MNS 等型号。

1) PGL 型低压配电柜

常用的有 PGL1 型和 PGL2 型，1 型分断能力为 15kA，2 型分断能力为 30kA。柜体采用型钢和钢板焊接而成，柜前、后开门，柜前上部为仪表箱，中间固定钢板安装刀开关操作机构，下部为双开门、操作断路器用。柜顶部有母线防护板，柜两侧有防护插板，中性母线排设在柜底部绝缘子上。该型配电柜已很少选用，已被 GGD 型替代。

2) GGD 型低压配电柜

是由能源部组织设计的，作为低压套装置更新换代产品。

（1）柜体构架用 8MF 冷弯型钢，局部焊接，主要拼装而成，构架零件及专用配套零件，由型钢定点生产厂配套供应，保证柜体精度和质量。通用柜的零部件按模块原理设计，并有 20 模的安装孔，通用系数高，内部零部件安装架，采用螺栓固定，灵活方便。

（2）柜体运行中的散热，通过柜体上下两端散热槽孔，柜体其余部分是密封的，只能下部进冷风，上部排热，形成自然通风点。

（3）柜体造型设计美观大方，柜门用转轴式活动内铰链，安装拆卸方便，门折边嵌有橡塑封条，防止门与柜体直接碰撞，也提高了防护等级。柜体防护等级为 IP30。

（4）柜门与框架有完整的接地保护电路。

（5）柜体和门表面经喷塑、桔纹、烘漆，内部零件经电镀处理。

（6）元件选择遵循安全、经济、合理、可靠的原则，优先选用国产较先进产品。

（7）具有分断能力高，动热稳定性好，可选择 15kA、30kA、50kA 三种。

（8）改变了柜门不设固定操作机构，改成临时操作插孔，改变过去上下推拉操作改为转动操作。

（9）可按三相五线制，设工作零线排和保护接零排。

3) GCK、GCL 型低压配电柜

GCK 柜主要用于电动机控制中心，GCL 型主要用于动力中心，柜体结构上基本相同，元件配置上有所区别。

（1）柜体采用钢板弯制焊接组装而成，密封结构，防护等级为 IP30。

（2）柜分上、中、下三部，上部为水平母线室，中间为抽屉箱，按 220mm 为 1 个模数组合，可容纳 1~8 个单元，总高为 1760mm，下部隔室 220mm，利用率不高，作联络母线排、反排等用。

（3）抽屉具有工作、试验和分离三个位置。每个单元门在打开位置，断路器就不能合闸，当断路器在合闸状态时，门不能打开。

（4）每个单元的电气设备装在抽屉框架上，抽屉插接方式与副母线进行接插，同模数的抽屉能互换。

（5）GEJ 电容补偿柜为固定式结构。

（6）开关柜底部前方为中性线排，后部为 PE 排。

（7）开关柜水平母线额定耐受电流有 30kA 和 50kA 两档。

（8）出线为柜后连接。

由于初期 GCL 型开关柜运行中发现在柜后接线时，刚好与带电垂直副母线非常接近，在副母排带电情况下去连接停电回路的出线，易发生工具触及带电部分造成触电事故。后经改进在带电体上加罩透明塑料绝缘护板，总的这方面设计不够完善，所以在带电情况下去更换或施放出线要特别注意安全。

4）典型低压成套装置的结构

目前市场上流行的开关柜型号很多，归纳起来有以下几种型号，现把各型号的开关柜及其特点列举如下。

（1）GGD 系列

GGD 型交流低压配电柜适用于变电站、发电厂、厂矿企业等电力用户的交流 50Hz，额定工作电压 380V，额定工作电流 1000～3150A 的配电系统，作为动力、照明及发配电设备的电能转换、分配与控制之用。

GGD 型交流低压配电柜是根据能源部，广大电力用户及设计部门的要求，按照安全、经济、合理、可靠的原则设计的新型低压配电柜。产品具有分断能力高、动热稳定性好、电气方案灵活、组合方便、系列性、实用性强、结构新颖、防护等级高等特点。可作为低压成套开关设备的更新换代产品使用。

产品型号及含义如图 7-49 所示。

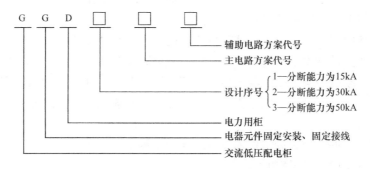

图 7-49　GGD 型交流低压配电柜产品型号及含义

GGD 型交流低压配电柜的柜体采用通用柜形式，构架用 8MF 冷弯型钢局部焊接组装而成，并有 20 模的安装孔，通用系数高。

GGD 柜充分考虑散热问题。在柜体上下两端均有不同数量的散热槽孔，当柜内电器元件发热后，热量上升，通过上端槽孔排出，而冷风不断地由下端槽孔补充进柜，使密封的柜体自下而上形成一个自然通风道，达到散热的目的。

GGD 柜按照现代化工业产品造型设计的要求，采用黄金分割比的方法设计柜体外形和各部分的分割尺寸，使整柜美观大方，面目一新。

柜体的顶盖在需要时可拆除，便于现场主母线的装配和调整，柜顶的四角装有吊环，用于起吊和装运。

柜体的防护等级通常为 IP30，用户也可根据环境的要求选择其他等级。

（2）GCK 系列

产品型号及含义如图 7-50 所示。

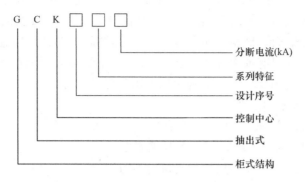

图 7-50 GCK 低压抽出式开关柜的型号及含义

GCK 低压抽出式开关柜（以下简称开关柜）由动力配电中心（PC）柜和电动机控制中心（MCC）两部分组成。该装置适用于交流 50（60）Hz、额定工作电压小于等于 660V、额定电流 4000A 及以下的控配电系统，作为动力配电、电动机控制及照明等配电设备。

GCK 开关柜符合《低压成套开关设备和控制设备 第 2 部分：成套电力开关和控制设备》GB 7251.12—2013 标准。且具有分断能力高、动热稳定性好、结构先进合理、电气方案灵活、系列性、通用性强、各种方案单元任意组合、一台柜体所容纳的回路数较多、节省占地面积、防护等级高、安全可靠、维修方便等优点。

整柜采用拼装式组合结构，模数孔安装，零部件通用性强，适用性好，标准化程度高。

柜体上部为母线室、前部为电器室、后部为电缆进出线室，各室间有钢板或绝缘板作隔离，以保证安全。

MCC（电动机控制中心）柜抽屉小室的门与断路器或隔离开关的操作手柄设有机械连锁，只有手柄在分断位置时门才能开启。

受电开关、联络开关及 MCC 柜的抽屉具有三个位置：接通位置、试验位置、断开位置。

开关柜的顶部根据受电需要可装母线桥。

（3）GCS 系列

产品型号及含义如图 7-51 所示。

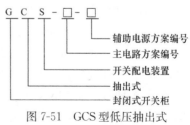

图 7-51 GCS 型低压抽出式开关柜的型号及含义

GCS 型低压抽出式开关柜适用于三相交流频率为 50Hz，额定工作电压为 400V（690V），额定电流为 4000A 及以下的发、供电系统中作为动力、配电和电动机集中控制、电容补偿之用。广泛应用于发电厂、石油、化工、冶金、纺织、高层建筑等场所，也可用在大型发电厂、石化系统等自动化程度高，要求与计算机接口的场所。

开关柜的各功能室相互隔离，其隔室分为功能单元室、母线室和电缆室。各室的作用相对独立。

水平母线采用柜后平置式排列方式，以增强母线抗电动力的能力，是使主电路具备高短路强度能力的基本措施。

电缆隔室的设计使电缆上、下进出均十分方便。

抽屉高度的模数为 160mm。抽屉改变仅在高度尺寸上变化，其宽度、深度尺寸不变。相同功能单元的抽屉具有良好的互换性。单元回路额定电流 400A 及以下。

抽屉面板具有分、合、试验、抽出等位置的明显标志。抽屉单元设有机械联锁装置。抽屉单元为主体，同时具有抽出式和固定性，可以混合组合，任意使用。

柜体的防护等级为 IP30、IP40，还可以按用户需要选用。

5）各种型号开关柜的区别

（1）GCS、GCK、MNS、GGD 开关柜的区别

GGD 是固定柜，GCK、GCS、MNS 是抽屉柜。

GCK 柜和 GCS、MNS 柜抽屉的推进机构不同。

GCS 柜只能做单面操作柜，柜深 800mm。

MNS 柜可以做双面操作柜，柜深 1000mm。

模数：GCK（森源）最小抽屉单元 1 模数，GCS 最小抽屉单元 1/2 模数，MNS（进口 ABB 技术）最小抽屉单元 1/4 模数。

母线：MNS 和 GCS 的水平母线都是后出线与前左的抽屉单元、前右的电缆出线室有隔板隔开，它们的垂直母线是组装在阻燃型塑料功能板中更可靠。而 GCK 水平母线是设在柜顶上，垂直母线没有阻燃型塑料功能板，电缆出线可后出，也可做成右侧电缆室出线，但抽屉推进机构和 GCS、MNS 不同，比较简单。

抽屉：GCS 最小只能有 1/2 抽屉，MNS 有 1/4 抽屉，MNS 抽屉另有连锁机构，而 GCS 只是开关本身有。

（2）GCS 与 MNS 的区别

原产地不同：GCS 是国内自主设计开发的。MNS 是从 ABB 公司引进的。GCS 是从 1996 年开始投放市场，很多方面都是仿照 MNS，例如水平母线、进出线方式等。

钢型拼装不同：GCS 是由 8MF（KS）型钢拼装而成，而 MNS 是由 C（KB）型钢拼装的。从强度上讲 GCS 要优于 MNS。但是从美观上讲，MNS 要比 GCS 好看，很多厂家都采用 C 型材做 GCS。GCS 原始设计最大电流只能做到 4000A，而 MNS 可以达到更高，经过很多改进 GCS 现在达到 6300A。

抽屉机构不同：GCS 采用旋转推进机构，而 MNS 采用的是大连锁。相比之下 GCS 抽屉比 MNS 抽屉插拔更省力一点。

安装模数不同：MNS 柜安装模数是 25mm 而 GCS 是 20mm，GCS 最多可做 11 层抽屉，MNS 可以做 9 层，但是 MNS 可以做双面柜（正反两面均装抽屉）。因此，GCS 最多可做 22 个抽屉，而 MNS 可做 72 个抽屉（GCS 没 1/4 单元抽屉而 MNS 有）。MNS 在小电流方面有优势，而 GCS 在大电流方面有一些优势。

（3）各种型号开关柜的优缺点

大体而言：抽出式柜较省地方，维护方便，出线回路多，但造价贵；而固定式的相对出线回路少，占地较多。如果客户提供的地点太少，做不了固定式的要改为做抽出式。

GGD 型交流低压开关柜：该开关柜具有机构合理、安装维护方便、防护性能好、分断能力高、容量大、分段能力强、动稳定性强、电器方案适用性广等优点，可作为换代产

品使用。缺点为回路少，单元之间不能任意组合且占地面积大，不能与计算机联络。

GCK 开关柜：具有分断能力高、动热稳定性好、结构先进合理、电气方案灵活、系列性、通用性强、各种方案单元任意组合、一台柜体容纳的回路数较多、节省占地面积、防护等级高、安全可靠、维修方便等优点。其缺点为水平母线设在柜顶，垂直母线没有阻燃型塑料功能板，不能与计算机联络。

GCS 低压抽出式开关柜：具有较高的技术性能指标，能够适应电力市场发展需要，并可与现有引进的产品竞争。根据安全、经济、合理、可靠的原则设计的新型低压抽出式开关柜，还具有分断、接通能力高、动热稳定性好、电气方案灵活、组合方便、系列性、实用性强、结构新颖、防护等级高等特点。

MNS 系列产品：设计紧凑，以较小的空间能容纳较多的功能单元；结构通用性强，组装灵活，以 25mm 为模数的 C 型型材能满足各种结构形式、防护等级及使用环境的要求；采用标准模块设计，分别可组成保护、操作、转换、控制、调节、指示等标准单元，用户可根据需要任意选用组装；技术性能高，主要参数达到当代国际先进水平；压缩场地，三化程度高，可大大压缩储存和运输预制作的场地；装配方便，不需要特殊复杂性。

MCS 型低压抽出式开关柜：柜体采用 C 型钢材组装而成，外形统一，精度高、抽屉互换性好；MCC 柜宽度只有 600mm，而使用容量很大，可容纳更多的功能单元，节约建设用地；柜内元件可根据用户不同需求，配置各种型号的开关，更好地保证产品高可靠运行；本装置可预留自动化接口，也可把模块安装于开关柜上，实现遥信、遥测、遥控等"三遥"功能和控制设备。其缺点为造价高，对于中小型用户有一定难度。

7.4 继电保护装置

当电路故障发生时，应尽快切除故障，确保无故障部分继续运行，缩小事故范围，保证系统稳定运行。为了完成这个任务，只有借助自动装置——继电保护装置。

继电保护装置：当电力系统中心元件（发电机、变压器、线路）或电力系统本身发生了故障或危及安全运行的事件时需要有向运行值班人员及时发出警告信号或者直接向所控制的断路器发出跳闸命令以终止这些事件发展的一种自动化措施和设备。实现这种自动化措施用于保护电力元件的成套硬件设备，一般统称为继电保护装置。用于保护电力系统的则称为电力系统安全自动装置。继电保护装置是保证电力元件安全运行的基本装备，任何电力元件不能无保护运行。电力系统安全自动装置用以快速恢复电力系统的完整性，防止发生和终止已开始发生的足以引起电力系统长期大面积停电的重大事故，如失去电力系统稳定、频率崩溃或电压崩溃等。

继电保护的基本要求：

可靠性：指继电保护装置经常处于完善的准备动作状态，不应由于本身的缺陷而误动或拒动。

选择性：指能选择出故障发生的区段和故障类型，可靠地把出故障的设备切除，保证非故障设备继续运行，使停电范围尽量缩小。

快速性：由于故障延续的时间越长，造成的损失越大，必须尽快使保护动作。现在单个继电器的动作时间是几个毫秒，成套动作时间与电压等级有关。

7.4.1　继电保护的类型

1. 电流保护的范围及特点

(1) 过电流保护——是按照躲过被保护设备或线路中可能出现的最大负荷电流来整定的，如大电机启动电流（短时）和穿越性短路电流之类的非故障性电流，以确保设备和线路的正常运行。为使上、下级过电流保护能获得选择性，在时限上设有一个相应的级差。

(2) 电流速断保护——是按照被保护设备或线路末端可能出现的最大短路电流或变压器二次侧发生三相短路电流而整定的。速断保护动作，理论上电流速断保护没有时限，即以零秒及以下时限动作来切断断路器。过电流保护和电流速断保护常配合使用，以作为设备或线路的主保护和相邻线路的备用保护。

(3) 定时限过电流保护——在正常运行中，被保护线路上流过最大负荷电流时，电流继电器不应动作，而本级线路上发生故障时，电流继电器应可靠动作；定时限过电流保护由电流继电器、时间继电器和信号继电器三元件组成（电流互感器二次侧的电流继电器测量电流大小→时间继电器设定动作时间→信号继电器发出动作信号）；定时限过电流保护的动作时间与短路电流的大小无关，动作时间是恒定的（人为设定）。

(4) 反时限过电流保护——继电保护的动作时间与短路电流的大小成反比，即短路电流越大，继电保护的动作时间越短，短路电流越小，继电保护的动作时间越长。在 10kV 系统中常用感应型过电流继电器（GL－型）。

(5) 无时限电流速断——不能保护线路全长，它只能保护线路的一部分，系统运行方式的变化，将影响电流速断的保护范围，为了保证动作的选择性，其启动电流必须按最大运行方式（即通过本线路的电流为最大的运行方式）来整定，但这样对其他运行方式的保护范围就缩短了，规程要求最小保护范围不应小于线路全长的 15%。另外，被保护线路的长短也影响速断保护的特性，当线路较长时，保护范围就较大，而且受系统运行方式的影响较小，反之，线路较短时，所受影响就较大，保护范围甚至会缩短为零。

2. 电压保护

(1) 过电压保护——防止电压升高可能导致电气设备损坏而装设（雷击、高电位侵入、事故过电压、操作过电压等）。10kV 开闭所端头、变压器高压侧装设避雷器主要是用来保护开关设备、变压器；变压器低压侧装设避雷器是为防止雷电波由低压侧侵入击穿变压器绝缘而设。

(2) 欠电压保护——防止电压突然降低致使电气设备的正常运行受损而设。

(3) 零序电压保护——为防止变压器一相绝缘破坏造成单相接地故障的继电保护。主要用于三相三线制中性点绝缘（不接地）的电力系统中。零序电流互感器的一次侧为被保护线路（如电缆三根相线），铁心套在电缆上，二次绕组接至电流继电器；电缆相线必须对地绝缘，电缆头的接地线也必须穿过零序电流互感器；原理：正常运行及相间短路时，一次侧零序电流为零（相量和），二次侧内有很小的不平衡电流。当线路发生单相接地时，接地零序电流反映到二次侧，并流入电流继电器，当达到或超过整定值时，动作并发出信号（变压器零序电流互感器串接于零线端子出线铜排）。

3. 瓦斯保护

油浸式变压器内部发生故障时，短路电流所产生的电弧使变压器油和其他绝缘物产生分解，并产生气体（瓦斯），利用气体压力或冲力使气体继电器动作。故障性质可分为轻瓦斯和重瓦斯，当故障严重时（重瓦斯）气体继电器触点动作，使断路器跳闸并发出报警信号。轻瓦斯动作信号一般只有信号报警而不发出跳闸动作。

因变压器初次投入、长途运输、加油、换油等原因，油中可能混入气体，积聚在气体继电器的上部（玻璃窗口能看到油位下降，说明有气体），遇到此类情况可利用瓦斯继电器顶部的放气阀（螺栓拧开）放气，直至瓦斯继电器内充满油。为安全起见，最好在变压器停电时进行放气。容量在800kVA及以上的变压器应装设瓦斯保护。

4. 差动保护

这是一种按照电力系统中，被保护设备发生短路故障，在保护中产生的差电流而动作的一种保护装置。常用作主变压器、发电机和并联电容器的保护装置，按其装置方式的不同可分为：

（1）横联差动保护——常用作发电机的短路保护和并联电容器的保护，一般设备的每相均为双绕组或双母线时，采用这种差动保护。

（2）纵联差动保护——一般常用作主变压器的保护，是专门保护变压器内部和外部故障的主保护。

7.4.2 常用的保护继电保护装置的操作电源及相关配合

1. 操作电源

继电保护装置的操作电源是指供电给继电保护装置及其所作用的断路器操作机构的电源。

对操作电源的要求是，操作电源的电压应不受供电系统事故和运行方式变化的影响，在供电系统发生故障时，它能保证继电保护装置和断路器可靠地动作，并且有足够的容量保证断路器跳闸、合闸。

操作电源按性质分为交流操作电源和直流操作电源。

1）交流操作电源

交流操作电源具有安装简单、投资少、易于维护和动作可靠的优点。而一般的中小型企业，其断路器多采用手动操作机构，故广泛采用交流操作电源。

交流操作电源可取自电压互感器或电流互感器，但短路保护的操作电源不能取自电压互感器。

2）直流操作电源

交流电源虽然接线简单，经济方便，但可靠性不高，所以在大中型企业变配电所中，广泛采用性能更好的直流操作电源。直流操作电源分为：电容储能的晶闸管整流、带镉镍电池组直流电源等。

2. 保护装置的配合

保护装置动作配合的目的，是为了提高整个保护系统的选择性。电力系统发生故障时，继电保护动作，但只切除系统中的故障部分，而其他非故障部分仍继续运行供电。

继电保护动作的配合方式一般分为两种形式。

1）继电保护装置按照动作电流配合

按动作电流配合方式，要求在所选择的故障形式下，上下相邻保护装置的动作电流之比不应小于1.2。

2）继电保护装置按照动作时间配合

按动作时间配合方式，要求相邻保护装置的动作时限应该有一个时间差△t。对定时限的配合其差值最小为 0.5s，定时限与反时限或者反时限与反时限保护的配合其差值最小为 0.7s。

7.4.3　电流保护回路

1. 接线方式

1）一相式接线（图 7-52a）

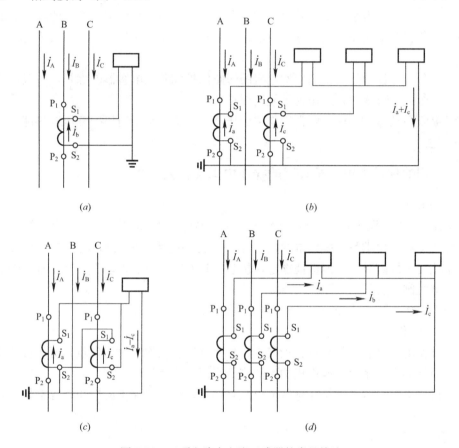

图 7-52　三项电路中电流互感器的常见接法

该接线方式电流线圈通过的电流，反应一次电路相应相的电流。通常用于负荷平衡的三相电路如低压动力线路中，供测量电流、电能或接过负荷保护装置之用。

2）两相 v 形接线（图 7-52b）

该接线方式也称为三相不完全星形接线。在中性点不接地的三相三线制电路中，广泛用于测量三相电流、电能及作过电流继电保护之用。两相 v 形接线的公共线上的电流反映的是未接电流互感器那一相的相电流。

3）两相电流差接线（图 7-52c）

在继电保护装置中，此接线也称为两相一继电器接线。该接线方式适于中性点不接地的三相三线制电路中作过电流继电保护之用。该接线方式电流互感器二次侧公共线上的电流量值为相电流的 1.732 倍。

4）三相星形接线（图 7-52*d*）

这种接线方式中的三个电流线圈，是一种健全的接线，正好反映各相的电流，广泛用在负荷极不平衡的三相四线制系统中，也用在负荷可能不平衡的三相二线制系统中，作三相电流、电能测量及过电流继电保护之用。

2. 母线电压互感器二次绕组组成的绝缘监察和低压保护

电压互感器的 YN，yn△接法

如图 7-53 所示。这种接法常用三台单相电压互感器构成三相电压互感器组，主要用于大电流接地系统中。YN，yn△接法其主二次绕组既可测量线电压，又可测量相对地电压，辅助绕组二次绕组接成开口三角形供给单相接地保护使用。

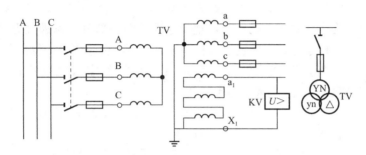

图 7-53 电压互感器的 YN，yn△接法

当 YN，yn△接法用于小接地电流系统时，通常都采用三相五柱式的电压互感器，如图 7-53 所示。其一次绕组和主二次绕组接成星形，并且中性点接地，辅助二次绕组接成开口三角形。故三相五柱式的电压互感器可以测量线电压和相对地电压，辅助二次绕组可以接入交流电网绝缘监视用的继电器和信号指示器，以实现单相接地的继电保护。

7.5 电气系统线路

7.5.1 供用电系统

电气系统是由发电厂、输电网、配电网和电力用户组成的整体，是将一次能源转换成电能并输送和分配到用户的一个统一系统。输电网和配电网统称为电网，是电气系统的重要组成部分。发电厂将一次能源转换成电能，经过电网将电能输送和分配到电力用户的用电设备，从而完成电能从生产到使用的整个过程。电气系统还包括保证其安全可靠运行的继电保护装置、安全自动装置、调度自动化系统和电力通信等相应的辅助系统（一般称为二次系统）。

输电网是电气系统中最高电压等级的电网，是电气系统中的主要网络（简称主网），起到电气系统骨架的作用，所以又可称为网架。在一个现代电气系统中既有超高压交流输电，又有超高压直流输电。这种输电系统通常称为交、直流混合输电系统。

配电网是将电能从枢纽变电站直接分配到用户区或用户的电网，它的作用是将电力分配到配电变电站后再向用户供电，也有一部分电力不经配电变电站，直接分配到大用户，由大用户的配电装置进行配电。

在电气系统中，电网按电压等级的高低分层，按负荷密度的地域分区。不同容量的发电厂和用户应分别接入不同电压等级的电网。大容量主力电厂应接入主网，较大容量的电厂应接入较高压的电网，容量较小的可接入较低电压的电网。

配电网应按地区划分，一个配电网担任分配一个地区的电力及向该地区供电的任务。因此，它不应当与邻近的地区配电网直接进行横向联系，若要联系应通过高一级电网发生横向联系。配电网之间通过输电网发生联系。不同电压等级电网的纵向联系通过输电网逐级降压形成。不同电压等级的电网要避免电磁环网。

电气系统之间通过输电线连接，形成互联电气系统。连接两个电气系统的输电线称为联络线。

电气系统——由发电厂、变电所、输电线、配电系统及负荷组成，是现代社会中最重要、最庞杂的工程系统之一。

电力网络——是由变压器、电力线路等变换、输送、分配电能设备所组成的部分。

动力系统——在电气系统的基础上，把发电厂的动力部分（例如火力发电厂的锅炉、汽轮机和水力发电厂的水库、水轮机以及核动力发电厂的反应堆等）包含在内的系统。

总装机容量——指该系统中实际安装的发电机组额定有功功率的总和，以千瓦（kW）、兆瓦（MW）、吉瓦（GW）为单位计。

年发电量——指该系统中所有发电机组全年实际发出电能的总和，以千瓦时（kWh）、兆瓦时（MWh）、吉瓦时（GWh）为单位计。

最大负荷——指规定时间内，电气系统总有功功率负荷的最大值，以千瓦（kW）、兆瓦（MW）、吉瓦（GW）为单位计。

额定频率——按国家标准规定，我国所有交流电气系统的额定功率为50Hz。

最高电压等级——是指该系统中最高的电压等级电力线路的额定电压。

7.5.2 电气系统的主线路

电气系统的主线路（一次电路）是直接与交流电网电源连接的电路。

1. 电气主接线的基本要求

1）可靠性

电气接线必须保证用户供电的可靠性，应分别按各类负荷的重要性程度安排相应可靠程度的接线方式。保证电气接线可靠性可以用多种措施来实现。

2）灵活性

电气系统接线应能适应各式各样可能运行方式的要求，并可以保证能将符合质量要求的电能送给用户。

3）安全性

电力网接线必须保证在任何可能的运行方式下及检修方式下运行人员的安全性与设备的安全性。

4）经济性

其中包括最少的投资与最低的年运行费。

5）应具有发展与扩建的方便性

在设计接线方式时要考虑到5～10年的发展远景，要求在设备容量、安装空间以及接线形式上，为5～10年的最终容量留有余地。

2. 单母线接线方式

1）单母线不分段接线

每条引入线和引出线的电路中都装有断路器和隔离开关，电源的引入与引出是通过一根母线连接的。单母线不分段接线适用于对供电连续性要求不高的二、三级负荷用户。

2）单母线分段接线

单母线分段接线是由电源的数量和负荷计算、电网的结构来决定的。单母线分段接线可以分段运行，也可以并列运行。用隔离开关、负荷开关分段的单母线接线，适用于由双回路供电的、允许短时停电的具有二级负荷的用户。用断路器分段的单母线接线，可靠性提高。如果有后备措施，一般可以对一级负荷供电。

3）带旁路母线的单母线接线

当引出线断路器检修时，用旁路母线断路器代替引出线断路器，给用户继续供电。旁路断路器一般只能代替一台出线断路器工作，旁路母线一般不能同时连接两条及两条以上回路，否则当其中任一回路故障时，会使旁路断路器跳闸，断开多条回路。通常 35kV 的系统出线 8 回以上、110kV 的系统出线 6 回以上、220kV 的系统出线 4 回以上，才考虑加设旁路母线。

4）单母线分段带旁路

在正常运行时，系统以单母线分段方式运行，旁路母线不带电。如果正常运行的某回路断路器需退出运行进行检修，闭合旁路断路器，使旁路母线带电，合上欲检修回路旁路隔离开关，则该线路断路器可退出运行，进行检修。这种旁路母线可接至任一段母线，在容量较小的中小型发电厂和 35～110kV 变电所中获得广泛应用。

3. 双母线接线

1）双母线接线

一组作为工作母线，另一组作为备用母线，在两组母线之间，通过母线联络断路器（简称为母联断路器）进行连接。把双母线系统形成单母线分段运行方式，即正常运行时，使两条母线都投入工作，母联断路器及其两侧隔离开关闭合，全部进出线均匀分配两条母线。这种运行方式可以有效缩小母线故障时的停电范围。

2）双母线带旁路接线

在双母线接线方式中，为使线路在出线断路器检修时不中断供电，可采用带旁路接线。当110kV 系统出线 6 回以上，220kV 出线 4 回以上，可采用专用旁路断路器。旁路母线可接至任一组母线。

7.5.3 电气系统的控制线路的功能与组成

1. 控制线路的功能

电气系统控制线路一般称为电气设备二次控制回路，不同的设备有不同的控制回路，而且高压电气设备与低压电气设备的控制方式也不相同。具体来说，电气控制系统是指由若干电气原件组合，用于实现对某个或某些对象的控制，从而保证被控设备安全、可靠地运行，其主要功能有：自动控制、保护、监视和测量。

（1）自动控制功能。高压和大电流开关设备的体积是很大的，一般都采用操作系统来控制分、合闸，特别是当设备出了故障时，需要开关自动切断电路，要有一套自动控制的电气操作设备，对供电设备进行自动控制。

（2）保护功能。电气设备与线路在运行过程中会发生故障，电流（或电压）会超过设备与线路允许工作的范围与限度，这就需要一套检测这些故障信号并对设备和线路进行自动调整（断开、切换等）的保护设备。

（3）监视功能。电是眼睛看不见的，一台设备是否带电或断电，从外表看无法分辨，这就需要设置各种视听信号，如灯光和音响等，对一次设备进行电气监视。

（4）测量功能。灯光和音响信号只能定性地表明设备的工作状态（有电或断电），如果想定量地知道电气设备的工作情况，还需要有各种仪表测量设备，测量线路的各种参数，如电压、电流、频率和功率的大小等。

2. 常用的控制线路的组成

（1）电源供电回路。供电回路的供电电源有交流 AC380V、220V 和直流 24V 等多种。

（2）保护回路。保护（辅助）回路的工作电源有单相 220V（交流）、36V（直流）或直流 220V（交流）、24V（直流）等多种，对电气设备和线路进行短路、过载和失压等各种保护，由熔断器、热继电器、失压线圈、整流组件和稳压组件等保护组件组成。

（3）信号回路。能及时反映或显示设备和线路正常与非正常工作状态信息的回路，如不同颜色的信号灯、不同声响的音响设备等。

（4）自动与手动回路。电气设备为了提高工作效率，一般都设有自动环节，但在安装、调试及紧急事故的处理中，控制线路中还需要设置手动环节，用于调试。通过组合开关或转换开关等实现自动与手动方式的转换。

（5）制动停车回路。切断电路的供电电源，并采取某些制动措施，使电动机迅速停车的控制环节，如能耗制动、电源反接制动、倒拉反接制动和再生发电制动等。

（6）自锁及闭锁回路。启动按钮松开后，线路保持通电，电气设备能继续工作的电气环节叫作自锁环节，如接触器的动合触点串联在线圈电路中。两台或两台以上的电气装置和组件，为了保证设备运行的安全与可靠，只能一台通电启动，另一台不能通电启动的保护环节，叫作闭锁环节，如两个接触器的动断触点分别串联在对方线圈电路中。

第8章　供水主要机电设备及安装

8.1　水泵

泵是一种输送液体的流体机械，它把原动机的机械能或其他能源的能量传递给液体，使液体的能量（位能、压力能或者动能）增加。

按照作用原理泵分为：

动力式泵（叶轮式泵）：依靠旋转的叶轮对液体的动力作用，把能量连续地传递给液体，使液体的速度能（为主）和压力能增加，随后通过压出室将大部分速度能转换为压力能。

容积式泵：依靠包容液体的密封工作空间容积的周期性变化，把能量周期性地传递给液体，使液体的压力增加至将液体强行排出。

其他类型泵：如射流泵、水锤泵等。

泵是水厂的主要设备，本章将对离心泵、混流泵、轴流泵、长轴深井泵、潜水电泵、真空泵做重点介绍。

8.1.1　离心泵

1. 离心泵的工作原理

离心水泵是通过离心力的作用，将原动机的能量，转化为被抽送液体的机械能的一种水力机械。

离心水泵在启动前，要把泵壳和吸水管都充满水，使得泵壳里没有空气存在；启动后，叶轮旋转，叶片间的水在离心力的作用下，从轮中部被甩向轮的周围，再沿泵壳流入压力水管。同时，当水从叶轮出口压出后，在叶轮的进口处产生了真空，因为水的密度比空气大，被抽升的水在水面大气压力作用下，经过吸水管压到叶轮中去，水泵就能吸水。这样叶轮在连续不断转动，水就连续不断地被吸入和压出。

2. 离心泵的类型

由于输送的水量、水压各不相同，所抽送水的水质也有差异，因此需要有各种不同形式、不同性能的水泵来适应不同的要求。

1）根据进水的方法分类：

单吸离心泵：由叶轮单面进水的水泵。

2）根据叶轮的数目分类：

单级水泵：单级水泵只有一个叶轮。

多级水泵：多级水泵有两个或两个以上的叶轮，有两个叶轮的叫作二级水泵，有三个叶轮的叫作三级水泵，以此类推。

3）根据泵轴的方向分类：

卧式水泵：泵轴是水平的水泵叫作卧式水泵。

立式水泵：泵轴垂直于地坪的水泵叫作立式水泵。

3. 离心泵的结构及构件

图 8-1 所示为常用的 SAP 型双吸离心泵的结构图。

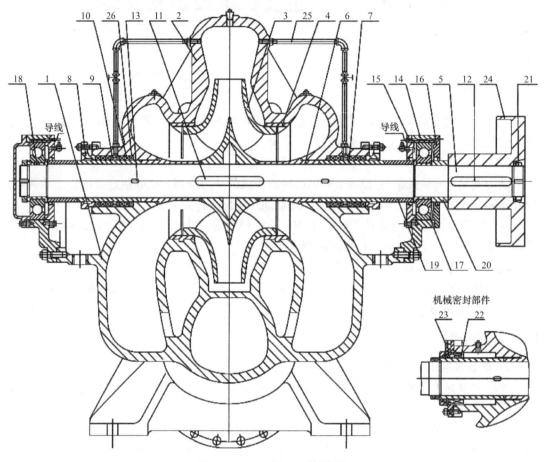

图 8-1　SAP 型离心泵结构图

1—泵体；2—泵盖；3—叶轮；4—密封环；5—轴；6—叶轮挡套；7—轴套；8—填料压盖；9—填料环；10—填料；
11—叶轮键；12—传动键；13—轴套键；14—轴承体；15—轴承压盖；16—轴承端盖；17—轴承；18—轴承内套；
19、20—轴承挡套；21—锁紧螺母；22—非平衡型机械密封；23—机封压盖；24—联轴器；
25—水封管部件；26—填料衬圈

主要构件：叶轮、轴、密封环、轴承部件、泵体、泵盖、轴套与联轴器部件等。

1）泵体、泵盖

泵的吸入口与排出口均在下半部泵体上。在泵盖的顶上设有排气孔，可以灌水排气或真空抽气，在进出水法兰的底部有放水用的螺塞，必要时用来放空泵体内的存水，以免冬季不用时冻裂泵体。泵体的进出水法兰上，有安装真空表与压力表的管螺纹孔。

2）叶轮

叶轮是水泵最重要的零件之一。根据水泵的技术要求，叶轮的形状应具有较高的水力效率。图 8-1 所示的叶轮是在给水工程中应用很广的闭式叶轮。叶轮经过静平衡校验，由键、轴套与轴套螺母固定在泵轴上，其轴向位置用轴套螺母进行调整。

3) 泵轴

泵轴用来固定和带动叶轮旋转。有些水泵泵体内的泵轴外部装有轴套，以防止泵轴被填料函磨损，轴套可以拆换。轴的一端装有弹性联轴器或皮带轮，以便与原动机相连，轴的另一端与轴承体相连。

4) 密封环

密封环安装在泵壳内，为保持旋转叶轮与其间隙，防止高压室内水漏回吸水室。密封环保护泵壳免于磨损，密封环本身为易损件，磨损后，水泵效率降低。当密封环磨损后可更换备件。

5) 填料函

在泵轴穿出泵壳的地方密封泵轴与泵壳之间的空隙，以免空气吸入泵内或者水流出泵外，起水封作用。

填料函是泵壳的一部分。填料函由填料套、填料、水封环、填料压盖、填料函外壳和水封管组成。

6) 轴承

轴承用来支承泵轴，使轴在一定的位置上转动。图 8-1 所示的 SAP 水泵的轴承是单列向心球轴承。

4. 水泵的性能曲线

离心泵的基本性能参数为流量 Q、扬程 H、必需汽蚀余量 Δh、转速 N、轴功率 P 和效率 η。离心泵的性能曲线是反映水泵工作性能的根据。下面介绍一下流量与扬程、功率、效率性能曲线的关系，26SAP 型离心泵性能曲线图见图 8-2。

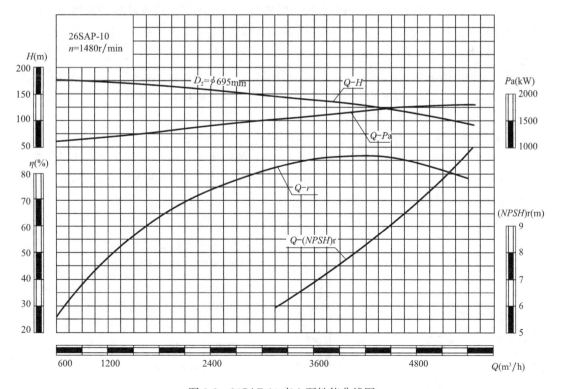

图 8-2　26SAP-10 离心泵性能曲线图

1) 流量—扬程曲线

离心泵的流量—扬程曲线用 H 表示，大致可以分为两种形状：一种是较平坦的，这种水泵用在流量变化大而扬程比较小的场合。另一种是较陡斜的，用在扬程变化大而流量变化小的场合。

在水泵工作性能曲线图中 $Q\text{-}H$ 特性曲线上，通常有两个"S"符号，它代表水泵的适用范围（这一范围是水泵制造厂规定的，一般比最高效率以不低于5%7%为限）。若超过这个范围，水泵虽仍能工作，但效率很低，所以水泵运行尽量不要超出这个范围。

2) 流量—功率曲线

离心泵的流量—功率曲线用 N 表示。一般表示离心泵的轴功率，随着流量的增大而逐渐增大。所以，离心泵必须在关闭阀门的情况下启动，以减少电动机的启动负荷，降低启动电流。

3) 流量—效率曲线

离心泵的流量—效率曲线用 η 表示。当流量较小时泵的效率也低，随着流量的增大，效率慢慢提高，流量增加到一定数值后效率又下降了，在最高效率点的附件称为高效区，在水泵 H 曲线上有符号"S"表示它的范围。水泵应在高效区内工作。

8.1.2　主要零部件的修理

检修离心泵时，首先要熟悉泵的结构，同时要抓住四大重要环节：正确的拆卸；零件的检查、修理或更换；精心的组装；组装后各零件之间的相对位置及各部件间隙的调整。本节主要简述主要零部件的修理。

1. 叶轮的检查

叶轮在修理前要进行检查、测量。对于叶轮的检查，主要是检查叶轮被介质腐蚀的情况，以及转动过程中被磨损的情况。长期运转的叶轮，由于受介质的冲刷或腐蚀，而呈现出壁厚的减薄，降低了叶轮的强度。同时，叶轮也可能与泵体、泵盖或密封环相互产生摩擦，而出现局部的磨损，表面呈现出圆弧形磨痕；另外，铸铁材质的叶轮，可能存在气孔或夹渣等缺陷。上述的缺陷和局部磨损是不均匀的，极易破坏转子的平衡，使离心泵产生振动，导致离心泵的使用寿命缩短。因而，应该对叶轮进行认真检查。

2. 叶轮径向跳动量的测量

如果离心泵叶轮外圆的旋转轨迹不在同一半径的圆周上，而是出现忽大忽小的旋转半径，其最大的旋转半径与最小的旋转半径之差即为该叶轮的径向跳动量。叶轮径向跳动量的大小标志着叶轮的旋转精度。如果叶轮的径向跳动量超过了规定范围，在旋转时就会产生振动，严重的还会影响离心泵的使用寿命。叶轮径向跳动量的测量方法如下，首先，把叶轮、滚动轴承与泵轴组装在一起，并穿入其原来的泵体内，使叶轮与泵轴能自由转动。其次，放置两块千分表，使千分表的触头分别接触叶轮进口端的外圆周与出口端的外圆周，如图 8-3 所示。把叶轮的圆周分成六等份，分别做上标记，即 1、2、3、4、5、6 六个等分点。用手缓慢转动叶轮，每转到一个等分点，记录一次千分表的读

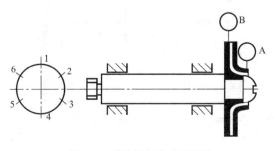

图 8-3　叶轮径向跳动的测量

数。转过一周后，将六个等分点上千分表的读数记录在表格里。同一测点上的最大值减去最小值，即为叶轮上该点的径向跳动量。一般情况下，叶轮进口端和出口端外圆处的径向跳动量要求不超过 0.05mm。

3. 叶轮的修理

叶轮经过一段时间的使用后，会产生正常的磨损或腐蚀，也可能会因意外的情况而出现裂纹或破损，因此，应视不同情况予以修复或更换。叶轮与其他零部件相摩擦所产生的偏磨损，可用"堆焊法"来修理。对于不同材质的叶轮，其堆焊方法不同。对于铸钢叶轮可用普通结构钢焊条；对于不锈钢，应选用不锈钢焊条，采用电弧焊的方法堆焊；对于铸铁叶轮，可用铸铁焊条，采用氧—乙炔气焊进行堆焊。铸铁叶轮堆焊时，应先进行预热，其预热温度为 650~750℃。堆焊后，应在车床上将堆焊层车光到原来的尺寸。对于铜、玻璃钢或塑料叶轮的磨损，一般不进行修复，而用备件更换。

叶轮受介质腐蚀或介质的冲刷，所形成的厚度减薄、铸铁叶轮的气孔或夹渣以及由于振动或碰撞所产生的裂纹或变形，一般情况下是不进行修理的，可以用新的备件来更换。除了可以补焊修复外，还可用环氧树脂胶粘剂修补。但要注意，使用环氧树脂胶粘剂修补，需在室温下固化 24h 方可使用。

4. 泵轴的修理

离心泵在运转中，如果出现振动、撞击或扭矩突然加大，将会使泵轴造成弯曲或断裂现象。这些现象的出现会影响离心泵的使用性能，同时，还会大大缩短泵轴的使用寿命。因此，应对泵轴进行仔细检查。对泵轴上的某些尺寸（如与叶轮、滚动轴承、联轴器配合处的轴颈尺寸），应该用外径千分尺进行测量。

对离心泵的泵轴还要进行直线度偏差的测量。泵轴直线度的测量方法如图 8-4 所示。首先，将泵轴放置在车床的两顶尖之间，在轴上的适当位置设置两块千分表，将轴颈的外圆周分成四等分，并分别做上标记，即 1、2、3、4 四个等分点。用手缓慢转泵轴，将千分表在四个等分点处的读数分别记录在表格中，然后计算出泵轴的直线度偏差。离心泵泵轴直线度偏差测量记录实例见表 8-1。

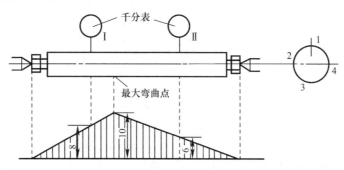

图 8-4 泵轴直线度的测量方法

离心泵泵轴直线度偏差测量记录实例 (mm)　　　　　　　　　　表 8-1

测点	转动方向				弯曲量和弯曲方向
	1 (0°)	2 (90°)	3 (180°)	4 (270°)	
Ⅰ	0.36	0.27	0.20	0.37	0.08 (0°) 0.054 (270°)
Ⅱ	0.30	0.23	0.18	0.25	0.06 (0°) 0.014 (270°)

直线度偏差值的计算方法：取直径方向上两个相对测点千分表读数数值差的一半；如 I 测点的 0°和 180°方向上的直线度偏差为（0.36－0.20/2）mm＝0.08mm，90°和 270°方向上的直线度偏差为（0.37－0.27/2）mm＝0.05mm，用这些数值在图上选取一定的比例，可用图解法近似地看出泵轴上最大弯曲点的弯曲量和弯曲方向。

弯曲泵轴的修理：泵轴的弯曲方向和弯曲量被测量出来后，如果弯曲量超过允许范围，则可利用矫直的方法对泵轴进行修理。泵轴的矫直方法有两种，即冷矫法和热矫法，可根据泵轴的弯曲量大小来选择矫直方法。矫直中，不能急于求成，并与泵轴直线度的复查工作穿插进行，以便得到比较精确的矫直效果。

5. 泵的密封

1）软填料密封

软填料密封又叫压盖填料密封，俗称盘根。它是一种填塞环缝的压紧式密封。软填料密封是离心泵常用的轴封形式之一，也是离心泵的易损件。

图 8-5 所示为离心泵用软填料密封的典型结构。软填料 4 装在填料函 5 内，压盖 2 通过压盖螺栓 1 轴向预紧力的作用使软填料产生轴向压缩变形，同时引起填料产生径向膨胀的趋势，而填料的膨胀又受到填料函内壁与轴表面的阻碍作用，使其与两表面之间产生紧贴，间隙被填塞而达到密封。即软填料是在变形时依靠合适的径向力紧贴轴和填料函内壁表面，以保证可靠的密封。

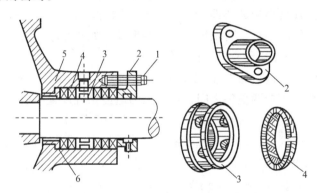

图 8-5 离心泵用软填料密封的典型结构
1—压盖螺栓；2—压盖；3—封液环；4—软填料；5—填料函；6—底衬套

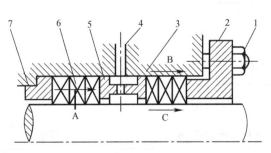

图 8-6 软填料密封泄漏途径
1—压盖螺栓；2—压盖；3—填料函；4—封液入口；
5—封液环；6—软填料；7—底衬套；A—软填料渗漏；
B—靠箱壁侧泄漏；C—靠轴侧泄漏

为了使径向力沿轴向分布均匀，采用中间封液环 3 将填料函分成两段。为了使软填料有足够的润滑和冷却，往封液环入口注入润滑性液体（封液）。为了防止填料被挤出，采用具有一定间隙的底衬套 6。

在软填料密封中，液体可泄漏的途径有三条，如图 8-6 所示。

流体穿透纤维材料编织的软填料本身的缝隙而出现渗漏（如图 8-6 中 A 所示）。一般情况下，只要填料被压实，这种渗漏通道便可堵塞。高压下，可采用流体不能穿透的软金属或塑料垫片和不同编织填料混装的办法防止渗漏。

流体通过软填料与箱壁之间的缝隙而泄漏（如图 8-6 中 B 所示）。由于填料与箱壁内表面间无相对运动，压紧填料较易堵住泄漏通道。

流体通过软填料与运动的轴（转动或往复）之间的缝隙而泄漏（如图 8-6 中 C 所示）。显然，填料与旋转的轴之间因有相对运动，难免存在微小间隙而造成泄漏，此间隙即为主要泄漏通道。填料装入填料函内以后，当拧紧压盖螺栓时，柔性软填料受压盖的轴向压紧力作用产生弹塑性变形而沿径向扩展，对轴产生压紧力，并与轴紧密接触。但由于加工等原因，轴表面总有些粗糙度，其与填料只能是部分贴合，而部分未接触，这就形成了无数个不规则的微小迷宫。当有一定压力的流体介质通过轴表面时，将被多次引起节流降压作用，这就是所谓的"迷宫效应"，正是凭借这种效应，使流体沿轴向流动受阻而达到密封。填料与轴表面的贴合、摩擦，也类似滑动轴承，故应有足够的液体进行润滑，以保证密封有一定的寿命，即所谓的"轴承效应"。

显然，良好的软填料密封即是"轴承效应"和"迷宫效应"的综合。适当的压紧力使轴与填料之间保持必要的液体润滑膜，可减少摩擦磨损，提高使用寿命。压紧力过小，泄漏严重；而压紧力过大，则难以形成润滑液膜，密封面呈干摩擦状态，磨损严重，密封寿命将大大缩短。因此，如何控制合理的压紧力是保证软填料密封具有良好密封性的关键（图 8-7a）。

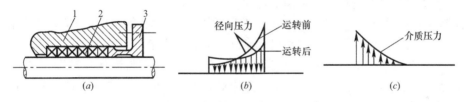

图 8-7 软填料密封压力分布图
（a）填料密封结构；（b）径向压力结构；（c）介质压力分布
1—填料函；2—填料；3—压盖

由于填料是弹塑性体，当受到轴向压紧后，产生摩擦力致使压紧力沿轴向逐渐减少，同时所产生的径向压紧力使填料紧贴于轴表面而阻止介质外漏。径向压紧力的分布如图 8-7（b）所示，其由外端（压盖）向内端，先是急剧递减后趋平缓，被密封介质压力的分布如图 8-7（c）所示，由内端逐渐向外端递减，当外端介质压力为零时，则泄漏很少，大于零时泄漏较大。由此可见，填料径向压力的分布与介质压力的分布恰恰相反，内端介质压力最大，应给予较大的密封力，而此时填料的径向压紧力恰是最小，故压紧力没有很好地发挥作用。实际应用中，为了获得密封性能，往往增加填料的压紧力，亦即在靠近压盖端的 2～3 圈填料处使径向压力最大，当然摩擦力也增大，这就导致填料和轴产生如图 8-8 所示的异常磨损情况。可见填料密封的受力状况很不合理。另外，整个密封面较长，摩擦面积大，发热量大，摩擦功耗也大，如散热不良，则易加快填料和轴表面的磨损。因此，为了改善摩擦性能，使软填料密封有足够的使用寿命，则允许介质有一定的泄漏量，保证摩擦面上的冷却与润滑。旋转轴用软填料密封的允许泄漏率见表 8-2。

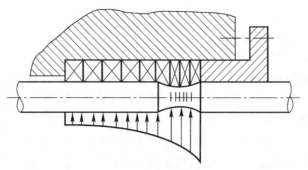

图 8-8　填料的异常磨损

旋转轴用软填料密封的允许泄漏率（mL/min）　　　　表 8-2

项目	轴径（mm）			
	25	40	50	60
启动 30min 内正常运行	24	30	58	60
	8	10	16	20

注：1. 转速为 3600r/min，介质压力为 0.1～0.5MPa 条件下测得。
　　2. 1mL 泄漏量等于 16～20 滴液量。

2）对软填料密封材料的要求

随着新材料的不断出现，填料结构形式也有很大变化，无疑它将促使填料密封应用更为广泛，用作软填料的材料应具备如下特性。

有较好的弹性和塑性。当填料受轴向压紧时能产生较大的径向压紧力，以获得密封；当机器和轴有振动或偏心及填料有磨损后能有一定的补偿能力（追随性）；有一定的强度，使填料不至于在未磨损前先损坏；化学稳定性好。即其与密封流体和润滑剂的适应性要好，不被流体介质腐蚀和溶胀，同时也不造成对介质的污染；不渗透性好。由于流体介质对很多纤维体都具有一定的渗透作用，所以对填料的组织结构致密性要求高，因此填料制作时往往需要进行浸渍、充填相应的填充剂和润滑剂。导热性能好，易于迅速散热，且当摩擦发热后能承受一定的高温；自润滑性好，耐磨损，并且摩擦系数低；填料制造工艺简单，装填方便，价格低廉。

对以上要求，能同时满足的材料不多，如一些金属软填料、碳素纤维填料、柔性石墨填料等，它们的性能好，适应的范围也广，但价格较贵。而一些天然纤维类填料，如麻、棉、毛等，其价格不高，但性能不好，适应范围比较窄。所以，在材料选用时应对各种要求进行全面、综合的考虑。

3）常用软填料

按不同的加工方法，软填料分为绞合填料、编织填料、叠层填料、模压填料等，其典型结构形式如图 8-9 所示。绞合填料如图 8-9（a）所示，绞合填料是把几股纤维绞合在一起，将其填塞在填料腔内用压盖压紧，即可起密封作用，常用于低压蒸汽阀门，很少用于转轴或往复杆的密封。用各种金属箔卷成束再绞合的填料，涂以石墨，可用于高压、高温阀门。若与其他填料组合，也可用于动密封。

编织填料是软填料密封采用的主要形式，它是将填料材料进行必要的加工而呈丝或线状，然后在专门的编织机上按需要的方式进行编结而成，有套层编织、穿心编织、发辫编织、夹心编织等。

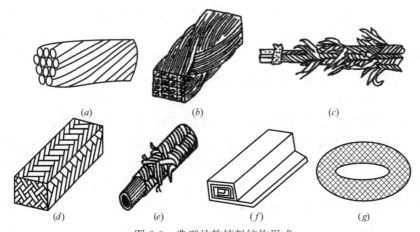

图 8-9 典型的软填料结构形式

(*a*) 绞合填料；(*b*) 发辫填料；(*c*) 套层编织填料；(*d*) 穿心编织填料；
(*e*) 夹心编织填料；(*f*) 叠层填料；(*g*) 柔性石墨模压填料

发辫编织填料（图 8-9*b*）的断面呈方形，由八股绞合线束按人字形编结而成。因其编结断面尺寸过大造成结构松散，致密性差，但对轴的偏摆和振动有一定的补偿作用。一般情况下只使用在规格不大的（6mm×6mm 以下）阀门等的密封填料中。

套层编织填料（图 8-9*c*）的锭子个数有 12、16、24、36、48、60 等，均是在两个轨道上运行。编织的填料断面呈圆形，根据填料规格决定套层。断面尺寸大，所编织的层数多，如直径为 10～50mm，一般编织 1～4 层，中间没有芯绒。编织后的填料，如需改为方形，可以在整形机上压成方形。套层填料致密性好，密封性强，但由于是套层结构，层间没有纤维连接，容易脱层，故只适合低参数场合，如管道法兰的静密封或阀杆密封等。

穿心编织填料（图 8-9*d*）的锭子数有 16、18、24、30、36 等，在三个或四个轨道上运行编织而成，编织的填料断面呈方形，表面平整，尺寸有 6mm×6mm～36mm×36mm。该填料弹性和耐磨性好，强度高，致密性好，与轴接触面比发辫式大且均匀，纤维间空隙小，所以密封性能好，且一般磨损后整个填料也不会松散，使用寿命较长，是一种比较先进的编织结构，故应用广泛，可适用于高速轴的密封，如转子泵、往复式压缩机等。

夹心编织填料（图 8-9*e*）是以橡胶或金属为芯子，纤维在外，一层套一层地编织，层数按需要而定，类似于套层编织，编织后断面呈圆形。这种填料的致密、强度和弯曲密封性能好，一般用于泵、搅拌机的轴封和蒸汽阀的阀杆密封，很少用于往复运动密封。

编织的填料由于存在空隙，还需通过浸渍的方法处理。浸渍时，除浸渍剂外，加入一些润滑剂和填充剂，如混有石墨粉的矿物油或二硫化钼润滑脂，此外还有滑石粉、云母、甘油、植物油等，以提高填料的润滑性，降低摩擦系数。目前，在化工介质中使用的填料大部分浸渍聚四氟乙烯分散乳液，为使乳液与纤维有良好的亲和力，可在乳液中加以适量的表面活性剂和分散剂。经浸渍后的填料密封性能大大优于未经浸渍的填料。

叠层填料（图 8-9*f*）是在石棉或其他纤维编织的布上涂抹胶粘剂，然后一层层叠合或卷绕，加压硫化后制成填料，并在热油中浸渍。最高使用温度可达 120～130℃，密封性能良好。可用于 120℃ 以下的低压蒸汽、水和氨液，主要用作往复泵和阀杆的密封，也可用于低速转轴轴封。当涂覆硬橡胶时，还可用于水压机的活塞杆。因其含润滑剂不足，所以在使用时必须另加润滑剂。

模压填料主要是将软填料材料经过一定形状的模压制成相应形状的填料环而使用。图 8-9（g）所示为由柔性石墨带材一层层绕在芯模上然后压制而成，根据不同使用要求，将采用不同的压制压力。这种填料致密，不渗透，自润滑性好，有一定的弹塑性，能耐较高的温度，使用范围广，但柔性石墨抗拉强度低，使用中应予以注意。

4）填料的主要材料

目前，软填料密封的主要材料有纤维质材料和非纤维质材料两大类。

纤维质材料按材质可分为天然纤维、矿物纤维、合成纤维、陶瓷和金属纤维四大类。

聚四氟乙烯纤维填料以聚四氟乙烯纤维为骨架，在纤维表面涂以聚四氟乙烯乳液，编织后再以聚四氟乙烯乳液进行浸渍，这种填料对酸、碱和溶剂等强腐蚀性介质具有良好的稳定性，使用温度为－200～260℃，摩擦系数较低，可以代替以前沿用的青石棉填料，在尿素甲铵泵和浓硝酸柱塞泵上使用效果良好，尤其是在压力为 22.1MPa、温度为 100℃、线速度为 14m/s 并有少量结晶物的甲铵泵中应用，寿命可达 3000～4000h，为石棉浸渍聚四氟乙烯填料的 2 倍，其缺点为导热性差，热膨胀系数大。

5）软填料密封的安装、拆卸

填料的组合与安装是否正确对密封的效果和使用寿命影响很大。不正确的组合和安装主要是指：填料组合方式不当、切割填料的尺寸错误、填料装填方式不当、压盖螺栓预紧不够，或不均匀，或过度预紧等，往往造成同一设备、相同结构形式、相同填料而出现密封效果相差悬殊的情况。很显然，这种不正确的安装是导致软填料密封发生过量泄漏和密封过早失效的主要原因之一。所以，对安装的技术要求必须引起足够的重视。安装时要注意以下几个方面的要求：

填料函端面内孔边要有一定的倒角；填料函内表面与轴表面不应有划伤（特别是轴向划痕）和锈蚀，要求表面要光滑；填料环尺寸要与填料函和轴的尺寸相协调，对不符合规格的应考虑更换；切割后的填料环不能任意变形，安装时，将有切口的填料环轴向扭转，从轴端套于轴上，并可用对剖开的轴套圆筒将其往轴后端推入，且其切口应错开；安装完后，用手适当拧紧压盖螺栓的螺母，之后用手盘动，以手感适度为宜，再进行调试运转并允许有少量泄漏，但随后应逐渐减少，如果泄漏量仍然较大，可再适当拧紧螺栓，但不能拧得过紧，以免烧轴；已经失效的填料密封，如果原因在填料，可采用更换或添加填料的办法来处理，使其正常运转。

在更换新的密封填料前必须彻底清理填料函，清除失效的填料。在清除时应使用如图 8-10 所示的专用工具，这样既省力，又可以避免损伤轴和填料函的表面。清除后，还要进行清洗或擦拭干净，避免有杂物遗留在填料函内，影响密封效果。

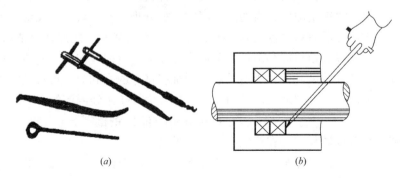

（a）　　　　　　　　　　　　（b）

图 8-10　用专用工具清理填料函
（a）专用工具；（b）清理方法

用百分表检查旋转轴与填料函的同轴度和轴的径向圆跳动量、柱塞与填料函的同轴度、十字头与填料函的同轴度（图 8-11）。同时，轴表面不应有划痕、毛刺。对修复的柱塞（如经磨削、镀硬铬等）需检查柱塞的直径圆锥度、椭圆度是否符合要求，填料材质是否符合要求，填料尺寸是否与填料函尺寸相符合等。

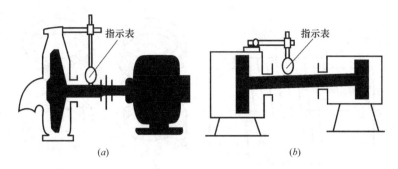

图 8-11　同轴度及径向跳动测量

检查填料厚度 B 过大或过小，最好采取如图 8-12 所示的用木棒滚压的办法，避免用锤敲打而造成填料受力不均匀，影响密封效果。

填料厚度过大或过小时，严禁用锤子敲打。正确的方法是将填料置于平整、洁净的平台上，用木棒滚压（图 8-12）。但最好采用如图 8-13 所示的专用模具，将填料压制成所需的尺寸。

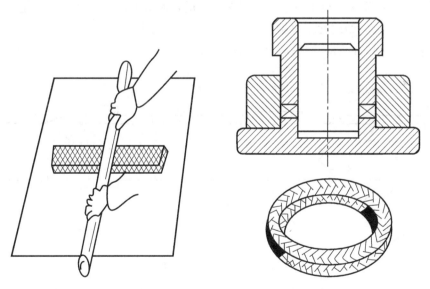

图 8-12　用木棒滚压　　　　图 8-13　填料的模压改形

切割密封填料：对成卷包装的填料，使用时应沿轴或柱塞周长，用锋利的刀刃对填料按所需尺寸进行切割成环。填料的切割方法有手工和工具两种。

手工切割：切割时，最好的办法是使用一根与轴相同直径的木棒，但不宜过长，并把填料紧紧缠绕在木棒上，用手紧握住木棒上的填料，然后用刀切断，切成后的环接头应吻合（图 8-14），切口最好是与轴呈 45°的斜口。切割的刀刃应薄而锋利，也可用细齿锯条锯割，用此方法切割的填料环，其角度和长度均能一致，精度和质量都较好。该方法的不足之处是需要专用木棒，切割线为弧形，切割不方便，切割方法不当时，缠绕在木棒上的填料容易松散。最好采用小铁钉固定，切割时，需一起割断。对切断后的填料环，不应当让它松散，更不应将它拉直，而应取与填料同宽度的纸带把每节填料呈圆环形包扎好（纸带接口应粘结起来），置于洁净处。成批的填料应装成一箱。

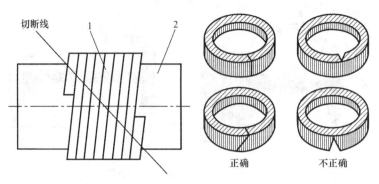

图 8-14　填料的手工切割

1—填料；2—木棒

切割填料工具如图 8-15 所示。该工具结构简单，携带方便，切割角度和长度准确，无切口毛头或填料松散变形等缺陷，切割质量高。切割填料工具上的游标尺上有刻度，每格刻度值为 3.14mm，作测量填料长度用。游标可在标尺上滑动，上面有 45°或 30°的凹角，其顶点正好在看窗刻度上，看窗是对刻度用的，游标上的紧固螺钉作固定游标用。游标尺的截面为 L 形，凸边起校直填料作用。刀架外形为 U 形，角度与游标上的角度对应相等。紧固螺杆和夹板活络连接，作夹持填料用。

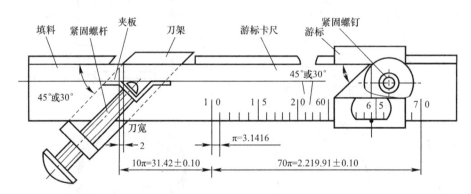

图 8-15　切割填料工具

填料切割时，按轴直径与填料宽度之和，在游标尺上取相对值，再将游标滑动到该值上，对准看窗上的刻度线，并用紧固螺钉固定游标。例如，轴直径为 20mm，填料宽度为 6mm，其和为 26mm，对准游标尺上 26 格，切下的填料长度就是所需长度，即 $26\pi =$ 81.68mm。切割时将填料夹紧，用薄刀沿刀架边切断。然后将填料切角插入游标凹角内对准，填料靠在游标尺凸边校直，用夹板夹紧，再用薄刀沿刀架切断填料。

对用于高压密封的填料，必须经过预压成型。图 8-16 所示为在油压千斤顶上进行预压成型（控制油压表读数），预压后填料应及时装入填料函中，以免填料恢复弹性。

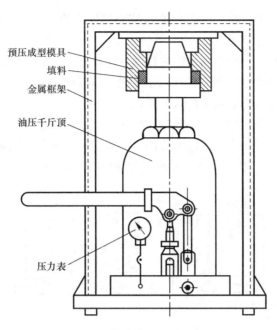

图 8-16 在千斤顶上预压成型

填料环的装填：为使填料环具有充分的润滑性，在装填填料环前应涂覆润滑脂或二硫化钼润滑膏（图 8-17），以增加润滑性能。

图 8-17 填料的装填

涂覆润滑脂后的填料环，即可进行装填。装填时，先用双手各持填料环切口的一端，沿轴向拉开，使其呈螺旋形，再从切口处套入轴上。注意不得沿径向拉开，以免切口不齐而影响密封效果。

填料环装填时，应一个环一个环地装填。注意，当需要安装封液环时，应该将它安置在填料函的进液孔处。在装填每一个环时用专用工具将其压紧、压实、压平，并检查其与填料函内壁是否有良好的贴合。

装填时必须注意相邻填料环的切口之间应错开。填料环数为 4～8 时，装填时应使切口相互错开 90°；填料环数为 3～6 环时，切口应错开 120°；填料环数为 2 环时，切口应错开 180°。

装填填料时应该十分仔细认真，要严格控制轴与填料函的同心度，以及轴的径向圆跳动量和轴向窜动量，它们是填料密封具有良好密封性能的先决条件和保证。

密封填料环全部装完后，再用压盖加压，在拧紧压盖螺栓时，为使压力平衡，应采用对称拧紧法，压紧力不宜过大；先用手拧，直至拧不动时，再用扳手拧。

运行调试工作是必需的。其目的是调节填料的松紧程度。用手拧紧压盖螺栓后，启动泵，然后用扳手逐渐拧紧螺栓，一直到泄漏减小到最小的允许泄漏量为止；设备启动时，重新安装和新安装后的填料发生少量泄漏是允许的。设备启动后的 1h 内需分步将压盖螺栓拧紧，直到其滴漏和发热减小到允许的程度，这样做的目的是使填料能在以后长期运行工作中达到良好的密封性能。填料函的外壳温度不应急剧上升，一般比环境温度高 30～40℃可认为合适，能保持稳定温度即认为可以。

拆卸填料时，首先应松掉压盖螺栓或压套螺母，取出压盖或压套。有条件时最好把轴或阀杆抽出填料函，这样掏出填料最为方便。如果轴或阀杆不能从填料函中抽出，可按如图 8-18 所示的方法拆卸填料，拆卸工具应避免碰撞轴或阀杆。

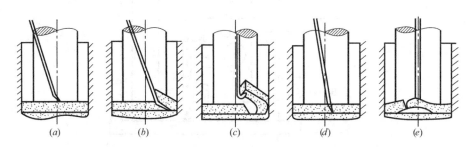

图 8-18　填料拆卸的方法

(*a*) 接头拔松；(*b*) 挑起；(*c*) 钩起；(*d*) 切口；(*e*) 钻接提起

6. 机械密封

机械端面密封是一种应用广泛的旋转轴动密封，简称机械密封，又称端面密封。近几十年来，机械密封技术有了很大的发展，在石油、化工、轻工、冶金、机械、航空和原子能等工业中获得了广泛的应用。据我国当代石化行业统计，80%～90% 的离心泵采用机械密封。

1) 基本结构与密封原理

机械密封按国家有关标准定义为：由至少一对垂直于旋转轴线的端面在流体压力和补偿机构弹力（或磁力）的作用以及辅助密封的配合下保持贴合并相对滑动而构成的防止流体泄漏的装置。

机械密封一般主要由四大部分组成：由静止环（静环）和旋转环（动环）组成的一对密封端面，该密封端面有时也称为摩擦副，是机械密封的核心；以弹性元件（或磁性元件）为主的补偿缓冲机构；辅助密封机构；使动环和轴一起旋转的传动机构。

机械密封的结构多种多样，最常见的结构如图 8-19 所示。机械密封安装在旋转轴上，密封腔内有紧定螺钉 1、弹簧座 2、弹簧 3、动环辅助密封圈 4、动环 5，它们随轴一起旋转。机械密封的其他零件，包括静环 6、静环辅助密封圈 7 和防转销 8，安装在端盖内，端盖与密封腔体用螺栓连接。轴通过紧定螺钉、弹簧座、弹簧带动动环旋转，而静环由于防转销的作用而静止于端盖内。动环在弹簧力和介质压力的作用下，与静环的端面紧密贴合，并发生相对滑动，阻止了介质沿端面间的径向泄漏（泄漏点 1），构成了机械密封的主密封。摩擦副磨损后在弹簧和密封流体压力的推动下实现补偿，始终保持两密封端面的紧密接触。动、静环中具有轴向补偿能力的称为补偿环，不具有轴向补偿能力的称为非补偿环。图 8-19 中动环为补偿环，静环为非补偿环。动环辅助密封圈阻止了介质可能沿动环与轴之间间隙的泄漏（泄漏点 2）；而静环辅助密封圈阻止了介质可能沿静环与端盖之间间隙的泄漏（泄漏点3）。工作时，辅助密封圈无明显相对运动，基本上属于静密封。端盖与密封腔体连接处的泄漏点4为静密封，常用O形圈或垫片来密封。从结构上看，机械密封主要是将极易泄漏的轴向密封，改变为不易泄漏的端面密封。由动环端面与静环端面相互贴合而构成的动密封，是决定机械密封性能和寿命的关键。

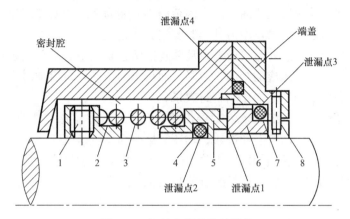

图 8-19　机械密封的常见结构

1—紧定螺钉；2—弹簧座；3—弹簧；4—动环辅助密封圈；5—动环；6—静环；7—静环辅助密封圈；8—防转销

机械密封与其他形式的密封相比，具有以下特点：

（1）密封性好：在长期运转中密封状态很稳定，泄漏量很小，据统计约为软填料密封泄漏量的 1% 以下。

（2）使用寿命长：机械密封端面由自润滑性及耐磨性较好的材料组成，还具有磨损补偿机构。因此，密封端面的磨损量在正常工作条件下很小，一般可连续使用1～2年，特殊的可用到5～10年以上。

（3）运转中不用调整：由于机械密封靠弹簧力和流体压力使摩擦副贴合，在运转中即使摩擦副磨损后，密封端面也始终自动地保持贴合。因此，正确安装后，就不需要经常调整，使用方便，适合连续化、自动化生产。

（4）功率损耗小：由于机械密封的端面接触面积小，摩擦功率损耗小，一般仅为填料密封的 20%～30%。

（5）轴或轴套表面不易磨损：由于机械密封与轴或轴套的接触部位几乎没有相对运动，因此对轴或轴套的磨损较小。

（6）耐振性强：机械密封由于具有缓冲功能，因此当设备或转轴在一定范围内振动时，仍能保持良好的密封性能。

（7）密封参数高：适用范围广：在合理选择摩擦副材料及结构，加之设置适当的冲洗、冷却等辅助系统的情况下，机械密封可广泛适用于各种工况，尤其在高温、低温、强腐蚀、高速等恶劣工况下，更显示出其优越性。目前，机械密封技术参数可达到如下水平：轴径 5～1000mm；使用压力 10^{-6}～42MPa；使用温度 -200～1000℃；机器转速可达 50000r/min；密流体压力 P 与密封端面平均线速度的乘积值可达 1000MPa·m/s。

（8）结构复杂、拆装不便：与其他密封比较，机械密封的零件数目多，要求精密，结构复杂。特别是在装配方面较困难，拆装时要从轴端抽出密封环，必须把机器部分（联轴器）全部拆卸，要求工人有一定的技术水平。这一问题目前已做了某些改进，例如采用拆装方便并可保证装配质量的剖分式和集装式机械密封等。

2）机械密封的维护

机械密封投入使用后也必须进行正确的维护，才能使它有较好的密封效果及长久的使用寿命。一般要注意以下几方面：

应避免因零件松动而发生泄漏，注意因杂质进入端面造成的发热现象及运转中有无异常响声等。对于连续运行的泵，不但开车时要注意防止发生干摩擦，运行中更要注意防止干摩擦。不要使泵抽空，必要时可设置自动装置以防止泵抽空。对于间歇运行的泵，应注意观察停泵后因物料干燥形成的结晶，或降温而析出的结晶，泵启动时应采取加热或冲洗措施，以避免结晶物划伤端面而影响密封效果。

冲洗冷却等循环保护系统及仪表是否正常稳定工作。要注意突然停水而使冷却不良，造成密封失效，或由于冷却管、冲洗管、均压管堵塞而发生事故。

离心泵本身的振动、发热等因素也将影响密封性能，必须经常观察。当轴承部分破坏后，也会影响密封性能，因此要注意轴承是否发热，运行中声音是否异常，以便及时修理。

8.2　起重机械

起重机械是一种间歇动作的机械，轻小型起重设备一般是单动作的，各类起重机都是多动作的。起重机一般由机械、金属结构和电气等三大部分组成。主要有起升、运行、变幅、回转等机构。起重机有人力驱动（手动）的，液压驱动的，但多数是电力驱动的。水厂中应用较广泛的有捯链、电动梁式起重机和卷扬机。本章重点介绍捯链、电动梁式起重机和卷扬机。

8.2.1　捯链

捯链结构紧凑、自重轻、效率高、操作方便，可作起重设备单独使用，配备自行小车后也可作架空单轨起重机。捯链有钢丝绳式、环链式和板链式三种。捯链工作类型一般为中级。钢丝绳式捯链用得最普遍。

钢丝绳式捯链分组性好，便于安装、维修和更换易损件，便于改变起升高度。钢丝绳式捯链的部件：起升机构的电动机、起升机构用的减速器、制动器、圈筒装置、吊钩装置、运行机构、慢速驱动装置、电器装置。

8.2.2　电动梁式起重机

电动梁式起重机有四种：电动单梁起重机、捯链双梁起重机、电动单梁悬挂起重机、电动双梁悬挂起重机，前三种用得较多。它们都由桥架、大车运行机构、捯链和电气设备等组成。下面主要介绍电动单梁悬挂起重机。

电动单梁悬挂起重机的主要参数有起重量、跨度、起升高度、起升速度、小车运行速度、大车运行速度。

小车运行机构：电动单梁悬挂起重机采用自行式捯链，其小车运行机构就是捯链的自行式电动小车。

大车运行机构：各种电动梁式起重机的大车运行机构一般均做成分别驱动的形式，即两条轨道上的大车运行的主动车轮由两套驱动装置来分别驱动。传动装置常采用自行式捯链电动小车的闭式减速器，再配一级开式齿轮减速的形式。如图 8-20（a）所示。

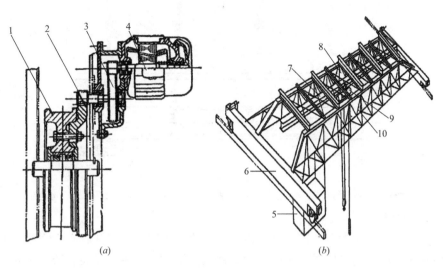

(a)　　　　　　　　　　　　　　　　(b)

图 8-20　电动梁式起重机

（a）常用的电动单梁起重机的大车运行机构；（b）工字钢在上部水平桁架下面的桁架式桥梁
1—车轮装置；2—开式齿轮；3—一级闭市减速器；4—带制动器的电动机；5—司机室；
6—端梁；7—捯链运行轨道工字钢；8—上水平桁架；9—捯链；10—垂直桁架

桥架：电动单梁悬挂起重机的桥架主梁常做成单根工字钢的简单截面梁或做成工字钢上面一块钢板，工字钢上面焊一个钢板围成的小封闭形截面等组成截面梁，端梁用型钢或压弯成型的钢板做成，主梁与端梁常焊成一体，如图 8-20（b）所示。跨度大时，主梁与端梁间也可附加一个斜撑杆相连接。

8.3　排泥机械及搅拌设备

给水工艺流程中沉淀是重要环节之一，沉淀池排泥直接影响水质处理的效果。采用机械排泥可减轻劳动强度，保证沉淀效果。水厂的工艺不同，采用的排泥机械也不同，应用最广泛的是行车式吸泥机和机械搅拌澄清池刮泥机。

8.3.1　行车式吸泥机

行车式吸泥机如图 8-21 所示。按吸泥形式不同分为虹吸式和泵吸式两种，两种吸泥机的主要组成部分有行车钢结构、驱动结构、虹吸吸泥系统、配电及行程控制装置等。

1. 行车结构

吸泥机的桁架为钢结构，由主梁、端梁、水平桁架及其他构件焊接而成。主梁通常分为型钢梁、板式梁、箱形梁和组合梁等四种类型。

2. 驱动方式

行车车轮的驱动方式一般有分别驱动（双边驱动）和集中驱动（长轴驱动）两种布置方式。

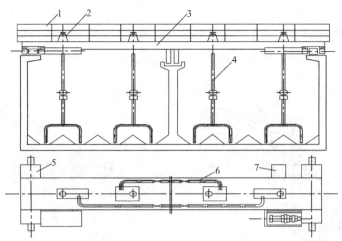

图 8-21　行车式吸泥机结构简图

1—栏杆；2—液下污水泵；3—主梁；4—吸泥管路；5—端梁；6—排泥管路；7—电缆卷筒

3. 车轮及轨道

车轮：吸泥机行车的车轮踏面可采用圆柱双轮缘铸铁车轮或铁心实心橡胶车轮两种类型。使用有轮缘的铸钢车轮时，应同时配置钢轨。轮缘的作用是导向和防止脱轨，使用单轮缘车轮，当车轮运行不同步时，它可起到自动调整的安全保护作用。考虑到车轮的安装误差与行车受温差的影响，车轮凸缘的内净间距与轨顶宽度间留有适当的间隙，其值为 15～20mm。橡胶靠轮与水池池壁的配合尺寸，其间隙不大于 10mm。

轨道：轨道的选择同车轮的轨压有关，同时也受土建基础的影响，通常用轻型钢轨作为吸泥机行车的轨道。

4. 排泥管路系统

1）虹吸排泥

吸口：吸口形状如图 8-22 所示，为了尽可能扩大吸泥的宽度，一般都将吸口做成长形扁口的形状，然后以变截面过渡到圆管形断面，圆管断面积与吸口的断面积相等，并以管螺纹与吸泥管连接。

集泥刮板：由于吸口与吸口之间有相隔 1m 左右的距离，在间距内的污泥就必须借助于集泥刮板推向吸口。集泥刮板的形状如图 8-23 所示。刮板高约 250～300mm，采用 3～4mm 厚的钢板制作。刮板的长度与长轴之间夹角为 30°～45°。吸口与集泥刮板间隔设置，是一字形横向排列，并与池宽相适应。

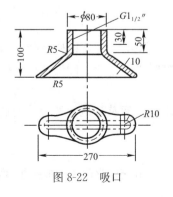

图 8-22　吸口

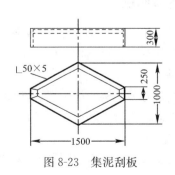

图 8-23　集泥刮板

2）吸泥管的固定

吸泥管的固定方法，随水池的类型而定。在平流沉淀池中，池内无障碍物，钢支架可直接悬入池内，作为固定吸泥管及集泥刮板之用。在斜管（板）沉淀池中，由于池内设置许多间隔较小的平行倾斜板或孔径较小的平行倾斜蜂窝状管，吸泥管从池边下垂伸入越过斜板（管）后，再分别固定在悬挂于水下的钢支架上。

3）泵吸排泥

泵吸排泥主要由泵和吸泥管组成。与虹吸式的差别是各根吸泥管在水下（或水上）相联通后再由总管接入水泵，吸入管内的污水经水泵出水管输出池外。

8.3.2 机械搅拌澄清池刮泥机

机械搅拌澄清池是泥渣循环型的池子，原水进池后与循环的泥渣通过搅拌桨板和机械叶轮的搅拌及提升使能充分混合反应，以提高澄清效果。

机械搅拌澄清池的结构与功能比较特殊，在第一反应和第二反应室中间设置了一个悬挂的大型提水叶轮，因此，给刮泥机的设置增加了困难。现在常用的形式有两种，按传动方式的不同，可分为套轴式中心传动刮泥机和销齿传动刮泥机。

1. 套轴式中心传动刮泥机

套轴式中心传动刮泥机总体样式见图 8-24。套轴式中心传动刮泥机在形式上与悬挂式中心传动刮泥机相似。为使结构紧凑，将刮泥机驱动结构叠架在叶轮搅拌机上面，刮泥机的立轴从搅拌机的空心轴中穿越。套轴式中心传动刮泥机主要由电动机、减速器、手动式提耙装置、水下轴承、传动立轴、刮臂及刮板等组成。

手动提耙装置是刮泥机的机构，主要是为了防止池底积泥过多，超过了刮泥机的能力时，提耙作为安全保护措施。手动提耙装置的结构如图 8-25 所示，在减速器中设置带有滚动推力轴承座的旋转螺母，与立轴的螺杆部分成一滑动螺旋副，转动螺母时立轴就随捆链作上、下升降移动，从而使刮板提高池底。

2. 销齿传动刮泥机

销齿传动刮泥机采用立轴传动的形式。与套轴式不同的是将传动立轴由中心位置移到搅拌叶轮直径之外，从加速澄清池的池顶平台穿过第二反应室后伸入第一反应室。然后，经小齿轮与销齿轮啮合，带动以枢轴为中心的刮臂进行刮泥。该机主要由电动机、减速器、传动立轴、水下轴承座、小齿轮、销齿轮、中心枢轴、刮臂刮板等部件组成。

刮臂承受刮泥阻力及自重，在进行搅拌的澄清池中通常采用管式悬臂结构，并设置拉杆作辅助支撑。刮臂的数量为 800m³/h 以上的水池采用 120°等分的三个刮臂，600m³/h 以下的池子采用对称设置的两个大刮臂和两个小刮臂，成十字形。

刮板可按对数螺旋式布置，为了加工方便，也可设计成直线形多块平行排列的刮板。刮板与刮臂轴线夹角应大于 45°。

8.3.3 搅拌设备

水处理中的搅拌设备，分为溶药搅拌、混凝搅拌、反应搅拌、澄清池搅拌和消化池搅拌五种类型。

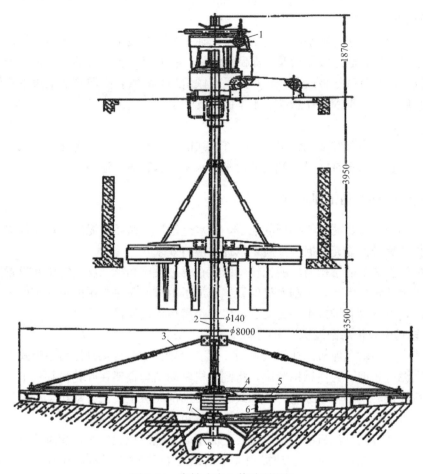

图 8-24　套轴式中心传动刮泥机

1—驱动装置；2—传动主轴；3—斜拉杆；4—平拉杆；5—刮壁；6—刮板；7—水下轴承；8—集泥槽刮板

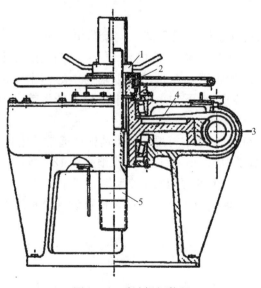

图 8-25　手动提耙装置

1—锁紧螺母；2—调节螺母；3—推力球轴承；4—涡轮减速器；5—刮泥机立轴

1. 立式搅拌机

立式搅拌机用于水处理混凝过程的反应阶段，其作用是促使水中的固体颗粒发生碰撞，吸附并逐渐结成一定大小的矾花，使绝大部分矾花留在沉淀池内。

立式搅拌机由工作部分（垂直搅拌轴、框式搅拌器）、支承部分（轴承装置，机座）和驱动部分（电机，摆线针轮减速机）组成，其结构如图 8-26 所示。

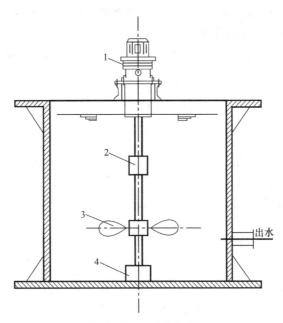

图 8-26　立式搅拌机

1—传动装置；2—夹壳联轴器；3—推进式搅拌器；4—水下底轴承

电机转动经针轮减速机、搅拌轴带动框式搅拌器旋转从而达到搅拌的目的。

2. 澄清池搅拌机

澄清池搅拌机应用于处理过程中的澄清阶段，是机械搅拌澄清池的主要设备。

澄清池搅拌机可以使池内液体形成两种循环流动，从而达到使水澄清的目的。由提升叶轮下部的桨叶在第一反应室内完成机械反应，使经过加药混合产生的微絮粒与回流中的原有矾花碰撞接触而吸附，形成较大的絮粒；提升叶轮将第一反应室内形成絮粒的水体，提升到第二反应室，再经折流到澄清池进行分离，清水上升，泥渣从澄清池下部再流回到第一反应室。以上两部分共同完成澄清池的机械反应和分离澄清作用。

澄清池搅拌机由变速驱动、提升叶轮、浆中和调流装置等部分组成，如图 8-27 所示。

澄清池搅拌机一般采用无级变速电动机驱动，以便随进水水质和水量变动而调节回流量及搅拌强度。多数采用

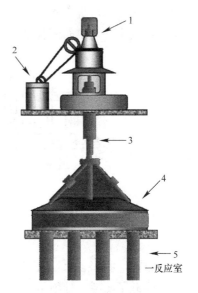

图 8-27　澄清池搅拌机

1—叶轮提升装置；

2—变速电机驱动装置；

3—空心轴；4—叶轮；5—搅拌叶片

JZT 型电磁调速异步电动机。也可采用普通电动机，经三角皮带轮和蜗轮副两级减速。蜗轮轴与搅拌轴采用刚性连接，一般采用夹壳联轴器。在澄清池设有刮泥机的情况下，澄清池搅拌机有两种形式：一种在池径小于 20m 时，采用中心驱动式的刮泥机，搅拌机主轴为空心轴，以便刮泥机轴从中间穿过，并将刮泥机的变速驱动部分设在搅拌机的顶部；一种是池径大于 20m 时，采用分离式，即搅拌机位于池中心，其主轴与变速驱动装置采用刚性连接，且垂直悬挂伸入池中，而刮泥机的主轴独立偏心安装在池的一侧，其减速装置一般采用针轮减速机和销齿传动两级减速。

为满足运行时的不同条件对提升和搅拌强度间的比例要求，并使提升流量满足分离沉降的要求，搅拌机均设有调流装置。

8.4　加氯机

给水处理中最常用的消毒方法是氯消毒，为了保证加氯安全和计量正确，一般使用加氯机投加。加氯机形式较多，有转子加氯机、真空加氯机、压力真空加氯机、自动加氯机等，本节重点介绍目前使用较广泛的真空加氯机。

8.4.1　真空加氯机

1. JSL-73 型真空加氯机

JSL-73 型真空加氯机由氯气控制阀，旋流分离器，出氯玻璃差压管，水射器及控制水箱，调节阀，水气调节阀，进、出水止回阀，水射器及真空罩等部件组成。当压力水经水射器使真空罩内产生一定真空后，开启进水调节阀，使真空罩内充入一定水量，开启氯气控制阀，氯气经旋流分离器、进水差压管，并穿过出氯孔进入真空罩，水氯混合后经过出流止回阀，然后进入水射器与压力水混合，提升并输送至加氯点。加氯量用水气调节阀调节差压大小并与氯阀配合进行调整，由出氯玻璃差压管进行指示，参见图 8-28。

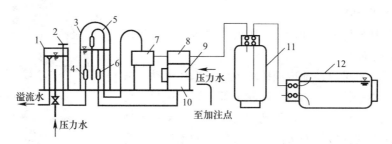

图 8-28　JSL-73 型真空加氯机流程示意图

1—水箱；2—水气调节阀；3—真空罩；4—进水止回阀；5—压差管；6—出流止回阀；7—旋流分离器；
8—氯阀；9—水阀；10—水射器；11—气化罐；12—氯瓶

目前，我国各水厂大多采用自动真空加氯系统，提高了加氯系统的安全可靠性和精度，降低了氯耗，杜绝了漏气事故。W&T 公司的 V2020 系列真空式 V 形槽加氯机由真空调节器、控制柜和水射器三个基本部件组成。真空调节器位于气源处，控制柜位于加氯间，水射器位于加氯点附近。运行时，水射器产生的真空传到真空调节器，阀内膜片一面感受真空，一面承受气压，其作用力移动弹簧顶杆，使阀塞脱离阀座，阀前压力气体调节为正常运行真空度，真空气体沿管线进入控制柜，经转子流量计测定流量，并通过V形槽阀孔面积的变化控制，再由差压阀通过恒定V形槽前后压差保持其流速稳定，然后沿管线进入水射器，与水混合为氯水溶液，送至加氯点。

系统为全真空运行，如遇真空破坏，真空调节阀将自动关闭，截断气源，防止带压气体进入系统，真空调节阀因赃物粘附于阀座而关闭不严，出现漏气时，压力止回调节阀可起到二级保护作用，减少漏气的可能性；当真空调节阀、压力止回阀均因赃物粘附阀座而关闭不严时，压力放泄阀启动，将漏气排至室外，确保系统中不出现正压。

2. 投加管道

1）正压管道

从氯瓶至真空调节器之间的管道为压力管道，管材选用无缝钢管及防腐耐压的管件、阀门，管路上设有缓冲罐、减压阀等安全装置。

2）负压管道

从真空调节器至水射器之间的管道为真空管道，采用坚韧耐用的ABS工程塑料管。如果真空管破裂、水射器故障使管道失去真空或压力水断流，加氯机的弹簧进气阀自动关阀，截断供气系统的气流，避免了漏氯。水射器上的止回阀可有效防止因压力水断流所引起的回水现象。

3. 漏氯吸收装置

完整的加氯系统除了以上生产设备外，还另需安全设备，即泄氯吸收装置。

目前，我部各水厂氯库均采用密封式管理，并设置了泄氯吸收装置及报警系统，每个氯库内离地30cm处装有监测探头，当空气中氯气达预定浓度时，氯气检测器报警、发出信号，风机、NaOH循环泵先后启动，通过抽风机将含氯空气抽吸送到中和塔内，循环泵将NaOH溶液提升至塔顶，向下喷淋，脱除氯气。

4. 工艺流程

1）供氯方式

各厂氯库内一般为两组气源互为备用，设置自动切换系统，保证不间断供气。1t或0.5t的氯瓶，在氯瓶间均分为两组，用歧管连接在一起，一用一备。采用自动切换系统，包括两个电动阀、两个手动阀、一个压力开关和一台控制器。控制器随时接收压力开关发出的电信号，当一组氯瓶压力降至预定值时，控制器向两个电动阀发出信号，关闭在线的一组，开启备用的一组，同时向值班人员报警以及时换瓶。当自动切换发生故障时则可手动切换。

2）投加方式

目前，大部分水厂采用的是原水、清水二次投加工艺，源水（滤前）加氯指在混凝沉淀前加氯，其主要目的在于改良混凝沉淀和防止藻类生长，但易生成大量氯化副产物。清水（滤后）加氯指在滤后水中加氯，其目的是杀灭水中的病原微生物，它是最常用的消毒方法。采用此法还能保证末梢余氯。

8.4.2 真空加氯机的常见故障及排除

1. 气化量不足及其解决方法

液氯气化的过程，在物理学中是吸热的过程，此时，必须连续不断地向液氯投入足够的热量，液态氯才可能连续不断地气化成气氯。通常采用液氯自然气化的形式，空气中的热能通过瓶壁足量地传入到瓶内，液氯就会足量地蒸发。

目前，很多水厂没有液氯蒸发器，依赖气温对氯瓶内的液氯进行自然蒸发，液氯气化量随环境温度变化而变化，温度越高，气化量越大，温度越低，气化量越小，甚至不能气化；冬季普遍存在气化量不稳定的问题，影响了投加效果。虽然各厂都采用了一些诸如水喷淋、电炉烘烤等临时应付措施加速其气化，但仍存在问题。如直接对氯瓶喷水，加重了氯库内的湿度，使氯库内的氯气和水反应生成次氯酸，对钢瓶外壳及氯库内真空调节器等设备产生腐蚀。

其解决方法为：在经济条件允许的情况下，考虑配备相应规格的蒸发设备，如液氯蒸发器等；增加并联使用的氯瓶的个数和增大氯瓶的规格；使用电热器、水暖器等提高氯瓶间的温度；在保证氯库干燥通风的情况下，采用风循环，加速氯瓶周围空气的流动，达到传热的目的。

2. 低温液氯进入压力管路及其预防措施

真空负压加氯设备曾多次发生氯瓶内液氯来不及气化而致使液氯被抽到氯瓶出口的压力管路、过滤罐、减压阀、真空调节器等部件处的事故。

氯瓶出口的气态氯在管道内再度被液化。水厂的加氯机内的减压阀，其外壳为塑料材质，曾发生过炸裂，其原因就是氯瓶出口的气态氯在管道内再度被液化进入加氯机再度气化了。体积膨胀导致塑料外壳炸裂。

由于低温液氯蒸发时需大量吸收周围的热量，因而液氯流经部位的器件表面会发生结露、结霜等现象，温度过低时，则导致这些器件中的塑料部件受损，如隔膜损坏。液氯还会把过滤罐内聚积在一起的杂质冲到真空调节阀处引起异常的喘振、冻结压力表隔膜并使压力表失灵，影响加氯设备的正常运行。为了避免加氯设施受损，可以采取以下几项技术措施：确保加氯设施安装地点的室温；在压力管路上缠绕电加热头；真空过滤罐处安装红外辐射取暖灯，在氯瓶出口的管路上附设温度传感器等在线监测仪表；在真空调节器前安装液氯捕捉器等；尤其在初春及冬季低温时，防止氯瓶出口的气态氯再度被液化。

切忌为提高氯瓶的出气率而对氯瓶进行直接加热，否则会引起氯瓶内液氯过度气化而使瓶内压力超出上限，引发更大危险。

3. 加氯量调不上去的原因及其解决方法

1）加氯量控制阀处真空度低，加氯量调不上去

这种故障说明加氯系统负压小，其主要原因：一是产生负压的水射器工作不正常；二是负压管路有泄漏。判断水射器工作是否良好可采用如下办法：关闭供给水射器氯气管路的阀门，打开水射器的氯进口管的活接头，用手轻轻放到接口处，应有明显吸力，吸力越大说明水射器工作状态越好。若吸力不大或没有吸力说明水射器工作不正常。若水射器工作良好，仍有此故障，说明负压管路有泄漏，需要逐段检查，重点为管路接口，如连接真空表的软管接头处。水射器未能正常工作的原因如下：

（1）供给水射器的压力水不足或压力不够（应有压力显示），这就要检查水射器的供水管路中的阀门过滤器是否有堵塞，加氯加压泵工作是否良好。

（2）水射器喉管处有杂质，这就要拆洗水射器，清洗水射器喉管及相关的单向阀应用温水（注意：氯气含杂质多，如氯化钙等，常会使水射器喉管堵塞且不易清洗，供给的高

压水若含有泥砂也易堵塞喉管)。

(3) 未遵守水射器的安装规范。水射器进水管接口用管螺纹与上水管道相连，水射器出口使用直径 25~50mm 的塑料管相连接，水射器出口溶液管直管段不应小于 2m，否则将影响水射器的送氯性能。水射器应尽量靠近加氯点安装，当水射器距加氯点较远时，请按参考标准选用加氯管的口径，加氯管口径大小将严重影响氯量，否则不产生负压。

2) 加氯量控制阀处真空度很高，加氯量调不上去

该故障产生的原因是气源不足，应检查真空调压器是否打开、开启度是否过小、通向加氯量控制阀的管路是否阀门没开好、氯瓶角阀是否打开、连接氯瓶的柔性管是否堵塞、角阀是否堵塞等。也有可能是真空调节阀或气源管路堵塞，产生的原因往往是由于氯气中的杂质沉积引起。此时，应拆卸真空调节阀，进行检查清洗。

3) 水射器冰堵及负压管道冰堵

现象：水射器内腔出现结冰，加氯量下降不能正常工作。

原因：由于水射器在加大氯量、水射器的压力水不够或压力出现不稳定波动的情况下（一般在低于 0.2MPa），出现内腔溅水，水和氯气融合后在较高真空情况下发生结冰。结冰后如果没有足够的环境温度使之融化，就会越积越多，最终导致气路狭窄，使加氯量下降，当结冰达到某个平衡状态时，这个过程就不会再继续，但冰也不会自动消融。最后造成气路不畅，影响投加效果。

解决方法：将水射器安装在室内，保证其工作环境的温度。在加氯压力水管上连接加压泵，目的是在当出厂水压力不够时向压力水管道补充水量加压。

4) 负压管道冰堵

原因：当停止水射器压力水时，管路中的真空将水吸入到加氯机内，当投加点有压力时，也可将水倒流到加氯机内。

解决方法：检查水射器止回阀的密封 O 形圈，进行清理或更换；必要时需更换止回阀膜片；在加氯机出气口处安装一个球阀，在停止水射器压力水时先关闭球阀；可以在真空管路上安装一个泄水阀，当真空管路中有水时会自动将其排出。

4. 氯气正压管道泄漏的原因

现代真空加氯技术的发展，极大地提高了氯气流量调节控制环节的安全性。但是从氯瓶出气至加氯机真空调节器之间的正压管路及正压切换系统仍存在许多可能的泄漏点，是目前氯气使用中的主要安全隐患。

原因：氯瓶及其附件存在隐患，如氯瓶内的输氯导管断裂或松脱；角阀在开启的过程中打不开、漏气或变形折断等；垫圈重复使用，螺纹管接头装配不当，螺栓型号和球阀的型号不配套；正压管线的管材、管件、阀门的材质未按氯气标准要求选用；球阀的材质不是专门的防腐材质，造成氯气泄漏，与空气中的水汽结合，腐蚀速度加快，所以导致使用时间不长，频繁更换，存在泄氯的隐患；各厂正压管道上的球阀更换频繁；管路系统及氯瓶操作未考虑防液氯或氯气冷凝的措施。

解决方法：严格执行氯瓶验收制度，对角阀打不开的氯瓶，可用工具顺角阀的轴向轻轻敲击阀芯，使其锈蚀层松动，再用专用工具适当用力开启；若还打不开，则应请氯气供应商派专人处理。

严格按氯气使用标准选择、安装、维护正压管路的管道、接头及阀门。

尽可能地简化正压管路及切换系统，将正压连接点的数量降至最少，最大限度地减少可能的泄漏点。

8.5　计量泵

8.5.1　计量泵的类型及工作原理

1. 计量泵的类型

计量泵是通过改变泵行程、泵速来调节流量；可以从零流量至额定流量范围内任意调节，且排出流量不受排出压力的影响。计量泵可以起到泵、流量计和控制器的作用。

计量泵按液力端结构形式，可以分为柱塞式计量泵（图 8-29）和隔膜式计量泵（图 8-30），其中柱塞式计量泵可分为普通有阀泵和无阀泵两种；隔膜式计量泵可分为机械隔膜式计量泵、液压隔膜式计量泵和波纹管计量泵。计量泵按照驱动形式，又可分为电磁驱动计量泵和电动机驱动计量泵，此外还有采用液压驱动、气压驱动等形式的计量泵。

图 8-29　柱塞式计量泵

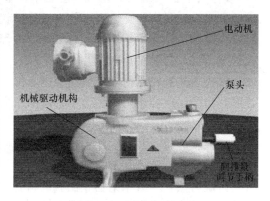

图 8-30　隔膜式计量泵

工作腔内作直线往复位移的元件是柱塞（活塞）的计量泵称为柱塞计量泵；工作腔内作周期性挠曲变形的元件是薄膜状弹性元件的计量泵称为液压隔膜计量泵（一般不特殊指明时，隔膜计量泵即指液压隔膜计量泵）；机械隔膜计量泵的隔膜与柱塞机构连接，无液压油系统，柱基的前后移动直接带动隔膜前后挠曲变形；波纹管式计量泵结构与机械隔膜计量泵相似，只是以波纹管取代隔膜，柱塞端部与波纹管固定在一起，当柱塞往复运动时，使波纹管被拉伸和压缩，从而改变液缸的容积，达到输液与计量的目的。

2. 计量泵的组成

计量泵由电动机、动力端、液力端三部分组成。

动力端主要元件包括：蜗轮、蜗杆、连杆、十字头销、涡轮轴、偏心轮、滑轴、滑轴销、导向套、调节螺母、调节杆、手轮、调节支架、传动箱体等。

液力端主要元件包括：柱塞、液缸体、压紧螺母、填料、导向套、球阀、阀座、阀座套、进口接管、出口接管等。

3. 计量泵的工作原理

1）柱塞式计量泵工作原理

电机经联轴器与蜗杆直连，并带动蜗轮、N 轴（偏心轮）运转，N 轴（偏心轮）带动连杆（弓形架）作往复运动，并带动柱塞作往复运动。当柱塞向后止点移动时，将吸入单向阀打开，液体被吸入；当柱塞向前止点移动时，此时吸入单向阀组关闭，排出单向阀组打开，液体被排出泵体外，使泵达到吸排液体的目的。

2）柱塞式计量泵特点

价格适中；流量范围大，最大可达 $76m^3/h$，流量在 $10\%\sim100\%$ 的范围可调，计量精度为 ±1；压力范围广，出口压力最高可达 50MPa；当出口压力变化时，流量几乎不变；能输送高黏度介质，但不适于输送腐蚀性、挥发性、易燃易爆、有毒及对环境有污染的介质；轴封为填料密封，有泄漏，填料与柱塞间的相对运动易造成两者的磨损，故需周期性调节填料，必要时需要更换柱塞。另外，还需对填料环作压力冲洗和排放；无安全泄放装置时，出口管路必须另外配置安全阀以保护泵的安全运行。

3）隔膜式计量泵工作原理

吸液过程：电机经联轴器与蜗杆连接，并带动蜗轮、N轴运转，N轴通过连杆带动柱塞作往复运动。当柱塞向后移动时，液压腔内产生负压，使膜片向后挠曲变形，介质腔容积增大，此时出口单向阀关闭，进口单向阀打开，介质进入泵头介质腔内，柱塞至后止点时，泵头的吸液过程结束。

排液过程：当柱塞向前移动时，液压腔中的液压油推动膜片向前挠曲变形，介质腔容积减小，使进口单向阀组关闭，出口单向阀组打开，介质向上排出，柱塞连续往复运动，计量泵即可连续输送介质，改变柱塞行程，可 $0\sim100\%$ 调节计量泵的流量。

内循环压力平衡系统工作原理：液压腔内压力高于额定值时，泄压阀自动开启，使释放出来的液压油通过回油管进入油池；当液压腔内的液压油不足时，补油阀开启，油池内的液压油通过进油管自动补入液压腔。使液压腔内压力保持平衡是膜片使用寿命长的重要因素之一。

4）隔膜式计量泵特点

无动密封，无泄漏，维护简单；压力可达 35MPa；流量在 10∶1 范围内，计量精度可达 $\pm1\%$；压力每升高 6.9MPa，流量下降 5%，但稳定性精度仍可保持在 $\pm1\%$；技术含量高，可靠性高，故价格较高；适用于中等黏度的介质，尤其适用于输送有毒、易燃易爆、腐蚀性和含有少量颗粒的介质；隔膜两侧分别为介质和液压油，隔膜受力均匀，隔膜寿命可达 8000h 以上；液力端配置了内置式安全阀，保护泵的安全运行；可以配置隔膜破裂报警装置，提高计量泵系统的安全性。

4. 计量泵的安装

泵控制设备尽量安排在泵工作地点附近，并应加控制开关保护设备；泵安装时注意，柱塞计量泵中心高出液面小于 2m，隔膜计量泵中心高出液面小于 1m；当液面高出泵中心时应加背压阀。

泵应安装在高于地面 $50\sim100mm$ 的工作台上；进出管内径应不小于泵进出口内径，尽量减少弯头，避免出现"Ω"形布置；进口管应加过滤器，出口管应加安全溢流阀、压力表、稳压器（蓄能器）；不应将管路重荷加于泵液缸体上；对于悬浮液和易产生沉淀的介质，进出管路应加三通。

8.5.2　计量泵的运行、维护及检修

水厂、泵站多用隔膜式计量泵，本节介绍隔膜式计量泵的运行、维护及检修。

1. 隔膜泵的运行与维护

隔膜泵的运转及其准备工作

1）泵在运转前的准备工作

检查各连接处的螺栓连接是否拧紧，不允许有任何松动；新泵在加油前应洗净泵内防腐油脂或泵上的污垢，洗时应用煤油擦洗，不可以用刀刮；传动箱内根据环境温度的高低，注入适量的合成润滑油至油标的油位线。

隔膜泵缸体油腔内必须注满变压器油，应将油腔内的气排尽，可适量加入消泡剂。安全自动补油阀应注入适量变压器油至距溢处面约 10mm，无论是哪种液压隔膜泵，都应在泵头与传动箱之间的托架内加注变压器油，油位至淹过柱塞填料即可，柱塞泵在此处不加油。

盘动联轴器，使柱塞前后移动数次，应运转灵活，不得有任何卡涩的现象。若有异常现象应及时排除故障后，才能开车。

检查电源电压情况和电动机线路，应使泵按照规定的旋转方向旋转。

启动电动机，泵在空载下投入运行，然后将泵的行程零位与调量表零位相对应，以消除运输过程中调量表指针因惯性自行转动产生的漂移。

输送易凝固介质的高温柱塞计量隔膜泵，应先通保温介质 1~2h，使泵头温度达到操作要求后再投料运行。

2）带负荷运行

依据工艺流程的需要，参考合格证中提供的流量标定曲线或查对实际工况复式流量标定曲线，得出相对应的行程百分数值，把调量表指针转到指定刻度。旋转调量表时，应注意不得过快和过猛，应按照从小流量往大流量方向调节，若需从大流量向小流量调节时，应把调量表旋过数格，再向大流量方向旋转至所需要的刻度。调节完毕后必须将调节转盘锁紧，以防松动。

泵的行程调节可以在停车或运转中进行。行程调节后，泵的流量需 1~2min 才稳定，行程长度变化越大，流量稳定所需的时间越长，尤其是隔膜泵更明显；检查柱塞填料密封处的泄漏损失和运动副温升。

当泄漏损失量每分钟超过 15 滴时，应适量旋紧填料压盖螺栓；当温度迅速升高时应紧急停车，并松开填料压盖，检查原因，是否是填料压得过紧或是柱塞表面与金属件产生擦伤所造成的，消除后再投入运行中。

泵开车以后，运行应该平稳，不得有异常的噪声，否则，应该停车检查原因；并消除产生噪声的根源后，再投入运行。

3）停车

切断电源，电动机停止转动；关闭进口管道阀门，但开车前注意打开。

2. 隔膜泵的膜腔注油操作

1）自动补油阀的操作

隔膜泵的缸体油腔内，在出厂试验时均已注满变压器油，用户无需拆卸和重新注油。但是缸体内无油时请按以下方法进行。

先打开安全补油阀储存盖，用手推压补油阀杆往膜腔里充油，同时盘动联轴器使隔膜鼓动排出膜腔内的气体，直到气泡不再往上冒为止。

开车时，可将安全阀调节螺钉逐步松动，使安全阀在泵排出运动中，将膜腔内的气体排出，应启跳数次，再拧紧调节螺钉至原来的位置，并使安全阀的启跳压力为管道的1.1倍左右。在安全阀启跳排气的同时，柱塞在吸入过程中，用手轻压阀杆，做短时人工补油。若油量补充过多，将会产生振动和冲击，可在柱塞做排出冲程时，轻压补油阀杆排出多余的油，直至泵运行平稳为止。

2）限位补油阀的操作

将液缸体上部的安全阀整体卸下，从孔向缸内注入变压器油，同时盘动联轴器使隔膜鼓动排出膜腔内的气体，直到气泡不再往上冒为止，再按相反的顺序装回安全阀。开车时，可将安全阀调节螺钉逐步松动，使安全阀在泵的排出运动中，将膜腔内的气体排出，直到油嘴向外排油数次，再拧紧调节螺钉至原来的位置，并使安全阀启跳压力为管道压力的1.1倍左右。

3. 隔膜泵的日常维护

传动箱、隔膜缸体油腔和泵的托架处油池及安全阀组内，应定期观察指定的油位量，不得过多或过少，润滑油应干净、无杂质，并注意适时换油，换油的期限一般在开始1个月内更换一次；6个月以后，每6~10个月更换一次。

填料密封处的泄漏量每分钟不超过8~15滴，若泄漏量超过时，应适当旋紧填料压盖螺栓，但是不得使填料处温度升得过高，从而造成抱轴或烧坏柱塞和密封填料。

4. 隔膜泵的常见故障及其处理方法

隔膜泵的常见故障、故障原因及处理方法见表8-3。

隔膜泵的常见故障、故障原因及处理方法 表8-3

常见故障	故障原因	处理方法
电动机不能启动	电源没有电；电源一相或两相断电	检查电源供电情况；检查保险丝接触点是否良好
不排液或排液不足	吸入管堵塞或吸入管路阀门未打开；吸入管路太长，急转弯太多；吸入管路漏气；吸入阀或排出阀密封面损坏；隔膜内有残存的空气；补油阀组或隔膜腔等处漏气、漏油；安全阀、补偿阀动作不正常；柱塞填料处泄漏严重；电动机转速不够或不稳定；吸入液面太低	检查吸入管和过滤器，打开阀门；加粗吸入管，减少急转弯；将漏气部位封严；检查阀的密封性，必要时更换阀门；重新灌油，排出空气；找出泄漏部位并消除；重新调节；调节填料盖或更新填料；稳定电动机的转速；调整吸入液面高度
泵的压力达不到性能参数	吸入、排出阀损坏；柱塞填料处泄漏严重；隔膜处或排出管接头密封不严	更新阀门；调节填料压盖或更换新填料；找出漏气部位并消除
零件过热	传动机构油箱的油量过多或不足，油内有杂质；各运动副润滑情况不佳；填料压得过紧	更换新油，并使油量适量；检查、清洗各油孔；调整填料压盖
泵内有冲击声	各运动副的磨损严重；阀升程太高	调节或更换零件；调节升程高度，避免阀的滞后

5. 隔膜泵的检修

1）拆卸与装配

（1）隔膜计量泵液缸部件的拆卸

把柱塞移向中间行程位置，将柱塞从十字头旋出。在拆下吸排管法兰和泵托架与液缸部件连接的螺母后，将隔膜液缸部件从机座上拆下来，然后按以下顺序全部拆下泵内的各个零件。

拆下安全补油阀部件或安全阀，拉出柱塞，拧下填料压盖螺栓，拆下填料压盖，取出密封填料、柱塞套；拆下吸排管压板，依次取下阀套、限位片、阀球或弹簧及阀；拆下缸盖，依次取出隔膜、压环、定位销等。

（2）传动箱的拆卸

由后部和侧部螺塞处放尽传动箱内的润滑油，拆下箱体后端的盖板；拆下电动机，取出联轴器，拧下蜗杆轴承盖压紧螺母，将轴承盖、轴承、蜗杆和抽油器从传动箱内取出。

打开调节箱盖，拆下调节箱的压紧螺母，逆时针旋转调节转盘，使调节丝杆从调节螺母中退出来，取下调节箱，再将调节丝杆部件从上套筒拿下，然后把上套筒从传动箱体上拆下。

拆下泵托架压紧螺母，将泵托架从传动箱体内取出，打开传动箱上盖，从箱体内取出十字头销。

将 N 轴和套在 N 轴上的偏心块、连杆、偏心块上环等一并从传动箱里拿出，基本部件的拆卸顺序如下：拆下调节螺母，即可从 N 轴上拆出偏心块上环、轴承和垫圈；拉出套在偏心块上的偏心块套，取出滚针和偏心块；将传动箱体翻转，拆下传动箱体下轴承盖，把蜗轮、下套筒、轴承等同时从传动箱体内取出，即可一一取出下套筒等。

2）装配顺序

传动箱装配前清洗和检查所有零件，对已磨损而不能修复者应更换新件。按拆卸顺序，逆时针装复传动箱部分，应注意以下事项：

重装或更换新蜗杆、蜗轮时，注意重新调整蜗轮与蜗杆的啮合位置（图 8-31）。调节方法是将蜗轮工作齿面薄薄地涂上一层红丹，用手旋转蜗杆数转，观察起啮合点的位置，通过增减垫片的数量，使啮合点达到正确的位置。

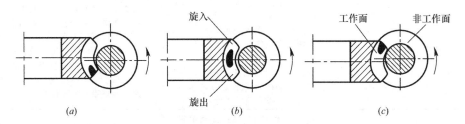

图 8-31　蜗轮与蜗杆的啮合位置
(a) 蜗轮过高；(b) 正确啮合位；(c) 蜗轮过低

回装蜗杆和柱塞油封时，在轴颈处应无划痕、碰伤的现象。并在密封表面上涂一层硅润滑脂，可用 0.3~0.5mm 厚的绝缘纸卷在轴颈上导向，将油封推入后抽出绝缘纸即可，不得用带尖角的金属块撬，以免损伤油封唇口，影响油封的效果。

蜗杆与蜗轮之间间隙大小可以通过加减垫片数量来适当调节，若间隙太大，泵运行有冲击噪声；若间隙太小，运行时转动调节手轮则较为困难。

传动箱按逆时针的顺序装复，再盘动联轴器进行检查，应转动自如，不得有任何卡阻的现象。转动调节转盘和盘动电动机联轴器，将行程调到零位置，装上指向零位置的调量表；转动调节转盘，把行程调到规定的最大行程，并把十字头移向前死点位置。

因计量泵是单脉动负载，载荷对蜗轮的磨损是排液冲程大于吸液冲程。因此，泵运行6000h后，根据蜗轮磨损情况，可将蜗轮相对原装配的位置，绕轴线旋180°后装回，这样可以延长蜗轮工作的寿命。

按柱塞液缸部件拆卸程序，逆时针装复于传动箱上，并调节好填料压盖螺栓的松紧，转动联轴器试转，应转动自如，不得有卡涩的现象。

8.6　阀门

阀门是流体输送系统中的控制部件，具有导流、截流、调节、节流、防止倒流、分流或溢流卸压等功能。

阀门可采用多种传动方式，有手动、气动、液动、电动、电—气或电—液联动及电磁驱动等，可以在压力、温度及其他形式传感信号的作用下，按预定的要求动作，或者不依赖传感信号而进行简单的开启或关闭。阀门依靠驱动或自动机构使启闭件做升降、滑移、旋摆或回转运动，从而改变其流速面积的大小以实现其控制功能。本章主要简述水厂泵站常用的阀门。

8.6.1　主要阀门性能

1. 阀门分类

1）按用途和作用分类

截断阀类：主要用于截断或接通介质流。包括闸阀、截止阀、隔膜阀、旋塞阀、球阀、蝶阀等。

调节阀类：主要用于调节介质的流量、压力等。包括调节阀、节流阀、减压阀等。

止回阀类：主要用于阻止介质倒流。包括各种结构的止回阀。

分流阀类：主要用于分配、分离或混合介质。包括各种结构的分配和疏水阀等。

安全阀类：主要用于超压安全保护。包括各种类型的安全阀。

2）按阀体材料分类

非金属材料阀门：如陶瓷阀门、玻璃钢阀门、塑料阀门等。

金属材料阀门：如铜合金阀门、铝合金阀门、钛合金阀门、铅合金阀门、铸铁阀门、碳钢阀门、低合金钢阀门、高合金阀门等。

金属阀体衬里阀门：如衬铅阀门、衬胶阀门、衬塑料阀门、衬搪瓷阀门。

3）通用分类法

这种分类方法既按原理、作用，又按结构划分，是目前国内、国际最常用的分类方法。一般可分为：闸阀、截止阀、旋塞阀、球阀、蝶阀、隔膜阀、止回阀、节流阀、安全阀、减压阀、疏水阀、调节阀等。

2. 闸阀

闸阀是最常用的截断阀之一，主要用来接通或截断管路中的介质，不适用于调节介质流量。闸阀适用的压力、温度及口径范围很大，尤其适用于大、中口径的管路上。

闸阀流动阻力小。闸阀阀体内部介质通道是直通的，介质流经闸阀时不改变其流动方向，因而流动阻力较小。

启闭较省力。启闭时闸板运动方向与介质流动方向垂直，与截止阀相比，闸阀的启闭较省力。

介质流动方向一般不受限制。介质可从闸阀两侧任意方向流过，对阀体部件没有影响，因此便于安装，特别适用于介质流动方向可能改变的管路中。

闸阀的高度大，启闭时间长。由于开启时须将闸板完全提升到阀座通道上方，关闭时又将闸板全部落下挡住阀座通道，所以闸板的启闭行程很大，其高度也相应增大、启闭时间较长。

密封面易产生擦伤。启闭时闸板与阀座相接触的两密封面之间有相对滑动，在介质力作用下易产生磨损、擦伤，从而破坏密封性能，影响使用寿命。

闸阀的结构形式：

闸阀按阀杆结构和运动方式分为明杆闸阀和暗杆闸阀。明杆闸阀的阀杆带动闸阀一起升降，阀杆上的传动螺纹在阀体外部（图 8-32）。

因此，可根据阀杆的运动方向和位置直观地判断闸板的启闭和位置，而且传动螺纹便于润滑和不受流体腐蚀，但它要求有较大的安装空间。暗杆闸阀的传动螺纹位于阀体内部，在启闭过程中，阀杆只作旋转运动，闸板在阀体内升降（图 8-33），因此阀门的高度尺寸较小。暗杆闸阀，通常在阀盖上方装设启闭位置指示器，以显示阀门闸板的启闭和位置。

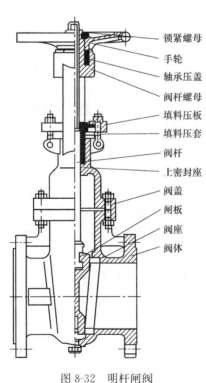

图 8-32　明杆闸阀

锁紧螺母
手轮
轴承压盖
阀杆螺母
填料压板
填料压套
阀杆
上密封座
阀盖
闸板
阀座
阀体

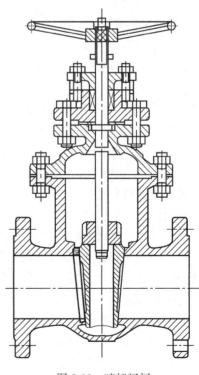

图 8-33　暗杆闸阀

3. 蝶阀

蝶阀是用随阀杆转动的圆形蝶板做启闭件，以实现启闭动作的阀门。蝶阀主要作截断阀使用，亦可设计成具有调节或截断兼调节的功能。目前，蝶阀在低压大中口径管道上的使用越来越多。

194

蝶阀的主要优点有结构简单、体积小、重量轻，对夹式蝶阀该特点尤其明显；流体阻力较小，中大口径的蝶阀，全开时的有效流通面积较大；启闭方便迅速，而且比较省力。蝶阀旋转90°角即可完成启闭。由于转轴两侧蝶板受介质作用力接近相等，而产生的转矩方向相反，因而启闭力矩较小；低压下可实现良好的密封。大多数蝶阀采用橡胶密封圈，故密封性能良好；调节性能较好。通过改变蝶板的旋转角度可以较好地控制介质的流量。

蝶阀的缺点有受密封圈材料的限制，蝶阀的使用压力和工作温度范围较小，大部分蝶阀采用橡胶密封圈，工作温度受到橡胶材料的限制。

4. 止回阀

止回阀是能自动阻止流体倒流的阀门。止回阀的阀瓣在流体压力作用下开启，流体从进口侧流向出口侧。当进口侧压力低于出口侧时，阀瓣在流体压差、本身重力等因素作用下自动关闭以防止流体倒流。止回阀一般分为升降式、旋启式。

1）旋启式止回阀

旋启式止回阀的阀瓣绕转轴做旋转运动。其流体阻力小于升降式止回阀，它适用于较大口径的场合。旋启式止回阀根据阀瓣的数目可分为单瓣旋启式、双瓣旋启式和多瓣旋启式三种。单瓣旋启式止回阀一般适用于中等口径的场合。双瓣止回阀适用于大、中口径管路，多瓣止回阀适用于大口径管路。

2）旋启式微阻缓闭止回阀

微阻缓闭止回阀在旋启式止回阀的基础上增加了平衡锤和阀瓣关闭缓冲机构（阻尼系统），见图8-34。

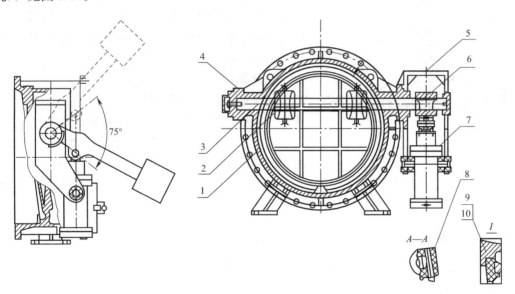

图8-34　微阻缓闭止回阀

1—阀体；2—阀瓣；3—转轴；4—轴承；5—油缸支架；6—摇臂；7—缓冲油缸；8—退拔销；9—阀瓣密封圈；10—阀座

微阻缓闭止回阀由阀体、阀盖、阀瓣组件、平衡锤、活塞组件、单向阀、微量调节阀等组成。

靠进口介质的流速水头作用，阀瓣自动开启使介质通过。阀体内的压力水通过单向阀流进活塞的后腔，将活塞从活塞腔内推出。

当水流停止时（如水泵突然停止运行），由于阀瓣的自重和倒流水的作用，使阀瓣自动快速关闭。但是由于活塞处于推出位置，顶住阀瓣，使阀瓣不能将阀口全部关闭，还剩有20%左右的开启截面积使水流通过，减消了水锤的压力。

阀瓣压在活塞端部，活塞后腔的水阻碍活塞退回，亦即阻止阀瓣关闭，这股水无法从单向阀泄回阀体，只能通过微量调节阀缓缓流回，使阀瓣徐徐关闭。

阀瓣分成快速和缓慢两步关闭过程，达到了既防逆又减弱水锤的作用。

微阻缓闭止回阀安装后必须调节平衡锤的位置、阀瓣缓闭开度和阀瓣关闭时的阻尼时间，以使阀门工作在较佳状态。

3）蝶式液压缓闭止回阀

蝶式止回阀是由卧式蝶阀演变而来。由于其应用了缓冲油缸及液压阻尼的原理，使其防水锤关闭特性功能有更广泛的适应性。目前，在大型水泵出口管道中推广使用，对大口径输水压力管中防止水锤升压起决定性作用。

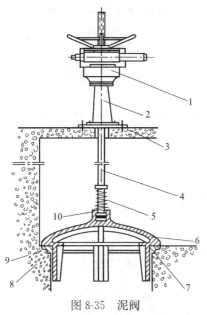

图 8-35　泥阀
1—驱动装置；2—支座；3—盖板；4—阀杆；
5—压簧；6—阀板；7—阀座；8—密封座；
9—密封圈；10—压板

蝶式止回阀由阀体、蝶板、阀轴、重锤、密封圈、缓冲油缸组件等组成。油缸的设置有立式、卧式与倾斜式三种。

设计合理的蝶式止回阀应具备以下良好的特性：

流阻特性：必须根据止回阀的特点与流体力学的原理，对阀腔、阀体密封座、蝶板、轴耳等流阻特性相关的结构元件进行合理设计与实验测试修正，取得止回阀良好的流阻特性。经周密设计的大口径蝶式止回阀其流阻系数可小于0.2以下，较一般止回阀具有更好的节能效果。

5. 泥阀

泥阀又称盖阀、插板阀，主要用于水处理中沉砂池排渣、沉淀池排泥、输水渠配水和滤池反冲洗排水等。

泥阀主要由驱动装置（手动、电动、液压）、支座、阀杆、阀板、阀座等零部件组成。见图 8-35。

泥阀的阀杆长度一般可根据实际需要制作。泥阀的安装一般为垂直安装。

8.6.2 阀门的电动装置

阀门电动装置是电动阀门的驱动装置，用以驱动阀门的开启和关闭，应用电动装置便于实现对阀门的远距离控制和自动化程序控制。

电动装置相比其他驱动装置有如下优点：适应性强，较少受环境温度影响；输出转矩范围广，操作迅速；控制方便，能自由地采用直流、交流、短波、脉冲等各种信号，所以适于放大、记忆、逻辑判断和计算等工作；可实现超小型化；具有机械自锁性；安装、维护、检修方便。

电动装置相比其他驱动装置有如下缺点：结构比较复杂；机械效率低；输出转速不能太低或太高；易受电源电压、频率变化的影响。

8.6.3 阀门的安装

1. 阀门安装的一般规定

1）文件的查验

阀门必须有质量证明文件，阀体上应有制造厂铭牌，铭牌上应有制造厂名称、阀门型号、公称压力、公称尺寸等标识，且应符合相关规定并符合设计要求。

2）外观的检查

阀门安装前必须进行外观检查。

闸阀、截止阀、节流阀、调节阀、蝶阀、底阀等阀门应处于全关闭位置；旋塞阀、球阀的关闭件均应处于全开启位置；隔膜阀应处于关闭位置，且不可关得太紧，以防止损坏隔膜；止回阀的阀瓣应关闭并予以固定。

阀门不得有损伤、缺件、腐蚀、铭牌脱落等现象，且阀体内不得有脏物。

阀门两端应有防护盖保护。手柄或手轮操作应灵活、轻便，不得有卡阻现象。

阀体为铸件时，其表面应平整、光滑，无裂纹、缩孔、砂眼、气孔、毛刺等缺陷。阀体为锻件时其表面应无裂纹、夹层、重皮、斑疤、缺肩等缺陷。

止回阀的阀瓣或阀芯动作应灵、活准确，无偏心、移位或歪斜现象。弹簧式安全阀应具有铅封。

2. 阀门驱动装置的检查与试验

采用齿轮、蜗轮驱动的阀门，其驱动机构应按下列要求进行检查与清洗。蜗杆和蜗轮应啮合良好，工作轻便，无卡阻或过度磨损现象；开式机构的齿轮啮合面、轴承等应清洗干净，并加注新润滑油脂；有闭式机构阀门应抽查10%且不少于一个，其机构零件应齐全，内部清洁无污，驱动件无毛刺，各部间隙及啮合面符合要求，如有问题，应对该批阀门的驱动机构逐个检查；开盖检查，如发现润滑油脂变质，将该批阀门的润滑油脂予以更换。

电动阀门的变速箱除按规定进行清洗和检查外，尚应复查联轴器的同轴度，然后接通临时电源，在全开或全闭的状态下检查、调整阀门的限位装置，反复试验不少于3次，电动系统应动作可靠、指示明确。

其他试验按照相关要求进行。

3. 阀门的安装

阀门的安装是阀门配套于管道和装置的重要一步，其安装质量的好坏，直接影响以后的使用和维修。

1）阀门的安装要求

安装阀门时，阀门的操作机构离操作地面宜在1.2m左右。当阀门的中心和手轮离操作地面超过1.8m时，应该对操作频繁的阀门设置操作平台。阀门较多的管道，阀门尽量集中安装在平台上，便于操作。

有安全泄放装置的阀门，其泄放阀应带有引出管，泄放方向不应正对操作人员。

明杆阀门不能直接埋地敷设，以防锈蚀阀杆，如要埋地，只能在有盖地沟内安装使用。当阀门安装在操作地面以下时，应该设置伸长杆或阀罐。

安装在管沟内的阀门需要在地面上操作的，或安装在上一层楼面（平台）下方的阀门，可设阀门伸长杆使其延伸至沟盖板、楼板、平台上面进行操作。伸长杆的手轮以距操作面 1200mm 左右为宜。

小于等于 DN50 及螺纹连接的阀门不应使用链轮或伸长杆进行操作，以免损坏阀门。

布置在平台周围的阀门手轮距平台边缘的距离不宜大于 450mm。当阀杆和手轮伸入平台内的上方且高度小于 2000mm 时，应使其不影响操作人员的操作和通行，以免造成人身伤害。

水平安装的明杆式阀门开启时，阀杆不得影响通行，特别是阀杆位于操作人员的头部或膝盖部位时更要注意。

水平管道上的阀门，其阀杆最好垂直向上，不宜将阀杆朝下安装。

并排安装在管道上的阀门，应该有操作、维修、拆装的空间位置，其手轮之间的净距不得小于 100mm；如间距较窄，应该将阀门交错排列。

对开启力矩大、强度较低、脆性和重量较大的阀门，应该设置阀架，以便支承阀门，并减少管道支路上的阀门，尽量将阀门安装在靠近干线管道的位置上。当阀门两侧压差大时，为方便阀门的开启需设置压力平衡旁通阀。

减压阀不应该安装在靠近容易受冲击的地方，应该考虑其所在位置振动较小、环境宽敞、便于维修。对于有毒、易燃易爆的介质，安全阀应该由封闭管线排放收集。

2）阀门的安装方向与姿态

阀门的安装与其他机械设备安装一样，有一个安装姿态问题，阀门安装的正确姿态应是内部结构类型符合介质的流向，安装姿态符合阀门结构类型的特定要求和操作要求。另外，正确姿态含有整齐划一、美观大方的意思。

（1）阀门安装方向

不少阀门对介质的流向都有具体规定，安装时应该使介质的流向与阀体上箭头的指向一致。阀门上没有注明箭头时，应该按照阀门的结构原理正确识别，切勿装反，否则，将会影响使用效果，甚至引起故障，造成事故。

闸阀一般没有规定介质流向，但用于深冷介质的闸阀例外，为了防止关闭后阀腔内介质因温升而膨胀，造成危险，在介质进口侧的闸板上有一个泄压孔，因此低温闸阀规定了介质流向，不能装反。

除特殊截止阀外，截止阀介质的流向一般从阀瓣下方流经密封面。安装时，应该按照阀体箭头指向识别方向。如果介质流向从密封面流经阀座下面，截止阀关闭后，填料仍受压，不利于填料更换；开启时操作费力，开启后介质阻力增大，密封面会受到冲蚀。因此，截止阀的方向不能装反。

升降式止回阀的介质流向是从阀瓣下面冲开阀瓣。旋启式止回阀的阀体上有箭头指示，其介质是从阀瓣密封面流向出口端；如果安装反向，则无法开启，容易造成事故。

蝶阀一般是有方向性的。安装时介质流向与阀体上所示箭头方向一致，即介质应该从阀的旋转轴（或阀杆）向密封面方向流过。中心垂直板式蝶阀的安装无方向性。

节流阀的介质流向也有方向性，阀体上有箭头指示。介质流向应是自下而上，装反了会影响节流阀的使用效果和寿命。

安全阀的介质流向是从阀瓣下向上流动；如果反向安装，将会酿成重大事故。

减压阀的介质流向应该与阀体上箭头指向一致，如果反向安装，将根本不起减压作用。

大多数隔膜阀的介质流向均为双向性；球阀、旋塞阀的介质流向也为双向性；三通或四通阀门的介质流向为多方向性。

（2）阀门安装姿态

闸阀是双闸板结构的，应该直立安装，即阀杆处于铅垂位置，手轮在上面。对单闸板结构的，可在任意角度上安装，但不允许倒装。对带有传动装置的闸阀，如齿轮、蜗轮、电动、气动、液动闸阀，按照产品说明书安装，一般阀杆铅垂安装为好。

截止阀、节流阀可安装在设备或管道的任意位置，带传动装置的阀门应该按照产品说明书的规定安装。截止阀阀杆水平安装会使阀瓣与阀座不同轴线，有位移现象，密封面容易掉线，发生泄漏，因此，截止阀阀杆应该尽量铅垂安装为好。节流阀需经常操作、调节流量，应安装在较宽敞的位置。

升降式止回阀，只能垂直安装在管道上，阀瓣的轴线呈铅垂状。弹簧立式升降式止回阀、旋启式止回阀可水平安装在管道上。旋启式摇杆销轴安装时应该保持水平位置。

球阀、蝶阀和隔膜阀可安装在设备和管道上的任意位置，但带有传动装置的，应该直立安装，即传动装置处于铅垂位置。安装应该注意有利操作和检查。三通球阀宜直立安装。

旋塞阀可在水平位置上安装，但应该有利于观看沟槽、方便操作。对三通或四通旋塞阀适用于直立装在管道上。

安全阀不管是杠杆式或弹簧式，都应该直立安装，阀杆与水平面应该保持良好的垂直度。安全阀的出口应该避免有背压现象，如出口有排泄管，应该不小于该阀的出口通径。

为了操作、调整、维修的方便，减压阀一般安装在水平管道上。安装的方法和要求应该按产品说明书规定。波纹管式减压阀用于蒸汽时，波纹管向下安装，用于空气时阀门反向安装。

8.7 压缩机

8.7.1 压缩机的种类及性能参数

1. 压缩机的分类

水厂常用压缩机，按工作原理可分为容积型、动力型。

容积型压缩机，主要有两种类型：往复式压缩机，包括活塞式压缩机、隔膜式压缩机；回转式（旋转式）压缩机，包括：单螺杆式压缩机、双螺杆式压缩机、罗茨式压缩机、液环式压缩机（液体活塞）等。

动力型压缩机是靠高速旋转叶轮的作用，提高气体的压力和速度，随后在固定元件中，使一部分速度能进一步转化为气体的压力能的一种气体输送设备。动力型压缩机主要有：离心式压缩机、轴流式压缩机、混流式压缩机、旋涡式压缩机。离心式压缩机壳体分水平剖分和垂直剖分两种形式。

2. 压缩机的性能参数

压缩机的性能参数主要有：

（1）排气压力：指气体经压缩后，在排气接管处测得的压力。

（2）容积流量：指在额定排气压力与相应温度下，在压缩机排气口处测得的体积流量。

（3）排气温度：指压缩机末级排气口处测得的温度。

（4）功率指示：功率指直接用于压缩气体所消耗的功率；轴功率指压缩机主轴的输入功率。

（5）效率：指压缩机的理论功耗与实际功耗之比。

（6）等温效率：等温指示效率指压缩机各级等温压缩理论循环的总指示功与各级实际循环总指示功之比；等温轴效率指压缩机各级等温压缩理论循环的总指示功与压缩机轴功之比；等温装置效率指压缩机自第一级吸气温度开始等温压缩到终了压力的理论指示功率与轴功率之比。

（7）绝热效率：绝热指示效率指压缩机各级绝热压缩理论循环指示功之和与压缩机各级实际循环指示功之和的比值；绝热轴效率指压缩机各级绝热压缩理论循环指示功之和与压缩机轴功的比值。

（8）比功率：指轴功率与单位时间容积量之比值。

这些参数是否在规定的正常值范围内，是衡量和判定压缩机工作是否正常、是否需要维修的重要指标。

3. 离心式压缩机

图 8-36 所示为离心式压缩机的结构剖面示意图。离心式压缩机的工作原理是：气体进入离心式压缩机的叶轮后，在叶轮叶片的作用下，一边跟着叶轮高速旋转，一边在旋转离心力的作用下向叶轮出口流动，并受到叶轮的扩压作用。其压力能和动能均得到提高，气体进入扩压器后，动能又进一步转化为压力能，气体再通过弯道、回流器流入下一级叶轮进一步压缩，使气体的压力和速度升高，从而使气体压力达到工艺所要求的工作压力。

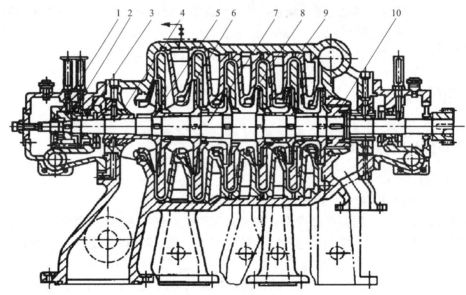

图 8-36　离心式压缩机结构剖面示意图

1—止推轴承；2—止推盘；3—径向轴承；4—轴封；5—叶轮；6—隔板；7—主轴；
8—级间密封；9—机壳；10—平衡活塞

4. 活塞式压缩机

活塞式压缩机是容积型往复式压缩机的一种。活塞式压缩机的种类很多。按汽缸的布置分为立式压缩机、卧式压缩机、角式压缩机；按排气压力分为低压压缩机、中压压缩机、高压压缩机、超高压压缩机；还可以按排气量、按汽缸达到终压所需级数、按活塞在汽缸中的作用、按列车员数的不同、按压缩气体等进行分类。

图 8-37 所示为 L 形角式压缩机的结构剖面示意图。图 8-38 所示为对称平衡式压缩机的结构剖面示意图。

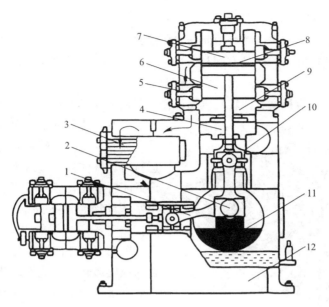

图 8-37 L 形角式压缩机

1—连杆；2—曲轴；3—中间冷却器；4—活塞杆；5—气阀；6—汽缸；7—活塞；
8—活塞环；9—填料；10—十字头；11—平衡重；12—机身

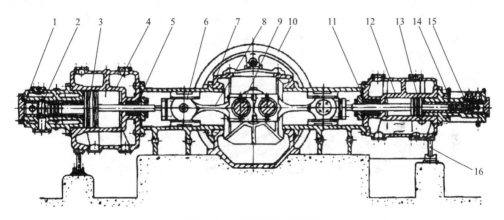

图 8-38 对称平衡式压缩机

1—Ⅲ段汽缸；2—Ⅲ段组合气阀；3—Ⅲ段活塞；4—Ⅰ段汽缸；5—Ⅰ段填料盒；6—十字头；7—机体；8—连杆；
9—曲轴；10—Ⅴ段带轮；11—Ⅱ段填料盒；12—Ⅱ段汽缸；13—Ⅱ-Ⅳ段活塞；
14—Ⅳ段汽缸；15—Ⅳ段组合气阀；16—球面支承

　　活塞压缩机的工作原理是：电动机启动后带动曲轴旋转，通过连杆的传动，活塞作往复运动，由汽缸内壁、汽缸盖和活塞顶面所构成的工作容积则会发生周期性变化。活塞从汽缸盖处开始运动时，汽缸内的工作容积逐渐增大，这时气体即沿着进气管推开进气阀而进入汽缸，直到工作容积变到最大时为止，进气阀关闭；活塞反向运动时，汽缸内工作容积缩小，气体压力升高，当汽缸内压力达到并略高于排气压力时，排气阀打开，气体排出汽缸，直到活塞运动到极限位置为止，排气阀关闭。当活塞再次反向运动时，上述过程重复出现。总之，曲轴旋转一周，活塞往复一次，汽缸内相继实现进气—压缩—排气的过程，即完成一个工作循环。

5. 螺杆式压缩机

螺杆式压缩机是容积式压缩机中回转式压缩机的一种，分为单螺杆压缩机与双螺杆压缩机。螺杆式压缩机常见的产品有螺杆式空气压缩机（俗称螺杆空压机）、螺杆式制冷压缩机及螺杆式工艺压缩机。

螺杆式压缩机系容积型（回转）压缩机械，是由一对具有凸齿与凹齿槽的阳、阴螺杆

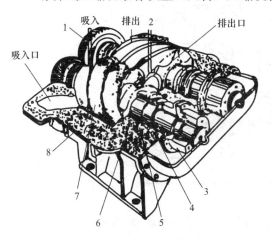

图 8-39　螺杆式压缩机结构示意图

1—同步齿轮；2—阴转子；3—推力轴承；4—轴承；
5—挡油环；6—油封；7—阳转子；8—汽缸

转子以及机壳等构成，如图 8-39 所示。进、排气口设在机壳两端呈对角线布置；压缩机运行时，气体自进气端吸入，两螺杆与机壳形成闭合空间，然后随转子旋转形成 V 形的闭塞压缩腔，经压缩后的气体由排气口排出。在图 8-40 所示的"∞"字形汽缸中，平行放置两个高速回转并按一定传动比相互啮合的螺旋形转子。通常，节圆外具有凸齿的主动转子称为阳转子，在节圆内具有凹齿的从动转子称为阴转子，阴、阳转子上的螺旋体分别称为阴螺杆和阳螺杆。一般阳螺杆通过增速齿轮组与驱动机连接，并由此输入功率；同时，由阳转子或经同步齿轮组带动阴转子转动。

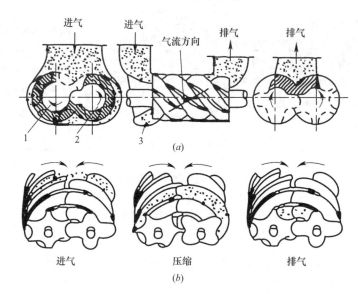

图 8-40　双螺杆压缩机结构组成和工作原理

（a）基本结构；（b）基本原理

1—阴螺杆；2—阳螺杆；3—机壳

从图 8-40 可以看出，在压缩机汽缸的两端，分别开设一定形状和大小的孔口。一个供进气用，称作进气孔口；一个供排气用，称作排气孔口。其运转过程从进气过程开始，然后气体在密封的齿槽容积中经历压缩，最后直至排气过程。

8.7.2 压缩机的维修、故障排除

压缩机的型号不同，故障也不相同，像离心式压缩机最易发生故障的零部件主要有：驱动机、主轴泵、蓄能器、轴承、隔板、油系统等；活塞式压缩机最常见发生故障的零部件主要有：机身、汽缸、活塞组件、气阀及气阀缸套部件、安全阀、轴承、轴瓦、润滑系统等；螺杆式压缩机最常发生故障的零部件主要有：油泵、卸荷阀、密封环、调速器、滑阀、轴承、迷宫梳齿等。本节以离心式压缩机为例，列举了离心式压缩机常见故障原因与处理方法（表8-4）。

离心式压缩机常见故障原因与处理方法　　　　　　　　表 8-4

序号	故障现象	原因	改正措施
1	驱动机不启动	润滑油压太低；高位油箱油位太低；没有蒸汽源、电源；控制油压太低、油温太低	见故障第6项；加足油；调节控制阀；打开加热器
2	驱动机关闭	蒸汽源、电源故障；安全装置联动自锁	按照指示的故障改正
3	主油泵不启动	无工作介质	通知相关部门
4	当油压下落时辅助油泵不启动	电气故障；油泵自动故障，蒸汽源故障	通知相关部门
5	油泵不输出油	油管线上的闸阀或止回阀关闭；泵和管线内有气体	打开闸阀，或维修，更换止回阀；打开阀门，排放气体（见启动的准备）
6	油压降低	油泵有毛病；油管线泄漏；冷却器、过滤器或粗滤器脏污；油压平衡阀或减压阀有缺陷	见故障第3～5项；修理泄漏处（见故障第8项）；转换冷却器、过滤器，清洁粗滤器；检查阀门，如果必要，更换
7	油压太高	油压平衡阀有毛病	检查阀门，如果必要，更换
8	油泄漏	法兰连接处泄漏；油管线破裂	如果必要，更换密封；如果同热的部件相接触会出现火灾危险
9	供油温度太高	冷却水不足；冷却水温升高；油质等级低劣	首先完全打开断流阀，然后通知负责部门；换油
10	供油温度太低	冷却水过多；环境温度太低	节流冷却水量；关闭油箱加热器
11	轴承温度高	油流量太低；油供给温度太高；油冷却器杆毛病；油质等级低劣；轴承损伤	增大轴承前的油压；见故障第9项；转换、清洁；换油；检查轴承并测量振动值
12	轴承振动增大	对中已改变；轴承间隙过大；油起泡沫；转子不平衡；转子变形	检查对中和基础；安装新的轴承；安装新轴承，必要时改变油黏度；检查转子平衡，必要时清洁；平直转子，然后检查平衡
13	压缩机运行低于喘振极限	背压太高；进口管线的阀门被节流；出口管线的阀门被节流；喘振极限控制器有缺陷或者调节不正确	通知负责部门打开阀门；调节阀门；重调控制器，有必要，更换

续表

序号	故障现象	原因	改正措施
14	压缩机振动噪声	联轴器未找正，对中有偏差；压缩机转子不平衡，由于油脏而使轴承磨损；气体管线传至机壳上的应力引起的偏差；联轴器不平衡；喘振；与压缩机邻近的机器造成的	卸下联轴器，让驱动机单独运转，如果驱动机不振动，故障可能是由找正而引起的，参考说明书有关部分检查未找正的情况；检查转子，看看是否由脏物引起不平衡，必要时，重新平衡；检查轴承，必要时加以更换；适当地固定管线，以防机壳应力过大。管子应有足够的弹性，以满足热膨胀要求；卸下联轴器检查不平衡；压缩机操作条件是否离开喘振条件；有关机器要彼此分开，增加连接管线的弹性
15	支承轴承故障	润滑油不合适；安装不良，有偏差；轴承间隙超过规定；压缩机或联轴器不平衡	保证所使用的油符合规定。定期检查油里是否有水或脏物；检查找正，必要时进行调整；检查间隙，必要时进行调整；重新找正
16	止推轴承故障	轴向推力过大；润滑油不合适；油脏	要保证联轴器干净，安装时保证连接的驱动机不向压缩机传递过大的推力；保证使用的油符合规定。定期检查油里是否有水或脏物；检查过滤器，更换脏的滤芯，检查管道是否清洁
17	轴承温度高	油路不畅通，过滤网堵或入口节流孔径过小，致使进油量不足；润滑油带水或变质；轴承进油温度高；轴承间隙过小；轴承本身缺陷或损坏；两轴承同轴度不符合要求；轴向推力过大	检查清理油过滤器或加大节流孔径；查明原因并消除，换油；增大油冷器水量，调整轴承间隙；更换轴承；重新找正；检查平衡盘密封等
18	振动增强	机组对中不良；转子或增（减）速器动平衡破坏；轴弯曲；转子与气封隔板相摩擦；轴承间隙过大；轴承盖与轴承体间的紧力不够；轴承进油温度过低；轴承圆柱度偏差过大；轴承巴氏合金损坏；地脚螺栓松动；底座共振；喘振；驱动机振动；机壳内有积水或异物	重新对中；重做动平衡并保证精度，消除零部件松动，消除叶轮内的污垢；校直；停车检查；调整间隙或更换轴承；紧固至规定紧力；加热润滑油；更换轴承；修刮或更换轴承；紧固；查明原因并作相应处理；加大吸入量或消除其他相关原因；检查并消除；清除

8.8　供水设备的装配及工艺安装

供水设备的安装是水厂建设安装过程中的重要环节。安装质量的良好与否，直接影响到机组的运行、管理、维修和机组运行的效率以及使用寿命。

8.8.1　安装工具

1. 安装工具

安装工具与机组和管道的类型、型号、大小等有关，要根据具体情况，准备好所需的安装工具。安装工具包括常用工具：手电钻、手提砂轮机、螺栓电阻加热器、千斤顶等。

2. 安装量具

1）方框水平仪

如图 8-41 所示。

2）求心器

求心器是找正机组中心的专用工具，由卷筒、拖板和转盘等组成，如图 8-42 所示。

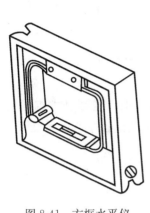

图 8-41　方框水平仪

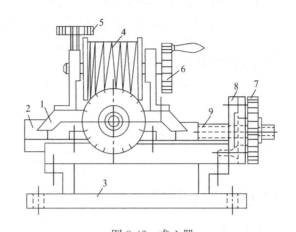

图 8-42　求心器

1—上拖板；2—下拖板；3—底座；4—卷筒；5—刹车；
6—摇手；7—调节转盘；8—调节丝杠；9—固定盘

3. 设备的检查与验收

设备运到工地后，在设备安装前由监理工程师组织有关人员根据设备到货清单进行验收，检查设备规格、数量和质量及各项技术指标、技术文件和资料。对有出厂验收合格证、包装完整，外观检查未发现异常，运输保管符合技术规定的，可不进行解体检查。若对制造质量有怀疑或由于运输保管不当等原因而影响设备质量的，则应进行解体检查。为保证安装质量，应对设备的主要尺寸、影响设备安装质量的主要部件尺寸及配合公差进行校核。

4. 水泵及电动机组合面的合缝检查

应符合下列要求：

合缝间隙用 0.05mm 塞尺检查，不得通过；当允许有局部间隙时，用不大于 0.1mm 的塞尺检查，深度应不超过组合面宽度的 1/3，总长应不超过周长的 20%；组合缝处的安装面高差应不超过 0.1mm；叶轮圆度、高度、中心、止漏密封、叶片调节机构等应满足要求；泵轴长度、止口、轴颈与轴承的配合间隙等应满足要求。

1）叶轮与外壳间隙应满足要求

操作油管顶部与调节器铜套的配合尺寸应满足要求；电动机转子轴长、磁极圆度、定子内径应满足要求；推力头与电动机轴配合间隙和连接键与键槽的配合等应满足要求；卡环与卡环槽配合间隙满足要求。

检查验收合格后，按其用途、构造、重量、体积及安装先后，结合现场条件，决定保管地点和保管方法。

2）吊装要求和注意的问题

设备的安装和检修，都需要进行吊装。应根据泵站规模、机组、部件尺寸和重量等具体情况，制订吊装方案。

吊装工作中应注意如下问题：

（1）吊装前要认真检查所使用的工具，如钢丝绳、滑轮等是否符合使用要求。

（2）钢丝绳与吊装物体棱角接触处应垫弧形钢板或木保护角，不允许钢丝绳直接接触吊装物体，以免吊装物体棱角磨坏钢丝绳；捆绑重物的钢丝绳与垂直方向的夹角不得大于45°，在起吊高度允许的情况下，夹角越小越好。

（3）找准吊装物体的重心，做到平起平落，切忌倾斜。

（4）两台起重机吊装同一设备时，被吊装设备重量（包括吊具）不能超过两台起重机起重量之和。

（5）起吊时应先吊起少许，以检查绳索是否牢固，同时用木棍或钢撬棍敲击钢丝绳，使其受力均匀，并检查吊绳的合力点是否通过被吊装设备中心，吊装设备是否水平等。

8.8.2　卧式机组的安装

1. 主机组基础和预埋件的安装

1）基础放样

根据设计图纸，在泵房内按机组纵横中心线及基础外形尺寸放样。为保证安装质量，必须控制机组的安装高程和纵横中心线位置；为便于管道安装，主机组的基础与进出水管道（流道）的相互位置和尺寸应符合设计要求。

2）基础浇筑

根据机组的大小，基础浇筑有一次浇筑法和二次浇筑法。

一次浇筑法用于水泵进口直径在 500mm 以下的小型或带底座的机组。浇筑前根据地脚螺栓的间距，先将地脚螺栓固定在基础模板顶部的横木上，如图 8-43 所示。经检查螺栓间距和垂直满足要求后，将地脚螺栓一次浇入基础内。这种方法的优点是地脚螺栓和基础混凝土结合牢固，螺栓的抗拉能力较大。其缺点是若螺栓位置不正或浇筑混凝土振捣过程中，螺栓受碰撞而变位，将使机组的地脚螺栓孔和螺栓不能对正，给机组安装造成困难。

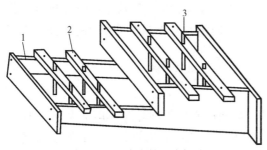

图 8-43　一次浇筑地脚螺栓

1—基础模板；2—横木；3—地脚螺栓

二次浇筑法用于水泵进口直径在 500mm 以上的大中型或不带底座的机组。浇筑前在基础模板的横木上相应于地脚螺栓的位置，预留出地脚螺栓孔，如图 8-44 所示。待基础混凝土凝固后，取出预留孔内的模板。预留孔的中心线与地脚螺栓的中心偏差不大于 5mm，孔壁垂直度误差不得大于 10mm，孔壁力求粗糙。机组安装好后再向预留孔内浇筑混凝土或水泥砂浆，并振捣密实，以保证设备的安装精度及二次浇筑的混凝土黏结牢固。

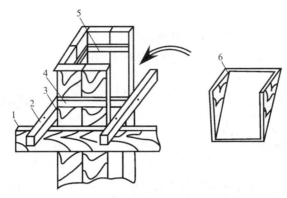

图 8-44 二次浇筑地脚螺栓预留孔模板
1—基础模板；2—横木；3—预留孔；4—预留孔外横木；5—内横木；6—楔形模板

2. 预埋件的安装

水泵和电动机基础应平整，以便于机组的安装。常用坐浆法在基础表面或地脚螺栓处设垫铁。垫铁顶面的高程和基础顶面的设计高程一致，允许误差不超过 1mm，垫铁埋设时各垫铁的高程偏差宜为－5～0mm，中心和分布位置偏差宜不大于10mm，水平偏差宜不大于1mm/m。另外，在水泵和电动机底座下面，一般设调整垫铁，用来支承机组重量，调整机组的高程和水平。垫铁为钢板或铸铁件，斜垫铁的薄边厚度不小于10mm，斜边坡度为 1/25～1/10，搭接长度在 2/3以上，如图8-45 所示。

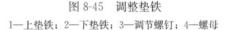

图 8-45 调整垫铁
1—上垫铁；2—下垫铁；3—调节螺钉；4—螺母

3. 卧式水泵的安装

卧式水泵的安装程序如图8-46 所示。水泵就位前应复查基础水平和高程。水泵的中心找正、水平找正和高程找正，是安装工程的关键。

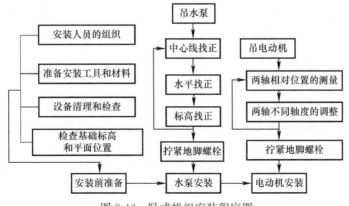

图 8-46 卧式机组安装程序图

1）中心找正

中心找正就是找正水泵的纵横中心线。先定好基础顶面上的纵横中心线，然后在水泵进、出口法兰面（双吸离心泵）和泵轴的中心分别吊垂线，如图8-47 所示。调整水泵位置，使垂线与基础上的纵横中心线相吻合。

2）水平找正

水平找正就是找正水泵的纵向水平和横向水平。一般用水平仪或吊垂线的方法，单级单吸离心泵在泵轴和出口法兰面上测量，如图 8-48、图 8-49 所示。

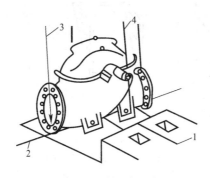

图 8-47　找正中心线

1，2—基础的纵横中心线；3—水泵进出法兰中心线；4—泵轴中心线

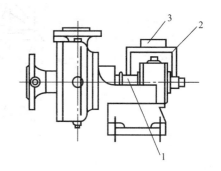

图 8-48　纵向水平找正

1—水泵轴；2—支架；3—水平仪

双吸离心泵在水泵进、出口法兰面上测量，如图 8-50 所示。用调整垫铁的方法，使水平仪的气泡居中，或使法兰面至垂线的距离相等或与垂线重合。卧式双吸离心泵，还可以在泵壳的水平中开面上选择可连成十字形的 4 个点，把水准尺立在这 4 个点上，用水准仪读各点水准尺的读数，若读数相等，则水泵的纵向与横向水平同时找正。

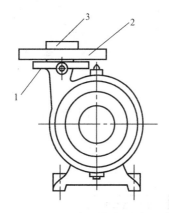

图 8-49　横向水平找正

1—水泵出水口法兰；2—水平尺；3—水平仪

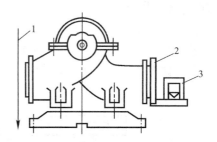

图 8-50　用吊垂线或方框水平仪找正水平

1—垂线；2—专用角尺；3—方框水平仪

3）高程找正

水泵的高程是指水泵轴中心线的高程。高程找正的目的是校核水泵安装后的高程与设计高程是否相符。一般采用水准测量的方法进行高程找正，测量时将一水准尺立于已知水准点上，将另一水准尺立于水泵轴上，如图 8-51 所示。水泵轴中心线高程的计算式为：

$$H_A = H_B + L - C - d/2 \tag{8-1}$$

式中：H_A——水泵轴中心线高程（m）；

　　　H_B——基准点 B 处高程（m）；

　　　L——B 点水准尺的读数（m）；

　　　C——泵轴上水准尺的读数（m）；

　　　d——泵轴的直径（m）。

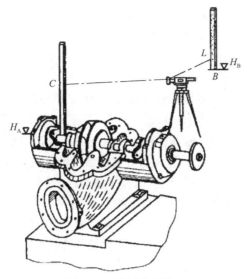

图 8-51 水泵高程找正

4. 卧式电动机的安装

卧式水泵与电动机多数采用联轴器传动。电动机安装时以水泵轴为基准。调整电动机的轴，使电动机的联轴器和水泵的联轴器平行且同心，并保持一定的间隙，使两轴线位于同一条直线上。

如果电动机和水泵两联轴器的端面不平行或两轴中心线不在同一条直线上，运行中水泵轴和电动机轴受周期性弯曲应力影响，就会使轴承发热，甚至引起机组振动。

为了确保水泵和电动机的轴线在同一条直线上，需确定两轴的相对位置。测量两轴相对位置的量具主要有直尺、塞尺和百分表等。

用直尺和塞尺测量两轴的相对位置，如图 8-52 所示。测量时按上、下、左、右四个点分别测量径向间隙和轴向间隙。用这种方法测量，受量具限制，测量精度不是很高。

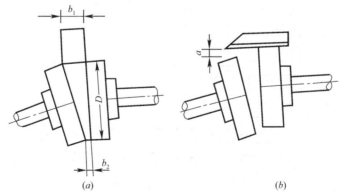

图 8-52 用塞尺和直尺测量两轴的轴向和径向间隙

（*a*）轴向间隙测量；（*b*）径向间隙测量

8.8.3 立式机组的安装

城镇给水排水泵站中的立式轴流泵机组多为中小型，立式轴流泵安装在水泵层的水泵梁上，电动机安装在电机层的电机梁上，如图 8-53 所示。

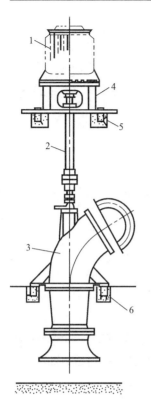

图 8-53　立式轴流泵机组
安装示意图

1—电动机；2—传动轴；

3—水泵；4—电动机座；

5—电机梁；6—水泵梁

立式轴流泵机组的安装程序为自下而上，先水泵后电动机；先固定部件后转动部件。立式机组的高程、水平、同心、摆度和间隙的测量与调整是机组安装的关键，必须认真掌握。立式机组安装程序如图 8-54 所示。

泵体安装前先将叶片安装在轮毂上，均匀上紧连接螺栓。然后将水平底座、中间接管、弯管等部件吊放到水泵层。把进水喇叭管、叶轮、导叶体吊放到进水层。

1. 弯管和导叶体组合件的安装

水泵梁定位后，将弯管、导叶体组合件吊到水泵梁上，同时把弯管出口垫上橡胶垫圈并与出水管相连。以出水弯管上的上导轴承座面为校准面，将方框水平仪放到校准面上，调整垫铁，并收紧弯管与出水管的连接螺栓，校正出水弯管的水平。

2. 电机座的安装

由于机组各部件有加工误差，几个部件配合组装后又产生累积误差。因此，设计图纸给定的电机座高程与部件实际情况可能不相同，电机座的实际安装高程常通过预装方法求得。预装时将泵轴吊入上、下导轴承孔内，试装叶轮与叶轮外壳，使叶轮中心与叶轮外壳中心对准，测量出泵轴上端联轴器平面高程，同时用钢尺量出传动轴上推力头到传动轴端联轴器平面的距离，根据实测记录，计算出电机座的实际安装高程。然后拆除叶轮吊出水泵轴，按确定的电机座安装高程吊装电机座。以电机座轴承座面为校准面，将方框水平仪放到校准面上，用调整垫铁的方法校正电机座的水平。

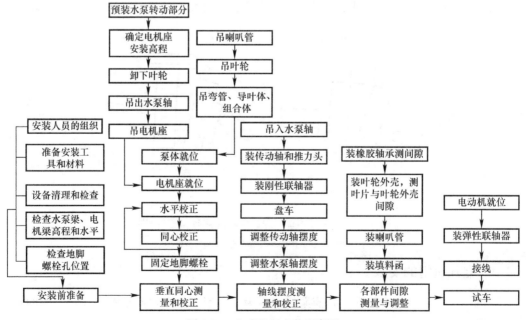

图 8-54　立式机组安装程序图

3. 同心校正

同心校正就是校正电机座上的传动轴孔与水泵上、下导轴承孔的同心度，使各部件的中心点重合在同一条铅垂线上。同心度测量常用电气回路法，如图 8-55 所示。在电机层楼面上放一支架，支架上放求心器，其上吊一钢琴线，下挂重锤并浸入油桶中。用干电池、耳机、电线与钢琴线串联成电气回路，利用内径千分尺，接通被测量的部件与钢琴线间的回路。转动求心器的卷筒，使钢琴线长短合适且居于中心位置。将轴承按东、西、南、北方向分成 4 等分，并以：$x-x$，$y-y$ 标记出。然后戴上耳机，一只手拿千分尺，另一只手调节千分尺的测杆长度，使千分尺的顶端与轴承的内径接触。如果线路接通，就能从耳机内听到"咯咯"的响声。这样反复施测，并取各点测杆的最短长度，作为钢琴线到轴承边壁的距离，并将各点所测得的数据记入表格内。不同心值不能超过 0.05mm，否则，说明两轴承不同心。

测量时，以水泵上导轴承座为基准，用求心器和内径千分尺找好轴承内孔与钢琴线的同心。然后，以钢琴线为中心，测量电机座传动轴孔沿圆周东南西北四个测点至钢琴线的距离，如图 8-56 所示。由于水泵上、下导轴承孔的同心出厂时已校正，只要把上导轴承座面调至水平，上、下导轴承孔即达到同心。

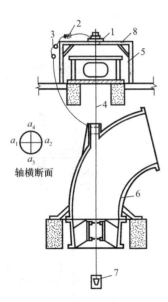

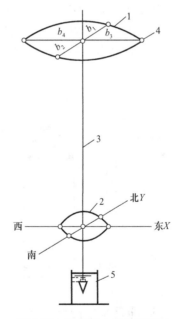

图 8-55　同心度测量

1—求心器；2—干电池；3—耳机；4—钢琴线；
5—电机座；6—水泵；7—油桶及重锤；8—求心器

图 8-56　垂直同心测量示意图

1—被测量部件；2—基准部件；3—钢琴线；
4—测点；5—油桶及重锤

根据测量记录可以计算部件在东西方向及北南方向的同心偏差值：

$$Y_b = b_1 - b_2 \tag{8-2}$$

$$X_b = b_3 - b_4 \tag{8-3}$$

式中：　　　　Y_b——被测部件 Y 方向的同心偏差值（mm）；

　　　　　　　X_b——被测部件 X 方向的同心偏差值（mm）；

b_1、b_2、b_3、b_4——各测点至钢琴线的距离（mm）。

一般要求 $X_b＝Y_b＝0$，如果同心偏差值 X_b、Y_b 在允许范围内，可以认为垂直同心满足要求。如同心偏差不在允许范围内，应进行调整，直到满足要求为止。

校好同心后，再复校水平、高程。

泵体同心、水平、高程满足要求后，浇筑水泵地脚螺栓和垫板的二期混凝土。在浇筑过程中，泵体的水平、同心、高程不能变化，否则，应重新调整。

4. 立式潜水电泵机组的安装

潜水电泵的水泵和电动机组装在一起，它具有结构紧凑、安装简便、对泵房要求低、可以省去泵房的上部结构等优点。近年来潜水电泵的叶轮直径已经超过 1m，最大叶轮直径已达到 1.6～1.8m，而且应用领域逐年扩大，特别是在给水排水泵站中的应用日益广泛。

1）潜水电泵的结构特点

潜水电泵的水泵和电动机在制造厂家就已经组装成一体，大大简化了泵站现场安装的工作，安装十分简便、快捷。水泵和电动机共用一根轴，水泵和电动机采用机械密封，整机潜没在水下运行。内部设有泄漏及绕组温升等保护装置，以确保机组安全、可靠运行。

2）潜水电泵的安装要求

根据结构形式的不同，其安装方式主要有：固定式安装、井筒式安装，如图 8-57 所示。井筒一般采用钢制或混凝土井筒。底座和井筒座水平允许偏差为 5mm/m，高程允许偏差为 ±10mm，垂直同轴度允许偏差为 5mm。安装前应作常规检查，电缆的绝缘电阻应不低于 0.5MΩ。吊装过程中应就位准确，与底座配合良好，保护好电缆。

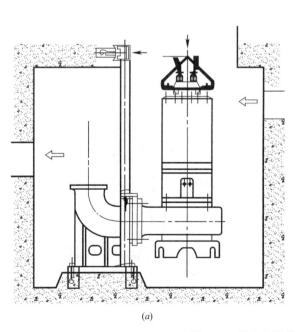 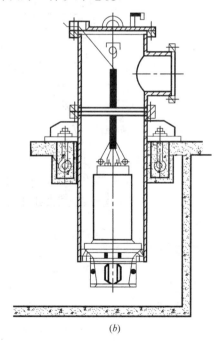

图 8-57 潜水电泵的安装方式

（a）固定式安装；（b）井筒式安装

8.8.4 管道安装

主水泵的管道安装包括进出水管道、阀件、管件的安装。管道安装前应检查管道、阀件、管件的规格和质量是否符合要求，以确保管道安装的质量。

1. 管道安装的要求

进出水管道不能漏气漏水。进水管道漏气会破坏水泵进口处的真空，使水泵的出水量减少，甚至不出水。出水管道漏水虽不影响水泵的正常工作，但严重时浪费水资源，降低装置效率，同时有碍泵站管理，所以进出水管道应尽可能焊接或法兰连接。

水泵进口前的进水管道应有一段不小于 4 倍管径的直管。否则水泵进口处的流速分布不均匀，将影响水泵运行的效率，进水管道应尽量短，弯头尽量少，以减少水头损失。

进水管道进口处应安装滤网或在进水池前设格栅，以防杂物吸入水泵，影响水泵的工作。吸水管道进口处要有足够的淹没深度和适宜的悬空高度。

水泵的进出水管道应有支承，避免把管道和附件的重量传递到水泵上。

安装出水管道时定线要准确，管道的坡度及线路应符合设计要求。采用承插接口的管道，接口填料要密实，且不漏水。泵房内部的出水管道应采用法兰连接，以便于安装检修。

合理选择管道的敷设方式。

2. 管道安装应具备的条件

主水泵进出水管道的安装应具备如下条件：与管道有关的镇墩、支墩等土建工程经检查应满足要求；与管道连接的设备，应安装完毕，固定稳妥；管道内部防腐或衬里等工作已经完成。

3. 管道支架

管道支架是管道安装中使用最广泛的构件之一。管道支架横梁应牢固地固定在墙、柱或其他构件上，横梁长度方向应水平，顶面应与管道中心线平行。在安装支架前应测量支柱、支墩顶面高程、坡度和垂直度是否符合安装要求。

支架安装应按设计或有关要求进行。安装方法有预留小孔洞式或预埋钢板式两种。前者在土建施工时预留孔洞，埋入支架横梁时，应清除孔洞内碎石和灰尘，并用水将孔洞浇湿，孔洞采用 C20 的细石混凝土填塞，要填得密实饱满，如图 8-58 所示。后者在浇筑混凝土前，将钢板预埋并焊接在钢筋骨架上，以免振捣混凝土时，预埋件脱落或偏离设计高程和位置，如图 8-59 (*a*) 所示。上述两种方法适合于较大直径且有较大推力和重量的管道支架安装。

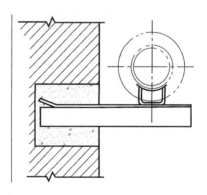

图 8-58　埋入墙内的支架

在没有预留孔洞和预埋钢板的砖或混凝土构件上，可以用射钉或膨胀螺栓安装支架，如图 8-59 (*b*)、图 8-59 (*c*) 所示。这种施工方法具有施工进度快、工程质量好、安装成本低的优点。该方法安装的管道支架一般仅用于较小管径或较小推力和重量的管道支架安装。

4. 管卡

管卡是用来固定管道，防止管道滑动或位移的专用构件。泵站管道安装一般用钢制管卡。将管卡穿过支架螺栓孔。垫好垫圈，上紧螺母即可。

5. 管道连接

管道连接是管道安装的关键工序。管道连接方式不同，安装的方法也不同。常用的连接方法有焊接、法兰连接、承插连接等。

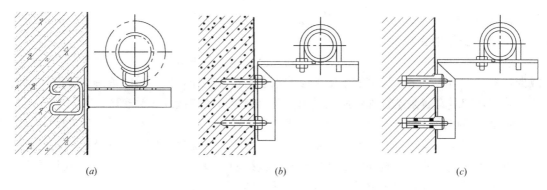

图 8-59 支架安装方式

(a) 焊接到预埋钢管上的支架；(b) 用射钉安装的支架；(c) 用膨胀螺栓安装的支架

6. 钢管道焊接

焊接是钢管道连接的主要形式。常用的焊接方法有手工电弧焊、气焊等。

电焊的强度比气焊强度高，并且比气焊经济，因此应优先采用电焊焊接。只有公称直径小于80mm、管壁厚小于4mm的管道才采用气焊焊接。但有时因条件限制，不能采用电焊施焊的地方，也可以用气焊焊接公称直径大于80mm的管道。

1) 管道坡口

管道坡口的目的是使焊缝达到一定熔深，以保证焊缝的抗拉强度满足要求。管道是否采用坡口，与管道的壁厚有关。管壁厚度在6mm以内，采用平焊缝；管壁厚度在6～12mm，采用V形焊缝；管壁厚度大于12mm，当管径尺寸允许焊工进入管内焊接时，应采用X形焊缝，如图8-60所示。后两种焊缝必须进行管道坡口加工。

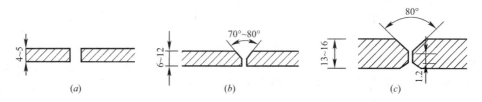

图 8-60 焊缝（mm）

(a) 平口；(b) "V" 形坡口；(c) "X" 形坡口

管道对口前，应将焊接端的坡口面及内外壁10～15mm范围内的铁锈、泥土、油脂等脏物清除干净。

管道坡口加工可分为手工及电动机械加工两种方法。手工加工坡口采用平钢锉锉坡口、风铲打坡口以及用氧割割坡口等几种方法。其中以氧割割坡口用得较多，对氧割的坡口必须将氧化铁铁渣清除干净，并将凸凹不平处打磨（手提磨口机或钢锉）平整。电动机械有手提砂轮磨口机和管道切坡口机。前者体积小，重量轻，使用方便，适合现场使用；后者切坡口速度快、质量好，适宜于大直径管道坡口。

2) 钢管焊接

钢管焊接时，应进行管道对口。对口应使两管中心线在一条直线上，同时两管端应具有一定的间隙，允许的错口量和两管端的间隙值见表8-5。

管道焊接允许错口量和间隙值 表 8-5

管壁厚 s（mm）	4～6	7～9	＞10
允许错口量 δ（mm）	0.4～0.6	0.7～0.8	0.9
间隙值 d（mm）	1.5	1	2.5

7. 钢管法兰连接

主水泵管道的连接常用平焊法兰。这种法兰制造简单、成本低，施工现场既可采用成品件，也可按国家标准在现场用钢板加工。

在法兰盘之间应设厚度为 2～5mm 的橡胶垫圈，或用浸过白铅油的石棉绳垫圈。为便于安装时调整垫圈的位置，垫圈上一般留一手柄。加垫圈时先在法兰面上涂一层白铅油，然后将垫圈端正地放置于两法兰盘之间，不允许出现偏移现象。在管道中心线和坡度调整至符合设计要求后，将管道稳固，然后上紧螺栓。上紧螺栓时应上下、左右交替进行，以免法兰盘受力不平衡使管道连接不紧密。

8. 管道附件的安装

1）管件的安装

应根据设计要求核对管件的规格，并进行检查和试验。采用焊接或法兰连接的方式与管道或与阀件连接。

2）填料式补偿器（伸缩节）的安装

填料式补偿器（伸缩节）应与管道保持同心，不应有歪斜、卡阻现象；在靠近补偿器的两侧应有导向支座，伸缩节应能自由伸缩，不得偏离中心；补偿器的伸缩量允许偏差应为 ±5mm；补偿器的插管应安装在水流入端；补偿器的填料应逐圈装入压紧，各圈接口应错开。

3）常用测量仪表安装

测量仪表在泵站中起监视、控制及调节作用。泵站中常用测量仪表有压力测量仪表和流量测量仪表。

压力测量仪表按被测压力状态，分为压力表和真空表，用于测量水泵进出口的压力。

选用压力表时，精度等级一般可选 1.5 或 2.5 级，表盘大小根据观察距离的远近选择。在选用压力表的测量范围时，其正常指示值不应接近最大测量值。当被测介质压力比较稳定时，表的正常指示值为最大测量值的 2/3 或 3/4；当测量波动压力时，表的正常指示值为最大测量值的 1/2。在上述两种情况下，测量值最低不应低于最大测量值的 1/3。

真空表安装在水泵进口位置，压力表安装在水泵出口位置。

计量仪表用来计量水流流量或水量，分为水表和流量计两类。计量仪表安装要求如下：水表应安装在便于检修和读数，不受曝晒、冰冻、污染和机械损伤的位置；螺翼式水表的上游侧应有长度为 8～10 倍水表公称直径的直管段，其他类型的水表前后应有不小于300mm 的直管段；水表前后和旁通管上均应设检修阀门，若水表可能产生倒转而损坏水表时，则应在水表前设止回阀；安装水表时应注意水表外壳上标示的示流方向与水流方向一致；流量计按照说明书的要求进行安装。

8.8.5 电气设备安装

本节重点叙述水厂、泵站典型的电气部件设备的安装，以低压断路器、熔断器、接触器、继电器、电机以及照明线路、配电电路等为例来学习基本的电气设备安装技术。

1. 低压断电器的安装

低压断路器（自动空气开关）是在电路中可同时起控制作用与保护功能的电器。常用作不频繁的接通和断开的电路的总电源开关或部分电路的电源开关。不仅可接通和分断正常负荷电流和过负荷电流，还可接通和分断短路电流的开关电器。当发生过载、短路或欠压等故障时能自动切断电路，有效地保护串接在它后面的电气设备并且在分断故障电流后一般不需要更换零部件，因此广泛应用于低压配电系统各级反馈出线，各种机械设备的电源控制和用电终端的控制和保护。

低压断路器具有多种保护功能、动作值可调、分断能力高、操作方便、安全等特点。其中，保护功能包括过载、短路、欠电压保护和漏电保护等。

一般地，低压断路器由触头、脱扣器、操作机构及灭弧装置等结构组成。如图 8-61 所示，低压断路器的主触点是靠手动操作或电动合闸的。主触点闭合后，自由脱扣机构将主触点锁在合闸位置上。过电流脱扣器的线圈和热脱扣器的热元件与主电路串联，欠电压脱扣器的线圈和电源并联。当电路发生短路或严重过载时，过电流脱扣器的衔铁吸合，使自由脱扣机构动作，主触点断开主电路。当电路过载时，热脱扣器的热元件发热使双金属片向上弯曲，推动自由脱扣机构动作。当电路欠电压时，欠电压脱扣器的衔铁释放，也使自由脱扣机构动作。分励脱扣器则作为远距离控制用，在正常工作时，其线圈是断电的，在需要远距离控制时，按下启动按钮，使线圈通电，衔铁带动自由脱扣机构动作，使主触点断开。

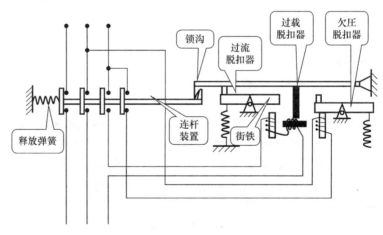

图 8-61　低压断路器的工作原理

安装与使用低压断路器时，应注意以下几点：

断路器应垂直安装，电源线应接在上端，负载接在下端。

低压断路器用作电源总开关或电动机的控制开关时，在电源进线侧必须加装刀开关熔断器等以形成明显的断开点。

低压断路器使用前应将脱扣器工作面上的防锈油脂擦净，以免影响其正常工作。同时应定期检修，清除断路器上的积尘，给操作机构添加润滑剂。

各脱扣器的动作值调整好后，不允许随意变动，并应定期检查各脱扣器的动作值是否满足要求。

断路器的触头使用一定次数或分断短路电流后，应及时检查触头系统，若触头表面有毛刺、颗粒等应及时维修或更换。

断路器安装应保证电气间隙和爬电距离，没有附加机械应力。

1）熔断器的安装

熔断器是电流超过规定值一定时间后以其本身产生的热量使熔体熔化而分断电路的电，因此广泛应用于低压配电系统及用电设备中作短路和过电流保护。

熔断器主要由熔体、安装熔体的熔管和熔座三部分组成，在使用时将熔断器的熔芯放入熔断器外壳内。熔体（熔断器的主要组成部分）常做成丝状、片状或栅状，通常由铅、铅锡或锌等低熔点材料制成的，称为低熔点熔体，多用于小电流电路；而由银、铜等较高熔点金属制的，称为高熔点材料，多用于大电流电路。熔管（熔体保护外壳）用耐热绝缘材料制成，在熔体熔断时兼有灭弧作用。熔座（熔断器底座）固定熔管和外接引线。

按结构形式分，熔断器种类有插入式熔断器、无填料封闭管式熔断器、有填料封闭管式熔断器、螺旋式熔断器、半导体器件保护熔断器（快速熔断器）等。

安装低压熔断器时，需要注意以下事项：

安装前应检查所安装的熔断器的型号、额定电流、额定电压、额定分断能力、所配装的熔体的额定电流等参数是否符合被保护电路所规定的要求。

安装时熔断器装在各相线/单相线路的中性线；不允许装在三相四线中性线/接零保护线。

熔断器一般垂直安装以保证接触刀或接触帽与其相对应的接触片、夹接触良好，避免电弧，造成温度升高而引起熔断器误动作和周围电器元件损坏；安装熔体时不让熔体受机械损伤，不宜用多根熔丝绞合在一起代替较粗的熔体。

螺旋式熔断器的进线接底座的中心点，出线接螺纹壳。

熔断器两端的连接线应连接可靠，螺钉应拧紧。

熔断器所安装的熔体熔断后，应由专职人员更换同一规格、型号的熔体。

定期检修设备时，对已损坏的熔断器应及时更换同一型号的熔断器。

2）继电器的安装

继电器是利用各种物理量的变化，将电量或非电量信号转化为电磁力或使输出状态发生阶跃变化，从而通过其触头或突变量促使在同一电路或另一电路中的其他器件或装置动作的控制元件。

继电器的种类很多，按用途可分为控制继电器、保护继电器、中间继电器等；按照原理可分为电磁式继电器、感应式继电器、热继电器等；按照参数可分为电流继电器、电压继电器、速度继电器、压力继电器等；按照动作时间可分为瞬时继电器、延时继电器等；按照输出形式可分为有触点继电器、无触点继电器等。

继电器主要用于各种控制电路中进行信号传递、放大、转换、联锁等，控制主电路和辅助电路中的器件或设备按预定的动作程序进行工作，实现自动控制和保护目的。

本节以热继电器为例介绍其安装方法。热继电器是利用电流的热效应原理来工作的保护电器。热继电器的电气符号如图8-62所示。热继电器由流入热元件的电流产生热量，使有不同膨胀系数的双金属片发生形变，当形变达到一定距离时，就推动连杆动作，使控制电路断

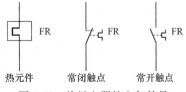

图 8-62　热继电器的电气符号

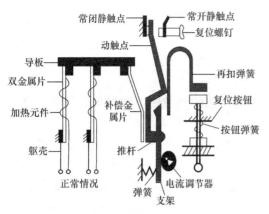

图 8-63　热继电器的工作原理

开，使接触器失电，主电路断开实现电动机过载及过载保护。热继电器的工作原理如图 8-63 所示。

安装和使用热继电器时，注意将热继电器的热元件串接在主电路中，遵循上进下出的原则，而常开常闭触点串接在控制电路中。不同型号的热继电器与不同接触器相配合。热继电器的型号有 NR、JR、JRS、JRE、LR 等系列。

2. 变频器的安装

变频器的工作环境温度一般为 $-10 \sim 40 \, ^\circ\!C$，当环境温度大于变频器规定的温度时，变频器要降额使用或采取相应的通风冷却措施。变频器工作环境的相对湿度为 $5\% \sim 90\%$，即无结露现象。变频器的正确安装是变频器正常工作的基础。变频器应安装在不受阳光直射、无灰尘、无腐蚀性气体、无可燃气体、无油污、无蒸汽滴水等环境中；变频器安装场所的周围振动加速度小于 5.88m/s^2，对变频器产生电磁干扰的装置要与变频器相隔离。海拔高度高于 1000m 时，变频器降额使用。

变频器的安装方式有墙挂式安装和控制柜中安装两种形式。用螺栓把变频器垂直安装在坚固物体上的安装方式称为墙挂式安装。在采用墙挂式安装变频器时，变频器文字键盘作为变频器正面且不能上下颠倒或平放安装。因变频器运行过程中会产生热量，必须保持冷风畅通，所以，变频器安装的周围要留有一定的空间，如图 8-64 所示。一般地，安装的上下距离应大于 10cm，左右距离应大于 5cm。

在控制柜中安装变频器时，排风扇的安装位置要正确，尽可能安装在变频器的上方柜顶，而不是安装在控制柜的底部，如图 8-65 所示。

变频器竖向重叠安装会影响上部变频器的散热，因此各台变频器尽量不要竖向安装。

在控制柜中安装变频器，变频器最好安装在控制柜的中部或下部。要求垂直安装时，其正上方和正下方要避免安装可能阻挡进风、出风的大

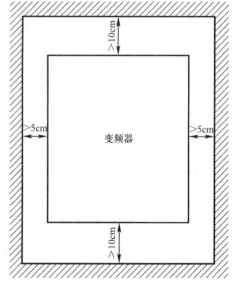

图 8-64　变频器的墙挂式安装距离

部件；变频器四周距控制柜顶部、底部、隔板或其他部件的距离要大于等于 300mm，如图 8-66 中的 H_1、H_2 间距。

综上所述，要在控制柜中安装多台变频器时，各台变频器要横向安装。

另外，在控制柜中安装变频器时，要注意变频器的通风、防尘、维护要求。安装变频器的控制柜应密封，使用专门设计的进风和出风口进行通风散热；控制柜顶部应设有出风口、防风网和防护盖；底部应设有底板、进线孔、进风口和防尘网；控制柜的风道要设计合理，使排风通畅，不易产生积尘；控制柜内的轴流风机风口需设防尘网，并在运行时向

外抽风。同时，对控制柜要定期维护，及时清理内部和外部的粉尘、絮毛等杂物。特别是在多金属粉尘、煤粉、絮状物等的场所使用变频器时，正确、合理的防尘措施是保证变频器正常工作的必要条件。

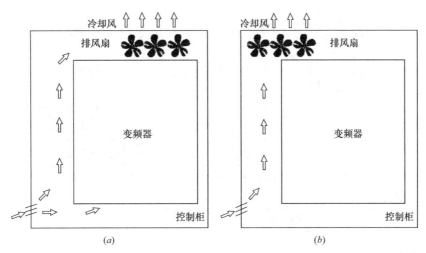

图 8-65　变频器排风扇的正确安装方式与错误安装方式
(*a*) 正确安装；(*b*) 错误安装

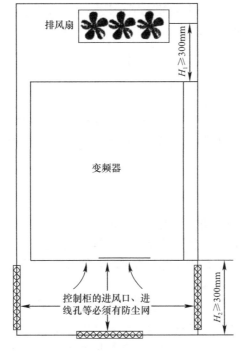

图 8-66　变频器与四周距离

合理选择安装位置及布线是变频器安装的重要环节。电磁选件的安装位置、各连接导线是否屏蔽、接地点是否正确等都直接影响到变频器对外干扰的大小及自身工作情况。

变频器与外围设备之间的布线，应遵循以下原则：

输出端子 U、V、W 连接交流电动机时，输出高频脉冲调制波；当外围设备与变频器共用供电系统时，要在输入端安装噪声滤波器或用隔离变压器隔离噪声；当外围设备与变频器装入同一控制柜中且布线又很接近变频器时，要对变频器的信号做好抑制干扰外围设备的相关措施，如图 8-67 所示。

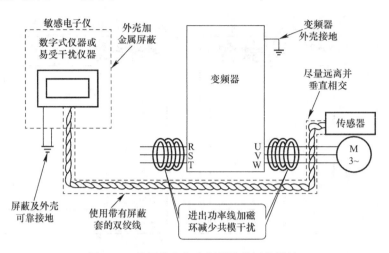

图 8-67　外围设备与变频器的抗干扰措施

对于易受变频器干扰的外围设备及信号线必须远离变频器安装，且信号线尽可能使用屏蔽电缆线或套入金属管中。使用屏蔽电缆线时，屏蔽层要正确牢靠接地，如图 8-68 所示。信号线穿越主电源线时，确保信号线与电源线正交。

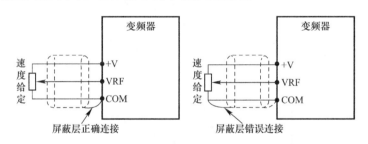

图 8-68　变频器的屏蔽层连接

在变频器的输入输出侧安装无线电噪声滤波器或线性噪声滤波器。滤波器的安装位置要尽可能靠近电源线的入口处，且滤波器的电源输入线在控制柜内要尽可能短。

变频器到电动机的电缆要采用 4 芯电缆并将电缆套入金属管，其中一根电缆的两端分别接到电动机外壳和变频器的接地侧。

避免信号线与动力线平行布线或捆扎成束布线；易受影响的外围设备应尽量远离变频器安装；易受影响的信号线尽量远离变频器的输入输出电缆。

当操作台与控制柜不在一处或具有远方控制信号线时，要对导线进行屏蔽，特别应注意各连接环节，以避免干扰信号串入。

接地端子的接地线要粗而短，保证接点接触良好。必要时采用专用接地线。

如图 8-69 所示，变频器分区安装的区域划分应依据各外围设备的电磁特性，分别安装在不同的区域，以抑制变频器工作时的电磁干扰。

变频器分区安装时，要注意以下事项：

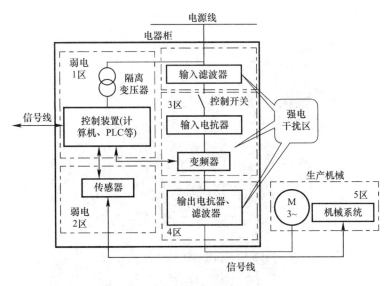

图 8-69　变频器的分区安装

电动机电缆接地线在变频器侧接地，但最好电动机与变频器分别接地。在处理接地时，采用公共接地端，不能经过其他装置的接地线接地，要独立走线，如图 8-70 所示。

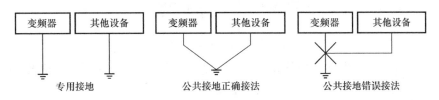

图 8-70　电动机与变频器的接地线

电动机电缆和控制电缆应使用屏蔽电缆，机柜内强制要求将屏蔽金属丝网与接地线两端连接起来。

如果现场只有个别敏感设备，可单独在敏感设备侧安装电磁滤波器，可降低成本。

3. 变压器的组装

为了满足输电、供电和用电的需要，必须根据不同情况，将发电机发出的电变换为各种不同等级的电压。借助磁电变换原理对一次、二次侧绕组的电压进行变换、隔离或变换相序的电气设备就是变压器，见图 8-71。

1）电力变压器安装前的检查

电力变压器是比较大型的电气设备，所以安装前有的是制造厂直接运送到施工现场，有的是大修后送至现场。不管哪种形式送到现场的变压器，在安装前，都必须对有关项目进行检查、试验，指标符合要求后方可安装。

检查变压器各附件是否齐全，本体及各附件外表有无损伤及漏油现象，密封是否完好。

对变压器油进行耐压试验，其标准为：新油 1.5kV 以下的耐压不低于 25kV；20～25kV 的耐压不低于 35kV。

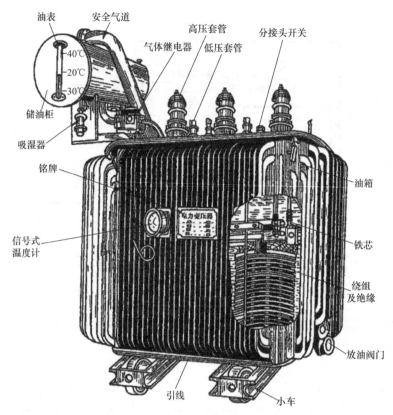

图 8-71　电力变压器外形及主要结构

　　测量变压器的绝缘电阻。新装和大修后的变压器不应低于制造厂试验值的 70%，无制造厂数据的变压器，其绝缘电阻值不应低于表 8-6 所示值。

电力变压器绕组绝缘电阻的允许值（MΩ）　　　　　　　　　　　　　　　表 8-6

高压绕组电压等级（kV）	温度（℃）							
	10	20	30	40	50	60	70	80
3～5	450	300	200	130	90	60	40	25
20～35	600	400	270	180	120	80	580	35
60～220	1200	200	540	360	240	160	100	70

　　注：同一变压器中压、低压绕组的绝缘电阻标准与高压绕组相同。

　　绝缘电阻的测量方法：将绝缘电阻表的两根线，一端接到变压器的套管导线上，另一端接到变压器的外壳或接地线上，如图 8-72 所示。测定时，以 120r/min 的速度摇动手柄，此时刻度盘上所指示的电阻数值便是变压器的绝缘电阻值。对于运行中的变压器，只要将变压器高、低压两侧开关切断，即可按上述方法测量。

　　转动变压器调压装置（包括分接头开关），看其操作是否灵活，接触点是否可靠，要求接触点之间的电阻不大于 100MΩ。

　　检查滚轮距是否与基础铁轨轨距吻合。

　　2）吊心检查

　　变压器一般不做吊心检查，只有当发现在运输过程中有损坏结构的情况及严重渗、漏油情况下才进行。

变压器安装前，如需做吊心检查，可按下述步骤进行：

电力变压器吊心检查，一般应由大修组进行，其他电气工作人员配合。吊心检查一般应在干燥清洁的室内或晴朗天气的室外进行。

在冬期施工时，周围空气温度不应低于 0℃，铁心温度应高于周围温度 10℃。

铁心在空气中暴露时间：干燥天气不应超过 16h（相对湿度不大于 65%）；潮湿天气不应超过 12h（相对湿度不应大于 75%）。计算时间从放油时开始，到注油时停止。

雨天或雾天不宜进行吊心检查，如遇特殊情况必须进行吊心检查时应在室内进行。室内的温度应

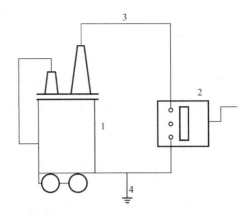

图 8-72　变压器绝缘电阻测试示意图
1—变压器；2—绝缘电阻表；
3—连接导线；4—接地线

比室外温度高 10℃，室内的相对湿度不应超过 75%，变压器运到室内后应停放 24h 以上。

变压器运到现场后，如能满足下列条件之一，可不必进行吊心检查：

(1) 制造厂有特殊规定或为密封结构。

(2) 容量为 630kVA 及以下，在运输过程中无异常情况。

(3) 参加制造厂的总装，并确认符合要求（或制造厂保证总装质量），且在装卸运输过程中，进行了有效的监视，无紧急制动、剧烈振动和冲撞等异常情况。

(4) 就地生产，作短途运输，且运输情况正常。

吊心前的准备。取油样，进行耐压试验及化学分析。如需补充油，还需作油混合试验。

铁心吊出前，应将油箱中的油放出一部分，防止顶盖螺栓卸开时油流出来。装有储油柜的变压器，绝缘油应该放至顶盖的密封衬垫水平线上；不带储油柜的变压器，应该放至出线套管以下。

准备好各种活络扳手、绝缘带（白布带、黄蜡带、塑料带）、白布、绝缘纸板及垫放铁心的道木和存放变压器油的油桶等材料工具。

准备好适量 6～10mm 厚的耐油橡胶垫，以备更换。

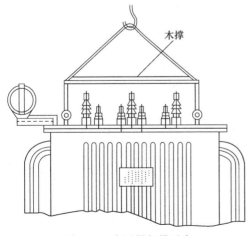

图 8-73　变压器起吊示意

起重设备，可用起重机或手动链式启动器。如果使用手动链式启动器，必须根据变压器的高度和质量搭好三脚架，三脚架应牢固，并准备好长度适中的木撑。

3）吊心

放平油箱，卸开顶盖与油箱连接的全部螺栓，并将吊环的全部螺栓拧紧在顶盖上。为避免吊环受力变形，应使钢丝绳在起重机吊钩与垂直线之间的夹角不大于 30°。如不满足要求，可采用方木横撑支撑。变压器铁心起吊示意如图 8-73 所示。起吊时速度应缓慢，不应触碰油箱。铁心吊出后，应在铁心下面放集油盘接

残油，并保持现场清洁。当铁心下落至距地面 200～300mm 时，应停止一段时间，待残油滴净后，移走集油盘，垫上道木，把铁心放在道木上进行检查。

检查铁心，用干净白布擦净绕组，拧紧铁心上的全部螺钉，以免松脱，并拧紧绕组的压紧螺栓。检查绕组两端的绝缘楔或垫是否松动或变形，如有松动或变形，应及时修复。

检查铁心上、下接地片接触是否良好，有无缺少或损坏。拆开接地螺钉使其不接地，并用 500V 或 1000V 的绝缘电阻表测铁心的对地绝缘电阻和穿心螺栓的绝缘电阻。一般 10kV 的变压器不小于 2MΩ；20～35kV 的变压器不小于 5MΩ。如不符合要求，可检查绝缘套管有无损坏。对套管损坏不能修复的需更换新套管。若绝缘电阻仍不合格，须对变压器进行干燥处理。

检查铁心有无变形，表面漆层是否完好，铁心和绕组间有无油垢，油路是否畅通。

检查绕组的绝缘有无脆裂、击穿以及表面变色等缺陷，绕组排列是否整齐，间隙是否均匀；高、低压绕组有无移动变位情况。

检查引出线绝缘是否良好，焊接是否牢固，包扎是否紧固完整；引出线的固定及其固定支架是否牢固；引出接线是否正确。小型变压器的铁心和顶盖及套管是同时吊起的，应检查引出线和套管的连接是否牢靠，电气距离是否符合要求。

抽出变压器油至清洁干燥的油桶或油槽中存放，将油箱内的残油放净，清除积存在箱底的铁锈等杂物，然后用干净白布擦净油箱（对刚出厂的新变压器此条可省略）。

检查处理完毕，即可将铁心吊入油箱。在铁心吊入油箱前，应进行缺陷处理并进行电气试验，即测量绕组的绝缘电阻；时间允许时，还应测量绕组的直流电阻、吸收比，测量切换开关触点的接触电阻等。然后将顶盖与油箱之间的密封衬垫放好，放下铁心，将盖板上的螺栓相对应地拧紧，以免造成密封衬垫在顶盖与油箱间压紧不均匀而发生渗油现象。最后将放出的绝缘油全部加入变压器油箱中。

采用钟罩式油箱的电力变压器，检查铁心时，只需吊起钟形箱罩，由于重量较轻，起吊工作不太困难，但是要严格防止箱罩和铁心撞碰。

4）组装变压器的注意事项

各部分应装配正确、紧固，无损伤；各密封垫应质量优良，耐油、化学性能稳定，压紧后一般应压缩至原厚度的 1/3 左右；各装配接合面无渗油，阀门开关应灵活，无卡涩现象。

铁心吊入油箱前，应检查油箱内有无异物，然后才能吊入铁心。

油箱和储油柜间的连通管应有 2%～4%（以变压器顶盖为基准）的升高坡度。

气体继电器应"水平"（以变压器顶盖为基准）安装。

变压器组装完毕后，应作油压试验 15min（其压力对于波状油箱和有散热器的油箱应比正常压力增加 0.3m 油柱），各部件接合面密封衬垫及焊缝应无渗漏。

4. 电工线路的安装及调试

生产机械常常需要按上下、左右、前后等相反方向运动，这就要求拖动生产机械的电动机能够正反两个方向运转。正反转控制电路是指采用某种方式使电动机实现正反转向调换的控制电路。在工厂动力设备上，通常采用改变接入三相异步电动机绕组的电源相序来实现。在水厂泵站中像阀门控制等。

三相异步电动机的正反转控制电路有许多类型，如接触器联锁正反转控制电路、按钮联锁正反转控制电路、使用倒顺开关等。

1）倒顺开关控制的正反转控制电路

倒顺开关属于组合开关类型，不但能接通和分断电源，还能改变电源输入的相序，用来直接实现小容量电动机的正反转控制。如图 8-74 所示，当倒顺开关扳到"顺"的位置时电动机的输入电源相序为 U—V—W；倒顺开关扳到"停"的位置，使电动机停车之后，再把倒顺开关扳倒"反"的位置，电动机的输入电源相序为 U—W—V。改变电动机的旋转方向。

2）接触器互锁正反转控制电路

控制电动机正反两个方向运转的两个交流接触器不能同时闭合，否则主电路中将发生两相短路事故。因此，利用两个接触器进行相互制约，使它们在同一时间里只有一个工作，这种控制作用称为互锁或联锁。将其中一个接触器的常闭辅助触点串入另一个接触器线圈电路中即可。接触器互锁又称为电气互锁。

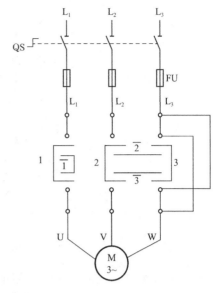

图 8-74　倒顺开关控制正反转主电路

下面介绍接触器互锁正转控制、反转控制和停止的工作过程。

合上电源开关 QS。

正转控制：按下正转启动按钮 SB_2—KM_1 线圈得电—KM_1 主触点和自锁触点闭合（KM_1 常闭互锁触点断开）—电动机 M 启动连续正转。

反转控制：先按下停止按钮 SB_1—KM_1 线圈失电—KM_1 主触点分断（互锁触点闭合）—电动机 M 失电停转—再按下反转启动按钮 SB_3—KM_2 线圈得电—KM_2 主触点和自锁触点闭合—电动机 M 启动连续反转。

停止：按停止按钮 SB_1—控制电路失电—KM_1（或 KM_2）主触点分断—电动机 M 失电停转。

注意：电动机从正转变为反转时，必须先按下停止按钮，才能按反转启动按钮，否则由于接触器的联锁作用，不能实现反转。

3）按钮互锁正反转控制电路

将正转启动按钮的常闭触点串接在反转控制电路中，将反转启动按钮的常闭触点串接在正转控制电路中，称为按钮互锁。按钮互锁又称机械联锁。

电动机按钮互锁正反转控制电路原理图，如图 8-75 所示。

下面介绍按钮互锁正反转动作过程。

闭合电源开关 QS。

正转控制：按下按钮 SB_1—SB_1 常闭触点先分断对 KM_2 联锁（切断反转控制电路）—SB_1 常开触点后闭合—KM_1 线圈得电—KM_1 主触点和辅助触点闭合—电动机 M 启动连续正转。

反转控制：按下按钮 SB_2—SB_2 常闭触点先分断—KM_1 线圈失电—KM_1 主触点分断—电动机 M 失电—SB_2 常开触点后闭合—KM_2 线圈得电—KM_2 主触点和辅助触点闭合—电动机 M 启动连续反转。

停止：按停止按钮 SB_3—整个控制电路失电—KM_1（或 KM_2）主触点和辅助触点分断—电动机 M 失电停转。

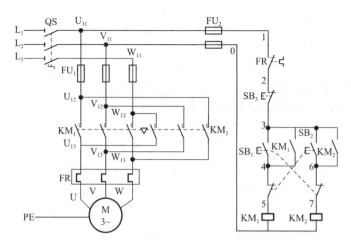

图 8-75　电动机按钮互锁正反转控制电路原理图

4）接触器联锁正反转控制线路安装

配齐所需工具、仪表和连接导线：根据线路安装的要求配齐工具（如尖嘴钳、一字螺钉旋具、十字螺钉旋具、剥线钳、试电笔等）、仪表（如万用表等）。根据控制对象选择合适的导线，主电路采用 BV1.5mm²（红色、绿色、黄色）；控制电路采用 BV0.75mm²（红色，黑色按钮线采用 BVR0.75mm²）；接地线采用 BVR1.5mm²（黄绿双色）。

阅读分析电气原理图读：懂电动机接触器联锁正反转控制线路电气原理图，如图 8-76 所示。明确线路安装所用元件及作用，并根据原理图画出布局合理的平面布置图和电气接线图。

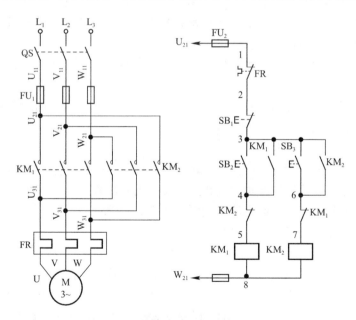

图 8-76　接触器联锁正反转原理图

低压电器检测安装：使用万用表对所选低压电器进行检测后，根据元件布置图安装固定电器元件。安装布置图如图 8-77 所示。

接触器联锁正反转控制线路连接：根据电气原理图和图 8-78 所示的电气接线图，完成电动机接触器联锁正反转控制线路的线路连接。

主电路接线：将三相交流电源分别接到转换开关的进线端，从转换开关的出线端接到主电路熔断器 FU_1 的进线端；将 KM_1、KM_2 主触点进线端对应相连后再与 FU_1 出线端相连；KM_1、KM_2 主触点出线端换相连接后与 FR 发热元件进线端相连；FR 发热元件出线端通过端子排分别接电动机接线盒中的 U_1、V_1、W_1 接线柱。

控制线路连接应按从上至下、从左至右的原则，逐点清，以防漏线。

具体接线：任取组合开关的两组触点，其出线端接在两只熔断器 FU_2 的进线端。

1 点：将一个 FU_2 的出线端通过端子排接在 FR 的常闭触点的进线端。

2 点：FR 的常闭触点的出线端通过端子排接在停止按钮 SB_1 常闭进线端。

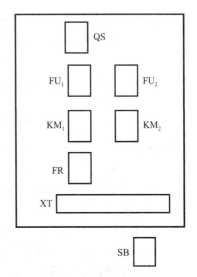

图 8-77　接触器联锁正反转
控制线路元件布置图

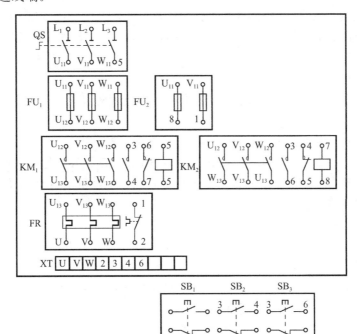

图 8-78　接触器联锁正反转电气控制接线图

3 点：在按钮内部将 SB_1 常闭触点出线端、SB_2 常开进线端、SB_3 常开进线端相连。将 KM_1 常开辅助触点进线端、KM_2 常开辅助触点进线端相连。然后通过端子排与按钮相连。

4 点：SB_2 常开触点出线端通过端子排与 KM_1 常开辅助触点出线端和 KM_2 常闭辅助触点进线端相连。

5 点：KM_2 常闭辅助触点出线端与 KM_1 线圈进线端相连。

6 点：SB_3 常开触点出线端通过端子排与 KM_2 常开辅助触点出线端和 KM_1 常闭辅助触点进线端相连。

7 点：KM$_1$ 常闭辅助触点出线端与 KM$_2$ 线圈进线端相连接。

8 点：KM$_1$ 与 KM$_2$ 线圈出线端相连后，再与另一个 FU$_2$ 的出线端相连。

安装电动机：安装电动机并完成电源、电动机（按要求接成星形或三角形）和电动机保护接地线等控制面板外部的线路连接。

5）静态检测

根据原理图和电气接线图从电源端开始，逐点核对接线及接线端子处连接是否正确，有无漏接、错接之处。检查导线接点是否符合要求，压接是否牢固。

6）主电路和控制电路通断检测

主电路检测。接线完毕，反复检查确认无误后，在不通电的状态下对主电路进行检查。分别按下 KM$_1$ 和 KM$_2$ 主触点，万用表置于电阻档，若测得各相电阻基本相等且近似为 0；而放开 KM$_1$（KM2）主触点，测得各相电阻为 ∞，则接线正确。

控制电路检测。选择万用表的 R×1Ω 档，然后将红、黑表笔对接调零。

检查正转控制。断开主电路，按下启动按钮 SB$_2$ 或 KM$_1$ 触点架，万用表读数应为接触器线圈的直流电阻值（如 CJX2 线圈直流电阻为 15Ω 左右），松开 SB$_2$、KM$_1$ 触点架或按下 SB$_1$，万用表读数为"∞"。

检查反转控制。按下启动按钮 SB$_3$ 或 KM$_2$ 触点架，万用表读数应为接触器线圈的直流电阻值（如 CJX2 线圈直流电阻为 15Ω 左右），松开 SB$_3$、KM$_2$ 触点架或按下 SB$_1$，万用表读数为"∞"。

7）通电试车

通电试车必须在指导教师现场监护下严格按安全规程的有关规定操作，防止安全事故的发生。

通电时先接通三相交流电源，合上转换开关 QS。按下 SB$_2$，电动机正转；按下 SB$_1$，电动机停止运转；按下 SB$_3$，电动机反转；按下 SB$_1$，电动机停止运转。操作过程中，观察各器件动作是否灵活，有无卡阻及噪声过大等现象，电动机运行有无异常。发现问题，应立即切断 8 电源进行检查。

8）常见故障分析

接通电源后，按启动按钮（SB$_2$ 或 SB$_3$），接触器吸合，但电动机不转且发出"嗡嗡"声响；或者虽能启动，但转速很慢。

分析：这种故障大多是由于主回路一相断线或电源缺相造成的。

控制电路时通时断，不起联锁作用。

分析：联锁触点接错，在正、反转控制回路中，均用自身接触器的常闭触点作联锁触点。

电动机只能点动正转控制。

分析：自锁触点用的是另一接触器的常开辅助触点。

在电动机正转或反转时，按下 SB$_1$ 不能停车。

分析：原因可能是 SB$_1$ 失效。

合上 QS 后，熔断器 FU$_2$ 马上熔断。

分析：原因可能是 KM$_1$ 或 KM$_2$ 线圈、触点短路。

按下 SB$_2$ 后电动机正常运行，再按下 SB$_3$，FU$_1$ 马上熔断。

分析：原因是正、反转主电路换相线接错或 KM$_1$、KM$_2$ 常闭辅助触点联锁不起作用。

第9章 供水主要机电设备维修

9.1 设备修理的基本知识

1. 设备的维护——三级保养

设备维护保养工作根据工作量大小和难易程度，分日常保养、一级保养和二级保养，所形成的维修保养制度称为三级保养。三级保养工作做好了，就为设备经常保持最佳技术状态提供了根本保证。

1）日常保养

这类保养由操作者负责，每日班后小维护，每周班后大维护。主要内容：认真检查设备使用和运转情况，填写好交接班记录，对设备各部件擦洗清洁，定时加油润滑；随时注意紧固松动的零件，调整消除设备小缺陷；检查设备零部件是否完整，工件、附件是否放置整齐等。

2）一级保养

这类保养是指设备运行一个月（两班制），以操作者为主，维修工人配合对设备进行的保养。其内容是："脱黄袍、清内脏"，其主要内容是：检查、清扫、调整电路控制部位；彻底清洗、擦拭设备外表，检查设备内部；检查、调整各操作传动机构的零部件；检查油泵、疏通油路，检查油箱油质、油量；清洗或更换渍毡、油线，清除各活动面毛刺；检查、调节各指示仪表与安全防护装置；发现故障隐患和异常，要予排除，并排除泄漏现象等。

设备经一级保养后要求达到：外观清洁、明亮、油路畅通、油窗明亮、操作灵活、运转正常；安全防护、指示仪表齐全、可靠。保养人员应将保养的主要内容、保养过程中发现和排队的隐患、异常、试运转结果、试生产件精度、运行性能等，以及操作存在的问题做好记录。以一级操作工为主，专业维修人员配合并指导。

3）二级保养

这类保养是以维持设备的技术状况为主的检修形式。二级保养的工作量介于中修理和小修理之间，既要完成小修理的部分工作，又要完成中修理的一部分工作，主要针对设备易损零部件的磨损与损坏进行修复或更换。二级保养要完成一级保养的全部工作，还要求润滑部位全部清洗，结合换油周期性检查油质，进行清洗换油。检查设备的动态技术状况与主要精度（噪声、振动、温升、油压、波纹、表面粗糙度等），调整安装水平，更换或修复零部件，刮研磨损的活动导轨面，修复调整精度已劣化部位，校检机装仪表，修复安全装置，清洗或更换电机轴承，测量绝缘电阻等。经二级保养后要求精度和性能达到工艺要求，无漏油、漏水、漏气、漏电现象，声响、振动、压力、温升等符合标准。二级保养前后应对设备进行动、静技术状况测定，并认真做好保养记录。二级保养以专业维修人员为主，操作工为辅。

2. 设备修理等级与方法

机器设备是现代化生产的主要手段。特别是设备自动化、加工连续化的发展和设备性能的不断提高，设备技术状态的好坏，对企业的安全生产、对产品的产量、质量和成本有着直接的影响。

设备从投入使用开始，由于磨损、腐蚀、维护不良、操作不当或设计缺陷等原因，必然会使设备的技术状态发生变化，导致机器设备的精度、性能和效率不断下降，即出现设备劣化。

设备修理，就是修复由于正常或不正常的原因而引起的设备劣化，通过修复或更换已腐蚀或损坏的零、部件，使设备的精度、性能、效率等得以恢复。

1）设备修理等级

一般可按修理工作量大小分为小修理、中修理、大修理。

（1）小修理

工作量最小的局部修理。在设备安装的地点更换和修复少量的磨损零件，并调整设备的机构，以保证设备性能能够使用到下一次修理。

（2）中修理

更换与修复设备的主要零件及其他磨损零件，并校正机器设备的基准，以恢复和达到规定的精度和工艺要求。

（3）大修理

是工作量最大的一种修理。它需要把设备全部拆卸，更换和修复全部磨损零件，使设备恢复原有精度、性能和效率。

2）按修理程序分类

（1）标准修理法

根据设备磨损规律和零件的使用寿命，明确规定检修的日期、类别和内容。到了规定的修理时间，不管设备的技术状态如何，都要严格按计划强制进行修理。

优点：修前准备充分。

缺点：难于切合实际，而且由于强制更换零件，从而提高了修理成本。

适用于那些必须确保安全运转和生产中的关键设备。如动力设备、自动线上的设备。

（2）定期修理法

根据设备的实际使用情况，确定大致的修理日期、类别和内容。至于具体的修理日期、类别和内容，则需要根据修前的检查来确定。

优点：便于做好修前准备，能缩短设备停歇时间，比较切合实际。维修基础较好的企业，一般多采用这种方法。

（3）检查后修理法

预先规定设备的检查期限，根据检查的结果，编制修理计划，确定修理日期、类别和内容。

优点：简便易行。

缺点：不便于做好修前准备，修理停歇时间较长。

3）按修理范围分类

（1）部件修理法

将需要修理设备的部件拆卸下来，换上事先准备好的同类部件。

优点：可以节省部件拆卸和装配时间，使设备修理时间缩短。适于拥有大量同类型设备的企业和关键的生产设备。

（2）分部修理法

设备的各个部件，不在同一时间内修理，而是将设备各个独立的部分，按顺序进行修理，每次只集中修理一个部分。

优点：适用于结构上具有相对独立部件的设备以及修理工作量大的设备。如：组合机床、大型起重设备。

（3）同步修理法

将在工艺上相互紧密联系的数台设备安排在同一时期内进行修理，实现同步化，以减少分散修理所占的停机时间。适用于流水生产线的设备等。

3. 设备的检查及修理过程

1）设备的检查

设备的检查，就是对设备的运转可靠性、精度保持性和零件耐磨性的检查。通过检查，了解设备零件的磨损情况和机械、液压、电器、润滑系统的技术状况；可以及时发现并消除隐患，防止发生急剧磨损和突然事故；可以针对检查发生的问题，提出修理和改进措施，并做好修前的准备工作。设备的检查，从时间上可分为日常检查和定期检查；从技术上可分为机能检查和精度检查。

（1）日常检查（点检）是指操作工人每天按设备点检表所规定的检查项目，对设备进行检查。其目的是及时发现不正常现象，并加以排除。

（2）定期检查是指专业维修工作在操作工人的参与下，定期对设备进行检查。其目的是要查明零部件的实际磨损程度，以便确定修理时间的修理的种类。定期检查是按计划进行的。在检查过程中，对多垢屑设备要进行清洗并定期换油。

（3）机能检查就是对设备的各项机能进行检查和测定。如是否漏油、漏水、漏气，零件耐高温、高速、高压的性能。

（4）精度检查就是对设备的加工精度进行检查和测定，以确定设备的实际精度。精度检查能为设备验收、修理和更新提供依据。

2）机械设备修理的工作过程

一般包括：修前准备、拆卸、修复或更换零、部件，装配调整和试车验收等步骤。

（1）修前准备工作

包括：设备技术状态的调查、检测；熟悉技术资料、修理检验标准；确定修理工艺；准备工、量具和工作场地等。

（2）设备拆卸

就是如何正确地解除零、部件在机构中相互间的约束和固定形式，把它们有序地分解出来。

在拆卸时，应熟悉所拆部位的结构，零部件间的相互关系和作用。防止因盲目拆卸或方法不当而造成的关键零、部件的损坏。

拆卸下来的零、部件，应当妥善放置，防止位移、变形，同时还要考虑便于寻找。

（3）修理工作对已经解体后的零、部件，按照修理的类别、修理工艺进行修复或更换。

在修理过程中，首先应对拆卸下来的零、部件进行清洗，然后对其尺寸和形位精度及损坏情况进行检查。对修前的调查、预检进行核实，以保证修复或更换的准确性。

（4）装配调整和试车验收工作

当零、部件修复后，即可开始进行装配。在装配的过程中，要根据设备修理验收标准，进行精度检验、空运转试验和负荷试验。

9.2　高压配电设备维修

9.2.1　断路器的维修

1. 工作准备

10kV 真空断路器检修一般检修人员不少于 3 人、检修人员工作前应查看该断路器原始资料和运行记录，了解设备的运行情况，通过对实验方法和数据的分析初步判断存在缺陷的部位或元件，明确检修项目和对象。

1）执行与办理工作许可证制度

变、配电站应先进行设备停电工作，并做好安全措施，然后才能办理工作许可手续。工作负责人办理工作票手续。检修前，必须检查工作票所列安全措施是否正确完备和值班员所做的安全措施是否符合现场实际条件，如断路器的位置，电源侧、线路侧刀闸已拉开、接地刀已合上，程序锁已上锁位置，工作地点两侧设置止步、高压危险遮拦，在工作地点挂在此工作标识牌，并严格履行工作票许可手续方可开工；工作任务、安全措施情况、带电设备分级距离、注意事项要交代清楚，并注意要得到工作班的值班人员的正确反馈后才可以正式工作。

2）检修前检查

在真空开关耐压试验不合格、真空炮损坏、触头压缩形成累计磨损超过 3mm 的情况下应更换真空炮。

2. 拆卸真空灭弧室

拆卸真空灭弧室是以断路器分闸。拆下拐臂，松开导向杆紧固螺母。松开导电夹与软链接的紧固螺栓，松开软链接的另一个紧固螺栓。拆下导向管，取出导电夹和软链接；松开动支架紧固螺栓、松开静支架紧固螺栓，将动静支架及灭弧室整件拆下，然后松开绝缘接头螺栓，拆下导向杆，松开灭弧室静杆六颗坚固螺栓，取下真空灭弧室。

3. 安装真空灭弧室

更换真空灭弧室前必须经过电气试验合格。检查绝缘体，应完整、光滑、没有损伤、触头要正常，安装是按与拆卸真空灭弧室相反的顺序进行，在安装导向杆时使导向杆上端伸出正负 1mm 合成位置。安装真空灭弧室时紧固件紧固后，灭弧室不应受弯曲，灭弧室弯曲、变形不得大于 0.5mm，动支架安装时，旋紧螺栓后，动支架不应压住灭弧室导向杆上的固定环，间隙应为 0.5~1.5mm。

4. 检查、调试操作机构

（1）检查机构上的电动机、线圈是否处于正常状态。

（2）须为机构传动部分加符合要求的润滑油，通常为 30mL，机构和断路器链接以后应进行润合动作，以检查和排除机构整个传动系统是否有卡阻现象。机构的慢分慢合动作可用扳手通过传动机构输出轴端的人力合闸接口来实现（注意：在进行人力慢分慢合操作时，不一定要强行合闸到位，避免操作机构造成损伤）。机构与断路器之间的链接应在断路器和机构都处于分闸位置时进行，链接之后，机构的分闸线内管臂与分闸线内轴箱应有 2~4mm 间隔。此时机构的输出夹角为 50°~55°，应特别注意，机构分闸线内管臂与分闸线内轴箱不可作为断路器分闸界位，否则可能造成断路器的损害，当机构的分闸线内拐臂和分闸线内轴箱靠近时还可能引起机构聚合。

5. 开关整体调试、测量

断路器特性测试仪测试断路器动作性能、分合闸速度、分合闸时间、分合闸同期、弹跳等。电阻测试仪测试断路器合闸后接触电阻值，此值一般不大于 $40\mu\Omega$。调压器是调节电压的仪器，在于调节断路器低电压动作执行值。绝缘拉杆专用卡，用于拆装断路器绝缘拉杆。卡尺，用于精确测量断路器的行程。力矩扳手，用于保证断路器螺栓的紧固力度。真空断路器触头开距的测量是检修工作中最重要的环节，触头开距决定于使用条件下的分断性质和耐压要求，这是决定真空断路器额定电压的重要因素。压缩行程是指触头压力弹簧在分合闸位置的差值。触头开距是指断路器分闸状态时到触头间的距离。

6. 开关分合闸时间、分合闸速度同期调整和机械特性测试

压缩行程和触头开距调好以后，通电操作，用机械特性测试仪测量三相分合闸时间、同期性、弹跳等性能，若不能满足设置要求，可分别调整各项触头压缩行程和开距，使断路器满足技术参数值。用电流不小于 100A 的回路电阻仪测试各项接触电阻，按厂家要求，应小于等于 $40\mu\Omega$。断路器低电压分合闸值的测试是检验开关在不稳定直流电压情况下确保开关不会拒动或误动，从而保证电网设备的安全运行，因此开关应定期进行低电压值测试，其测试标准为，在电压大于或等于 65% 额定电压值时，能可靠分合闸，小于 30% 的额定电压时不应动作。

7. 验收及填写检修记录

工作完成后，检修人员做好现场清洁处理工作，在工作负责人宣布工作完毕后，工作人员必须全部撤离。检修工作完毕后，检修负责人应向值班负责人说明这次开关检修内容和调试情况，并作检修工作验收，确定开关检修后处于良好状态。检修的真空断路器应完全符合有关测试的技术参数值。

8. 检修工作结束

检修工作结束后工作负责人和值班负责人分别填写检修项目、签名，在结束工作票上签名。

9. 真空断路器维修和检修的周期与内容

1）检修周期

小修周期：每年一次。

大修周期：周期性大修每 3 年一次；已按大修项目进行了临时检修的断路器其大修周期自临修后算起。

临时性检修：切断短路故障累计达到厂家规定次数，具体次数见厂家出厂资料，一般情况下整体更换真空灭弧室。

周期性小修：发现重大缺陷时。

2）大修项目及标准

框架的检修；传动连杆的检修；电磁操动机构的分解检修；调整与试验。调整参照不同型号真空断路器中安装与调试部分，试验参照真空断路器的试验项目周期和要求。

过电压吸收装置的检查及试验，参见三相组合式过电压保护器 TBP 的检修规程。

9.2.2　变压器的维修

变压器是一种改变电压大小的静止电力设备，是电力系统中的核心设备之一。在电能的传输和配送过程中，变压器是能量转换、传输的核心。如果变压器发生故障，将影响电力系统的安全、稳定运行，一旦发生事故，将造成很大的经济损失。

变压器的安全运行管理工作是我们日常工作的重点，应根据变压器日常运行状况，制订一系列的维护、维修计划，以保障变压器的安全运行。

1. 变压器维修要点

1）变压器的吊心维修

（1）吊心工作应选在干燥、晴朗的天气进行，阴雨潮湿天气一般不宜。

（2）起吊前应仔细检查起重工具和用具，确保施工安全。

（3）将油位放到大盖下 200mm。

（4）起吊钢丝绳在吊钩下形成的夹角不能大于 30°，为避免铁心与油箱相碰或卡伤，变压器四周应有人监视，吊心时应保证吊心重心与吊钩中心垂线重合。

（5）变压器心吊出后，用枕木垫在油箱上部，放下铁心。也可将油箱移出，将变压器芯放在方便检修的位置。

（6）变压器心吊出后，应及时检修处理，尽量缩短它与空气的接触时间。当相对湿度不超过 75％时，应不超过 12h；在相对湿度 65％以上环境中，不超过 16h。超过此限，应对变压器油进行过滤处理。

2）变压器的大修项目

（1）吊开钟罩或吊出器身检修；

（2）线圈、引线及磁（电）屏蔽装置的检修；

（3）铁心、铁心紧固件（穿心螺杆、夹件、拉带、绑带等）、压钉、连接片及接地片的检修；

（4）油箱及附件的检修，包括套管、吸湿器等；

（5）冷却器、油泵、水泵、风扇、阀门及管道等附属设备的检修；

（6）安全保护装置的检修；

（7）油保护装置的检修；

（8）测温装置的校验，瓦斯继电器的校验；

（9）操作控制箱的检修和试验；

（10）无励磁分接开关和有载分接开关的检修；

（11）全部密封胶垫的更换和组件试漏；

（12）必要时对器身绝缘进行干燥处理；

（13）变压器油处理或换油；

（14）清扫油箱并喷涂油漆；

（15）大修后的试验和试运行；

（16）可结合变压器大修一起进行的技术改造项目，如油箱机械强度的加强，器身内部接地装置改为外引接地，安全气道改为压力释放阀，高速油泵改为低速油泵，油位计的改进，储油柜加装密封装置，气体继电器加装波纹管接头。

2. 大修工艺流程

修前准备→办理工作票，拆除引线→电气、油备试验、绝缘判断→部分排油拆卸附件并检修→排尽油并处理，拆除分接开关连接件→吊钟罩（器身）检查，检修并测试绝缘→受潮则干燥处理→按规定注油方式注油→安装套管、冷却器等附件→密封试验→油位调整→电气、油试验→结束。

变压器大修时按工艺流程对各部件进行检修，部件检修工艺如下。

1）绕组检修

（1）检查相间隔板和围屏（宜解体一相），围屏应清洁无破损，绑扎紧固完整，分接引线出口处封闭良好，围屏无变形、发热和树枝状放电。如发现异常应打开其他两相围屏进行检查，相间隔板应完整并固定牢固。

（2）检查绕组表面，应无油垢和变形，整个绕组无倾斜和位移，导线轴向无明显凸出现象，线匝绝缘无破损。

（3）检查绕组各部垫块有无松动，垫块应排列整齐，轴向间距相等，支撑牢固、有适当压紧力。

（4）检查绕组绝缘有无破损，油道有无被绝缘纸、油垢或杂物堵塞现象，必要时可用软毛刷（或用绸布、泡沫塑料）轻轻擦拭；绕组线匝表面、导线如有破损裸露则应进行包裹处理。

（5）用手指按压绕组表面检查其绝缘状态，给予定级判断，是否可用。

2）引线及绝缘支架检修

（1）检查引线及应力锥的绝缘包扎有无变形、变脆、破损，引线有无断股、扭曲，引线与引线接头处焊接情况是否良好，有无过热现象等。

（2）检查绕组至分接开关的引线长度、绝缘包扎的厚度、引线接头的焊接（或连接）、引线对各部位的绝缘距离、引线的固定情况等。

（3）检查绝缘支架有无松动和损坏、位移，检查引线在绝缘支架内的固定情况，固定螺栓应有防松措施，固定引线的夹件内侧应垫以附加绝缘，以防卡伤引线绝缘。

（4）检查引线与各部位之间的绝缘距离是否符合规定要求，大电流引线（铜排或铝排）与箱壁间距一般不应小于 100mm，以防漏磁发热，铜（铝）排表面应包扎绝缘，以防异物形成短路或接地。

3）铁心检修

（1）检查铁心外表是否平整，有无片间短路、变色、放电烧伤痕迹，绝缘漆膜有无脱落，上铁轭的顶部和下铁轭的底部有无油垢、杂物。

（2）检查铁心上下夹件、方铁、绕组连接片的紧固程度和绝缘状况，绝缘连接片有无爬电烧伤和放电痕迹。为便于监测运行中铁心的绝缘状况，可在大修时在变压器箱盖上加装一小套管，将铁心接地线（片）引出接地。

（3）检查压钉、绝缘垫圈的接触情况，用专用扳手逐个紧固上下夹件、方铁、压钉等各部位紧固螺栓。

（4）用专用扳手紧固上下铁心的穿心螺栓，检查与测量绝缘情况。

（5）检查铁心间和铁心与夹件间的油路。

（6）检查铁心接地片的连接及绝缘状况，铁心只允许于一点接地，接地片外露部分应包扎绝缘。

（7）检查铁心的拉板和钢带，应紧固，并有足够的机械强度，还应与铁心绝缘。

4）油箱检修

（1）对焊缝中存在的砂眼等渗漏点进行补焊。

（2）清扫油箱内部，清除油污杂质。

（3）清扫强油循环管路，检查固定于下夹件上的导向绝缘管连接是否牢固，表面有无放电痕迹。

（4）检查钟罩（或油箱）法兰结合面是否平整，发现沟痕，应补焊磨平。

（5）检查器身定位钉，防止定位钉造成铁心多点接地。

（6）检查磁（电）屏蔽装置，应无松动放电现象，固定牢固。

（7）检查钟罩（或油箱）的密封胶垫，接头良好，并处于油箱法兰的直线部位。

（8）对内部局部脱漆和锈蚀部位应作补漆处理。

5）整体组装

整体组装前应做好下列准备工作：彻底清理冷却器（散热器）、储油柜、压力释放阀（安全气道）、油管、升高座、套管及所有附件，用合格的变压器油冲洗与油直接接触的部件。对各油箱内部和器身、箱底进行清理，确认箱内和器身上无异物。各处接地片已全部恢复接地。箱底排油塞及油样阀门的密封状况已检查处理完毕。工器具、材料准备已就绪。

整体组装注意事项：在组装套管、储油柜、安全气道（压力释放阀）前，应分别进行密封试验和外观检查，并清洗涂漆。有安装标记的零部件，如气体继电器、分接开关、高压、中压、套管升高座及压力释放阀（安全气道）等与油箱的相对位置和角度需按照安装标记组装。变压器引线的根部不得受拉、扭及弯曲。对于高压引线，所包绕的绝缘锥部分必须进入套管的均压球内，不得扭曲。在装套管前必须检查无励磁分接开关连杆是否已插入分接开关的拨叉内，调整至所需的分接位置上。各温度计座内应注以变压器油。

器身检查、试验结束后，即可按顺序进行钟罩、散热器、套管升高座、储油柜、套管、安全阀、气体继电器等整体组装。

6）真空注油

110kV及以上变压器必须进行真空注油，其他变压器有条件时也应采用真空注油。真空注油应按下述方法（或按制造厂规定）进行。操作步骤如下：

（1）油箱内真空度达到规定值保持2h后，开始向变压器油箱内注油，注油温度宜略高于器身温度。

（2）以3～5t/h的速度将油注入变压器，距箱顶约220mm时停止，并继续抽真空保持4h以上。

7）补油及油位调整

变压器真空注油顶部残存空间的补油应经储油柜注入，严禁从变压器下部阀门注入。对于不同形式的储油柜，补油方式有所不同，现分述如下：

（1）胶囊式储油柜的补油方法：进行胶囊排气，打开储油柜上部排气孔，对储油柜注油，直至排气孔出油。从变压器下部油阀排油，此时空气经吸湿器自然进入储油柜胶囊内部，至使油位计指示正常油位为止。

（2）隔膜式储油柜的补油方法：注油前应首先将磁力油位计调整至零位，然后打开隔膜上的放气塞，将隔膜内的气体排除，再关闭放气塞。对储油柜进行注油并达到高于指定油位，再次打开放气塞充分排除隔膜内的气体，直到向外溢油为止，并反复调整达到指定位置。储油柜下部集气盒油标指示有空气时，应经排气阀进行排气。

（3）油位计带有小胶囊的储油柜的补油方法：储油柜未加油前，先对油位计加油，此时需将油表呼吸塞及小胶囊室的塞子打开，用漏斗从油表呼吸塞座处加油，同时用手按动小胶囊，以使囊中空气全部排出。打开油表放油螺栓，放出油表内多余油量（看到油表内油位即可），然后关上小胶囊室的塞子。

3. 干式变压器检修

1）定期维护

树脂浇注干式变压器是需要维护的，并不是完全免维护。应该定期清理变压器表面污秽。表面污秽物大量堆积，会构成电流通路，造成表面过热损坏变压器。在一般污秽状态下，半年清理一次，严重污秽状态下，应缩短清理时间，同时在清理污秽物时，紧固各个部位的螺栓，特别是导电连接部位。

投运后的 2～3 个月期间进行第一次检查，以后每年进行一次检查。

2）检查

检查的内容包括：

（1）检查浇注型绕组和相间连接线有无积尘，有无龟裂、变色、放电等现象，绝缘电阻是否正常。

（2）检查铁心风道有无灰尘、异物堵塞，有无生锈或腐蚀等现象。

（3）检查绕组压紧装置是否松动。

（4）检查指针式温度计等仪表和保护装置动作是否正常。

（5）检查冷却装置，包括电动机、风扇是否良好。

（6）检查有无由于局部过热、有害气体腐蚀等使绝缘表面出现爬电痕迹和炭化现象等造成的变色。

（7）检查变压器所在房屋或柜内的温度是否特别高，其通风、换气状态是否正常，变压器的风冷装置运转是否正常。

（8）检查调压板位置，当电网电压高于额定电压时，将调压板连接 1 档、2 档，反之连接在 4 档、5 档，等于额定电压时，连接在 3 档处，最后应把封闭盒安装关闭好，以免污染造成端子间放电。

9.3 高低压电动机的维修

高压电机是指额定电压在 1000V 以上的电机。常使用的是 6000V 和 10000V 电压。高压电机产生是由于电机功率与电压和电流的乘积成正比，因此低压电机功率增大到一定程度（如300kW/380V）电流受到导线的允许承受能力的限制就难以做大，或成本过高，则需要通过提高电压实现大功率输出。高压电机的优点是功率大，承受冲击能力强；缺点是惯性大，启动和制动都困难。

高低压电机维修工艺主要包括九个步骤：①绕线；②成型前包扎；③成型；④整形；⑤包扎云母带及热压；⑥测试耐压；⑦嵌线（定子、转子）；⑧浸漆；⑨试验。

1. 电动机的检修内容

检修项目

1）小修项目（小修为电动机不抽心的检修工作）

用摇表测试定子绝缘必须符合规定每千伏不小于1MΩ；用压缩空气或吹风机清扫电机内外部积尘（灰）；检查各引出线连接及包扎绝缘的情况；检查轴承的油质、油量，必要时加注润滑油脂；检查、处理电机外壳和接地线紧固，检查各连接螺栓和底脚螺栓；测量定、转子绕组及电缆线路的绝缘电阻，每千伏不低于1MΩ；检查清扫高压电动机的附属设备。

2）大修项目（大修为电动机抽芯更换线圈全部检修工作）

完成全部小修项目；电机解体，抽出转子或移出定子；彻底吹洗定转子绕组的积灰、油污和脏物；检查定子铁心、线圈、槽楔、绑具、固定环有无松动、损伤、局部发热等现象，进行必要的处理；检查转子梳拢条、端盖、风扇等有无松动、断裂、开焊等现象，进行必要的修理；检查清洗或更换轴承，重新更换润滑油脂；检查清洗通风冷却系统和油循环系统；检查同步电机时还应对励磁设备进行检查、清扫、紧固、调试并调节滑环的正负极性；滑环表面不平滑超过0.5mm时须车削；测量绕组的绝缘电阻，高压电机定子绕组不应低于6MΩ、转子绕组不应低于0.5MΩ、吸收比应≥1.3，否则应干燥；所属辅助电气设备配套检修；按电气设备试验规程进行各项试验；电机组装、喷漆、防腐、试车。

2. 检修工艺及质量标准

1）检修工艺

（1）电机拆卸

先将电机外部清扫干净。

拆下电机的外部接线并做好标记。例如，做好与三相电源线对应的标记，并且做好防护措施。

将电机移偏一个角度，用卸轮工具拉下靠背轮，拉之前应检查有无固定螺钉，如有时应将其取下。不要用劲敲打靠背轮以免损坏，用卸轮工具拉下外风扇。

（2）拆卸端盖

先在端盖接缝处打上记号，两端端盖的记号不应相同。

拆卸滚珠轴承的端盖前，应先卸去小油盖再卸端盖。拆卸滑动轴承的端盖前，应把轴承油放完。在卸端盖时，应先提起油环，防止油环卡住和擦伤轴瓦。

对角拧入顶丝，顶出端盖。

对于大的端盖，必须用起重工具把它系牢，以免在端盖脱落时扎伤线圈绝缘。

端盖离开电机后，应止口向上放在垫有木板的地上。

（3）抽出转子或移出转子-

大中型电机必须用起重机械或其他提升设备。

钢丝绳不得碰击转子轴颈、风扇、滑环和定子绕组。

套假轴时，轴颈上必须包上保护物，假轴应选用内径较轴径大 10～20mm 的钢管，管口应无毛刺。

转子抽出后放在可调节高低的转子支架设备上。

平移定子时，应注意不要碰及转子和其他物件。

（4）定、转子检查清洗

察看前用 2～3 个表压力的压缩空气、电吹尘机把通风沟和绕组端部吹净。为了避免损坏绝缘，不得使用金属工具来清除绕组上的油泥。如果灰尘不多，可用干净的抹布擦拭。油泥多时可用毛刷沾以汽油—四氯化碳混合液（或电气设备专用清洗剂）进行清洗，但应注意通风，以防中毒。

检查定子铁心是否压紧，可用小刀或螺钉旋具插入铁片来试验。如发现铁心松弛，应在松弛处打入绝缘板制成的楔子。

检查有无铁心内局部发热而烧成的蓝色痕迹，如有应作铁心发热试验。

检查槽楔是否松动、发黑，并特别注意绕组的槽口部分。检查端部绝缘是否损坏、漆膜的状况。如有松弛则应加以垫块或更换新的垫块和绑线。端部必须很好地楔固。绝缘漆膜不良时应涂一层覆盖用的灰磁漆。上漆时最好用喷漆器，也可用软毛刷代替，并应遵守消防规则，里层喷防潮漆，外层喷防油漆。

对定子的检查须进行两次，第一次在抽出转子时，第二次在盖上端盖前。

后一次检查要特别仔细，注意电机内不要留下任何物品。在定子检查清洗前后必须用摇表检查绕组的绝缘电阻和吸收比，使用电桥测量绕组的直流电阻。

检查转子前吹去积灰，检查接头焊接状况，用小锤轻轻敲击叶片，检查风叶是否松动和断裂。

转子上的平衡铁块应紧固，如为螺栓固定，则应锁住。

鼠笼型转子铜条和端环的焊接应结实、良好，无脱焊松动、无裂纹。

（5）轴承的拆卸、清洗、检查和更换

滚动轴承的拆卸：用专用工具钩住轴承内套，拉下轴承。当内套和轴颈配合较紧时，在拉卸的同时用 90～95℃的热机油浇于轴承内套，便于取下。对于配合过紧的可用气焊或喷灯适当烘烤着拉下，但轴必须包有石棉绳或石棉布，并应检查过紧的原因，加以处理，以免下次检修困难。

清洗：一般用汽油或洗油，对特别脏的轴承可以先在热机油（80～90℃）中清洗。清洗干净后，用洁净的布擦干或吹干，也可用丙酮冲洗后晾干。

① 检查缺陷

轴承工作面磨损：由于灰尘、砂粒等物混入而引起工作面磨损。在较严重时，工作面失去原有的色彩而变得相当粗糙，且间隙增大许多，当超过规定值时应更换。

磨损程度可以用在手上转动的方法做一般判断：良好的轴承，以手夹住内圈转动外圈时，几乎感觉不出振动和响声，摇动外圈时几乎察觉不出有间隙。

间隙的测量：可在槽内塞入一根软钢丝，转动滚珠柱，软钢丝被压扁，再用千分卡测量软钢丝被压扁部位的厚度，根据表 9-1 数值判断其是否可用。

滚动轴承原有径向间隙和磨损许可值　　　　　　　　表 9-1

直径方向的间隙（μm）					
轴承内径 mm	新滚珠轴承（C3）			轴承内径（mm）	新滚柱轴承（磨损最大许可值）
		最小	最大		
20～30	10～20	13	28	30～50	100
35～50	10～20	15	36	50～70	200
55～80	10～20	23	51	60～80	200
85～120	20～30	30	66	80～100	300
130～150	20～40	41	81	100～120	300

注：轴向间隙 300μm。

轴承滚道金属剥落：由于振动负荷、腐蚀的作用，滚道表面的金属会疲劳损伤，因而从表面剥落下来，轴承表面有了剥落现象不论范围大小均应更换。

② 更换

轴承保持架损坏，应更换轴承。轴承过热，引起轴承零件变色，当变色相当严重时。滚动轴承磨损后应用新的更换。

（6）组装

定子内不得遗留任何工具和杂物，放入转子时，要注意不要碰伤定、转子的线圈和铁心。

检查定、转子的空气间隙，并注意各间隙相互间的差别不应超过平衡值的 10%，最后确定的间隙数值应记录下来。

各螺栓、零部件的配合面应清洁，可涂上一层薄凡士林或润滑油，以防生锈而导致今后拆卸困难。

安装端盖应对角均匀拧紧螺栓（对端盖应先拧入下部几个螺栓），沿四周均匀压入，以防零部件变形。

敲打必须垫木料或黄铜棒，注意方向均匀敲打。

检查接地线，外壳接地线应无断扎，与机壳连接处应清洁且接触良好。

电机装配完毕后，可用木锤对准轴伸出端敲击几下，以消除端盖、轴承的歪斜和不同心以及轴承盖卡住等现象。

2）质量标准

（1）电机定子

基础螺栓无裂纹弯曲，安装紧固；定子矽钢片紧固，无油垢，通风孔无堵塞；线圈干净无油垢，绑线垫块无断裂松动，槽楔无松动变色；测得各项直流电阻比差不应超过 ±2%；绝缘电阻不低于规定值；定子通风窗清洁无油垢，电机引线连接良好、紧固，包扎绝缘完好无损；外壳接地电阻不大于 4Ω。

（2）电机转子

转子矽钢片清洁无油垢，紧固无松动，通风孔无堵塞；励磁线圈绝缘完整，线圈焊头无开焊；鼠笼条端环无开焊裂纹，启动铜排连接紧固；风叶、励磁铁心固定螺栓紧固，其他部件所有连接螺栓紧固无松动；电刷与滑环接触良好，压力适当，电刷规格型号应符合规定，滑环面光洁无灼斑，无油污及扁圆现象，其绝缘管及垫片完整无破损，紧固于轴上无位移松动；轴与轴颈部分光滑，无碰伤、弯曲、磨损等现象。

（3）轴承

轴承盖紧密，灰尘不能侵入；轴承内间隙应符合规定，轴承无跑内、外圈迹象；滚珠与滚道应无剥损裂纹，转动灵活，无异常响声；轴承润滑脂无砂尘杂质，油量适中。

（4）电机装配

定、转子铁心的磁中心线应一致；电机定、转子气隙的比差不超过规定；各部分紧固螺栓均匀拧紧无松动。电机有定位销的应将其装配好。

（5）电动机完好的一般标准

运行正常；电流在允许范围以内，转速、输出功率等应达到铭牌要求；定、转子温度（温升）和轴承温度（温升）在允许范围以内；滑环无火花运行；各部振值及轴向窜量不大于规定值；外壳上有额定铭牌，并且字迹数据清晰；外观整洁，轴承不漏油，附件和辅助装置齐全；技术资料齐全准确，应具有设备档案。

3. 检修后试运行与验收

1）试运行时间

电机空载运行时间一般为 2h；电机重载运行时间一般为 24h。

2）运行前的检查

测量电动机、电缆及附属设备的绝缘电阻；进行盘车，转动应灵活并监听电机应无异声。

3）试运行中的检查

电机旋转方向应与要求相符合；运转中无杂音，记录启动时间；空载电流、负荷（重载）电流应符合规定：

空载电流应是额定电流的 30% 左右，电流的三相不平衡小于 10%。

负荷（重载）电流应小于额定电流，电流的三相不平衡小于 10%。

检查和记录各部温度，定、转子温度（温升）和轴承温度（温升）在允许范围以内；检查和记录各部振动值，应不大于规定值；检查滑环及电刷无打火现象。

4）检修后的验收

主管部门组织有关人员对设备的检修项目和设备缺陷的消除情况，按完好设备标准和检修质量标准进行检查验收，作出是否投运的明确结论，并确认签字（表 9-2）。

交流电动机的试验项目、周期和标准　　　　　表 9-2

序号	项目	周期	要求	说明
1	绕组的绝缘电阻和吸收比	1）小修时 2）大修时	1）绝缘电阻值： ① 额定电压 3000V 以下者，室温下不应低于 0.5MΩ ② 额定电压 3000V 及以上者，交流耐压前，定子绕组在接近运行温度时的绝缘电阻值不应低于 U_n（MΩ）（取 U_n 的千伏数，下同）；投运前室温下（包括电缆）不应低于 U_n（MΩ） ③ 转子绕组不应低于 0.5MΩ 2）吸收比自行规定	1）500kW 及以上的电动机，应测量吸收比（或极化指数） 2）3kV 以下的电动机使用 1000V 兆欧表；3kV 及以上者使用 2500V 兆欧表 3）小修时定子绕组可与其所连接的电缆一起测量，转子绕组可与启动设备一起测量 4）有条件时可分相测量

序号	项目	周期	要求			说明
2	绕组的直流电阻	1）1 年（3kV 及以上或 100kW 及以上） 2）大修时 3）必要时	1）3kV 及以上或 100kW 及以上的电动机各相绕组直流电阻值的相互差别不应超过最小值的 2％；中性点未引出者，可测量线间电阻，其相互差别不应超过 1％ 2）其余电动机自行规定 3）应注意相互间差别的历年相对变化			—
3	定子绕组泄漏电流和直流耐压试验	1）大修时 2）更换绕组后	1）试验电压：全部更换绕组时为 $3U_n$；大修或局部更换绕组时为 $2.5U_n$ 2）泄漏电流相间差别一般不大于最小值的 100％，泄漏电流为 $20\mu A$ 以下者不做规定 3）500kW 以下的电动机自行规定			有条件时可分相进行
4	定子绕组的交流耐压试验	1）大修后 2）更换绕组后	1）大修时不更换或局部更换定子绕组后试验电压为 $1.5U_n$，但不低于 1000V 2）全部更换定子绕组后试验电压为 $(2U_n+1000)$V，但不低于 1500V			1）低压和 100kW 以下不重要的电动机，交流耐压试验可用 2500V 兆欧表测量代替 2）更换定子绕组时工艺过程中的交流耐压试验按制造厂规定
5	绕线式电动机转子绕组的交流耐压试验	1）大修后 2）更换绕组后	试验电压如下			1）绕线式电机已改为直接短路启动者，可不作交流耐压试验 2）U_k 为转子静止时在定子绕组上加额定电压于滑环上测得的电压
				不可逆式	可逆式	
			大修不更换转子绕组或局部更换转子绕组后	$1.5U_k$，但不小于 1000V	$3.0U_k$，但不小于 2000V	
			全部更换转子绕组后	$2U_k+1000$	$4U_k+1000$V	
6	同步电动机转子绕组交流耐压试验	大修时	试验电压为 1000V			可用 2500V 兆欧表测量代替
7	可变电阻器或启动电阻器的直流电阻	大修时	与制造厂数值或最初测得结果比较，相差不应超过 10％			3kV 及以上的电动机应在所有分接头上测量
8	可变电阻器与同步电动机灭磁电阻器的交流耐压试验	大修时	试验电压为 1000V			可用 2500V 兆欧表测量代替
9	同步电动机及其励磁机轴承的绝缘电阻	大修时	绝缘电阻不应低于 0.5MΩ			在油管安装完毕后，用 1000V 兆欧表测量
10	转子金属绑线的交流耐压	大修时	试验电压为 1000V			可用 2500V 兆欧表测量代替
11	检查定子绕组的极性	接线变动时	定子绕组的极性与连接应正确			1）对双绕组的电动机，应检查两分支间连接的正确性 2）中性点无引出者可不检查极性

序号	项目	周期	要求	说明
12	定子铁心试验	1）全部更换绕组时或修理铁心后 2）必要时	磁密在 1T 下齿的最高温升不大于 25K，齿的最大温差不大于 15K，单位损耗不大于 1.3 倍参考值，在 1.4T 下自行规定	1）3kV 或 500kW 及以上电动机应作此项试验 2）如果电动机定子铁心没有局部缺陷，只为检查整体叠片状况，可仅测量空载损耗值
13	电动机空转并测空载电流和空载损耗	必要时	1）转动正常，空载电流自行规定 2）额定电压下的空载损耗值不得超过原来值的 50%	1）空转检查的时间一般不小于 1h 2）测定空载电流仅在对电动机有怀疑时进行 3）3kV 以下电动机仅测空载电流不测空载损耗
14	双电动机拖动时测量转矩—转速特性	必要时	两台电动机的转矩—转速特性曲线上各点相差不得大于 10%	1）应使用同型号、同制造厂、同期出厂的电动机 2）更换时，应选择两台转矩、转速特性相近似的电动机

注：容量在 100kW 以下的电动机一般只进行序号 1、4、13 项试验，对于特殊电动机的试验项目按制造厂规定。

绝缘等级是指其所用绝缘材料的耐热等级，分 A、E、B、F、H 级，允许温升是指电动机的温度与周围环境温度相比升高的限度（表 9-3）。

交流电动机的绝缘等级，轴承温度　　　　　　　　表 9-3

绝缘的温度等级	A 级	E 级	B 级	F 级	H 级
最高允许温度（℃）	105	120	130	155	180
绕组温升限值（K）	65	70	80	100	125
性能参考温度（℃）	80	95	100	120	145

一般电机操作规程规定，滚动轴承最高温度不超过 95℃，滑动轴承最高温度不超过 80℃。同时，要求温升不超过 55℃（温升为轴承温度减去测试时的环境温度）。

9.4　水泵的检修

水泵的检修对水泵的使用寿命起到很重要的作用，做好正确的检修，可以避免不必要的水泵的损害。

1. 水泵检修内容

1）小修

更换填料；检查油质，清洗油箱，更换润滑油、脂；检查橡胶轴承间隙，必要时更换；导叶体、出水弯管及传动装置；检查联轴器柱销及弹性圈，必要时更换；检查各紧固件，消除松动。

2）中修

包括小修内容；检查、修理或更换钢套；检查叶片角度，进行调整；检查修理轮毂及端盖；检查滚动轴承，添加符合规定的润滑脂；检查调整全调节式叶片传动机构；调整泵轴摆动及对中。

3）大修

包括中、小修内容；解体清洗检查、测定部件损坏情况，必要时修复或更换；检查泵轴及传动轴，校直或更换；修理或更换滑动轴承及滚动轴承；检查、修理或更换叶轮、调节机构，并作静平衡试验；修理或更换联轴器；机组调平、对中、调摆度及各部间隙；各受压部件做耐压试验；油漆防腐。

2. 检修方法及质量标准

1）底座、中间节、进水喇叭、叶轮外壳、出水弯管及传动装置

铸铁件应符合 JB/TQ 367 的规定。

铸钢件应符合 JB/TQ 366 的规定。

铸件有缺陷时允许焊补；焊补技术要求应符合 JB/TQZ 368 和 JB/TQ 369 的规定。

设备工作压力大于或等于 0.1MPa 的所有承压零件必须进行水压强度试验，试验压力为工作压力的 1.5 倍，持续时间不少于 5min。

油池（箱）须经渗油试验，保持四小时无渗油为合格。

底座及外壳各节的结合面应平整、光洁，无毛刺，用涂色法检查无径向沟痕，各结合面组装后应接触严密。

用电声法检查径向轴承座及上、下橡胶轴承座的同轴度，应符合技术文件规定。

底座安装应符合设计要求，允许偏差为：①标高：3mm；②中心：2mm；③端面水平度：0.04mm/m。

导叶体的导叶表面应修整光洁，用组合样板检查其工作面的几何形状及尺寸，应符合《混流泵、轴流泵 技术条件》GB/T 13008—2010 轴流式清水泵技术条件的规定。

2）主轴及传动轴

直线度为 0.10mm/m。

圆柱轴颈径向圆跳动值为 0.06mm。

圆锥轴颈的斜向圆跳动值为 0.06mm；圆度及圆柱度为 0.02mm；用锥规检查接触面积必须大于全部面积的 80%。

调节机构轴孔的径向圆跳动值为 0.07mm。

键槽中心线对轴中心线的对称度偏差应不大于 0.03mm/100mm；键槽磨损后，可按标准增大一级；当泵轴结构和受力允许时，可在本键槽的 90° 或 120° 方向上另开键槽。

当叶轮直径小于或等于 1000mm 时，泵轴及传动轴与滑动轴承，滚动轴承及填料配合处等轴颈表面损坏后，允许镀铬（其镀层厚度为 0.03～0.12mm）或喷镀或镶套等。

3）轴套

轴套不允许有裂纹，外表面不允许有砂眼、气孔、疏松等缺陷；轴套与轴配合采用热装法；热装后应按技术文件或图样规定，检查相互位置及相对尺寸。

4）轴承

滚动轴承：波动轴承的技术要求按《滚动轴承 通用技术规则》GB/T 307.3—2017 的规定；安装在传动轴膨胀端间隙不可调整的一般滚动轴承，外座圈端面与轴承压盖间，应根据轴在工作条件下的热膨胀量，留出足够的间隙；轴承座内径与滚动轴承外座圈外径的配合间隙，一般采用 K7/h6，轴与轴承内孔的配合为 H7/6。

滑动轴承：轴承的合金与轴承壳应牢固、紧密地结合，不得有分层、脱壳现象；合金层的表面和两半轴瓦的中分面应光滑、平整，不允许有裂纹、气孔、重皮、夹渣和碰伤等缺陷；瓦背与轴承座应紧密均匀贴合，用着色法检查，每平方厘米应有两至三点接触，面积应大于全部面积的70%；轴承与轴颈用着色法检查，每平方厘米内应有2～4个点，接触面积不少于75%；轴承间隙应符合技术文件的要求，止推轴承与止推盘接触面积应不小于70%，接触点为每平方厘米内2～4点；各瓦块厚度差不大于0.02mm。

橡胶轴承：橡胶轴承应保持干净，严禁与油类接触；上、下橡胶轴承与主轴中心线的同轴度应符合技术文件规定，一般为0.06mm；橡胶轴承的性能及间隙，必须符合技术文件的规定。

蜗轮蜗杆：蜗轮蜗杆检修方法及质量标准按《蜗轮减速机维护检修规程》HGJ 010033—91执行。

5）叶轮

叶轮轮毂、叶片及端盖等部件，应无锈蚀、毛刺和损伤；精加工面应光洁，配合正确。

同一叶轮轮毂上各叶片，用组合样板检查其工作面的几何形状及尺寸；叶轮直径小于或等于2000mm时，不得超过半径基本尺寸的±0.1%；叶轮直径大于2000mm时，上述偏差减半。

叶片安装时标记应吻合，角度应正确，其角度偏差不得超过±15′，同时检查叶片外圆对转子轴线的径向圆跳动，其精度按《形状和位置公差　未注公差值》GB/T 1184—1996中9级的规定。

叶片外缘面与叶轮外壳周围的间隙应均匀，半径方向的实际最小间隙应不小于直径间隙的40%，最大磨损量不得大于叶轮直径的2/1000。

每组叶片中各叶片之间的重量差不应超过设计规定，当叶轮直径小于1000mm时，为单叶片名义重量的2%，叶轮直径大于或等于1000mm时，为单叶片名义重量的4%。

泵主轴与叶轮连接各结合面应严密，叶轮中心线位置的安装标高，应比设计值稍高，使叶轮下缘与叶轮壳下缘间隙大于叶轮上缘与叶轮壳上缘间隙的5%～15%。

叶轮应作静平衡试验。

6）全调节式的转子部件

叶片转动机构各部件的配合应灵活，不松旷，不卡涩。

转臂与止推轴套端的配合留有0.10～0.15mm的间隙。

叶片枢轴与转子应对号组合，叶片枢轴与轴套在轴向应有不大于0.50mm的串量。

固定叶片的环键在键槽中应为过渡配合。

叶片密封装置的弹簧、压环及垫环，转子体与垫圈接触部位应平整，厚度均匀。

配油器底座的上法兰面水平度允许偏差值为0.06mm/m；配油器处径向摆度允许值为0.10mm。

调节器与传动轴的同轴度为0.06mm。

叶片与叶轮轮毂组装后应作0.36MPa的油压试验，叶片同时进行动作试验，持续时间不少于5min。

零件加工表面应按下列规定进行防锈处理：加工的过水面涂以防锈油脂；露在外面的

加工部位涂以硬化防锈油脂；叶片外壳加工表面涂以防锈涂料。

7）泵轴、电机轴与传动轴的对中及摆度

联轴器两轴的对中偏差及联轴器的端面间隙，应符合设备的技术文件要求。

凸缘联轴器：联轴器与轴装配采用热装法，并及时装上哈夫圈靠紧；两半联轴器端面应紧密接触，用透光法或塞尺检查结合面应无间隙；两轴的对中偏差：径向位移应不大于 0.03mm，轴向倾斜应不大于 0.05mm/m。

泵轴与传动轴的对中，当用"轴对中仪"或其他仪器调整时，应符合下述要求：传动轴长度小于 2.5m 时，为 0.03～0.05mm/m；传动轴长度大于 2.5m 时，不得大于 0.07mm/m。

传动轴、泵轴及转子摆度值应符合规定。

8）填料密封

填料应质地柔软、具有润滑性，材质应根据工作介质和运行参数正确选择。

填料接口应严密，两端端接角度应一致，一般为 45°角，安装时相邻两层盘根接口应错开 120°。

液封环与轴套的直径间隙一般为 1.00～1.50mm。

液封环与填料箱的直径间隙一般为 0.15～0.20mm。

填料压盖与轴套的直径间隙一般为 0.75～1.00mm，四周间隙应均匀。

填料压盖与填料箱的直径间隙一般为 0.10～0.30mm。

有填料底环时，底环与轴套的直径间隙一般为 0.70～1.00mm。

填料压紧后，液封环进液孔应与液封管对准或液封环稍偏向外侧，水封孔道应畅通。

用手盘车时，转子应转动灵活；填料紧度应适当，运行过程中应有水滴出。

3. 试车

（1）无异常噪声，各紧固件无松动。

（2）滚动轴承温升不超过 40℃，最高温度一般不超过 75℃，滑动轴承温升应不超过 35℃，最高温度一般不超过 65℃。

（3）各部位温度及各系统压力等参数在规定范围内。

（4）振动值符合《混流泵、轴流泵　技术条件》GB/T 13008—2010 的规定。

（5）电压、电流及电机温升不超规定。

（6）压力平稳，流量达到铭牌出力或查定能力。

（7）试运转时间为 2～4h。

9.5　变频器及其维修

9.5.1　变频器的基本原理

变频器（Variable-frequency Drive，VFD）是应用变频技术与微电子技术，通过改变电机工作电源频率方式来控制交流电动机的电力控制设备。

变频器主要由整流（交流变直流）、滤波、逆变（直流变交流）、制动单元、驱动单元、检测单元、微处理单元等组成。变频器靠内部 IGBT 的开断来调整输出电源的电压和频率，根据电机的实际需要来提供其所需要的电源电压，进而达到节能、调速的目的，另外，变频器还有很多的保护功能，如过流、过压、过载保护等。随着工业自动化程度的不断提高，变频器也得到了非常广泛的应用。

主电路是给异步电动机提供调压调频电源的电力变换部分，变频器的主电路大体上可分为两类：电压型是将电压源的直流变换为交流的变频器，直流回路的滤波是电容。电流型是将电流源的直流变换为交流的变频器，其直流回路的滤波是电感。它由三部分构成，将工频电源变换为直流功率的"整流器"，吸收在变流器和逆变器产生的电压脉动的"平波回路"。

9.5.2 变频器的调速控制方式

1. 非智能控制方式

在交流变频器中使用的非智能控制方式有 V/f 协调控制、转差频率控制、矢量控制、直接转矩控制等。

1）V/f 控制

V/f 控制是为了得到理想的转矩—速度特性，基于在改变电源频率进行调速的同时，又要保证电动机的磁通不变的思想而提出的，通用型变频器基本上都采用这种控制方式。V/f 控制变频器结构非常简单，但是这种变频器采用开环控制方式，不能达到较高的控制性能，而且，在低频时，必须进行转矩补偿，以改变低频转矩特性。

2）转差频率控制

转差频率控制是一种直接控制转矩的控制方式，它是在 V/f 控制的基础上，按照知道异步电动机的实际转速对应的电源频率，并根据希望得到的转矩来调节变频器的输出频率，就可以使电动机具有对应的输出转矩。这种控制方式，在控制系统中需要安装速度传感器，有时还加有电流反馈，对频率和电流进行控制，因此，这是一种闭环控制方式，可以使变频器具有良好的稳定性，并对急速的加减速和负载变动有良好的响应特性。

3）矢量控制

矢量控制是通过矢量坐标电路控制电动机定子电流的大小和相位，以达到对电动机在 d、q、0 坐标轴系中的励磁电流和转矩电流分别进行控制，进而达到控制电动机转矩的目的。通过控制各矢量的作用顺序和时间以及零矢量的作用时间，又可以形成各种 PWM 波，达到各种不同的控制目的。例如，形成开关次数最少的 PWM 波以减少开关损耗。目前，在变频器中实际应用的矢量控制方式主要有基于转差频率控制的矢量控制方式和无速度传感器的矢量控制方式两种。基于转差频率的矢量控制方式与转差频率控制方式两者的定常特性一致，但是基于转差频率的矢量控制还要经过坐标变换对电动机定子电流的相位进行控制，使之满足一定的条件，以消除转矩电流过渡过程中的波动。因此，基于转差频率的矢量控制方式比转差频率控制方式在输出特性方面能得到很大的改善。但是，这种控制方式属于闭环控制方式，需要在电动机上安装速度传感器，因此，应用范围受到限制。无速度传感器矢量控制是通过坐标变换处理分别对励磁电流和转矩电流进行控制，然后通过控制电动机定子绕组上的电压、电流辨识转速以达到控制励磁电流和转矩电流的目的。这种控制方式调速范围宽，启动转矩大，工作可靠，操作方便，但计算比较复杂，一般需要专门的处理器来进行计算，因此，实时性不是太理想，控制精度受到计算精度的影响。

4）直接转矩控制

直接转矩控制是利用空间矢量坐标的概念，在定子坐标系下分析交流电动机的数学模型，控制电动机的磁链和转矩，通过检测定子电阻来达到观测定子磁链的目的，因此省去了矢量控制等复杂的变换计算，系统、直观、简洁，计算速度和精度都比矢量控制方式有所提高。即使在开环的状态下，也能输出 100% 的额定转矩，对于多拖动具有负荷平衡功能。

5）最优控制

最优控制在实际中的应用根据要求的不同而有所不同，可以根据最优控制的理论对某一个控制要求进行个别参数的最优化。例如，在高压变频器的控制应用中，就成功地采用了时间分段控制和相位平移控制两种策略，以实现一定条件下的电压最优波形。

6）其他非智能控制方式

在实际应用中，还有一些非智能控制方式在变频器的控制中得以实现，例如自适应控制、滑模变结构控制、差频控制、环流控制、频率控制等。

2. 智能控制方式

智能控制方式主要有神经网络控制、模糊控制、专家系统、学习控制等。在变频器的控制中采用智能控制方式在具体应用中有一些成功的范例。

1）神经网络控制

神经网络控制方式应用在变频器的控制中，一般是进行比较复杂的系统控制，这时对于系统的模型了解甚少，因此神经网络既要完成系统辨识的功能，又要进行控制。而且，神经网络控制方式可以同时控制多个变频器，因此在多个变频器级联时进行控制比较适合。但是神经网络的层数太多或者算法过于复杂都会在具体应用中带来不少实际困难。

2）模糊控制

模糊控制算法用于控制变频器的电压和频率，使电动机的升速时间得到控制，以避免升速过快对电动机使用寿命的影响以及升速过慢影响工作效率。模糊控制的关键在于论域、隶属度以及模糊级别的划分，这种控制方式尤其适用于多输入单输出的控制系统。

3）专家系统

专家系统是利用所谓"专家"的经验进行控制的一种控制方式，因此，专家系统中一般要建立一个专家库，存放一定的专家信息，另外还要有推理机制，以便于根据已知信息寻求理想的控制结果。专家库与推理机制的设计是尤为重要的，关系着专家系统控制的优劣。应用专家系统既可以控制变频器的电压，又可以控制其电流。

4）学习控制

学习控制主要是用于重复性的输入，而规则的 PWM 信号（例如中心调制 PWM）恰好满足这个条件，因此学习控制也可用于变频器的控制中。学习控制不需要了解太多的系统信息，但是需要 1～2 个学习周期，因此快速性相对较差，而且，学习控制的算法中有时需要实现超前环节，这用模拟器件是无法实现的，同时，学习控制还涉及一个稳定性的问题，在应用时要特别注意。

9.5.3　变频器的使用

按照生产机械的类型、调速范围、静态速度精度、启动转矩的要求，决定选用哪种控制方式的变频器最合适。所谓合适是既要好用，又要经济，以满足工艺和生产的基本条件和要求。

1. 需要控制的电机及变频器自身

(1) 电动机的极数。一般电动机极数以不多于 4 极为宜，否则变频器容量就要适当加大。

(2) 转矩特性、临界转矩、加速转矩。在同等电动机功率情况下，相对于高过载转矩模式，变频器规格可以降额选取。

(3) 电磁兼容性。为减少主电源干扰，使用时可在中间电路或变频器输入电路中增加电抗器，或安装前置隔离变压器。一般当电动机与变频器距离超过 50m 时，应在它们中间串入电抗器、滤波器或采用屏蔽防护电缆。

2. 变频器功率的选用

系统效率等于变频器效率与电动机效率的乘积，只有二者都处在较高的效率下工作时，则系统效率才较高。从效率角度出发，在选用变频器功率时，要注意以下几点：

(1) 变频器功率值与电动机功率值相当时最合适，以利于变频器在高的效率值下运转。

(2) 在变频器的功率分级与电动机功率分级不相同时，则变频器的功率要尽可能接近电动机的功率，但应略大于电动机的功率。

(3) 当电动机属频繁启动、制动工作或处于重载启动且较频繁工作时，可选取大一级的变频器，以利用变频器长期、安全地运行。

(4) 经测试，电动机实际功率确实有富余，可以考虑选用功率小于电动机功率的变频器，但要注意瞬时峰值电流是否会造成过电流保护动作。

(5) 当变频器与电动机功率不相同时，则必须相应调整节能程序的设置，以利达到较高的节能效果。

3. 变频器箱体结构的选用

变频器的箱体结构要与环境条件相适应，即必须考虑温度、湿度、粉尘、酸碱度、腐蚀性气体等因素。常见的有下列几种结构类型可供用户选用：

(1) 敞开型 IP00 型：本身无机箱，适用于装在电控箱内或电气室内的屏、盘、架上，尤其是多台变频器集中使用时，选用这种形式较好，但环境条件要求较高；

(2) 封闭型 IP20 型：适用于一般用途，可有少量粉尘或少许温度、湿度的场合；

(3) 密封型 IP45 型：适用于工业现场条件较差的环境；

(4) 密闭型 IP65 型：适用于环境条件差，有水、尘及一定腐蚀性气体的场合。

4. 变频器容量的确定

合理的容量选择本身就是一种节能降耗措施。根据现有资料和经验，比较简便的方法有三种：

(1) 电动机实际功率确定法。首先测定电动机的实际功率，以此来选用变频器的容量。

(2) 公式法。当一台变频器用于多台电动机时，应满足：至少要考虑一台电动机启动电流的影响，以避免变频器过流跳闸。

(3) 电动机额定电流法。变频器容量选定过程，实际上是一个变频器与电动机的最佳匹配过程，最常见、也较安全的是使变频器的容量大于或等于电动机的额定功率，但实际匹配中要考虑电动机的实际功率与额定功率相差多少，通常都是设备所选能力偏大，而实际需要的能力小，因此按电动机的实际功率选择变频器是合理的，避免选用的变频器过大，使投资增大。对于轻负载类，变频器电流一般应按 $1.1N$（N 为电动机额定电流）来选择，或按厂家在产品中标明的与变频器的输出功率额定值相配套的最大电动机功率来选择。

5. 主电源

（1）电源电压及波动。应特别注意与变频器低电压保护整定值相适应，因为在实际使用中，电网电压偏低的可能性较大。

（2）主电源频率波动和谐波干扰。这方面的干扰会增加变频器系统的热损耗，导致噪声增加，输出降低。

（3）变频器和电动机在工作时，自身的功率消耗。在进行系统主电源供电设计时，两者的功率消耗因素都应考虑进去。

9.5.4　变频器的维修

日常维护与检查包括不停止通用变频器运行或不拆卸其盖板进行通电和启动试验，通过目测通用变频器的运行状况，确认有无异常情况，通常检查如下内容：键盘面板、是否有异常声音、周围环境、各连接线及外围电器元件是否有松动、进线电源是否异常。

1. 定期检查

变频器需要作定期检查时，须在停止运行后切断电源打开机壳后进行。但必须注意，变频器即使切断了电源，主电路直流部分滤波电容器放电也需要时间，须待充电指示灯熄灭后，用万用表等确认直流电压已降到安全电压（DC 25V 以下），然后再进行检查。

运行期间应定期（例如，每 3 个月或 1 年）停机检查以下项目：

（1）功率元器件、印制电路板、散热片等表面有无粉尘、油雾吸附，有无腐蚀及锈蚀现象。粉尘吸附时可用压缩空气吹扫，散热片油雾吸附可用清洗剂清洗。出现腐蚀和锈蚀现象时要采取防潮防蚀措施，严重时要更换受蚀部件。

（2）检查滤波电容和印制板上电解电容有无鼓肚变形现象，有条件时可测定实际电容值。出现鼓肚变形现象或者实际电容量低于标称值的 85％时，要更换电容器。更换的电容器要求电容量、耐压等级以及外形和连接尺寸与原部件一致。

（3）散热风机和滤波电容器属于变频器的损耗件，有定期强制更换的要求。

2. 变频器的维修

1）维修步骤

维修通用变频器时，一般都需要遵照以下步骤进行：

（1）故障机受理，记录变频器型号、编码、用户等信息。

（2）变频器主电路检测维修。

（3）变频器控制电路检测维修。

（4）变频器上电检测，记录主控板参数。

（5）变频器整机带负载测试。

（6）故障原因分析总结，填写维修报告并存档。

2）变频器的维修内容

（1）安装铝电解电容器、限流电阻（也称为缓冲电阻）、防雷板、交流接触器、工频变压器在变频器底板。

注意：铝电解电容器正、负极方向应正确；铝电解电容器不得悬空，应压到与底板接触。

（2）安装整流桥、IPM 模块、温度传感器、吸收电阻在变频器散热器上。

注意：整流桥、IPM 模块底部应均匀涂抹导热硅脂，硅脂厚度为 0.1~0.2mm；安装时不得碰伤 IPM 的引脚插针；整流桥的安装方位要正确。

（3）安装 F1443GMl 驱动板。

注意：将板上 4 个定位孔及沟槽分别对准 IPM 的 4 个引导柱和插针阵列，将板轻轻压到位，不得碰伤 IPM 插针。

（4）安装风扇，插接温度传感器线缆端子到驱动板 CN3 插座，风扇线缆端子到 CN6和 CN7 插座，接触器常开辅助点线缆端子到 CN9 插座，接触器线圈供电线缆端子到 CN5插座，变压器次级输出线缆端子到 CN8 插座，3 个吸收电阻分别插入 J7、J8、J9、J10、J11、J12 插头，两个 20PIN-1.25mm 排线插到 CN1、CN2 插座。

（5）安装电解电容上的固定铜排及均压电阻、变频器端子座，然后再安装其他铜排、整流桥上的转接板及接地线等。

（6）安装控制板的固定支板架、PCB 隔片、主控板，将 F1443GMl 驱动板上的两根20PIN-1.25mm 排线的另一端插入 F1452GUll 主控板插座。

注意：安装控制板的固定支板架时不要将排线压在板下。

（7）安装变频器盖板及操作面板。

3）变频器维护时需要注意的事项

（1）变频器内部有大电解电容，切断电源后电容器上仍有残存电压，因此应在断开电源约 10min 后，"充电"指示灯彻底熄灭或确认正、负母线电压在 36V 以下时才能进行维护操作。

（2）必须是专业人员才能更换零件，严禁将线头或金属物遗留在变频器内部，否则会导致设备损坏。

（3）维修前最好记录保留变频器内部的关键参数。

（4）更换主控板后，必须在上电运行前进行参数的修改，否则可能会导致相关设备的损坏。

（5）在通电状态下不得进行接线或拔插连接插头等操作。

（6）不允许将变频器的输出端子（U、V、W）接在交流电网电源上。

（7）变频器出厂前已经通过耐压试验，用户不必再进行耐压测试，否则会损坏器件。

9.6　可编程控制器及其维修

9.6.1　可编程控制器组成及工作原理

可编程控制器（Programmable Controller），简称 PC，因早期主要应用于开关量的逻辑控制，因此也称为 PLC（Programmable Logic Controller），即可编程逻辑控制器。可编程控制器是以微处理器为基础，综合了计算机技术、自动控制技术和通信技术发展起来的一种通用的工业自动控制装置。它具有体积小、功能强、灵活通用与维护方便等一系列的优点。特别是它的高可靠性和较强的适应恶劣环境的能力，受到用户的青睐。因而在冶金、化工、交通、电力等领域获得了广泛的应用，成为现代工业控制的三大支柱之一。

1. 可编程控制器的硬件系统

PLC 的硬件系统由主机系统、输入输出扩展部件及外部设备组成。

1）主机系统

PLC 的主机系统由微处理器单元、存储器、输入单元、输出单元、输入输出扩展接口、外围设备接口以及电源等部分组成。各部分之间通过内部系统总线进行连接，如图 9-1 所示。

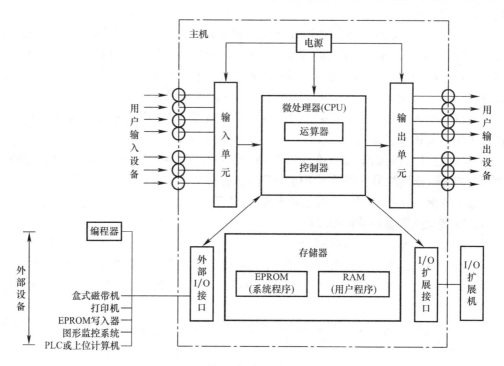

图 9-1　PLC 结构示意图

（1）微处理器单元 CPU（Central Processing Unit）

CPU 是 PLC 的核心部分，它包括微处理器和控制接口电路。微处理器是 PLC 的运算控制中心，由它实现逻辑运算，协调控制系统内部各部分的工作，它的运行是按照系统程序所赋予的任务进行的。

CPU 的具体作用如下：接收、存储用户程序；按扫描方式接收来自输入单元的数据和各状态信息，并存入相应的数据存储区；执行监控程序和用户程序，完成数据和信息的逻辑处理，产生相应的内部控制信号，完成用户指令规定的各种操作；响应外部设备的请求。

PLC 常用的微处理器主要有通用微处理器、单片机或双极型位片式微处理器。PLC 大多用 8 位和 16 位微处理器。

控制接口电路是微处理器与主机内部其他单元进行联系的部件，主要有数据缓冲、单元选择、信号匹配、中断管理等功能。微处理器通过它来实现与各个单元之间可靠的信息交换和最佳的时序配合。

（2）存储器

存储器是 PLC 存放系统程序、用户程序和运行数据的单元。它包括只读存储器（ROM）和随机存取存储器（RAM）。只读存储器（ROM）按照其编程方式不同，可分为

ROM、PROM、EPROM 和 EEPROM 等。

（3）输入输出模块单元

PLC 的对外功能主要是通过各类接口模块的外接线，实现对工业设备和生产过程的检测与控制。通过各种输入输出接口模块，PLC 既可检测到所需的过程信息，又可将运算处理结果传送给外部，驱动各种执行机构，实现工业生产过程的控制。为适应工业过程现场不同输入输出信号的匹配要求，PLC 配置了各种类型的输入输出模块单元。

其中，常用的有以下几种类型：

开关量输入单元：它的作用是把现场各种开关信号变成 PLC 内部处理的标准信号。开关量输入单元按照输入端的电源类型不同，分为直流输入单元和交流输入单元。

开关量输出单元：它的作用是把 PLC 的内部信号转换成现场执行机构的各种开关信号。按照现场执行机构使用的电源类型不同，可分为直流输出单元（晶体管输出方式或继电器触点输出方式）和交流输出单元（晶闸管输出方式或继电器触点输出方式）。

模拟量输入单元：模拟量输入在过程控制中的应用很广，模拟量输入电平大多是从传感器通过变换后得到的，模拟量的输入信号为 $4\sim20\text{mA}$ 电流信号或 $1\sim5\text{V}$、$-10\text{V}\sim10$、$0\sim10\text{V}$ 的直流电压信号。输入模块接收这种模拟信号之后，把它转换成二进制数字信号，送给中央处理器进行处理，因此模拟量输入模块又叫 A/D 转换输入模块。

模拟量输出单元：它的作用是把 PLC 运算处理后的若干位数字量信号转换成相应的模拟量信号输出，以满足生产过程现场连续信号的控制要求。模拟量输出单元一般由光电耦合器隔离、D/A 转换器和信号转换等环节组成。

智能输入输出单元：为了满足 PLC 在复杂工业生产过程中的应用，PLC 除了提供上述基本的开关量和模拟量输入输出单元外，还提供智能输入输出单元，来适应生产过程控制的要求。

智能输入输出单元是一个独立的自治系统，它具有与 PLC 主机相似的硬件系统，也是由中央处理单元、存储器、输入输出单元和外部设备接口单元等部分，通过内部系统总线连接组成。智能输入输出单元在自身的系统程序管理下，对工业生产过程现场的信号进行检测、处理和控制，并通过外部设备接口与 PLC 主机的输入输出扩展接口的连接来实现与主机的通信。PLC 主机在其运行的每个扫描周期中与智能输入输出单元进行一次信息交换，以便能对现场信号进行综合处理。智能输入输出单元不依赖主机的运行方式而独立运行，这一方面使 PLC 能够通过智能输入输出单元来处理快速变化的现场信号，另一方面也使 PLC 能够处理更多的任务。

为适应不同的控制要求，智能输入输出单元也有不同的类型。例如，高速脉冲计数器智能单元，它专门对工业现场的高速脉冲信号进行计数，并把累计值传送给 PLC 主机进行处理。如果不用高速脉冲计数智能单元，而用主机的输入输出单元来进行计数操作，则计数速度要受主机扫描速度的影响。当高速脉冲信号的宽度小于主机的扫描周期时，会发生部分计数脉冲丢失的情况。因此，用一般的 PLC 不能正确地进行高速脉冲信号的计数。使用高速脉冲计数智能单元后，由于它脱离主机的扫描周期而独立进行计数操作，而主机仅在每个扫描周期内读出高速脉冲计数智能单元的计数值，因此，使 PLC 系统能正确地对高速脉冲信号进行计数处理。

PID 调节智能单元也是一种智能单元，它能独立完成工业生产过程控制中一个或几个闭环控制回路的 PID 调节。特别是 PID 调节控制软件是由智能单元来执行的，而主机系统仅周期地把调整参数和设定值传递给 PID 调节智能单元。这样就使主机从烦琐的输入输出操作、复杂的运算处理中解脱出来，从而在其扫描周期内能够处理更多的其他任务。

智能输入输出单元还有位置控制智能单元、阀门控制智能单元等类型。智能输入输出单元为 PLC 的功能扩展和性能提高提供了极为有利的条件。随着智能输入输出单元的品种增加，PLC 的应用领域将越来越广泛，PLC 的主机最终将变为一个中央信息处理机，对与之相连的各种智能输入输出单元的信息进行综合处理。

（4）输入输出扩展接口

输入输出扩展接口是 PLC 主机为了扩展输入输出点数和类型的部件，输入输出扩展单元、远程输入输出扩展单元、智能输入输出单元等都通过它与主机相连。输入输出扩展接口有并行接口、串行接口等多种形式。

（5）外部设备接口

外部设备接口是 PLC 主机实现人—机对话、机—机对话的通道。通过它，PLC 可以和编程器、彩色图形显示器、打印机等外部设备相连，也可以与其他 PLC 或上位计算机连接。外部设备接口一般是 RS-232C 或 RS-422A 串行通信接口，该接口的功能是串行/并行数据的转换，通信格式的识别，数据传输的出错检验，信号电平的转换等。对于一些小型 PLC，外部设备接口中还有与专用编程器连接的并行数据接口。

（6）电源单元

电源单元是 PLC 的电源供给部分。它的作用是把外部供应的电源变换成系统内部各单元所需的电源，有的电源单元还向外提供直流电源，给予开关量输入单元连接的现场电源开关使用。电源单元还包括掉电保护电路和后备电池电源，以保持 RAM 在外部电源断电后存储的内容不丢失。PLC 的电源一般采用开关电源，其特点是输入电压范围宽、体积小、质量轻、效率高、抗干扰性能好。

2）输入输出扩展模块

输入输出扩展模块是 PLC 输入输出单元的扩展，当用户所需的输入输出点数或类型超出主机的输入输出单元所允许的点数或类型时，可以通过加接输入输出扩展模块来解决。

3）外部设备

PLC 的外部设备主要是编程器、彩色图形显示器、打印机等。

（1）编程器

它是编制、调试 PLC 用户程序的外部设备，是人—机交互的窗口。通过编程器可以把新的用户程序输入到 PLC 的 RAM 中，或者对 RAM 中已有的程序进行编辑。通过编程器还可以对 PLC 的工作状态进行监视和跟踪，这对调试和试运行用户程序是非常有用的。

除了专用编程器件外，还可以利用普通个人计算机作为编程器，PLC 生产厂家配有相应的软件包，使用微机编程是 PLC 发展的趋势。现在已有些 PLC 不再提供编程器，而只提供微机编程软件，并且配有相应的通信连接电缆。

（2）彩色图形显示器

大中型 PLC 通常配接彩色图形显示器，用以显示模拟生产过程的流程图、实时过程参数、趋势参数及报警参数等过程信息，使得现场控制情况一目了然。

（3）打印机

PLC 也可以配接打印机等外部设备，用以打印记录过程参数、系统参数以及报警事故记录表等。

PLC 还可以配置其他外部设备，例如，配置存储器卡、盒式磁带机或磁盘驱动器，用于存储用户程序和数据；配置 EPROM 写入器，用于将程序写入到 EPROM 中。

2. 可编程控制器的软件系统

PLC 除了硬件系统外，还需要软件系统的支持，它们相辅相成，缺一不可，共同构成 PLC。PLC 的软件系统由系统程序（又称系统软件）和用户程序（又称应用软件）两大部分组成。

1）系统程序

系统程序由 PLC 的制造企业编制，固化在 PROM 或 EPROM 中，安装在 PLC 上，随产品提供给用户。系统程序包括系统管理程序、用户指令解释程序和供系统调用的标准程序模块等。

2）用户程序

用户程序是根据生产过程控制的要求由用户使用制造企业提供的编程语言自行编制的应用程序。用户程序包括开关量逻辑控制程序、模拟量运算程序、闭环控制程序和操作站系统应用程序等。

9.6.2 可编程控制器的编程方法

PLC 的用户程序，是设计人员根据控制系统的工艺控制要求，通过 PLC 编程语言的编制规范，按照实际需要使用的功能来设计的。只要用户能够掌握某种标准编程语言，就能够使用 PLC 在控制系统中，实现各种自动化控制功能。

根据国际电工委员会制定的工业控制编程语言标准（IEC1131-3），PLC 有五种标准编程语言：梯形图语言（LD）、指令表语言（IL）、功能模块图语言（FBD）、顺序功能流程图语言（SFC）、结构化文本语言（ST）。这五种标准编程语言，十分简单易学。

1. 梯形图语言（LD）

梯形图语言是 PLC 程序设计中最常用的编程语言。它是与继电器线路类似的一种编程语言。由于电气设计人员对继电器控制较为熟悉，因此，梯形图编程语言得到了广泛的欢迎和应用。

梯形图编程语言的特点是：与电气操作原理图相对应，具有直观性和对应性；与原有继电器控制相一致，电气设计人员易于掌握。

梯形图编程语言与原有的继电器控制的不同点是，梯形图中的能流不是实际意义的电流，内部的继电器也不是实际存在的继电器，应用时，需要与原有继电器控制的概念区别对待。

2. 指令表语言（IL）

指令表编程语言是与汇编语言类似的一种助记符编程语言，和汇编语言一样由操作码和操作数组成。在无计算机的情况下，适合采用 PLC 手持编程器对用户程序进行编制。同时，指令表编程语言与梯形图编程语言一一对应，在 PLC 编程软件下可以相互转换。

指令表编程语言的特点是：采用助记符来表示操作功能，容易记忆，便于掌握；在手持编程器的键盘上采用助记符表示，便于操作，可在无计算机的场合进行编程设计；与梯形图有一一对应关系。其特点与梯形图语言基本一致。

3. 功能模块图语言（FBD）

功能模块图语言是与数字逻辑电路类似的一种 PLC 编程语言。采用功能模块图的形式来表示模块所具有的功能，不同的功能模块有不同的功能。

功能模块图编程语言的特点是：以功能模块为单位，分析理解控制方案简单、容易；功能模块是用图形的形式表达功能，直观性强，对于具有数字逻辑电路基础的设计人员很容易掌握；对规模大、控制逻辑关系复杂的控制系统，由于功能模块图能够清楚表达功能关系，使编程调试时间大大减少。

4. 顺序功能流程图语言（SFC）

顺序功能流程图语言是为了满足顺序逻辑控制而设计的编程语言。编程时将顺序流程动作的过程分成步和转换条件，根据转移条件对控制系统的功能流程顺序进行分配，一步一步地按照顺序动作。每一步代表一个控制功能任务，用方框表示。在方框内含有用于完成相应控制功能任务的梯形图逻辑。这种编程语言使程序结构清晰，易于阅读及维护，大大减轻编程的工作量，缩短编程和调试时间。用于系统规模较大、程序关系较复杂的场合。

顺序功能流程图编程语言的特点是：以功能为主线，按照功能流程的顺序分配，条理清楚，便于对用户程序的理解；避免梯形图或其他语言不能顺序动作的缺陷，同时也避免了用梯形图语言对顺序动作编程时，由于机械互锁造成用户程序结构复杂、难以理解的缺陷；用户程序扫描时间也大大缩短。

5. 结构化文本语言（ST）

结构化文本语言是用结构化的描述文本来描述程序的一种编程语言。它是类似于高级语言的一种编程语言。在大中型的 PLC 系统中，常采用结构化文本来描述控制系统中各个变量的关系。主要用于其他编程语言较难实现的用户程序编制。

结构化文本编程语言采用计算机的描述方式来描述系统中各种变量之间的各种运算关系，完成所需的功能或操作。大多数 PLC 制造商采用的结构化文本编程语言与 BASIC 语言、PASCAL 语言或 C 语言等高级语言相类似，但为了应用方便，在语句的表达方法及语句的种类等方面都进行了简化。

结构化文本编程语言的特点是：采用高级语言进行编程，可以完成较复杂的控制运算；需要有一定的计算机高级语言的知识和编程技巧，对工程设计人员要求较高。直观性和操作性较差。

9.6.3　可编程控制器的使用

PLC 产品的种类繁多。PLC 的型号不同，对应着其结构形式、性能、容量、指令系统、编程方式、价格等均各不相同，适用的场合也各有侧重。因此，合理选用 PLC，对于提高 PLC 控制系统的技术经济指标有着重要意义。

1. PLC 机型的选择

PLC 的选择主要应从 PLC 的机型、容量、I/O 模块、电源模块、特殊功能模块、通信联网能力等方面加以综合考虑。PLC 机型选择的基本原则是在满足功能要求及保证可靠、维护方便的前提下，力争最佳的性能价格比。选择时应主要考虑到合理的结构形式，安装方式的选择，相应的功能要求，响应速度要求，系统可靠性的要求，机型尽量统一等因素。

2. 合理的结构形式

PLC 主要有整体式和模块式两种结构形式。

整体式 PLC 的每一个 I/O 点的平均价格都比模块式的便宜，且体积相对较小，一般用于系统工艺过程较为固定的小型控制系统中；而模块式 PLC 的功能扩展灵活、方便，在 I/O 点数、输入点数与输出点数的比例、I/O 模块的种类等方面选择余地大，且维修方便，一般用于较复杂的控制系统。

3. 安装方式的选择

PLC 系统的安装方式分为集中式、远程 I/O 式以及多台 PLC 联网的分布式。

集中式不需要设置驱动远程 I/O 硬件，系统反应快、成本低；远程 I/O 式适用于大型系统，系统的装置分布范围很广，远程 I/O 可以分散安装在现场装置附近，连线短，但需要增设驱动器和远程 I/O 电源；多台 PLC 联网的分布式适用于多台设备分别独立控制，又要相互联系的场合，可以选用小型 PLC，但必须附加通信模块。

4. 相应的功能要求

一般小型（低档）PLC 具有逻辑运算、定时、计数等功能，对于只需要开关量控制的设备都可满足。

对于以开关量控制为主，带少量模拟量控制的系统，可选用能带 A/D 和 D/A 转换单元，具有加减算术运算、数据传送功能的增强型低档 PLC。对于控制较复杂，要求实现 PID 运算、闭环控制、通信联网等功能时，可视控制规模大小及复杂程度，选用中档或高档 PLC。但是中、高档 PLC 价格较贵，一般用于大规模过程控制和集散控制系统等场合。

5. 响应速度要求

PLC 是为工业自动化设计的通用控制器，不同档次 PLC 的响应速度一般都能满足其应用范围内的需要。如果要跨范围使用 PLC，或者某些功能或信号有特殊的速度要求时，则应该慎重考虑 PLC 的响应速度，可选用具有高速 I/O 处理功能的 PLC，或选用具有快速响应模块和中断输入模块的 PLC 等。

6. 系统可靠性的要求

对于一般系统 PLC 的可靠性均能满足。对可靠性要求很高的系统，应考虑是否采用冗余系统或热备用系统。

7. 机型尽量统一

一个企业，应尽量做到 PLC 的机型统一。主要考虑到以下三方面问题：

（1）机型统一，其模块可互为备用，便于备品备件的采购和管理。

（2）机型统一，其功能和使用方法类似，有利于技术力量的培训和技术水平的提高。

（3）机型统一，其外部设备通用，资源可共享，易于联网通信，配上位计算机后易于形成一个多级分布式控制系统。

8. PLC 主要应用概况

1）开关量的开环控制

开关量的开环控制是 PLC 的最基本控制功能。PLC 的指令系统具有强大的逻辑运算能力，很容易实现定时、计数、顺序（步进）等各种逻辑控制方式。大部分 PLC 就是用来取代传统的继电接触器控制系统。

2）模拟量闭环控制

对于模拟量的闭环控制系统，除了要有开关量的输入输出外，还要有模拟量的输入输出点，以便采样输入和调节输出实现对温度、流量、压力、位移、速度等参数的连续调节与控制。目前的 PLC 不但大型、中型机具有这种功能，还有些小型机也具有这种功能。

3）数字量的智能控制

控制系统具有旋转编码器和脉冲伺服装置（如步进电动机）时，可利用 PLC 实现接收和输出高速脉冲的功能，实现数字量控制，较为先进的 PLC 还专门开发了数字控制模块，可实现曲线插补功能，近来又推出了新型运动单元模块，还能提供数字量控制技术的编程语言，使 PLC 实现数字量控制更加简单。

4）数据采集与监控

由于 PLC 主要用于现场控制，所以采集现场数据是十分必要的功能，在此基础上将 PLC 与上位计算机或触摸屏相连接，既可以观察这些数据的当前值，又能及时进行统计分析，有的 PLC 具有数据记录单元，可以用一般个人电脑的存储卡插入到该单元中保存采集到的数据。PLC 的另一个特点是自检信号多，利用这个特点，PLC 控制系统可以实现自诊断式监控，减少系统的故障，提高系统的可靠性。

9.6.4 可编程控制器的维修

为了保障系统的正常运行，定期对 PLC 系统进行检查和维护是必不可少的，而且还必须熟悉一般故障诊断和排除方法。

1. 检查与维护

1）定期检查

PLC 是一种工业控制设备，尽管在可靠性方面采取了许多措施，但工作环境对 PLC 的影响还是很大的。所以，通常每隔半年时间应对 PLC 做定期检查。如果 PLC 的工作条件不符合表 9-4 规定的标准，就要做一些应急处理，以便使 PLC 工作在规定的标准环境。

周期性检查一览表　　　　　　　　　　　　　　　　　　表 9-4

检查项目		检查内容	标准
交流电源	1. 电压	1. 测量加在 PLC 上的电压是否为额定值	1. 电源电压必须在工作电压范围内
	2. 稳定度	2. 电源电压是否出现频繁急剧的变化	2. 电源电压波动必须在允许范围内
环境条件	温度 湿度 振动 粉尘	温度和湿度是在相应的范围内吗？（当 PLC 安装在仪表板上时，仪表板的温度可以认为是 PLC 的环境温度）	0～55℃ 相对湿度 85% 以下 振幅小于 0.5mm（10～55Hz） 无大量灰尘、盐分和铁屑
安装条件		基本单元和扩展单元是否安装牢固	安装螺钉必须上紧
		基本单元和扩展单元的连接电缆是否完全插好	连接电缆不能松动
		接线螺钉是否松动	连接螺钉不能松动
		外部接线是否损坏	外部接线不能有任何外观异常
使用寿命		1. 锂电池电压是否降低	1. 工作 5 年左右
		2. 继电器输出触点	2. 寿命 300 万次（35V 以上）

2）日常维护

PLC 除了锂电池和继电器输出触点外，基本没有其他易损元器件。由于存放用户程序的随机存储器（RAM）、计数器和具有保持功能的辅助继电器等均用锂电池保护，锂电池的寿命大约 5 年，当锂电池的电压逐渐降低达一定程度时，PLC 基本单元上的电池电压跌落指示灯亮，这是提示用户注意，由锂电池所支持的程序还可保留一周左右，必须更换电池，这是日常维护的主要内容。

调换锂电池步骤：

（1）在拆装前，应先让 PLC 通电 15s 以上（这样可使作为存储器备用电源的电容器充电，在锂电池断开后，该电容可对 PLC 作短暂供电，以保护 RAM 中的信息不丢失）；

（2）断开 PLC 的交流电源；

（3）打开基本单元的电池盖板；

（4）取下旧电池，装上新电池；

（5）盖上电池盖板。

更换电池时间要尽量短，一般不允许超过 3min。如果时间过长，RAM 中的程序将消失。

2. 故障处理（表 9-5～表 9-7）

CPU 装置、I/O 扩展装置故障处理

表 9-5

序号	异常现象	可能原因	处理
1	[POWER] LED 灯不亮	1. 电压切换端子设定不良	正确设定切换装置
		2. 保险熔断	更换保险管
2	保安管多次熔断	1. 电压切断端子设定不良	正确设定
		2. 线路短路或烧坏	更换电源单元
3	[RUN] LED 灯不亮	1. 程序错误	修改程序
		2. 电源线路不良	更换 CPU 单元
		3. I/O 单元号重复	修改 I/O 单元号
		4. 远程 I/O 电源关，无终端	接通电源
4	[运转中输出] 端没闭合（[POWER] 灯亮）	电源回路不良	更换 CPU 单元
5	某编号以后的继电器不动作	I/O 总线不良	更换基板单元
6	特定的继电器编号的输出（人）接通	I/O 总线不良	更换基板单元
7	特定单元的所有继电器不接通	I/O 总线不良	更换基板单元

输入单元故障处理

表 9-6

序号	异常现象	可能原因	处理
1	输入全部不接通（动作指示灯也灭）	1. 未加外部输入电源	供电
		2. 外部输入电压低	加额定电源电压
		3. 端子螺钉松动	拧紧
		4. 端子板连接器接触不良	把端子板补充插入、锁紧。更换端子板连接器
2	输入全部断开（动作指示灯也灭）	输入回路不良	更换单元
3	输入全部不关断	输入回路不良	更换单元

续表

序号	异常现象	可能原因	处理
4	特定继电器编号的输入不接通	1. 输入器件不良	更换输入器件
		2. 输入配线断线	检查输入配线
		3. 端子螺钉松弛	拧紧
		4. 端子板连接器接触不良	把端子板充分插入、锁紧。更换端子板连接器
		5. 外部输入接触时间短	调整输入器件
		6. 输入回路不良	更换单元
		7. 程序的 OUT 指令中用了输入继电器编号	修改程序
5	特定继电器编号的输入不关断	1. 输入回路不良	更换单元
		2. 程序的 OUT 指令中用了输入继电器编号	修改程序
6	输入不规则的 ON/OFF 动作	1. 外部输入电压低	使外部输入电压在额定范围
		2. 噪声引起的误动作	抗噪声措施 安装绝缘变压器 安装尖峰抑制器 用屏蔽线配线等
		3. 端子螺钉松动	拧紧
		4. 端子板连接器接触不良	把端子板充分插入、锁紧。更换端子板连接器
7	异常动作的继电器编号为 8 点单位	1. COM 端螺钉松动	拧紧
		2. 端子板连接器接触不良	端子板充分插入、锁紧。更换端子板连接器
		3. CPU 不良	更换 CPU 单元
8	输入动作指示灯亮（动作正常）	LED 坏	更换单元

输出单元故障处理　　　　　　　　　　　　　　　　　　表 9-7

序号	异常现象	可能原因	处理
1	输出全部不接通	1. 未加负载电源	加电源
		2. 负载电源电压低	使电源电压为额定值
		3. 端子螺钉松动	拧紧
		4. 端子板连接器接触不良	端子板补充插入、锁紧。更换端子板连接器
		5. 保险管熔断	更换保险管
		6. I/O 总线接触不良	更换单元
		7. 输出回路不良	更换单元
2	输出全部不关断	输出回路不良	更换单元
3	特定继电器编号的输出不接通（动作指示灯灭）	1. 输出接通时间短	更换单元
		2. 程序中指令的继电器编号重复	修改程序
		3. 输出回路不良	更换单元
4	特定继电器编号的输出不接通（动作指示灯亮）	1. 输出器件不良	更换输出器件
		2. 输出配线断线	检查输出线

序号	异常现象	可能原因	处理
4	特定继电器编号的输出不接通（动作指示灯亮）	3. 端子螺钉松动	拧紧
		4. 端子连接接触不良	端子充分插入、拧紧
		5. 继电器输出不良	更换继电器
		6. 输出回路不良	更换单元
5	特定继电器编号的输出不关断（动作指示灯灭）	1. 输出继电器不良	更换继电器
		2. 由于漏电流或残余电压而不能关断	更换负载或加假负载电阻
6	特定继电器编号的输出不关断（动作指示灯亮）	1. 程序中 OUT 指令的继电器编号重复	修改程序
		2. 输出回路不良	更换单元
7	输出出现不规则的 ON/OFF 现象	1. 电源电压低	调整电压
		2. 程序中 OUT 指令的继电器编号重复	修改程序
		3. 噪声引起误动作	抗噪声措施：装抑制器 装绝缘变压器 用屏蔽线配线
		4. 端子螺钉松动	拧紧
		5. 端子连接接触不良	端子充分插入、拧紧
8	异常动作的继电器编号为点单位	1. COM 端子螺钉松动	拧紧
		2. 端子连接接触不良	端子充分插入、拧紧
		3. 保险管熔断	更换保险管
		4. CPU 不良	更换 CPU 单元
9	输出正常指示灯不良	LED 坏	更换单元

第10章　供水企业的节电技术

10.1　供水企业用电管理及几种节电方法

10.1.1　我国城市供水企业电能消耗的特点

供水企业一般都是电能消耗的大户，电能消耗都占生产成本相当大的比重，合理用电，降低电耗，直接影响企业的经济效益。

供水企业用电量的90%以上用于电动机拖动水泵提高水的扬程，因此，运行设备的综合效率，直接影响电能的消耗量。

随着近几十年来国家工业现代化的高速发展，国产设备的制造水平逐步缩小了与发达国家的差距，体现在电动机的效率上，有了质的飞跃，目前，高压电动机的效率均在98%以上，低压电动机也能达到88%以上，水泵制造技术明显提高，大流量水泵的标称效率可达到85%，但与先进水平还有差距。

影响电耗的原因很多，就供水企业而言，主要表现在以下几个方面。

1. 设备自身的标称效率

选择设备时，在其他性能参数满足条件的前提下，要首选效率高的设备，要考虑设备在全生命周期因效率高低对用电成本产生的影响，在一次投资可承受的前提下，优先选择高效能设备，是不二的选择。

2. 设备的安装对用电效率的影响

水泵机组在安装时，一定要按照规范严格执行，确保设备安装精度，设备的润滑良好，通风条件满足需要，水泵的进水条件必须满足要求，保证水泵在运行时不产生汽蚀。

3. 设备的运行工况的影响

设备的实际运行工况尽可能接近铭牌工况，根据水泵运行特点，偏离标称工况过多，水泵的运行效率将急剧下降，严重影响机泵运行效率。所以，在设备选型时要充分考虑机泵运行的实际工况，不能偏离标称工况过多。以往，在选择水泵型号参数时，为考虑长远城市供水需求，参数选择过于保守，在实际运行时一般都严重偏离高效区很多，造成极大的浪费，往往几年内电能的损失已经抵得上以后为满足城市发展扩容更新设备的投资。

10.1.2　我国城市供水企业电能消耗的统计和计算

1. 单位电耗

是指生产每立方米水量消耗的电量。它有两种计算方式，一个是用每立方米的用电量来表示（kWh/m³），另一个是用千立方米兆帕的用电量来表示 kWh/(km³·MPa)，以立方米水量的用电量为单位，由于全国各地情况不同（供水扬程等），不能统一指标，应各自确定适合的电耗值，用于衡量本企业内部每年电耗的变化情况。

采用千立方米兆帕用电量的电耗指标，由于计量单位内考虑了扬程的因素，既可以用于企业间的横向比较，也可以用于企业内部的纵向比较，能更科学、客观地反映企业生产设备的效率及管理水平，这是各供水企业当前使用的法定单位，也称为配水单位电耗。

2. 电耗指标

对不同规模的供水企业配水电耗（含水泵，较大型立式取水泵及管网中加压泵）综合电耗指标考核，如表 10-1、表 10-2 所示。

离心泵配水综合电耗指标　　　　表 10-1

序号	平均单机水量（m³/h） 项目	4000	2500	1000	500	备注
1	泵基准效率（%）	88	87	85	84	
2	基准效率允许偏差值（%）	85	85	85	85	
3	水泵要达到的效率（%）	74.8	73.95	72.25	71.40	(1)×(2)
4	电动机的基准效率（%）	92	92	91	88	
5	机泵要达到的综合效率（%）	68.8	68.0	65.7	62.83	(3)×(4)
6	综合单位电耗[kWh/(km³·MPa)]	404	409	414	433	对供水企业指标

深井泵配水综合电耗指标　　　　表 10-2

序号	平均单机水量（m³/h） 项目	300	210	130	80	备注
1	泵基准效率（%）	77.25	76.3	74.9	73.5	
2	基准效率允许偏差值（%）	72.5	72.5	72.5	72.5	
3	水泵要达到的效率（%）	56	55.3	54.3	53.3	
4	电动机的基准效率（%）	87.5	86.75	85.75	84.75	
5	机泵要达到的综合效率（%）					
6	综合单位电耗[kWh/(km³·MPa)]	555	567	585	604	

三、四类供水企业可允许按上述机泵的综合效率降低 5% 算得的综合单位电耗作为考核指标。

按不同规模的机泵提出不同的电耗要求，比统一要求更为合理，这样在计算上复杂些，在确定水厂指标时要对机泵情况作加权平均统计。

3. 节约用电的计算

1）同期用电单耗对比法

节约用电数＝（去年同期用电单耗值－本期用电单耗值）×本期千立方米水量(kWh)

2）用电单耗指标对比法

节约电量数＝（用电单耗指标－实际单耗指标）×计算供水量

10.1.3 节能型用电管理

为了使工厂电气设备，供用电系统在安全、稳定、经济合理的情况下运行，必须加强用电系统合理化的管理，采取科学、有效的技术措施。

用电电压管理、线损管理、负荷率管理、功率因数管理等方面的管理，是最基本的内容。

1. 电压管理

电压的偏移对用电设备的影响：工厂受电端的电压是变动的，原因是由电压损耗的多少所决定的，用电设备端电压等于额定电压时，设备的运行效率和寿命是最高的，设备的受电电压高或低于额定电压，都会增加设备的电能损耗，降低效率，缩短设备使用寿命。

对异步电动机而言，电动机的转矩与所受电压的平方成正比，电压降低 10%，转矩降低 19%，满载电流增加 11%，温度升高 6~7℃，端电压过低时，电动机可能停转甚至烧坏。电压过高时同样对电动机产生危害，影响电动机运行效率。电压超出正常范围，电动机铁心产生过热，增加电能消耗，降低效率。

从用电经济性考量，通过改善供电电压质量，使得设备在额定电压或上下允许范围内工作是提高设备运行效率所必须的。

对于大中型供水企业，一定要选择性能优异的主变设备，合理分配负荷，确保主变出口电压保持在额定范围，在设备受电侧，选择线路线径时面积要适度放大，降低线损。

具体有电压的调整：《评价企业合理用电技术导则》规定："企业受电端在额定电压范围内，企业内部供电电压偏移允许值，一般不应超过电压的 ±5%"，可采取以下措施：

(1) 采用高电压深入负荷中心的供电方式，进线电压优选 35kV，有条件的可选用 11kV 供电电压，采用 6kV 作为配电电压到各个负荷中心（集中区）。

(2) 正确选择变压器容量，正常运行阶段，保持负荷率应在 60%~80%，可以使变压器运行在高效率区间。

(3) 正确选用变压器的变比的电压分接头，一般变压器通过分接开关调整电压分接头，以使变压器的二次电压相对额定电压有 ±5% 的增加或降低。

(4) 缩短配线长度，导线的截面适当放大，减少线路压降。

(5) 均衡三相负荷，尤其是对主变压器要合理调配，减少不平衡造成的设备损耗的增加。

(6) 统筹考虑系统的容性和感性设备的配置，来调整系统内电压的偏移。

2. 线损的管理

电能在企业内部传递过程中，经过变、配电装置时会产生一定的电能损耗，这些损耗称为线损，电能损耗占总供电量的百分数，称为线路损失率。

即：

$$\Delta P\% = \frac{\Delta P}{P} \times 100\% \qquad\qquad (10\text{-}1)$$

式中：ΔP——线路中消耗的功率；

　　　P——总供电功率。

《评价企业合理用电技术导则》规定：降低线损率应达到下列指标：

(1) 一次变压：3.5%；

(2) 二次变压：5.5%；

(3) 三次变压：7%。

降低工厂内部线损的主要措施：

（1）减少变压次数：变压器和各种配电线路的损耗约占工厂变配电系统损耗的95%，一般每多一级变压，大约要多消耗1%～2%的有功功率。

（2）减少变压器数量，提高单台变压器容量，根据系统内的用电负荷分布，设立若干独立的负荷集中区。

（3）提高功率因数：根据需要设立分布式就地无功补偿设备，减少无功功率输入，减少线路损耗。据统计，功率因数从0.7提高到0.95，线路损失可减少46%。

（4）均衡三相负荷：降低三相负荷电流的不平衡度，可减少中性线电流，减少电能损耗。

（5）大型水泵机组采用变频调速系统，可大幅提高电动机的功率因数，可以减少无功补偿设备的使用，同时也能达到减少线路损耗的目的。

3. 设备负荷率的管理

负荷率是指计算时间内平均有功负荷与最高有功负荷之比的百分数。

$$K_P = \frac{P_P}{P_{max}} \times 100\% \tag{10-2}$$

式中：K_P——负荷率；

　　P_P——平均负荷（kW）；

　　P_{max}——最高负荷（kW）。

维持较高的负荷率，可减少变压器扩配电线路的损耗。

4. 最大需量的控制和测算，降低电费支出

工业企业用电大户基本电价是按照变压器容量或最大需量等两种计费方式，具体由用户选择，如何利用供电部门电价政策，使得企业减少电费支出，获得最大收益，需要注意以下几个方面。

1）最大需量执行方式的调整

（1）以最大需量方式计收基本电费的企业用户，具体以申请的最大需量核定值为准，用户需提前5个工作日向供电部门申请变更下一个月的合同最大需量核定值。

（2）实际最大需量超过合同核定值105%时，超过105%部分的基本电费加一倍收取；未超过合同核定值的105%，按合同核定价收取。

（3）最大需量的核定值，应不低于可能同时运行的最大容量（含热备用变压器和不通过专用变压器接用的高压电动机）的40%，也不高于各路主供电源供电容量的总和。

2）暂停、减容期限的调整

申请暂停时间每次不少于15日，每一日历年暂停、减容期限累计时间不超过6个月。

3）暂停、减容电价执行规定的调整

减容（暂停）后容量达不到实施两部制电价规定的容量标准的应改为相应用电类别单一制电价计费，并执行相应的分类电价标准，峰谷分时电价标准，功率因数调整电费标准按照供用电合同执行。

4）节省电费的措施

对于两部制电价执行方式，用户需根据本企业实际用电状况、特点，选择适合自己的计价方式，达到降低电费成本的最大化，同时要注意：

合理安排生产，均衡负荷，及时做好暂停、减容计划。

有计划地提前编制设备改造、维修计划。

5. 功率因数的管理

在用电期要加强对功率因数的管理，维持较高的功率因数值，是节电的内容之一。

功率因数的计算方法很多，常用的有以下几种方式。

功率因数瞬时值，可由功率因数表直接读出。

可根据电压表、电流表、功率表同一时间的读数，按下列公式计算：

$$\cos\varphi = \frac{P}{\sqrt{3}U - I} \tag{10-3}$$

式中：P——三相功率表的读数（kW）；

U——电压表线电压的有效值（V）；

I——电流表线电流的有效值（A）。

月平均功率因数计算：可根据有功功率电量表电量和无功功率电量表电量按如下公式计算：

$$\cos\varphi = \frac{W_P}{\sqrt{W_P^2 - W_Q^2}} \tag{10-4}$$

式中：W_P——有功功率表计算的月消耗有功功率电量（kWh）；

W_Q——由无功功率表计算的月消耗无功电量（kVar·H）。

6. 谐波的管理

电力系统中的谐波主要是由换流设备及其他非线性用电设备而产生的。近来，随着整流技术的大规模发展和使用，各种非线性负荷大量增加，各频率的谐波电流注入电网，造成电压波形畸变，电能质量下降，给发供电设备及用电设备带来严重危害，因此，必须对各种非线性用电设备注入电网的谐波电流加以抑制，并作为企业的一项重要管理工作，以保证用电设备的安全、经济运行。

1）谐波的来源

凡与电网连接输入两倍于 50Hz 及以上频率电流的设备统称为谐波源，如变压器、电动机等电力设备，整流设备都属于谐波源，这些设备接入电网后均向电网大量注入谐波源，高次谐波叠加在 50Hz 的正弦波（亦称基波）上，使基波波形发生畸变。电力变压器的铁心具有非线性特性，加上正弦电压时，励磁电流产生波形畸变，谐波主要是 3 次与 5 次及以上谐波。随着变频及软启动设备在供水企业的大规模使用，谐波的容量大幅增加，必须采取技术措施加以抑制，后面相关章节将会分析讨论。

2）谐波的危害

高次谐波的危害是多方面的，向电网输入谐波，实际上是对电源的污染，必然对其他用电设备造成危害；造成旋转电动机和变压器等用电设备的损耗增加，使之过热从而降低容量；影响继电器特性，造成误动作；使感应型仪表误差增大，降低准确性；易造成电力电容器过负荷和损坏；对自控装置各类传感器、通信造成严重干扰。

3）谐波管理

（1）国家标准规定测量或计算谐波的次数不少于 19 次，因此，凡投入运行具有非线性换流设备、整流设备（变频调速装置、逆变装置）时，都应当对电网的谐波情况进行测量分析，采取措施对注入电网的谐波电流限制在表 10-3 规定的允许值以下。

如果采取措施后电网的谐波电流仍超过表 10-3 规定的允许值，则电网中任何一点的电压正弦波形畸变平均不得超过表 10-4 规定的极限值。

注入电网的谐波电流的允许值 表 10-3

供电电压 (kV)	谐波次数及谐波电流允许值（有效值 A）																		基准的三相短路容量
	2	3	4	5	6	7	8	9	10	11	12	13	14	15	16	17	18	19	
0.38	53	38	27	61	13	43	9.5	8.4	7.6	21	6.3	18	5.4	5.1	7.1	6.7	4.2	3.0	10MVA
6 或 10	14	10	7.2	12	4.8	8.2	3.6	3.2	4.3	7.9	2.4	6.7	2.1	2.9	2.7	2.5	1.6	1.5	100MVA
35 或 63	5.4	3.6	2.7	4.3	2.1	3.1	1.6	1.2	1.1	2.9	1.1	2.5	1.5	0.7	0.7	1.3	0.6	0.6	260MVA
110 及以上	4.9	3.9	3.0	4.0	2.0	2.8	1.2	1.1	1.0	2.7	1.0	3.0	1.4	1.3	1.2	1.2	1.1	1.0	750MVA

电网电压正弦波形畸变极限值（相电压） 表 10-4

供电电压 (kV)	总电压正弦波形畸变极限值（%）	各奇、偶次谐波电压正弦波形畸变极限值（%）	
		奇次	偶次
0.38	5.0	4	2.00
6 或 10	4.0	3	1.75
35 或 63	3.0	2	1.00
110	1.5	1	0.50

当电网连接点的最小短路容量与表 10-3 所列谐波电流允许值的基准三相短路容量不同时，可按下式进行修正。

$$I_n = \frac{S_{k1}}{S_{k2}} I_{np} \tag{10-5}$$

式中：S_{k1}——电网连接点实际可能出现的最小运行方式时的短路容量（MVA）；

S_{k2}——表 10-3 所列的基准三相短路容量（MVA）；

I_{np}——表 10-3 中规定的第 N 次谐波电流允许值（A）；

I_n——对应于短路容量 S_{k1} 的第 N 次谐波电流的允许值（A）。

（2）校核接入电网的电力电容器组是否会发生有害的并联谐波、串联谐波和谐振放大，防止电力设备因谐振过电流或过电压而损坏，应根据实际存在谐波情况，采取加装串联电抗器等措施，保证电力设备安全运行。

（3）在正常情况下，谐波测量应选择在电网最小运行方式和非线性设备的运行周期中谐波发生量最大的时间内运行，谐波电压和谐波电流应选取 5 次测量接近数值的算术平均值。

（4）系统的运行方式和谐波电流值是经常变化的，应注意掌握规律，当谐波量已接近或超过最大允许值时，应加强对变配电设备运行工况的监视，以免电气设备受谐波影响而发生故障。

10.1.4 用电功率因数及提高功率因数的方法

1. 用电功率因数

给水行业大量使用异步电动机、变压器、交流接触器等交流用电设备，这些电气设备都属于感性负荷，因此，它需要从电网吸收大量的感性无功电量，因此造成用电功率因数的降低。

从供电来看，除了向企业输送有功功率外，希望尽量少送无功功率。过大的无功功率将造成下列不利后果：

（1）降低发电机有功功率输出，发电成本提高；

（2）降低送、变电设施的能力；

（3）使电网的损耗增加，浪费电能；

（4）增大电网的电压损失，恶化运行调节。

为此，在供电规则中，规定必须提高用电功率因数。高压用户，必须保证功率因数在0.9以上；小容量用户应保证在0.85以上和农业用户应保证在0.8以上。

为了奖励用户提高功率因数，电力部门规定了功率因数奖惩制度，按水利电力部和国家物价局（83）水电财字第215号文件，规定了功率因数的标准值和其适用范围。

（1）功率因数标准0.90，适用于160kVA以上的高压供电工业用户，见表10-5所示。

以0.90为标准值的功率因数调整电费　　　　表10-5

减少电费	实际功率因数	0.9	0.91	0.92	0.93	0.94	0.95～1.00							
	月电费减少（%）	0.0	0.15	0.30	0.45	0.60	0.75							
增加电费	实际功率因数	0.89	0.88	0.87	0.86	0.85	0.84	0.83	0.82	0.81	0.80	0.79	0.78	0.77
	月电费减少（%）	0.5	1.0	1.5	2.0	2.5	3.0	3.5	4.0	4.5	5.0	5.5	6.0	6.5

| 0.95～1.00 | | | | | | | | | | | | | |
| 0.75 | | | | | | | | | | | | | |

| 0.76 | 0.75 | 0.74 | 0.73 | 0.72 | 0.71 | 0.70 | 0.69 | 0.68 | 0.67 | 0.66 | 0.65 | 功率因数0.84及以下每降低 |
| 7.0 | 7.5 | 8.0 | 8.5 | 9.0 | 9.5 | 10.0 | 11.0 | 12.0 | 13.0 | 14.0 | 15.0 | 0.01电费增加2% |

（2）功率因数标准0.85，适用于100kVA（kW）及以上的其他工业用户，见表10-6所示。

以0.85为标准值的功率因数调整电费　　　　表10-6

减少电费	实际功率因数	0.85	0.86	0.87	0.88	0.89	0.90	0.91	0.92	0.93	0.94～1.00				
	月电费减少（%）	0.0	0.1	0.2	0.3	0.4	0.5	0.65	0.8	0.95	1.10				
增加电费	实际功率因数	0.84	0.83	0.82	0.81	0.80	0.79	0.78	0.77	0.76	0.75	0.74	0.73	0.72	0.71	0.70
	月电费减少（%）	0.5	0.0	1.5	2.0	2.5	3.0	3.5	4.0	4.5	5.0	5.5	6.0	6.5	7.0	7.5

| 0.94～1.0 | | | | | | | | | |
| 1.10 | | | | | | | | | |

| 0.69 | 0.68 | 0.67 | 0.66 | 0.65 | 0.64 | 0.63 | 0.62 | 0.61 | 0.60 | | | 功率因数0.84及以下每降低0.01 |
| 8.0 | 8.5 | 9.0 | 9.5 | 10.0 | 11.0 | 12.0 | 13.0 | 14.0 | 15.0 | | | 电费增加2% |

（3）功率因数标准0.8适用于100kVA（kW）及以上的农业用户和更售用户。

2. 提高自然功率因数的方法

提高功率因数，就是要尽可能地减少运行中的电气设备，从电源取用的无功功率，即降低电源无功功率的输出。因此，要提高用电功率因数。

提高功率因数的方法甚多。一般可分为两大类，即提高自然功率因数和进行人工补偿。提高自然功率因数，是指不经人工补偿而采取措施改善设备工况，减少供用电设备的无功功率的消耗，使功率因数提高。

据统计，企业无功损耗在一般情况下，异步电动机占70%，变压器占20%，其他占10%，因此要关注如何改善异步电动机和变压器工况。

（1）合理选配电动机，使其接近满载运行。一般异步电动机，在额定负荷时，功率因数约为 0.85～0.89，而在空载时功率因数仅为 0.2～0.3。合理选择电动机容量，使其运行在高效范围之内。

（2）更换轻负荷的异步电动机。工厂中异步电动机数量较多，而"大马拉小车"的现象比较普遍，它是劣化工厂功率因数的一个主要因素。

根据《评价企业合理用电技术导则》的规定，电动机负荷经常低于 40% 时，对节能效果进行考核后合理交换。或者将三角形接法改为星形接法。

（3）提高电力变压器的负荷率。电力变压器的负荷率为 75% 左右为合理。一般变压器小于 30% 时，应按经济运行条件考核后，合理调配变压器的容量。

（4）提高检修质量，防止异步电动机的定子与转子间的气隙加大；合理调配电力系统，减少网络损耗。

10.1.5 并联电容器人工补偿法提高功率因数

1. 并联电容器提高功率因数的工作原理

交流电路中纯电阻电路负载中的电流 $\dot{I}_R$ 与电压 $\dot{U}$ 同相位，纯电感负载中的电流 $\dot{I}_L$ 滞后电压 90°，而纯电容的负载中的电流 $\dot{I}_C$ 则超前电压 90°，如图 10-1 所示。可以明确看出，电流 $\dot{I} = \dot{I}_C + \dot{I}_L + \dot{I}_R$。因为电容中的电流 $\dot{I}_C$ 与电感中的电流 $\dot{I}_L$ 相位差 180°，它们能够互相抵消。

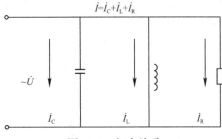

图 10-1 相序关系

电力系统中的负载，大部分是感性的，因此电流 I 将滞后于电压一个角度 ϕ。如果将电力电容器与负载并联，则电容器中的电流 I_C 将抵消一部分电感电流。如图 10-2 所示，图 10-2（a）负载为 R 与 L 并联，图 10-2（b）所示 $I_1 = \sqrt{I_L^2 + I_R^2}$，相位差角为 φ_1，图 10-2（c）所示负载的 R、L 与 C 并联，图 10-2（d）所示 $I_1' = \sqrt{(I_L - I_C)^2 + I_R^2}$，相位差角为 φ'，$\cos\varphi' = \dfrac{I_R}{I_1'}$。显而易见 $I_1 > I_1'$，所以 $\cos\varphi' > \cos\varphi_1$，功率因数得到提高。

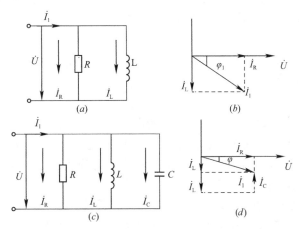

图 10-2 并联电容器提高功率因数原理图

2. 补偿方式

1）并联电容器与电力网的连接

在三相供电系统中，单相电容器的额定电压与电力网的额定电压相同时，电容器应采用三角形接法，如果按星形接法连接则每相电压是线电压的 $\frac{1}{\sqrt{3}}$，又因 $Q = \frac{V^2}{X_C}$，所以无功出力减少为三角接法时的 $\frac{1}{3}$。显然是不合理的。

当单相电容器的额定电压较电网的额定电压低时，应采用星形连接。

而三相电容器只要其额定电压等于或高于电网的额定电压时即可直接接入使用。

一般高压电容器组接成"Y"形，低压电容器组接成"△"形。

2）并联电容器的补偿方法

并联电容器的补偿方法可分为单机就地补偿、分散补偿和集中补偿三种方式。

（1）单机就地补偿

在用电设备现场，按照单机设备本身无功功率的需要量装设电容器组。一般与用电设备同时投入运行或停止运行。如图 10-3 所示为三种接线形式。

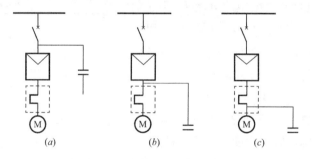

图 10-3　三种接线形式

对于多数异步电动机，经常反复开停以及高压大容量电动机不要采用单机就地补偿装置。

单机就地补偿的优点就是：可以减少企业内部的负荷电流，减少内部的无功损耗，降低线损效果好；同时还可降低电动机的启动电流，减少接触器的弧光。但其缺点是：电容器的利用率低，投资高，运行条件差，还可能产生自励高电压。

（2）分散补偿

分散补偿的电容器，一般接在车间配电母线上，其利用率较多，效果很好，是一种比较经济、合理的补偿方式。

（3）集中补偿

集中补偿是将电容器设置在工厂总降压变电站（所）内。

集中补偿装置的容量，仅按变、配电所的总负荷选择。所以，电容器利用率高，投资少。对于大型的补偿容量适当大的企业，宜采用集中与分散相结合的补偿方式。

3. 电容器容量的选择

1）单机就地补偿的容量选择

（1）自励磁过电压现象：异步电动机与电容器应连接在母线上，切断电源后，电动机的转速不可能立即降为零，这时若电容器组容量过大，电动机可能产生幅值很高的过电压,需要经过一定的时间后,过电压才降下来。

另一方面,如果电动机分闸后,立即合闸时,这时由于电源电压和电动机自励磁产生的电压相位的差异,还可能产生很大的瞬时转矩,可能将扭毁电动机的轴或联轴器,造成电动机的损坏。

(2) 容量的选择:为了防止电动机自励磁过电压,电容器组的容量以小于电动机额定空载无功功率进行选择,就不会产生自励磁过电压。即:

$$Q_C \leqslant \sqrt{3} U I_0 \qquad (10-6)$$

式中:Q_C——电容器容量(kVar);

$\quad U$——电源额定电压(kV);

$\quad I_0$——电动机空载电流(A)。

电动机的空载电流数值,可以由电动机的产品样本或制造厂直接提供,也可以按下列方法近似估计:

$$I_0 = 2 I_N (1 - \cos\varphi_N) \qquad (10-7)$$

式中:I_0——电动机的空载电流(A);

$\quad I_N$——电动机的额定电流(A);

$\cos\varphi_N$——电动机的额定负荷的功率因数。

$$I_0 = I_N \left(\sin\varphi_N - \frac{\cos\varphi_N}{2b} \right) \qquad (10-8)$$

式中:I_N——电动机的额定电流(A);

$\cos\varphi_N$——电动机额定负荷的功率因数;

$\sin\varphi_N$——φ_N 的正弦值;

$\quad b$——最大转矩/额定转矩,可以从电动机产品样本中查得;或取 1.8~2.2。

2) 分散与集中补偿的容量选择

(1) 电容器补偿容量可按下列公式进行计算:

$$Q_C = P \left[\frac{\sqrt{1 - \cos^2\varphi_1}}{\cos\varphi_1} - \frac{\sqrt{1 - \cos^2\varphi_2}}{\cos\varphi_2} \right] \qquad (10-9)$$

式中:P——车间或企业的平均有功负荷(kW);

$\cos\varphi_1$——补偿前的功率因数;

$\cos\varphi_2$——补偿后的功率因数;

$\quad Q_C$——电容器补偿容量(kVar)。

(2) 查表法:查表得补偿容量为:

$$Q_C = p \times q_c \qquad (10-10)$$

式中:p——车间或企业的平均有功负荷(kW);

$\quad q_c$——补偿率(kVar/kW)。

例:某企业的平均有功负荷 $p = 500$kV,$\cos\varphi_1 = 0.7$,今欲将功率因数提高到 $\cos\varphi_2 = 0.9$,问所需补偿的电容器容量应为多少 kVar?

解:当 $\cos\varphi_1 = 0.7$ 提高到 $\cos\varphi_2 = 0.9$ 时,由表 10-7 查到 $q_c = 0.54$,所以补偿的电容器容量为:

$$Q_C = 0.54 \times 500 \text{kW} = 270 \text{kW}$$

未得到所需 $\cos\varphi_2$ 每千瓦有功负荷所需补偿的电容器容量（kVar/kW）　　表 10-7

补偿前 $\cos\varphi_1$	补偿后 $\cos\varphi_2$											
	0.80	0.82	0.84	0.85	0.86	0.88	0.90	0.92	0.94	0.96	0.98	1.00
0.40	1.54	1.60	1.65	1.67	1.70	1.75	1.81	1.87	1.93	2.00	2.09	2.29
0.42	1.41	1.47	1.52	1.54	1.57	1.62	1.68	1.74	1.80	1.87	1.96	2.16
0.44	1.29	1.34	0.39	1.41	1.44	1.50	1.55	1.61	1.68	1.75	1.8	2.04
0.46	1.18	1.23	1.28	1.31	1.34	1.39	1.44	1.50	1.57	1.64	1.73	1.93
0.48	1.08	1.12	1.18	1.21	1.23	1.29	1.34	1.40	1.46	1.54	1.62	1.83
0.50	0.98	1.04	1.09	1.11	1.14	1.19	1.25	1.31	1.37	1.44	1.53	1.73
0.52	0.89	0.94	1.00	1.02	1.05	1.10	1.16	1.21	1.28	1.35	1.44	1.64
0.54	0.81	0.86	0.91	0.94	0.97	1.02	1.07	1.13	1.20	1.27	1.36	1.56
0.56	0.73	0.78	0.83	0.86	0.89	0.94	0.99	1.05	1.12	1.19	1.28	1.48
0.58	0.66	0.71	0.76	0.79	0.81	0.87	0.92	0.98	1.04	1.12	1.20	1.41
0.60	0.58	0.64	0.69	0.71	0.74	0.79	0.85	0.91	0.97	1.04	1.13	1.33
0.62	0.52	0.57	0.62	0.65	0.67	0.73	0.78	0.84	0.90	0.98	1.06	1.27
0.64	0.45	0.50	0.56	0.58	0.61	0.66	0.72	0.77	0.84	0.91	1.00	1.20
0.66	0.39	0.44	0.49	0.52	0.55	0.60	0.65	0.71	0.78	0.85	0.94	1.14
0.68	0.33	0.38	0.43	0.46	0.48	0.54	0.59	0.65	0.71	0.79	0.88	1.08
0.70	0.27	0.32	0.38	0.40	0.43	0.48	0.54	0.59	0.66	0.73	0.82	1.02
0.72	0.21	0.27	0.32	0.34	0.37	0.42	0.48	0.54	0.60	0.67	0.76	0.96
0.74	0.16	0.21	0.26	0.29	0.31	0.37	0.42	0.48	0.54	0.62	0.71	0.93
0.76	0.10	0.16	0.21	0.23	0.26	0.31	0.37	0.43	0.49	0.56	0.65	0.85
0.78	0.05	0.10	0.16	0.18	0.21	0.21	0.32	0.38	0.44	0.51	0.60	0.80
0.80	—	0.05	0.10	0.13	0.16	0.26	0.27	0.32	0.39	0.46	0.55	0.75
0.82	—	—	0.05	0.08	0.11	0.16	0.21	0.27	0.34	0.41	0.49	0.70
0.84	—	0	0	0.03	0.08	0.11	0.16	0.22	0.28	0.35	0.44	0.65
0.86	—	—	—	—	0.03	0.08	0.14	0.19	0.26	0.33	0.42	0.62
0.88	—	—	—	—	—	0.03	0.11	0.17	0.23	0.30	0.39	0.59
0.90	—	—	—	—	—	—	0.06	0.11	0.18	0.25	0.34	0.54
0.92	—	—	—	—	—	—	—	0.06	0.12	0.19	0.28	0.49

4. 串联电抗器的选择

为了抑制并联电容器在操作时出现的涌流和在运行时防止电容器对谐波的放大，根据要选配串联电抗器的电容器组的实际容量，计算出电容器的基波容抗 XC_1。根据选配串联电抗器的目的，以确定电抗器的工频电抗 XL_1。

主要目的是抑制涌流时，XL_1 可在（0.001～0.003）XC_1 的范围内选取；为了防止 5 次及以上谐波放大时，XL_1 可在（0.05～0.06）XC_1 的范围内选取；为了防止 3 次以上谐波放大时，XL_1 可在（0.12～0.13）XC_1 的范围内选取；为了防止 2 次以上谐波放大时，XL_1 可在（0.26～0.27）XC_1 的范围内选取；通常采用 $XL_1 = 0.06XC_1$。电抗器的额定电流应大于或等于电容器组的额定电流。

10.1.6　交流电动机调速，提高水泵的运行效率

离心水泵是城市供水行业使用量最多，耗电量最大的设备之一。实践证明，水泵变速运行是节约电能的有效途径。特别说明，要用以先进的电子技术为基础的交流调速装置，

节能效果显著，更是在交流电动机调速技术中，占据重要的地位。

1. 离心水泵特性（图 10-4）

图 10-4（a）所示横坐标为水泵流量（Q），纵坐标为扬程（H），曲线 2 为扬程曲线，曲线 1 为管道阻力曲线。

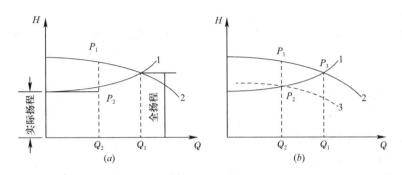

图 10-4　离心水泵的特性曲线

当水泵运行流量为 Q_1 时，1 与 2 曲线交点的纵坐标为水泵的全扬程。全扬程等于实际扬程，即吸入管道损失及泵轴与水位几何差、出水管道损失及位置几何差、剩余水头损失的总和。

当水泵运行流量为 Q_2 时，1 与 2 曲线无交点，但从 Q_2 向上作垂线，与 1 曲线交于 P_2，与 2 曲线交于 P_1 点，只有向关闭的方向调节水泵出口处的阀门，使水泵全扬程工作在 P_1 处，则水泵注流量为 Q_2，$P_1—P_2$ 一段扬程则完全消耗在水泵出口阀门处，P_2 则为实际需要的全扬程。

也可改变水泵转速，改变水泵扬程的特性曲线，来改变工况点。即

$$n_2 = n_1 \frac{Q_2}{Q_1} = n_1 \sqrt{\frac{H_2}{H_1}} \qquad (10\text{-}11)$$

式中：n_1——水泵调速前的转速；

　　　Q_1——水泵调速前的流量；

　　　H_1——水泵调速前的全扬程；

　　　n_2——水泵调速后的转速；

　　　Q_2——水泵调速后的流量；

　　　H_2——水泵调速后的扬程。

图 10-4（b）作出了调速后新的水泵扬程曲线 3，工作点为 P_2。为此，则节约了 $P_1—P_2$ 的水头，所以大量地减少了电能的消耗。因此，城市供水行业的用水泵上的电动机调速，一般的目的是为了节约电能，降低单耗，以提高水泵的运行效率。

2. 调速方法

从调速节能观点来看，交流调速装置可以分为高效和低效两种类型。所谓高效调速装置，主要指电动机转速改变时，基本保持额定转差率，无转差损耗的设备，或有转差功率，但能将这部分功率回馈到电网的设备。其他则为低效调速装置。

1）变极对数调速

改变异步电动机定子绕组的极对数 P，可使异步电动机的同步转速 $n_0 = 60 f_1 / P$ 改变，

达到调速目的。这种调速装置的特点为：

（1）无附加转差损耗，效率高；

（2）不能得到平滑调速；

（3）变极对数与电磁滑差离合器相配合，可得到效率较高而又能平滑调速的效果。

2）变频调速

改变异步电动机定子端输入电源的频率，从而改变电动机转速的称为变频调速。即

$$n_2 = \frac{60f_1}{p(1-s)} \tag{10-12}$$

式中：n_2——异步电动机转速；

f_1——电源频率；

p——异步电动机极对数；

s——异步电动机转差率。

n_2 是随 f_1 的升高而加快，随 f_1 的降低而减慢，这就是变频调速的原理。它的调速基本保持了异步电动机固有特性转差率小的特点，所以具有效率高、范围宽、精度高、能无级调速等优点。

变频调速系统的主要环节是能提高变频电源的变频器。变频器可分为交流—直流—交流（或简称交—直—交）变频器和交流—交流（简称交—交）变频器。城市给水行业所采用的变频调速系统，都是交—直—交变频器。

（1）交—直—交变频器的工作原理

这种交—直—交变频器的工作框图如图 10-5 所示。

图 10-5 交—直—交变频器工作框图

R.S.T 三相电源的频率与电压均为恒定的交流。VV 为三相整流器，将三相交流电变为 DC 直流电。VF 为逆变器，将直流电逆变成 U.V.W 三相交流电，其频率与电压均为可变。

其工作原理可用图 10-6 表示：VV 为可控整流，VF 为逆变器。对三相交流电源，先用可控整流器将交流整流为幅度可变的直流电压 U_d，然后逆变器的开关 1、3 和 2、4 轮流地互换导通，则在负载上得到交流输出电压 u，u 的幅值由整流器的输出电压 U_d 决定。

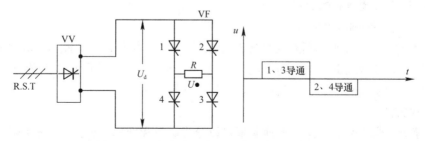

图 10-6 三相交流—直流—单相交流变频原理

u 的频率则由开关元件 1、3 和 2、4 切换的频率决定，并不受电源频率的限制。

如果要得到三相交流可变频率，其三相变频器的工作原理如图 10-7 所示。三相电源经 VV 可控整流器，将交流整流为幅值可变的直流电压 U_d，然后逆变器的开关元件 S_1、

S_2、S_3、S_4、S_5、S_6 按规定的组合和频率，控制其导通，分别在负载的三相交流电压 Uuv、Uvw 和 Uwu，其相位差为120°。

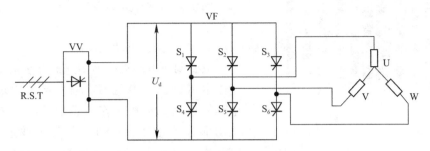

图10-7 三相交流—直流—三相交流变频原理

（2）电压型与电流型变频器

交—直—交变频器又称带直流环节的间接式变频器。在整流器和逆变器中间，加中间滤波环节。根据中间滤波环节滤波方法不同，可以形成两种不同的线路，一种为电压型变频器，一种为电流型变频器。电压型变频器采用电容器滤波，如图10-8（a）所示。电流型变频器采用电抗器滤波，如图10-8（b）所示。

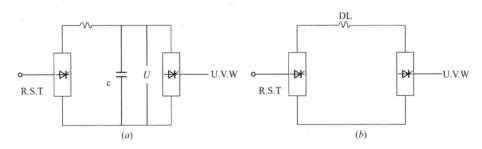

图10-8 电压型与电流型变频器

（3）PWM型变频器

逆变器是变频器构成的主要部分，而逆变器一般包括逆变电路和换流电路两部分，其中换流电路是逆变器的核心。

作为功率开关器件的大功率晶闸管已获得广泛应用，但是由于晶闸管本身没有自关断能力，同时晶闸管关断速度不够快，不能满足高速传动的要求。所以，具有自关断能力、关断速度快的大功率晶体管应运而生。

电力晶体管（或称GTR）就是大功率晶体管，电力晶体管与晶闸管比较是基极电流可以自由地导通或关断，开关速度快，抗干扰能力强。由于有了电力晶体管，满足了PWM型（脉宽调制）变频器的开关元件换流技术的要求。有较好的对负载供电波形，从而解决了矩形波供电，改善了电动机运行性能。

如图10-9所示，逆变器输出端得到的是矩形波，充分利用大功率晶体管开关速度快的性能，将这一输出的矩形波调制成一组等幅而不等宽的矩形脉冲波形，如图10-9（a）所示。其幅值按直流侧电压 U_d，而宽度按正弦小的规律变化，来近似等效于正弦波，如图10-9（b）所示。

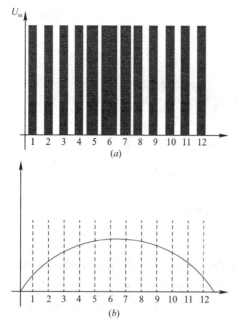

图 10-9 PWM 型变频器调制输出的波形

脉宽调制（PWM）式变频器如图 10-10 所示。

对波形进行理论分析和实验的结果表明，当每半周包含的脉冲数 $N>9$ 时，13 次以下的谐波均小于 1%。

3）电磁调速电动机调速

电磁调速电动机由不调速的异步电动机和靠励磁电流调速的电磁离合器两部分组成。异步电动机作为原动机工作，它带动电磁离合器的主动部分，离合器从动部分与负载连在一起，它与主动部分只有磁路联系，没有机械联系。通过控制励磁电流改变磁路磁通，使离合器产生不同的涡流转矩，达到负载调速的目的。如图 10-11 所示。

电枢 4 与鼠笼电动机 5 同轴连接，由电动机带动，称为主动部分。磁极 3 则通过联轴器与负载 6 相连，称为从动部分。电枢 4 通常用整块铸钢加工而成，形状像个杯子。磁极则由铁心和绕组两部分组成，绕组与部分铁心磁路固定在机壳上，不随磁极旋转。绕组由直流电源励磁。

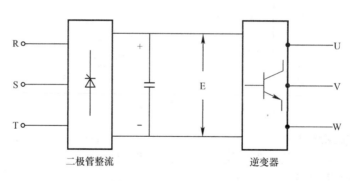

图 10-10 PWM 型变频器

当电动机带动杯形电枢旋转时，电枢就会因切割磁力线而感应出涡流来。这涡流与磁极的磁场作用产生电磁力，根据左手定则可知，由电力所形成的转矩将使磁极跟着电枢同方向旋转，从而也带动了负载旋转。

由于鼠笼异步机的固有特性较硬，因而可以认为电枢的转速近似不变，而磁极的转速则由磁极的磁场强弱而定，在磁场强时（即线圈的励磁电流大），磁极与电枢有较小的转差率；而磁场弱时（即线圈的励磁电流小），磁极与电枢有较大的转差率。故改变励磁电流大小即可达到对负载调速的目的。

如励磁电流等于零，磁极不能带动负载，相对负载被"离开"，加上励磁电流，负载被带动，相当于"合上"，故取名为电磁离合器。又因它是基于电磁感应原理，并必须有转差才能产生涡流转矩带动负载工作的，所以全称为"涡流式电磁转差离合器"。

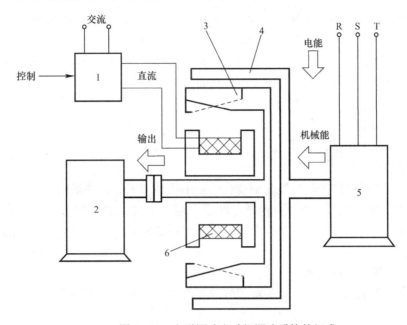

图 10-11 电磁调速电动机调速系统的组成

1—可控整流器；2—负载（水泵）；3—磁极；4—电枢；5—鼠笼电动机；6—励磁线圈

4）串级调速装置

城市供水企业的各种水泵多是由异步电动机拖动的，而异步电动机的调速方法，根据异步电动机的转速公式求得：

$$n = \frac{60f}{p}(1-s) \tag{10-13}$$

前已论及了改变频率（f），改变极对数（p）的调速，即变频调速和变极调速的方法。如果改变转差率（s），以调节转速的方式，称为变转差率调速。串级调速就是用于绕线式异步电动机上的被称为高效的变转差率调速方式。

（1）串级调速的基本原理

根据电动机原理，电动机的转子电流 I_2 按下列公式计算：

$$I_2 = \frac{sE_2}{\sqrt{r_2^2 + (sx_2)^2}} \tag{10-14}$$

式中：E_2——转子感应电势；

　　　s——转差率；

　　　r_2——子电阻；

　　　x_2——转子漏磁电抗。

由于 r_2、x_2 是定值，所以电动机的负载决定了转子电流，当在电动机转子回路内串接入反电动势 E_i 后，转子电流将为：

$$I_2 = \frac{sE_2 - E_i}{\sqrt{r_2^2 + (sx_2)^2}} \tag{10-15}$$

增加反电势 E_i，转子电流就减小，电动机输出的转矩将小于负载转矩，此时电动机的转速 n 被追降低，n 下降后亦即是转差率 s 就增加，达到一个新的平衡后，电动机转速 n

就稳定了，电动机就在新的转速状态下运行，由此可见，改变反电势 E_i 的数值，就可以实现异步电动机的平滑无级调速，这就是串级调速的基本原理。

必须指出，在实现串调时，要有一个与 sE_2 频率相同、方向相反的外加电动势 E_i，这是由于转子感应电势的频率是随转差率 s 而变化的，即

$$f_2 = sf_1 \tag{10-16}$$

式中：f_2——转子频率；

　　　f_1——定子电源频率；

　　　s——转差率。

要获得这样一个能随转子转速变化而变化的频率的外加电势，是很困难的。所以，通常我们把转子电势通过整流，变为直流电，然后再用一个可控的外加直流反电势和它作用，这个外加直流电势的作用除了可调节转差率外，还能把从定子吸收到转子上的转差功率回馈给系统中去。

（2）机械反馈机组串级调速

其原理结构如图 10-12 所示。$\underset{\sim}{M}$ 为绕线式异步电动机，$\underline{M}$ 为直流电动机。

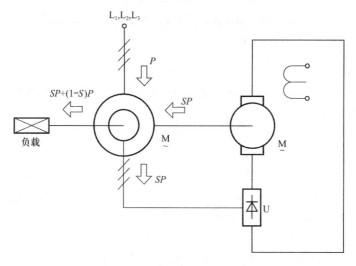

图 10-12　机械反馈机组串级调速

两台电动机同轴，共同拖动负载水泵。用直流电动机作为反电势，并使它所吸收的电能以机械形式回馈到主轴。

图中所示能量流向，异步电动机从电网吸取电能 P，以 $(1-S)P$ 转给负载，以 SP 传给转子，转子经整流后将 SP 传给直流电动机，直流电动机将 SP 又回馈给负载，负载实际接收的电能为 $SP+(1-S)P=P$（上述忽略损耗不计的理想状态）。

（3）电气反馈机组串级调速

其原理结构如图 10-13 所示。$\underset{\sim}{M}$ 为绕线式异步电动机，$\underline{M}$ 为直流电动机，$\underset{\sim}{G}$ 为三相交流发电机，U 为整流器。

用直流电动机作为反电势，并使它所吸收的电能以电气形式回馈给电源。图中所示能量流向，异步电动机从电网吸收电能 P，以 $(1-S)P$ 从主轴传给负载水泵，以 SP 传给转子，并传给直流电动机 $\underline{M}$，直流电动机经主轴传给发电机 $\underset{\sim}{G}$，发电机又将 SP 回馈给电源。

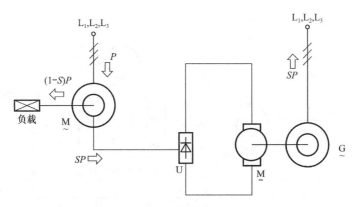

图 10-13　电气反馈机组串级调速

（4）可控硅串级调速

其原理结构如图 10-14 所示。$\underset{\sim}{M}$ 为绕线式异步电动机，U_2 为逆变器，TM 为逆变变压器，L 为平波电抗器。U_1 为整流器。

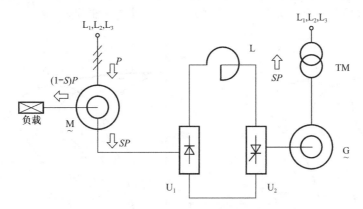

图 10-14　可控硅串级调速

图中所示电能流向，异步电动机从电网吸收电能 P，以（$1-S$）P 从主轴传给负载水泵，以 SP 传给转子，经 U_1 整流器，将交流整流成直流，再经逆变器 U_2 变成 50Hz 的交流电经逆变变压器 TM 而回馈给电网。直流反电势通常由逆变器产生，通过控制触发脉冲的移相范围使桥式电路工作于逆变区。由于平滑地移动触发脉冲，相角便可以平滑地改变反电势的大小，异步电动机的转速便可平滑改变。

（5）内馈可控硅串级调速

原理结构如图 10-15 所示。

内馈可控硅串级调速所用的异步电动机是一种特种电机，这种电动机除了具有与普通异步电动机相同的定子绕组、转子绕组外，还在定子上设有特殊的调节绕组，工作时电机的调节绕组，吸收了转子大部分的转差功率，使原绕组自电网吸收的有功功率减少。

5）调压调速

用改变鼠笼异步机定子电压实现调速的方法称为调压调速。

对于鼠笼异步电动机来说，不同的定子电压，可以得到一组不同的人为机械特性，如图 10-16 所示。

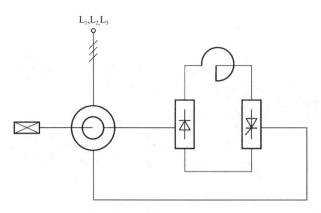

图 10-15　内馈可控硅串级调速

与某一负载特性可以相交，稳定工作于不同的转速的 a、b、c 点，说明调压方法是可以调速。对于泵类负载，采用调压调速可以得到较大的调速范围，如图 10-16 所示，需要说明的是泵类负载不仅异步机线性工作段的交点（如图 10-17 中的 a、b 点）可以稳定工作，而且在曲线段的交点（如图 10-17 中的 c 点）也能稳定工作。

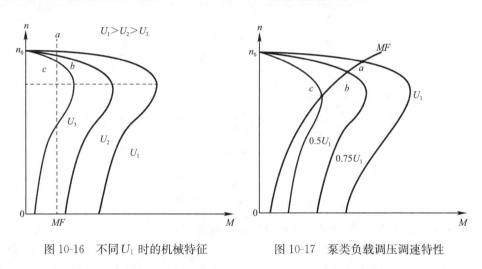

图 10-16　不同 U_1 时的机械特征　　　　图 10-17　泵类负载调压调速特性

6）绕线异步电动机转子串电阻调速

由于绕线异步电动机的转子绕组回路，可以用人为方法加以控制改造，串级调速方法，就是其中之一例。此时如在转子绕组回路中串入附加电阻后，依电机原理，其转子电流：

$$I_2 = \frac{sE_2}{\sqrt{r_2^2 + (sx_2)^2}} \tag{10-17}$$

则转子电流将立即减小，使电动机转速下降。串入附加电阻愈大，则电动机最后稳定的转速也愈低。原理如图 10-18 所示。这种调速方法是一种简单而有效的方法。

3. 各种类型调速装置的比较

为了对各种不同类型的调速系统有一个概括了解，现将各种调速系统的比较列在下面。

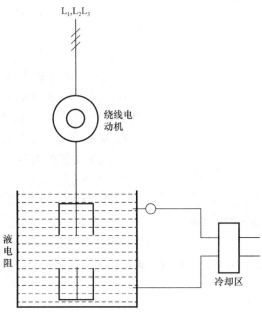

图 10-18　转子串电阻调速

1）各种调速系统的总效率和功率因数的比较（表 10-8）

各种调速系统的比较　　　　　　　　　　　表 10-8

转速调速系统	能量消耗	总效率		总效率因素		备注
		100%转速	50%转速	100%转速	50%转速	
转子附加电阻器	$P_1 = P_0 + (P_{LM} + P_{2S})$	约 0.95	约 0.5	约 0.9	约 0.65	电源变压器损耗未列入
电流型变频调速	$P_1 = P_0 + (P_{LM} + P_{LR} + P_{LX})$	约 0.95	约 0.8	约 0.8	约 0.3	
可控硅串级调速	$P_1 = P_{1M} - P_b$ $P_{1M} = P_0 + (P_{LM} + P_{LR} + P_{LX} + P_{LT})$ $P_b = P_{2S} \cdot (P_{LR} + P_{LX} + P_{LT})$	约 0.95	约 0.83	约 0.7	约 0.35	
定子电压控制	$P_1 = P_0 + (P_{LM} + P_{LR})$	约 0.95	—	0.8	—	

表中：总效率和总功率因数是 6 极 1000kW 异步电动机的值。

P_1——输入功率；

P_0——输出功率；

P_{LM}——电动机损耗；

P_{2S}——转子滑差功率；

P_{LR}——整流器逆变器损耗；

P_{LX}——电抗器损耗；

P_{LT}——变压器损耗；

P_{1M}——输出与损耗的和值；

P_b——反馈功率。

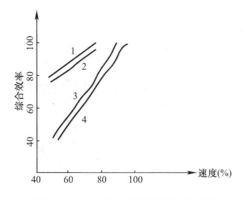

图 10-19　各种调速系统的效率比较

1—串级；2—电流型变频器；3—转子串电阻；
4—电磁离合器

表 10-8 比较了四种类型调速系统的总效率和总功率因数。三种类型的变频调速装置的总效率和功率因数尚有明显的差异（图 10-19）。图 10-20 所示为其损耗和转速的关系。其中，电流型变频器的损耗最小，总效率应为最高。图 10-21 所示为三种类型变频器功率因数比较。

2）各种调速装置的技术特性（表 10-9）

4. 调速装置的选择

1）水泵系统调速泵容量选择

一般水泵系统多为多台泵组，公用管网系统，实践经验证明，在多台泵站的变流变压系统中，为达到调速节能目的，调速泵容量要足够大，当日运行中的泵全部采用调速泵，节能效果最好，否则调速泵的容量也应占总容量的一半以上。

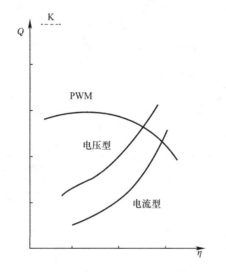

图 10-20　三种类型变频装置的损耗与转速关系

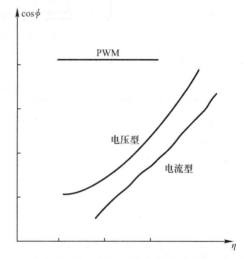

图 10-21　变频装置功率因数比较

各种调速装置的技术特性　　　　　　　　　　　　　　　　表 10-9

项目	转子串电阻	电流型变频器	可控硅串级调速	电磁离合器	定子电压控制	变级对数
特点	使用绕线电动机首次投资低	使用鼠笼电动机可在全范围内无级调速，容量大	使用绕线电动机可无级调速	可无级调速，结构简单	首次投资低	有级调速与电磁离合器配合可无级调速
调速范围	50%～100%	0～100%	50%～100%	10%～80%	80%～100%	9p～40% 6p～66.6% 4p～100%
总效率及功率因数	—	—	—	—	—	
节能效果	中	大	大	中	中	中
维修	好	最好	较好	最好	好	较好

2）按水泵运行状况

不同用途的水泵，运行规律是不同的，一般可归纳为四种类型，即高流量变化型、低流量变化型、全流量变化型和全流量间歇型。

高流量变化型的水泵，因为流量变化幅度小，一般不采用变频调速。对于低流量变化型及全流量间歇型水泵运行，因为流量变化幅度非常大，一般认为变频调速是合适的；全流量变化型水泵运行，一般说来，如果低流量运行时间较长，可以选择变频调速，相反高流量运行时间长，可用串级调速或其他调速方式。

3）按水泵容量大小

对于100kW以下小容量水泵，调速水泵的初投资是首先要考虑的因素，一般认为在两年内能由节电而回收投资就可以了。对于100kW以上的水泵，选择调速装置的节能效果放在首位，调速系统的运行效率是很重要的。所以，要根据水泵的运行工况及经济比较择优选用。

10.2　常用设备的节电措施

1. 异步电动机定子绕组地 Δ 接法改为 Y 接法

城市给水行业中使用的电动机，绝大多数是异步电动机。由于选配异步电动机时，都是按照最大负载来配套的，因而电动机在运行时，有时经常处于轻载状态（俗称大马拉小车）；有的长时间处于空载状态。这样的工况都要向电网吸收大量的滞后无功功率，从而造成功率因数低落，线损增加。

要解决这样的大马拉小车现象，方法很多，采用 Δ 接变换成 Y 接线运行，是一种简易有效的办法。

常用的运行于 380V 的电动机，要采用 Δ—Y 变换接线，其原来的接线方式必须是 380VΔ 接。

需要注意的是，Δ 接法改为 Y 接法后，负载电流有 10% 以上的下降，保护装置的整定时间应作相应调整。

改接后，电动机定子每相线圈所承受的电压，由 380V 降为 220V，即为原来的 $\frac{1}{\sqrt{3}}$，因为电动机的转矩是和电压平方成正比的，所以改接后，电动机所转出的最大转矩和启动转矩，都只有原来的 $\left(\frac{1}{\sqrt{3}}\right)^2 = \frac{1}{3}$，即减少了 $\frac{2}{3}$。

改接后与相电压平方成正比的电动机铁损，比原来减少 $\frac{2}{3}$。但是由于转子电流的增加，转子的有功损失比原来增加很多。

改接后的电动机的容量，应当大致等于电动机原铭牌容量的 38%～45%。

2. 电焊机空载自动断电装置

电焊机安装空载自动断电装置，可自动控制电焊机的启动和停机。当焊接暂停，电焊机停止工作，经一定延时后，电焊机自动停机。这样便可降低电焊机在空载时的电损耗。

1）继电器式交流电焊机空载自动断电装置

工作原理如图 10-22 所示，合上开关 Q 信号灯 1H 亮，控制线路有电。当电焊条与工件接触时，2TM 二次绕组经 2K 常闭触点，把 36V 电压加在继电器 4K 两端，4K 动作使接触器 1K、2K 吸合，焊接信号灯 2H 亮，焊接开始。

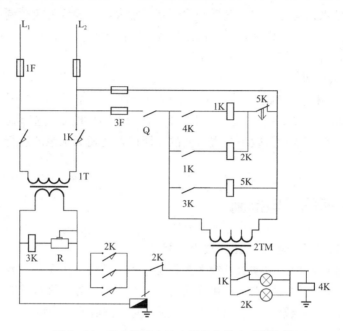

图 10-22　继电器式交流电焊机空载自动断路器

同时 2K 常闭触点断开，4K 释放，由 1K 常开触点自锁，接触器 1K、2K 保持吸合。

焊接变压器 1TM 一般输出空载电压 60～70V，工作电压为 25～30V。R 和 3K 组成的电压继电器，当电焊机空载时，3K 因电压升高（36V）而吸合，其常开触点闭合，时间继电器 5K 吸合，计时开始，当达到选定的时间后，5K 常闭触点断开，使 1K、2K 释放切断电源。

当还没有达到选定时间又焊接时，电焊机输出电压仅有 25～30V，3K 继电器两端电压低于 36V 而释放，时间继电器 5K 停止计时而复位，延时时间可在 0～60s 之间调节。

2）电子件式交流电焊机空载自动断电装置

工作原理如图 10-23 所示。

此装置采用可控硅交流无触点开关控制交流接触器的通断，达到电焊机空载自动断电的目的。

合上开关 K1 后，电源电压经过电容器 C_1 加压电焊机一次侧，使得电焊机 TM 二次侧有十几伏电压输出。当焊条与工件接触时，电流互感器 TA 上就感应出 1～1.5V 电压，此电压经桥式整流，并经 R_1、R_2 限流去触发可控硅 VT。VT 导通后，使接触器 K_2 通电而动作，其主触头闭合，电容器 C_1 被短接，电焊机起弧进行焊接。

起弧后，TA 电压升高，稳压管 VDW 被后向击穿，对电容器 C_2 充电，焊接短时间停焊时，电容器 C_2 经稳压管 VDW 正向对 VT 控制极放电，使 VT 保持导通，K_2 暂不释放，待 C_2 放电完毕时 VT 关断，K_2 释放，电焊机自动关断。

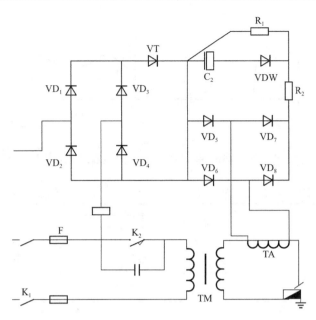

图 10-23　电子件式交流电焊机空载自动断电装置

3. 交流接触器无声运行

交流接触器通常以交流电操作，存在响声大、耗电多、铁心及线圈温升高等缺点。为消灭响声，节约电能，可对 20～600A 各种型号的接触器进行改造，在保留原有线圈的基础上，增加一套简单的整流电路，把接触器改为直流操作，实现无声运行。各种型号的交流接触器改装后平均一台年节约有功电量 400kWh，无功电量 3000kVar·h。

这种无声运行装置，在市场上已见出售，现对其工作原理，作一简单介绍。

1）接触器的吸合

采用电阻降压单相半波整流电路，如图 10-24 所示。

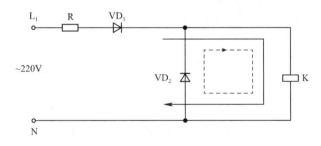

图 10-24　吸合电路

在正半周时，电阻 R 起限流和降压作用。二极管 VD_1 导通，VD_2 截止，通过接触器线圈 K 的电流方向如图 10-24 实线所示。

负半波时，二极管 VD_1、截止线圈 K 通过 VD_2 续流，电流方向如图 10-24 虚线所示。于是线圈 K 得到单方向脉动的直流电，使接触器吸合，其波形如图 10-25 所示。

2）接触器的保持

接触器的保持电流约为吸合电流的 1/10。在保持时采用电容降压的单相半波整流电路，如图 10-26 所示。

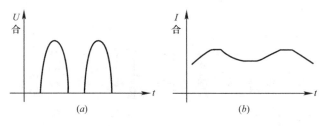

图 10-25　波形图

(*a*) 电压波形；(*b*) 电流波形

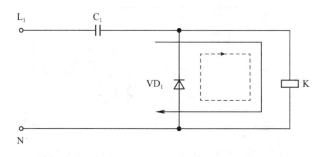

图 10-26　保持电流

在正半周时，电容 C_1 起降压作用，VD_1 截止，电流方向如图 10-26 实线所示，负半周时，VD_1 导通，接触器线圈 K 通过二极管 VD_1 续流，电流方向如图 10-26 虚线所示，使接触器吸合后得以保持，直流电的波形如图 10-27 所示。

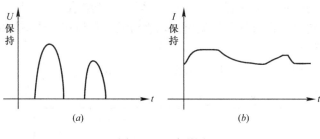

图 10-27　波形图

(*a*) 电压波形；(*b*) 电流波形

3）接触器吸合和保持电路的转换

吸合和保持电路的转换是以接触器的常闭辅助触点实现的，如图 10-28 所示。

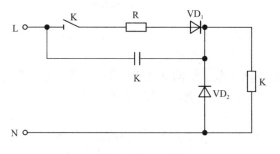

图 10-28　吸合和保持电路转换

当接触器吸合后，接触器常闭辅助触点 K 断开，使吸合电路自动转换为保持电路。

4. 异步电动机同步化运行

绕线式异步电动机的转子绕组，当启动完毕后，通入直流电流，使转子牵入同步，作为同步电动机运行，称为异步电动机同步化。

异步电动机实现同步化运行，可以使电动机的无功功率消耗减少，甚至可以向电网输送无功功率（容性），它是提高电网电压质量，改善功率因数的有效措施。电动机的负荷率愈低，容量愈大，同步化运行的经济效果愈显著。

5. 中高压电动机的选用

由于我国电动机制造技术水平的提高，10kV 中高压异步电动机应运而生，许多给水行业已经正式使用。使用这种电动机，不仅可以减少变电容量，降低建设的投资，而且还减少运行损耗。

据有关设计部门的计算分析，在 10kV 电网中直接选用 10kV 电动机则可比选用 6kV 电动机的总投资每千瓦节约 30%，这主要是因为直接省去变压器的缘故。减少变压器运行损耗和线路损耗约 2%～3%。

这种电动机很有生命力，有条件时应予以选用。

第三篇　安全生产知识

第11章　机电维修安全技术

11.1　电气作业安全工作规程

从事电气工作必须坚持贯彻"安全第一，预防为主"的方针，严格遵守安全工作的有关规程制度，同时采取有效的防范措施，才能避免和减少事故的发生，确保人身和设备安全。

1. 保证安全的组织措施

在电气设备上工作，保证安全的组织措施为：①工作票制度；②工作许可制度；③工作监护制度；④工作间断、转移和终结制度。

1）工作票制度

（1）工作票的意义及种类。工作票是准许在电气设备上工作的书面命令，也是明确安全职责，向工作人员进行安全交底，履行工作许可手续，工作间断、转移和终结手续，并实施保证安全技术措施等的书面依据。因此，在电气设备上工作时，应按要求认真使用工作票或按命令执行。其方式有下列三种：第一种工作票、第二种工作票、口头或电话命令。

（2）使用第一种工作票的工作。凡是在高压设备上或在其他电气回路上工作，需要将高压设备停电或装设遮栏的，均应使用第一种工作票。在室外变电站二次接线和照明等回路上工作，高压设备需停电或需采取安全措施时，也应使用第一种工作票。

（3）使用第二种工作票的工作。

① 进行带电作业和在带电设备外壳上的工作。

② 控制盘和低压配电盘、配电箱、电源干线上的工作。

③ 二次接线回路上的工作，高压设备不停电者。

④ 非当值值班人员用绝缘棒和电压互感器定相或用钳形电流表测量高压回路的电流的工作。

（4）口头或电话命令。值班员按现场规程规定所进行的工作，可根据发令人（电气负责人）的口头或电话命令执行。值班员应将发令人姓名及工作任务详细记入操作记录簿中，并向发令人复诵核对一遍，正确无误后方可执行。

（5）工作票应预先编号，使用时用钢笔或圆珠笔填写一式两份，填写应清楚。若在填写工作票时出现有个别错字、漏字需要及时改正，为了减少不必要的重写，可以允许在错误及遗漏处将两份工作票做同样的修改，但修改的字迹应清晰，不得任意涂改。否则，会使工作票内容混乱模糊，可能发生错误造成人身或设备事故。工作票上有关人员必须签名或盖章。

两份工作票中的一份必须经常保存在工作地点，由工作负责人收执，作为进行工作的依据；另一份由值班员收执，按值移交，妥善保管，以供备查。一般保存期为三个月。

（6）一个工作负责人只能发给一张工作票。工作票上所列的工作地点，以一个电气连接部分为限。所谓一个电气连接部分，指的是配电装置中的一个电气单元，可以用隔离开关与其他电气部分作截然分开的部分。如施工设备属于同一电压、位于同一楼层、同时停送电且不会触及带电导体时，则允许在几个电气连接部分共用一张工作票。开工前，工作票内的全部安全措施应一次做完。建筑工、油漆工等非电气人员进行工作时，工作票发给监护人。

（7）事故抢修工作可不用工作票，但应记入操作记录簿内。在开始工作前必须做好安全措施，并应指定专人负责监护。

（8）工作票签发人的条件。工作票签发人应由熟悉工作人员技术水平、熟悉设备情况、熟悉安全工作规程的生产领导人、技术人员或经厂、局主管生产领导批准的人员担任，工作票签发人应经考试合格后书面公布名单。

工作负责人和允许办理工作票的值班员（工作许可人）应由主管生产的领导书面批准。

（9）工作负责人可以填写工作票，工作许可人不得签发工作票。为了使所填写的工作票得到必要的审核或制约，工作票签发人不得兼任工作负责人。

（10）工作票中所列人员的安全责任。

工作票签发人的安全责任为：①工作的必要性；②工作是否安全；③工作票上所填安全措施是否正确、完备；④所派工作负责人和工作班人员是否适当和充足，精神状态是否良好。

工作负责人（监护人）的安全责任为：①正确、安全地组织工作；②结合实际进行安全思想教育；③督促、监护工作人员遵守安全规程；④负责检查工作票所列安全措施是否正确、完备，值班员所做的安全措施是否适合现场实际条件；⑤工作前对工作人员交代安全事项；⑥检查工作班人员变动是否合适。

工作许可人的安全责任为：①负责检查工作票所列安全措施是否正确、完备，是否符合现场条件；②检查工作现场布置的安全措施是否完善；③负责检查停电设备有无突然来电的可能；④对工作票所列内容即使发生很小疑问，也必须向工作票签发人询问清楚，必要时应要求作详细补充。

工作班人员的安全责任为：认真执行安全工作规程和现场安全措施，互相关心施工安全，并监督安全工作规程和现场安全措施的实施。

2）工作许可制度

履行工作许可手续的目的，是为了在完成好安全措施以后，进一步加强工作责任感。它是确保工作万无一失所采取的一种必不可少的措施。因此，必须在完成各项安全措施之后再履行工作许可手续。

工作许可人（值班员）在完成施工现场的安全措施后，还应做到以下几点：①会同工作负责人到现场再次检查所做的安全措施，以手触试，证明检修设备确无电压；②对工作负责人指明带电设备的位置和注意事项；③工作交代清楚后，会同工作负责人在工作票上分别签名。

工作负责人、工作许可人任何一方不得擅自变更安全措施，值班人员不得变更有关检修设备的运行接线方式。工作中如有特殊情况需要变更时，应事先取得对方的同意。

3）工作监护制度

执行工作监护制度的目的，是使工作人员在工作过程中得到监护人一定的指导和监督，及时纠正一切不安全的动作和其他错误做法，特别是在靠近有电部位及工作转移时更为重要。

工作负责人（监护人）在完成工作许可手续并向工作班人员交代安全措施和注意事项后，应始终在工作现场，认真做好监护工作。

为防止人身触电，在整个工作的始终，工作负责人（监护人）均应负责监护工作。当进行的工作较为复杂、安全条件较差时，还应增设专人监护，专职监护人不得兼做其他工作。

工作期间，工作负责人若因故必须离开工作地点时，应指定能胜任的人员临时代替，并详细交代现场工作情况，同时通知工作班人员。

若工作负责人需要长时间离开现场，应由原工作票签发人指派新的工作负责人，两名工作负责人应做好必要的交接工作。

4）工作间断、转移和终结制度

其内容包括：

工作间断时，所有安全措施应保持原状。当天的工作间断后又继续工作时，无需再经许可；而对隔天之间的工作间断，在当天工作结束后应交回工作票，次日复工还应重新得到值班员许可。

在未办理工作票终结手续以前，值班员不准在施工设备上进行操作和合闸送电。

在同一电气连接部分用同一张工作票依次在几个工作地点转移工作时，全部安全措施应由值班员在开工前一次做完，不需再办理转移手续。但工作负责人在每转移一个工作地点时，必须向工作人员交代带电范围、安全措施和注意事项。

全部工作完毕后，工作班应清扫、整理现场。工作负责人应先进行周密的检查，待全体工作人员撤离工作地点后，再向值班人员讲清所修项目、发现的问题、试验结果和存在问题等，并与值班人员共同检查设备状况，有无遗留物件，是否清洁等，然后在工作票上填明工作终结时间，经双方签名后，工作票方告终结。

只有在同一停电系统的所有工作票结束，拆除所有接地线、临时遮拦和标示牌，恢复常设遮拦，并得到值班调度员或值班负责人的许可命令后，方可合门送电。

已办理终结手续的工作票应加盖"已执行"印章后妥善保存三个月，以便于检查和进行交流。

2. 保证安全的技术措施

在全部停电或部分停电的电气设备上工作，必须完成下列工作：①停电；②验电；③装设接地线；④悬挂标示牌和装设遮拦。

上述措施由值班员执行。对于无经常值班人员的电气设备，由断开电源人执行，操作时应有监护人在场。

1）停电

工作地点、必须停电的设备：检修的设备。

将检修设备停电，必须把各方面的电源完全断开（任何运行中的星形接线设备的中性点，必须视为带电设备）。禁止在只经断路器断开电源的设备上工作，必须拉开隔离开关，使各方面至少有一个明显的断开点。与停电设备有关的变压器和电压互感器，必须从高、低压两侧断开，防止向停电检修设备反送电。

在检修断路器或远方控制的隔离开关时引起的停电。其原因可能由于误操作引起低频保护装置动作或因试验等引起的保护误动作而使断路器或隔离开关突然动作。为了防止由此而发生的意外，必须在检修前断开断路器和隔离开关的操作电源。对一经合闸就可能i电到停电设备的隔离开关必须将操作把手锁住。

设备与工作人员进行工作中正常活动范围的距离应小于表 11-1 规定。

设备不停电时的安全距离　　　　　　　　　　　　表 11-1

电压等级（kV）	安全距离（m）
10 及以下 （13.8）	0.7
20～35	1.00
44	1.20
60～110	1.50

在 44kV 以下的设备上进行工作，又无安全遮栏措施时，安全距离应大于表 11-2 的规定，但小于表 11-1 中的规定。

工作人员工作中正常活动范围与带电设备的安全距离　　　　　　表 11-2

电压等级（kV）	安全距离（m）
10 及以下 （13.8）	0.40
20～35	0.60
44	0.90
60～110	1.50

2）验电

通过验电可以明显地验证停电设备是否确实无电压，以防发生带电装设接地线或带电和接地导通等恶性事故。验电时应注意：

验电时，必须使用电压等级合适而且合格的验电器，验电前，应先在有电设备上进行试验，确定验电器良好。验电时，应在检修设备进出线时，两侧各相应分别验电。如果在木杆、木样或木构架上验电，不接地线验电器不能指示时，可在验电器上加接地线，但必须经值班负责人许可。

高压验电必须戴绝缘手套，35kV 及以上的电气设备在没有专用验电器的特殊情况下，可以用绝缘棒代替验电器，根据绝缘棒端有无火花和放电噼啪声来判断有无电压。

信号元件和指示表计不能代替验电操作。因为信号和表计等通常可能因失灵而错误指示，因此表示设备断开和允许进入间隔的信号和经常接入的电压表等，不得作为设备元电压的依据。但如果指示有电，在未查明原因前，禁止在该设备上工作。

3）装设接地线

装设接地线时注意以下几点：

当验明设备确无电压后，应立即将检修设备接地并三相短路，这是在工作地点防止突然来电而发生工作人员触电的安全。可靠措施，同时设备断开部分的剩余电荷，亦可因接地而放尽。

凡是可能向停电设备突然送电的各电源侧，均应装设接地线，即做到对电源而言，始终保证工作人员在接地线的后侧工作，以确保安全。

所装的接地线与带电部分的距离，在考虑了接地线摆动后不得小于表 11-1 所规定的安全距离。

当有可能产生危险感应电压的情况时，应视具体情况适当增挂接地线，但至少应保证在感应电源两侧的检修设备上各有一组接地线。

装设接地线的工作，应由值班员执行，但在某些地点装设接地线确有困难时，如需要上杆、登高之类，则可委托检修人员代为执行，值班人员进行监护。

在母线上工作时，应根据母线的长短和有无感应电压等实际情况确定接地线数量。对长度为 10m 及以下的母线，可以只装设一组接地线；对长度为 10m 及以上的母线，则应视连接在母线上电源进线的多少和分布情况及感应电压的大小，适当增加装设接地线的数量。在门形构架的线路侧进行停电检修，如工作地点到接地线的距离小于 10m 时，工作地点虽在接地线外侧，也可不另装设接地线。

检修部分若分为几个在电气上不相连接的部分（如分段母线以隔离开关或断路器隔开分成几段），则各段应分别验电接地短路。接地线与检修部分之间不得连有断路器或保险器。降压变电所全部停电时，应将各个可能来电侧的部分都分别接地短路，其余部分不必每段都装设接地线。

为了保证接地线和设备导体之间接触良好，对室内配电装置来说，应将接地线悬挂在刮去油漆的导电部分的固定处。因为如果接地线和导电部分接触不良，当流过短路电流时，在接触电阻上产生的压降将施加于停电设备上，这是不允许的。

接地线的接地端应固定牢固，连接良好，以保证可靠地接地。在配电装置的适当地点，应设置接地网的接头，供固定接地线用；也可采用在接地线的接地端设专用的夹具固定在接地体上的连接方式。

装设或拆除接地线必须由两人进行，一人监护，一人操作。若为单人值班，只允许操作接地刀闸或使用绝缘棒合、拉接地刀闸。

在装、拆接地线的过程中，应始终保证接地线处于良好的接地状态，这样当突然来电时，能有效地限制接地线上的电位而保证装、拆接地线人员的人身安全。因此，在装设接地线时，必须先接接地端，后接导体端，拆除接地线时则与此相反。为确保操作人员的人身安全，装、拆接地线均应使用绝缘棒或戴绝缘手套。

接地线应使用多股软裸铜线，其截面积应符合短路电流的要求，但不得小于 25mm²。接地线在每次装设以前应经过详细检查，损坏的接地线应及时修理或更换。禁止使用不符合规定的导线作接地或短路之用。

接地线必须使用专用的线夹固定在导体上，严禁用缠绕的方法进行接地或短路。

当在高压回路上的工作，需要拆除全部或一部分接地线后才能进行工作者（如测量母线和电缆的绝缘电阻，检查断路器触头是否同时接触），需经特别许可。

下述工作必须征得值班员的许可（根据调度员的命令装设的接地线，必须征得调度员的许可）方可进行，工作完毕后立即恢复：①拆除一相接地线；②拆除接地线，保留短路线；③将接地线全部拆除或拉开接地刀闸。

每组接地线均应编号，并存放在固定地点。存放位置亦应编号，接地线号码与存放位置号码必须一致。

装、拆接地线的数量及地点都应做好记录，交接班时应交代清楚。

4）悬挂标示牌和装设遮拦

悬挂标示牌和装设遮拦的地点：

在一经合闸即可送电到工作地点的断路器和隔离开关的操作把手上，均应悬挂"禁止合闸，有人工作！"的标示牌（表 11-3）。

标示牌式样　　　　　　　　　　　　　　　　表 11-3

序号	名称	悬挂处所	式样		
			尺寸（mm）	颜色	字样
1	禁止合闸，有人工作	一经合闸即可送电到施工设备的断路器和隔离开关的操作把手上	200×100 和 80×50	白底	红字
2	禁止合闸，线路有人工作	线路断路器和隔离开关的操作把手上	200×100 和 80×50	红底	白字
3	在此工作	室外和室内工作地点或施工设备上	250×250	绿底，中有直径 210mm 白圆圈	黑字，写在白圆圈中
4	止步，高压危险	施工地点临近带电设备的遮拦上；室外工作地点的围栏上，禁止通行的过道外；高压试验点；室外构架上；工作地点临近带电设备的横梁上	250×200	白底红边	黑字，有红色箭头
5	从此上下	工作人员上下的铁架、梯子上	250×250	绿底，中有直径 210mm 白圆圈	黑字，写在白圆圈中
6	禁止攀登，高压危险	工作人员上下的铁架临近可能上下的另外铁架上，运行中变压器的梯子上	250×200	白底红边	黑字

如果线路上有人工作，应在线路断路器和隔离开关的操作把手上悬挂"禁止合闸，线路有人工作！"的标示牌，标示牌的悬挂和拆除，应按调度员的命令执行。

部分停电的工作，安全距离小于表 11-1 规定距离以内的未停电设备，应装设临时遮拦。临时遮拦与带电部分的距离，不得小于表 11-2 规定的数值。临时遮拦可用干燥木材、橡胶或其他坚韧绝缘材料制成，装设应牢固，并悬挂"止步，高压危险！"的标示牌。

35kV 及以下设备的临时遮拦，如因工作特殊需要，可用绝缘挡板与带电部分直接接触。但此种挡板必须具有高度的绝缘性能，并符合表 11-4 的要求。

常用电气绝缘工具试验一览表　　　　　　　　　　表 11-4

序号	名称	电压等级（kV）	周期	交流电压（kV）	时间（min）	泄漏电流（mA）	附注
1	绝缘棒	6～10	每年一次	44	5		
		35～154		四倍相电压			
		220		三倍相电压			
2	绝缘挡板	6～10	每年一次	30	5		
		35（20～44）		80	5		

续表

序号	名称	电压等级 （kV）	周期	交流电压 （kV）	时间 （min）	泄漏电流 （mA）	附注
3	绝缘罩	35（20～44）	每年一次	80	8		
4	绝缘夹钳	35及以下	每年一次	三倍相电压	5		
		110		260			
		220		400			
5	验电笔	6～10	每六个月一次	40	5		发光电压不高于额定电压的25%
		20～35		105			
6	绝缘手套	高压	每六个月一次	8	1	≤9	
		低压		2.5		≤2.5	
7	橡胶绝缘靴	高压	每六个月一次	15	1	≤7.5	
8	核相器电阻管	6	每六个月一次	6		1.7～2.4	
		10		10		1.4～1.7	
9	绝缘绳	高压	每六个月一次	105kV/0.5m	5		

为了防止检修人员误入有电设备的高压导电部分或附近，确保检修人员在工作中的安全性，在室内高压设备上工作，应在工作地点两旁间隔和对面间隔的遮拦上及禁止通行的过道上悬挂"止步，高压危险！"的标示牌。

在室外地面高压设备上工作，应在工作地点四周用绳子做好围栏，围栏上悬挂适当数量"止步，高压危险！"的标示牌，标示牌必须朝向围栏里面（即工作人员所处场所）。

在工作地点悬挂"在此工作！"的标示牌。

在室外构架上工作，则应在工作地点邻近带电部分的横梁上，悬挂"止步，高压危险！"的标示牌，此项标示牌在值班人员的监护下，由工作人员悬挂。在工作人员上下用的铁架或梯子上，应悬挂"从此上下！"的标示牌，在邻近其他可能误登的架构上，应悬挂"禁止攀登，高压危险！"的标示牌。

严禁工作人员在工作中移动或拆除遮拦、接地线和标示牌。

5）防止双电源和企业自备发电厂倒送电措施

为了确保供用电双方的安全生产，提高用户安全用电的可靠性，防止用户自发电机组的电能倒送电网而造成人身伤亡或设备损坏等恶性事故，必须对双电源供电或有自发电装置的用户加强管理，采取必要的安全措施。

双电源用户是指供电电源为两路及以上的用户；自发电用户是指装有自发电机组的用户。

（1）双电源和自发电用户的申请手续

用户要求双电源供电或装设自发电机组，应向当地供电部门办理申请、核准手续。

用户应报送有关双电源的设计、施工图纸或自发电系统图纸，经供电部门审核批准后方可施工。

投运前应经供电部门验收合格，并就容量、电气主接线、防止向电网倒送电安全措施、电能计量装置、调度通信等事项签订有关协议后方可投运。

（2）双电源和自发电装置的安全措施

双电源进户应设置在一个变电所或配电室内，其进线开关应有明显的断开点，并有防止向电网倒送电装置，必须装设四极手动双投闸刀开关，并装设电气联锁装置、机械联锁装置。

为防止双电源在操作中发生事故，各单位均应具有操作模拟图，制定现场操作规程，操作前应进行模拟操作核对无误。操作应由经供电局考试合格的持证电工担任。

自发电机组的中性线要单独接地，禁止利用供电局线路上的接地装置进行接地。农村自发电用户应装有灵敏可靠的漏电保护装置。

自发电用户的线路严禁与供电局的线路同杆架设，亦不准与电力线路交叉跨越。

双电源和自发电用户都不得向其他用户转供电。

6）电气安全用具

电气安全用具是人们进行电气施工、安装、检修试验和运行维护时保障人身安全的常用器具。

（1）分类和作用

通常将安全用具分为基本安全用具和辅助安全用具两大类。基本安全用具是指该安全用具的绝缘强度足以承受电气设备的运行电压；辅助安全用具是指该安全用具的绝缘强度不足以保证安全而仅起辅助的作用。

高压基本安全用具有高压绝缘棒、高压验电器、接地用的绝缘棒、绝缘夹等；高压辅助安全用具有绝缘的长手套及短手套、橡胶绝缘靴、橡胶绝缘垫、绝缘台等；低压基本安全用具有绝缘的长手套及短手套、橡胶绝缘靴、装有绝缘柄的手工具、试电笔等。

生产实践和科学实验告诉我们：人体不能接近带电导体一定的距离以内，更不能触及带电导体，否则将会遭到电击伤害。为了达到对运行的电气设备安全地进行巡视、改变运行方式和检修试验等工作，要通过利用电气安全用具来实现。

在操作高低压开关柜或其他带有转动装置的设备时，需使用能防止接触电压和跨步电压的辅助安全用具。除此以外的任何操作情况，均必须使用基本安全用具，并同时使用辅助安全用具。辅助安全用具中的绝缘垫、绝缘台、橡胶绝缘靴，在操作时使用一种即可。

（2）使用和保管

使用方法：

使用前必须进行外观检查。其内容如下：①安全用具是否符合规程要求，安全用具是否正常、清洁。有灰尘的要擦净，若有炭印的则不准使用。②安全用具中的橡胶制品，如橡胶的绝缘手套、绝缘靴和绝缘垫，不允许有外伤、裂纹、气泡、毛刺和划痕。发现有问题的安全用具，应立即禁用并及时更换。③安全用具特别是基本安全用具（绝缘棒、验电器等），是否适用于拟操作设备的电压等级，必须经核对无误。

使用中的要求：①无特殊防护装置的绝缘棒，不允许在下雨或下雪时在室外使用。②潮湿天气的室外操作，不允许用无特殊防护的绝缘夹。③橡胶绝缘手套应内衬一副线手套。④使用绝缘台时，须放置在坚硬的地面上。⑤用验电器时，应戴好橡胶绝缘手套，逐渐接近有电设备，各相分别进行。

维护保管：

绝缘棒应垂直存放，架在支架上或吊挂在室内，不要接触墙壁。

橡胶绝缘手套、橡胶绝缘靴等，应倒置在指形支架上或存放在柜内，其上不得堆压任何物件。

安全用具的橡胶制品不应与石油类的油脂接触，存放处的环境温度不能过冷或过热。

绝缘台的瓷绝缘子应保持无裂纹破损，木质台面要保持干燥、清洁。

验电器用后应存放于匣套内，置于干燥处，避免积灰和受潮。

存放安全用具的地点应有明显的标志，"对号入座"，做到存取方便。

安全用具严禁移作他用。

安全用具应有专人负责保管，并定期检查其是否齐全、完好。

定期对安全用具进行电气绝缘性能测试和静拉力试验。

（3）试验周期与试验标准

电气安全用具应严格按《电业安全工作规程》的规定进行试验，不得超周期使用。各种安全用具的试验周期如下：

绝缘棒、绝缘挡板、绝缘罩、绝缘夹钳为每年一次；验电笔、绝缘手套、橡胶绝缘靴、核相器电阻管、绝缘绳为6个月一次；起重工具为每年一次；登高工具为6个月一次。

常用电气绝缘工具的试验要求可参见表11-5。

登高安全工具试验标准表　　　　　　　　　　　　　　　表11-5

名称		试验静拉力（kg）	试验周期	外表检查周期	试验时间（min）	附注
安全带	大皮带	225	半年一次	每月一次	5	
	小皮带	150				
安全绳		225	半年一次	每月一次	5	
升降板		225	半年一次	每月一次	5	
脚扣		100	半年一次	每月一次	5	
竹（木）梯			半年一次	每月一次	5	试验荷重180kg

11.2 电气设备的保护接地

1. 接地的概念及其作用

将电力系统或电气装置的某一部分经接地线连接到接地极上，称为接地。电力系统中接地的部分一般是中性点，也可以是相线上的某一点。电气装置的接地部分则是正常情况下不带电的金属导体，一般为金属外壳。

为了安全保护的需要，把不属于电气装置的导体（也可称为电气装置外的导体），例如水管、风管、输油管及建筑物的金属构件和接地极相连，称为接地；幕墙玻璃的金属立柱等和接地极相连，也称接地。

接地的作用主要是防止人身受到电击、保证电力系统的正常运行、保护线路和设备免遭损坏、预防电气火灾、防止雷击和防止静电损害。

2. 相关名词术语

（1）"地"和对地电压。当电气设备发生故障时，接地电流经接地装置向大地作半球形散开，这一半球形面与接地体距离越远，接地电流流散时产生的电压降就越小，电位就越低。实验证明，在离开单根电极体或接地点20m以外的地方，该电位已不再变化，并趋近于零，我们把这个零电位的地方称为电气上的"地"。

所谓对地电压即是指电气装置的接地部与零电位"地"之间的电位差。

（2）接地电阻。接地电阻是接地体的流散电阻与接地线的电阻之和。因为接地线电阻一般很小，故可忽略不计。因此，可以认为流散电阻就是接地电阻。

所谓流散电阻是电流自接地体向周围大地流散所遇到的全部电阻。单一直埋管型接地体电流的流散如图 11-1 所示。

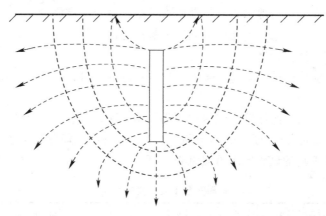

图 11-1　接地电流流散图

（3）接触电压。电气设备因绝缘损坏，发生碰壳短路时，人触及此电气设备就有遭到电击的危险。为了衡量危险程度，测出离电气设备水平方向 0.8m（相当于跨步距离）的地电位和电气装置垂直方向 1.8m 处（人手触及的部位）的设备发生故障时所带的电位，两者的电位差称为接触电压。

如果设备未接地，220V 的相线碰壳，这时产生的接触电压可达到相电压大小，如果设备接地，其接触电压与设备的接地电阻大小有关，当设备的接地电阻与电源的工作接地电阻相等时，接触电压可达到 110V。

设备的接地即使非常好，在故障电压未切断前，接触电压也是存在的。只有故障电压被断路器或熔丝切断后，才解除电击的危险。

（4）跨步电压。当电气装置发生对地短路故障后，故障电流从故障点的地通过大地到接地极，回到电源，于是在故障点的地和接地极周围产生一个电场，离故障点的地或接地极的地越近，电位越高，越远则电位越低，离开 20m，则可视为零。人两脚分开相距约为 0.8m 时，站在这个电场内，由于两脚处于不同的电位点，就有一个电位差，此电位差称为跨步电压。

（5）安全电压。不危及人身安全的电压称之为安全电压。我国安全电压的系列是：42V、32V、24V、12V 和 6V。当设备采用安全电压作直接接触防护时，只能采用额定值为 24V 以下（含 24V）的安全电压；当作为间接接触防护时，则可采取 42V（含 42V）的安全电压。

3. 接地及接地保护的工作原理

电力系统和电气设备的接地和接零，按其作用不同分为工作接地、保护接地、保护接零和重复接地。

1）工作接地

为了保证电气设备在正常和事故情况下可靠工作而进行的接地叫作工作接地，如变压器中性点的直接接地或经消弧线圈的接地、防雷设备的接地等。各种工作接地点都有其接地的作用。例如，110kV 电网中变压器的中性点直接接地可降低电网的绝缘水平及造价；而变压器中性点经消弧线圈接地，能在单相接地时消除接地短路点的电弧，避免系统出现过电压；防雷设备的接地，是为了对地泄放雷电流。

2）保护接地

为保证人身安全，防止触电事故而进行的接地，叫作保护接地。例如，电气设备正常运行时不带电的金属外壳及构架的接地（图 11-2）。

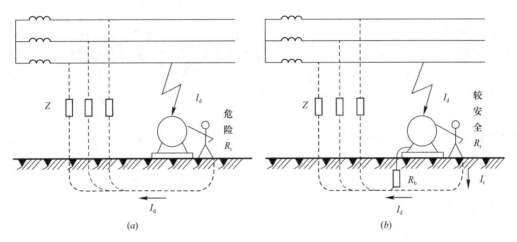

图 11-2　说明保护接地作用的示意图

（a）电动机外壳没有接地；（b）电动机外壳接地

如果电动机外壳没有接地，如图 11-2（a）所示，则当电动机发生一相碰壳时，其外壳带有相电位，如果人接触到外壳，就有电容电流通过人体，这是很危险的；如果电动机外壳装有接地装置，如图 11-2（b）所示，由于人体电阻远大于接地装置的电阻，所以在电动机发生一相碰壳时，人即使触及外壳也没有多大危险。

3）保护接零

接零就是将设备外壳先接到接地的中性线上。接零的目的，也是为了保证人身安全，防止触电事故。

在低压三相四线制系统中，电气设备的外壳也采取接零的方式，如图 11-3 所示。

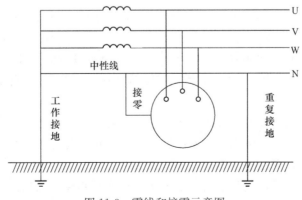

图 11-3　零线和接零示意图

在接零的系统中发生一相碰壳故障时，形成单相短路，电流很大，可使线路上的保护设施（比如熔断器熔断）迅速动作，切除故障线路，恢复系统其他部分的正常运行。

必须注意，在同一系统中，一般只宜采用同一种保护方式，即全部采用保护接地或者全部采用保护接零，而不要对一部分设备采取保护接地，而对另一部分设备采取保护接零。因为在同一系统中，如有的设备外壳采用保护接地，而有的设备外壳却采用保护接零，当采取接地的设备发生碰壳时，零线电位可能会升高，从而使得所有接零的设备外壳都带上危险的电压。

4）重复接地

在中性点直接接地的低压系统中，为了保证保护接零安全可靠，除在电源变压器中性点进行工作接地外，还必须在零线的其他地方进行必要的重复接地。按相关规定：在架空线路的干线和分支线的终端及沿线每 1km 处，零线应重复接地。电缆和架空地线在引入变电所或大型建筑处，零线也应重复接地（但距接地点 50m 以内者除外），或在室内把零线与配电屏、控制屏的接地装置相连接。如果不进行重复接地，则在零线发生断线并有一相碰壳时，接在断线后面的所有设备外壳都呈现出近于相电压的对地电压，这是十分危险的。因此，零线断线的故障应尽量避免。施工时，丝毫不能放松对零线敷设质量的检查。运行中同样不能忽视对零线情况的检查。同理，在三相四线制系统的中性线上，不允许装设开关或熔断器。

4. 接地装置

1）接地体及安装

设备的某部分与土壤之间作良好的电气连接，叫作接地。与土壤直接接触的金属物体，叫作接地体或接地极。连接接地体和设备接地部分的导线叫作接地线。接地线和接地体合称为接地装置。接地线一般又分为接地干线和接地支线（图 11-4）。

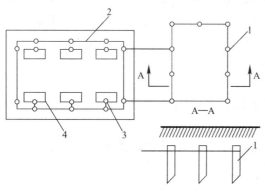

图 11-4　接地装置示意图

1—接地体；2—接地干线；3—接地支线；4—设备

垂直接地体和水平接地体。接地装置包括接地体和接地线两部分，接地体又分为垂直接地体（又称接地极）和水平接地体（又称带状接地体），如图 11-5 所示。

接地极一般用角钢和钢管制作，端部做成尖状，如图 11-6 所示，每根一般长度为 2.5m，通常不小于 2m。角钢常选用的规格为 L 30mm×30m×4mm，而钢管选择要求为公称直径 40mm 以上、壁厚 3.5mm 以上。

接地体的散流电阻主要取决于表面积，因此一般不用圆钢作接地极，当没有合适材料时，也可用直径 20mm 左右的圆钢代替。

水平接地体一般用 25mm×4mm 以上的扁钢或直径 10mm 以上的圆钢制作。接地体能埋设深度一般为 600～800mm 以上。若埋设过浅，一方面散流电阻大，另一方面土壤面层微生物活动强烈，容易腐蚀接地体。

接地极不应少于 2 根，相互之间的距离不宜小于其长度的 2 倍，通常可取 5m，至少不小于 3m。在具强烈腐蚀的土壤中，应使用镀锌的接地体，或者适当加大其截面，敷设在地中的接地体不应涂漆。

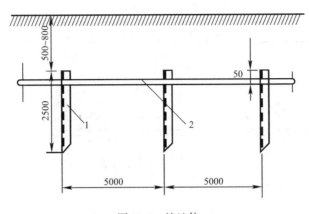

图 11-5　接地体
1—垂直接地体；2—水平接地体

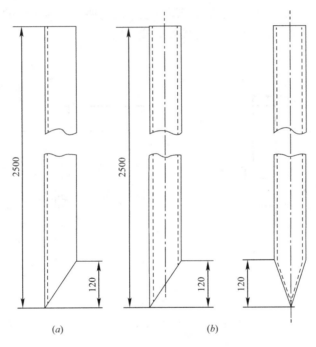

图 11-6　接地极制作
(a) 角钢接地极；(b) 钢管接地极

2）接地装置的施工要求

（1）接地体施工。人工接地体一般先加工好接地极，然后再在现场用水平接地体与之连接成整体。

施工时，按设计图纸沿水平接地体路径挖沟，上口宽 0.5m，下口稍小，深度一般为 0.6～0.9m，沟的中心线与建筑物基础距离至少在 1.5m 以上。

接地体之间应采用焊接连接，搭接处的长度应等于扁钢宽度的 2 倍或圆钢直径的 6 倍，并至少应焊接三面。具体的施工方法可参见图 11-7。

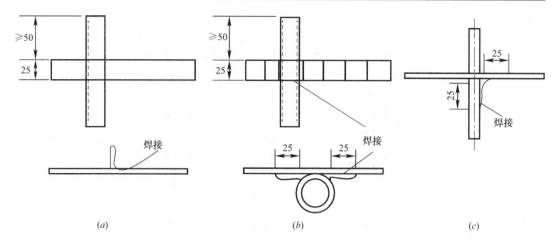

图 11-7　接地极与水平接地体的连接

(*a*) 角钢接地极；(*b*) 钢管接地极；(*c*) 圆钢接地极

(2) 接地线施工。接地线的连接可采用焊接，接地体与接地干线的连接，为了便于测试电阻，应采用可拆卸的螺栓连接。连接处应便于检查，施工方法见图 11-8。焊接时的搭接长度要求同前所述。

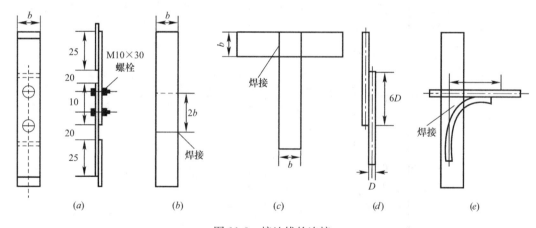

图 11-8　接地线的连接

(*a*) 螺栓连接；(*b*) 扁钢连接；(*c*) 扁钢支接；(*d*) 圆钢对接；(*e*) 扁钢和圆钢十字接

采用机械连接时，应在接地线端加金属夹头与接地体夹牢，金属夹头与接地体连接的一面应镀锡，接地体连接夹头的地方应擦干净；或者在接地体上焊好接地螺栓，与接地线可靠连接。接地线用螺栓与电气设备连接时，必须紧密可靠，在有振动的地方应采取防松措施（如用弹簧垫圈等）。每一需要接地的设备必须用单独接地线和接地体或接地干线直接连接。严禁把几个设备接地部分互相串接后再接地。

接地干线至少应在不同的两点与接地网相连接。自然接地体至少应在不同的两点与接地干线相连接。

为了便于检查，室内接地线一般采用明敷设，可按图 11-9 的三种方法固定在建筑物表面，并使接地线高于墙表面约 10～15mm。

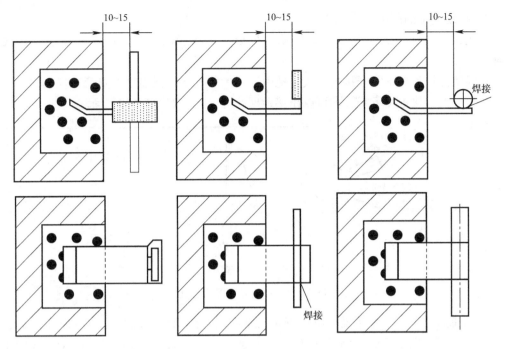

图 11-9 室内接地线的固定方法

为了便于检查和保护接地线，当接地线穿过墙壁和楼板时，应在穿墙的一段加装保护套管或预留墙孔。在安装好接地线后，过楼板的套管口部须用沥青麻丝填塞紧密，以防止灰尘落下。

接地线的固定卡子间距一般为 1～1.5m，转弯处为 1m。与地面平行敷设的接地干线距地面高度应大于 500mm，通常离地面约 300mm，过门线或接至室内中间设备时，可在混凝土中暗敷。

接地线经过伸缩沉降缝时，需制作补偿伸缩缝装置，如图 11-10 所示。

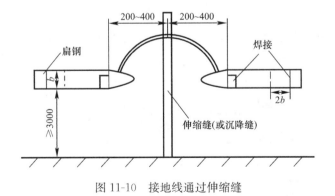

图 11-10 接地线通过伸缩缝

接地线的涂色。明敷设的接地线及其固定件表面应涂黑漆。在三相四线制网络中，单相分支线路用作接地线的零线，在分支点应涂黑色带以方便识别。在接地线引向建筑内的入口处，一般应标以黑色记号"≡"。在检修临时接地点处，应刷红色底漆后标以黑色记号"≡"。

3）接地电阻的测量

采用接地电阻测试仪测量接地电阻，可分为：在线法、二线法、三线法和四线法四种。

在线法测量是在不断开接地线或接地引下线的情况下，把接地电阻测试仪的钳口张开后夹住接地线或接地引下线，即可测出接地回路的电阻，如图 11-11 所示。

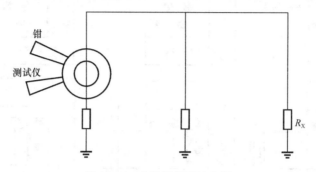

图 11-11　在线测量接地电阻

二线法测量是利用一个辅助电极测量接地电阻，测出的电阻是辅助电极和接地装置电阻之和，当辅助电极的电阻远小于被测接地电阻时，测出的值可视作被测接地电阻，如图 11-12 所示。

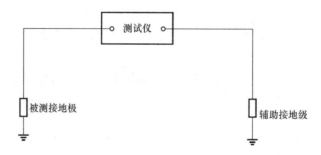

图 11-12　二线法测量接地电阻

三线法测量是利用两个辅助电极——电压辅助电极和电流辅助电极测量接地电阻，如图 11-13 所示。

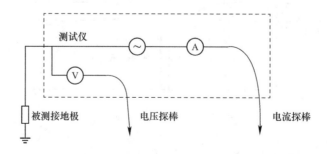

图 11-13　三线法测量接地电阻

四线法测量接地电阻，可消除测量时连接导线电阻的附加误差，如图 11-14 所示。各种测量仪器可采用的方法见表 11-6 所示。

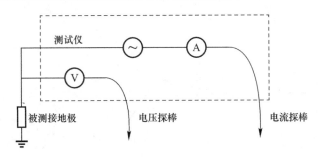

图 11-14 四线法测量接地电阻

接地电阻的测量方法　　　　　　　　　　　　　　　　　　表 11-6

	在线法	二线法	三线法	四线法
ZC29	否	可	可	可
CA6411/6413	可	可	否	否
GEOX	可	可	可	可
HT234E	否	可	可	可

上表中 ZC29 为模拟式仪表，其余都是数字式接地电阻测试仪。

采用万用表欧姆档测量接地电阻。采取三点法测量接地电阻。依次测量每对接地极间的电流和电压，求出每对接地极的电阻和，如图 11-15 所示。

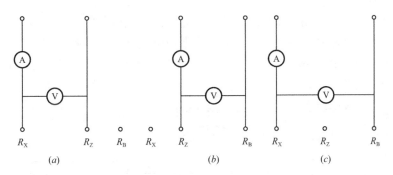

图 11-15　接地电阻三点法测量

(a) 接线一；(b) 接线二；(c) 接线三

由图 11-15 (a) 可测出：

$$\frac{U_A}{I_A} = R_X + R_Z = R_{XZ} \tag{11-1}$$

由图 11-15 (b) 可测出：

$$\frac{U_B}{I_B} = R_Z + R_B = R_{ZB} \tag{11-2}$$

由图 11-15 (c) 可测出：

$$\frac{U_C}{I_C} = R_X + R_B = R_{XB} \tag{11-3}$$

式 (11-1) 和式 (11-2) 相减得：

$$R_X - R_B = R_{XZ} - R_{ZB} \tag{11-4}$$

式 (11-3) 和式 (11-4) 相加得：

$$R_X = \frac{R_{XB} + R_{XZ} - R_{ZB}}{2} \tag{11-5}$$

由式 (11-5) 可知：如果测出每对接地极的接地电阻和，如图 11-16 所示，就可求得被测接地极的接地电阻 R_X。

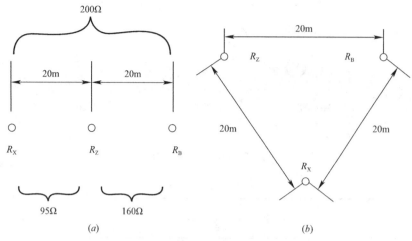

图 11-16　用万用表测接地电阻

(a) 一直线布置；(b) 等边三角形布置

实际上此方法误差很大，它没有考虑到探棒之间及探棒与被测接地极之间的互电阻，另外探棒的接地电阻比被测接地极的电阻大得多，而每次测量出的是探棒与接地极的接地电阻之和，虽然测量误差对探棒的接地电阻值来说可以允许，但对接地极的接地电阻值来说其误差很大。

4）漏电保护装置

在中性点接地的低压用电系统中，为了防止由漏电而引起的触电事故、火灾事故以及监视或切除一相接地故障，现在广泛地采用由漏电继电器、低压断路器或交流接触器等组成的漏电保护装置，其原理如图 11-17 所示。当漏电电流达到整定值时，能自动断开电路，保护人身和设备安全。

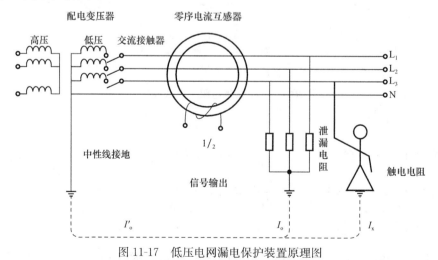

图 11-17　低压电网漏电保护装置原理图

当设备漏电时，会出现两种现象：

三相电流的平衡遭到破坏，出现零序电流，即

$$i_x = \frac{-b \pm \sqrt{b^2 - 4ac}}{2a} u + i_v + i_w = i_o \qquad (11-6)$$

金属外壳出现对地电压U_d，即

$$U_d = i_o R_d \tag{11-7}$$

式中：R_d——接地装置的接地电阻（Ω）。

从图 11-17 中我们可以看到，被保护线路穿过零序电流互感器的圆孔，构成检测元件。当有人站在地面上发生单相触电事故，或线路中某一相绝缘严重降低而导致漏电时，零序电流互感器二次侧就有电流输出，漏电保护装置通过检测元件取得发生异常情况的信息，经过中间机构的放大转换和传递，使保护装置动作，切除电源，起到保护作用。

（1）漏电保护装置的类型

目前，广泛应用的漏电保护装置为电流型，有电子式和电磁式两类。按使用场所制成单相、两相或三相四线式。

（2）漏电保护装置的结构和工作原理

电流型漏电保护装置的原理是采用高灵敏度的零序电流互感器来检测人体触电电流或电路绝缘不良时的泄漏电流。

单相电子式漏电开关工作原理如图 11-18 所示，它由零序电流互感器、放大器、漏电脱扣器、主开关、试验装置等组成。当电路正常时，接地电流 I_{jd} 为零，即 $I_1 + I_2 = 0$。零序电流互感器的二次侧无电压 U_2 输出，放大器不工作，漏电脱扣器不动作，供电正常；当发生人身触电时，接地电流 I_{jd} 通过人体，此时，$I_1 + I_2 = I_d$，零序电流互感器的二次侧有电压 U_2 输出，放大器工作，漏电脱扣器动作，使主开关切断电源，起到保护作用。

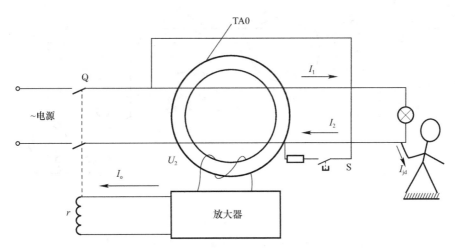

图 11-18　单相电子式漏电开关工作原理图

TA0—零序电流互感器；S—试验按钮；Y—漏电脱扣器；Q—漏电脱钩器

三相电子式电流型漏电保护装置工作原理如图 11-19 所示，它由零序电流互感器 TA0、放大部分、执行机构 Q 等主要元件组成。

当被保护线路上有漏电或人身触电时，零序电流互感器的二次侧感应出电流 I_o，当电流达到整定值时，启动放大电路，使执行机构中的脱扣器动作切断电源。

三相电磁式电流型漏电保护装置的工作原理如图 11-20 所示，它由零序电流互感器 TA0、电磁瞬时脱扣器 F 等主要元件组成。

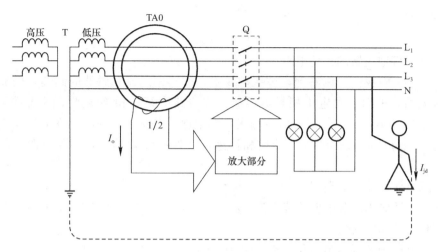

图 11-19 三相电子式电流型漏电保护装置工作原理图
TA0—零序电流互感器；Q—漏电脱钩器

其工作原理与三相电子式电流型漏电保护装置基本相同，动作信息亦采用零序电流互感器，不同之处是电流互感器输出电流不通过电子放大元件，而是通过灵敏电流继电器去驱动操作机构。图 11-20 中永久磁铁产生磁通 Φ_1，当 TA0 输出的电压 U_2 产生的磁通 Φ_1 大于 Φ_2 时，F 动作，使 Q 跳闸。

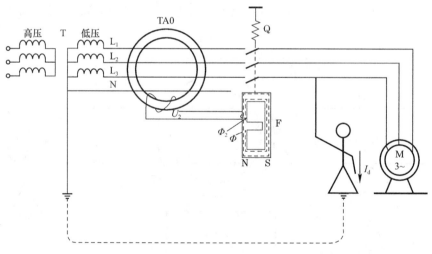

图 11-20 三相电磁式电流型漏电保护装置工作原理图
TA0—零序电流互感器；F—电磁瞬时脱扣器；N、S—永久磁铁；Q—漏电脱钩器

（3）漏电保护装置的选择、安装使用和维护方法

保护方式：漏电保护装置的保护方式分为总保护和分级保护。

低压电网必须有总保护，使全网处在保护范围之内，总保护方式有三种：①保护器安装在电源中性点接地线上；②保护器安装在总电源线上；③保护器安装在各条引出干线上。

供电范围较大或有重要用户的低压电网的保护，宜将保护器安装在各条引出干线上。

专业户用电、移动式电力设备和临时用电设备必须安装末级保护，家庭用电也应装末级保护。

漏电保护装置动作电流的整定：漏电保护装置动作电流值的整定原则是：在躲开电网泄漏电流的前提下尽量小。

总保护的动作电流值大多是可调的，调节范围一般在 $15\sim100\mathrm{mA}$ 之间，最大可达 $200\mathrm{mA}$ 以上。其动作时间一般不超过 $0.1\mathrm{s}$。对泄漏电流较小的电网，晴季的额定漏电动作电流值为 $75\mathrm{mA}$，阴雨季节为 $200\mathrm{mA}$；对泄漏电流较大的电网，其额定漏电动作电流值为 $100\mathrm{mA}$，阴雨季节为 $300\mathrm{mA}$。

家庭中安装的漏电开关，主要是防止人身触电，漏电开关的动作电流值，一般不大于 $30\mathrm{mA}$；移动式电器具或临时用电，漏电开关的动作电流值应不大于 $30\mathrm{mA}$；固定使用的电动机或其他电气设备，选择漏电开关的动作电流值时，应考虑与上一级配合，一般比上一级的整定值小一个档次。

漏电保护装置的安装使用和维护方法：

① 漏电保护装置应安装在通风、干燥的地方，避免灰尘和有害气体的侵蚀。安装时应与交流接触器保持 $20\mathrm{cm}$ 以上的距离。

② 在接线时，应特别注意保护装置的进线和接线端子不要接错；应将被保护线路用纱带或胶布扎紧并穿过零序电流互感器圆孔的中心，在零序电流互感器圆孔前后的 $20\mathrm{cm}$ 范围内线束不应散开；外壳应妥善接地，以保安全。

③ 采用电流型漏电保护器时，配电变压器中性点必须接地，零线上不得有重复接地。

④ 分级保护或分支保护的每一分支线路应有各自的专用零线，两相邻分支线路的零线不能相连，也不能任意就近支接，否则会造成误动作。如图 11-21（a）所示，若 N_1、N_2 连接起来，则支线 1 有 ΔI_{N1} 经 N_2 线返回电源零点，而支线 2 必有 ΔI_{N2} 经 N_1 线返回电源零点，导致零序电流互感器内工作电流平衡的破坏，当 $|\Delta I_{N1}+\Delta I_{N2}|$ 的数值达到触电保护器的额定动作电流值时，触电保护器就误动作。

图 11-21（b）所示为两相邻的动力和照明分支线。若照明分支路 N_2 线离零线距离过远而就近从 N_1 线支接，则必有 I_{N2} 电流经 N_1 线返回电源零点，造成动力支线上零序电流互感部电流平衡的破坏，使触电保护器动作而切断电源。

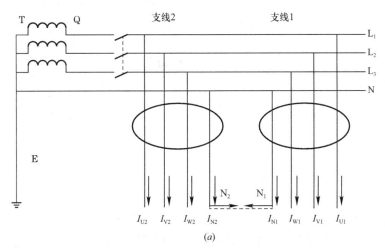

图 11-21　相邻分支线零线接线示意图（一）

（a）两支线的零线不能进

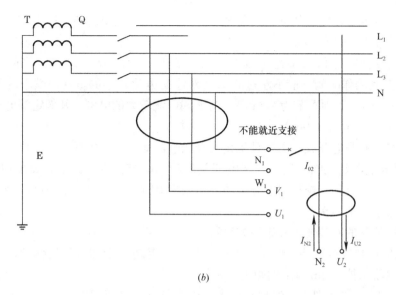

(b)

图 11-21　相邻分支线零线接线示意图（二）

(b) 各线不能就近支接

⑤ 用电设备的接线应正确，如图 11-22 所示，只有 1、2 用电设备为正确接法，3～6 用电设备都为错误接法。

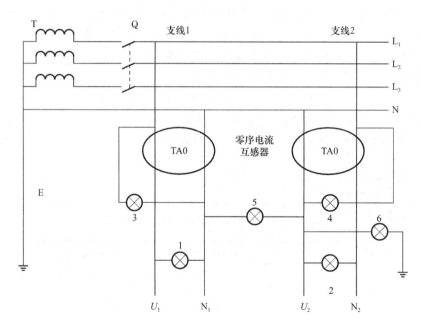

图 11-22　用电设备的接线

⑥ 投运后，每月至少进行一次动作试验，发生拒动或误动时，应立即进行检修。

⑦ 每年结合安全大检查，对用于总保护的漏电保护器应校验动作电流值。

⑧ 运行中的保护器发生动作后，必须查明原因，不得冒险强送电。

⑨ 已投运的漏电保护器严禁擅自退出运行。

11.3　机械维修操作安全技术

1. 劳动防护用品的使用要求

劳动防护用品是机械维修的基本防护工具。使用劳动防护用品的一般要求是：

劳动防护用品使用前应首先作一次外观检查。检查的目的是认定用品对有害因素防护效能的程度，用品外观有无缺陷或损坏，各部件组装是否严密，启动是否灵活等。

劳动防护用品的使用必须在其性能范围内，不得超极限使用；不得使用未经国家指定、经监测部门认可（国家标准）和检测还达不到标准的产品；不能随便代替，更不能以次充好。

严格按照使用说明书正确使用劳动防护用品。

2. 劳动防护用品的分类

劳防防护用品部件：分为头部防护，眼部防护，听力防护，脚部防护，手部防护，身体防护，防坠落护具，护肤用品，呼吸防护。

头部防护是指从 2～3m 以上高处坠落时对头部造成的伤害，以及日常工作中对头部的伤害，主要产品有安全帽、安全头盔。按材质分为玻璃钢安全帽、ABS 安全帽、PE 安全帽。

眼部防护是指保护作业人员的眼睛、面部，防止外来伤害。分为焊接用防护眼镜、炉窑用防护眼镜、防冲击防护眼镜、微波防护眼镜、激光防护镜以及防 X 射线、防化学、防尘等防护眼镜。

听力防护是指长期在 90dB（A）以上或短时在 115dB（A）以上环境中工作时受到的伤害的防护。听力护具有耳塞、耳罩和帽盔三类。听力保护系列产品有：低压发泡型带线耳塞、宝塔型带线耳塞、圣诞树型耳塞、圣诞树型带线耳塞、经济型挂安全帽式耳罩、轻质耳罩、防护耳罩。

脚部防护是指在工作中保护足部免受伤害。目前主要产品有防砸、绝缘、防静电、耐酸碱、耐油、防滑鞋等。

手部防护是指在工作中保护手部免受伤害。主要有耐酸碱手套、电工绝缘手套、电焊手套、防 X 射线手套、石棉手套、耐高温手套、防割手套、丁腈手套等。金佰利（Kimberly）等国际知名厂商生产的产品是时下防护的主流用品。

身体防护是指用于保护职工免受劳动环境中的物理、化学因素的伤害。主要分为特殊防护服和一般作业服两类。

防坠落护具用于防止坠落事故发生。主要有安全带、安全绳和安全网。

护肤用品用于外露皮肤的保护。分为护肤膏和洗涤剂。

呼吸防护是指长期工作在具有粉尘或有毒气体的环境下，若没有使用合适的防护产品，会对人体呼吸系统造成伤害。因此，要以"使中国没有尘肺病"为宗旨，要提高对粉尘污染的重视。

目前，呼吸防护用品主要分为过滤式和隔绝式两大类：

过滤式呼吸防护用品是依据过滤吸收的原理，利用过滤材料滤除空气中的有毒、有害物质，将受污染空气转变为清洁空气供人员呼吸的一类呼吸防护用品，如防尘口罩、防毒口罩和过滤式防毒面具。

隔绝式呼吸防护用品是依据隔绝的原理，使人员呼吸器官、眼睛和面部与外界受污染空气隔绝，依靠自身携带的气源或靠导气管引入受污染环境以外的洁净空气为气源供气，保障人员正常呼吸的呼吸防护用品，也称为隔绝式防毒面具、生氧式防毒面具、长管呼吸器及潜水面具等。

过滤式呼吸防护用品的使用要受环境的限制，当环境中存在着过滤材料不能滤除的有害物质，或氧气含量低于 18%，或有毒有害物质浓度较高（>1%）时均不能使用，这种环境下应用隔绝式呼吸防护用品。

第 12 章　安全管理制度及事故隐患的处理

供水企业的安全稳定运行极其重要，这是由供水企业的性质所决定的。水是生命之源，是城市的命脉。作为一个生产企业，建立一个稳定、高效的管理机构是做好安全工作的前提。

12.1　安全生产规章制度与安全检查制度

企业应根据国家法律、法规，结合企业实际，建立健全各类安全生产规章制度。安全生产规章制度是安全生产法律、法规的延伸，也是企业能够贯彻执行的具体体现，是保证安全生产各方面的标准和规范。企业安全生产规章制度是保障人身安全与健康以及财产的最基础的规定，每一个企业职工都必须严格遵守。

安全生产规章制度是长期实践经验和无数事故教训的总结，是用鲜血和生命换来的，如果违反规章制度，就将导致事故的发生。实践表明，伤亡事故中百分之六十以上是由于违章指挥、违章操作、违反劳动纪律造成的，这方面的实例不胜枚举，遵守规章制度是每位企业职工保证安全的前提和条件。

1. 安全生产规章制度

不同企业所建立的安全生产规章制度也不同，应根据企业特点，制定出具体且操作性强的规章制度，作为供水企业都应建立健全以下几类规章制度。

1）综合管理方面

安全生产责任制、安全教育、安全检查、安全隐患管理、事故管理、重大事项上报制度。

2）安全技术方面

特种作业、危化品管理、各岗位安全操作规程、消防管理规定。

企业在制定安全生产规章制度时应该注意：

要包括企业生产活动的各个方面，形成体系，不出现死角和漏洞。

要密切结合本企业的特点，力求使之具有先进性、可行性。

规章制度一经制定，就不得随意改动，要保持相对稳定性，但要注意总结实践经验，不断完善。

对生产经营活动中出现的任何一起事故，要紧抓不放，认真分析事故原因，总结教训，在哪个环节出现问题，制度、规程上是否存在漏洞，及时修订完善相关制度、规程。

2. 安全检查制度

安全检查制度是一项综合性的安全生产管理措施，是建立良好的安全生产环境、做好安全生产工作的重要手段之一，也是企业防止事故发生的重要措施。作为供水企业，更是确保民生、保持社会稳定的基础。

安全检查包括企业安全生产管理人员的日常检查，企业领导进行的安全督查，一线操作人员对本岗位的设备、设施和工艺流程定时检查，各类专业人员定期深入作业现场进行的安全检查。

1）安全检查分类

安全检查可分为日常检查、专业检查、季节性检查、节假日前后的检查和不定期检查。

（1）日常性检查：即经常的、普遍的检查，由厂级组织，每年进行四次左右；厂级分管领导及主管科室每月至少进行一次，班组每天每班次都应进行检查。专职安技人员及专业人员的日常检查应该有计划地针对重点部位周期性地进行。

一线生产班组的班组长和当班人员应严格履行交接班检查和当班过程中定时巡回检查。

各级领导和各级安全生产管理人员应在各自业务范围内，经常深入现场进行安全检查，发现不安全问题及时督促有关部门解决。

（2）专业性检查是针对特种作业、特种设备、特殊场所进行的检查：起重设备，压力容器，危化品使用场所，配电设施设备，易燃易爆场所。

（3）季节性检查是根据季节特点，为保障安全生产的特殊要求所进行的检查，夏季高温多雨多雷电，要着重防暑、降温、防雷击、防汛、防触电、防设备过热、加强通风等。冬季着重防冻，防止小动物对电气设备的危害。

（4）节假日前后的检查包括节日前进行安全生产综合检查、节日后要进行遵章守纪的检查。

（5）不定期检查是指在装置、设备检修过程中，工艺流程处于高负荷运转时，异常高温时的安全检查。

2）安全检查的基本做法

安全检查要深入一线，深入关键节点、关键部位，要紧紧依靠一线员工，坚持领导督查与一线员工现场巡查相结合。

（1）建立检查的组织领导，配备适当的检查力量，挑选技术业务能力强，认真负责的专业人员参加。

（2）明确检查的目的和要求，分清重点、关键点，要做到全覆盖，不留死角。

（3）根据各工艺流程，各主要设备、各关键节点运行参数制定正常范围加以对照，及时发现设备的异常。

（4）制定和建立检查档案，对检查中发现的任何问题要建立健全检查档案，实现事故隐患及危险点的动态管理，尤其是对发现的事故隐患，一时无法整改的，要专人监控，随时注意参数的变化，确保不发展成事故。

12.2　事故隐患的处理

由于供水企业的生产要求连续稳定，在生产运行过程中，难免由于设备自身缺陷、外部条件的变化，使得设备的性能、运行参数发生劣化，存在一定的发生设备事故的风险，但与设备发生事故还有一定距离，在此情况下，可以允许设备带着缺陷运行，在此过程中，就需要对事故的隐患加强管理。

1. 事故隐患的分类

隐患分类非常复杂，它与事故分类有密切关系，但又不同于事故分类，为便于操作和管理，综合事故性质和分类，优先考虑事故起因，就供水企业而言，将事故隐患分类归纳如下：

(1) 火灾事故隐患；

(2) 中毒和窒息；

(3) 泄漏（有毒气体泄漏）；

(4) 触电（高压电）；

(5) 坠落；

(6) 泵房水倒灌、电缆沟进水；

(7) 机电设备性能、参数严重下降。

2. 事故隐患的确认、评估

1）隐患调查确认

为切实掌握本单位事故隐患的现状，督促相关部门、班组采取有效的监控措施，防止事故隐患因失管失控而酿成事故，安全管理部门及专职安全员要对本企业内部所有的安全隐患进行调查、分析、确认。对所认定的每一个事故隐患点或存在缺陷的设备事故隐患都应该建立台账，制定隐患控制、巡视、突发处理的程序及应急预案，做到对每个隐患都了如指掌，以确保隐患不至于导致事故的发生。

2）重大事故隐患评估

企业内部一旦发现事故隐患的存在，隐患所在班组应立即向部门及厂级分管领导报告，所在部门须在第一时间迅速组织相关专业人员对隐患进行评估分级，确认属重大事故隐患的报上一级部门，并研究提出消除隐患方案。隐患按严重程度以及对企业安全生产的影响分类：

(1) 极度危险，随时会发生严重事故。

(2) 高度危险，一旦条件变化随时会发生事故。

(3) 有一定危险，长期恶化，可能会发生事故。

(4) 存在危险，自身运行条件或外界环境条件变化，可能发生故障设备及相关设施存在缺陷。

3. 事故隐患的管理及整改、事故预防

存在重大事故隐患的企业应成立事故隐患管理小组，小组由企业安全负责人负责，事故隐患管理小组应履行下列职责：

(1) 掌握重大事故隐患的具体状况，发生事故的可能性及其程度，负责重大事故隐患的现场管理。

(2) 制订应急计划，预防万一发生事故的情况下的紧急处置方案。

(3) 对员工进行安全教育，组织模拟重大事故发生时应采取的紧急处置措施；必要时组织救援设施、设备调配和人员疏散演习。

(4) 随时掌握重大事故隐患的动态变化。

4. 重大事故隐患的整改

存在重大事故隐患的企业，应立即采取相应的整改措施，难以立即整改的，应采取防范、监控措施。

对在短时间内即可发生重大事故的隐患，应立即向上级部门申请停产整改，消除隐患。

重大事故隐患整改工作非常重要，是隐患管理的重中之重，各级部门一定要高度重视，不能有丝毫马虎。

对其他事故隐患也要采取相应措施，确保对事故隐患的监控，有条件的要及时整改，一时不会造成事故后果的，要密切关注各项运行参数、外界条件的变化。

参 考 文 献

［1］ 中国城镇供水协会. 供水设备维修电工［M］. 北京：中国建材工业出版社，2005.

［2］ 中国城镇供水协会. 供水设备维修钳工［M］. 北京：中国建材工业出版社，2005.

［3］ 邱关源，盖君雪，王巧云. 电路［M］. 第5版. 北京：人民教育出版社，2006.

［4］ 阎治安，崔新艺，苏少平. 电机学［M］. 第2版. 北京：西安交通大学出版社，2008.

［5］ 苏文成. 工厂供电［M］. 北京：机械工业出版社，2012.

［6］ 满永奎，韩安荣，吴成东. 通用变频器及其应用［M］. 第3版. 北京：机械工业出版社，2012.

［7］ 王晴，编. 变电设备事故及异常处理［M］. 北京：中国电力出版社，2007.

［8］ 杨奎河，赵玲玲. 新编电工手册［M］. 第2版. 北京：中国电力出版社，2017.

［9］ 王兆安，黄俊. 电力电子技术［M］. 第4版. 北京：机械工业出版社，2000.